高等职业教育土建类"教、学、做"理实一体化特色教材

公路工程施工技术

主　编　张晓战　徐志民

中国水利水电出版社
www.waterpub.com.cn
·北京·

内 容 提 要

　　本书是安徽省地方技能型高水平大学特色专业——道路桥梁工程技术专业的特色教材之一。全书内容共分为7个学习项目和附录,主要包括道路工程概述、公路工程施工图的识读、公路工程施工准备、路基工程施工、路面基层垫层施工、沥青混凝土路面施工、水泥混凝土路面施工。

　　本书以实际的工作项目为载体,施工方法及应用为主线,注重理论与实践相结合,强化实用性。突出高等职业技术教育的基于工作过程的主要特色,体现"校企合作、工学结合"的主要精髓,加大了实践运用力度,其基础内容具有系统性、全面性;具体内容具有针对性、实用性,满足专业特点要求。其内容实用,项目新颖,案例典型。

　　本书可作为高职高专学校道路桥梁工程技术专业的教学用书,也可作为市政工程技术专业及其他相关专业的教学用书,还可供从事公路交通工程建设、新农村建设方面的技术人员与相关人员参考。

图书在版编目（ＣＩＰ）数据

公路工程施工技术 / 张晓战, 徐志民主编. -- 北京:
中国水利水电出版社, 2017.7(2019.1重印)
高等职业教育土建类"教、学、做"理实一体化特色
教材
ISBN 978-7-5170-5693-5

Ⅰ. ①公… Ⅱ. ①张… ②徐… Ⅲ. ①道路施工-工
程技术-高等职业教育-教材 Ⅳ. ①U415.6

中国版本图书馆CIP数据核字(2017)第177620号

书　　名	高等职业教育土建类"教、学、做"理实一体化特色教材 **公路工程施工技术** GONGLU GONGCHENG SHIGONG JISHU	
作　　者	主　编　张晓战　徐志民	
出版发行	中国水利水电出版社 （北京市海淀区玉渊潭南路1号D座　100038） 网址：www.waterpub.com.cn E-mail：sales@waterpub.com.cn 电话：（010）68367658（营销中心）	
经　　售	北京科水图书销售中心（零售） 电话：（010）88383994、63202643、68545874 全国各地新华书店和相关出版物销售网点	
排　　版	中国水利水电出版社微机排版中心	
印　　刷	北京合众伟业印刷有限公司	
规　　格	184mm×260mm　16开本　18.25印张　478千字　14插页	
版　　次	2017年7月第1版　2019年1月第2次印刷	
印　　数	2001—5000册	
定　　价	**51.00元**	

凡购买我社图书,如有缺页、倒页、脱页的,本社营销中心负责调换

本书是安徽省地方技能型高水平大学建设项目重点建设专业——道路桥梁工程技术专业建设与课程改革的重要成果，是"教、学、做"理实一体化特色教材。本书在对从事公路工程施工技术专业岗位的一线人员进行调研的基础上，邀请企业专家根据职业领域的典型工作项目进行工作任务和职业能力分析，以公路工程施工检测典型工作任务为载体，岗位工作过程为线索，将传统的教材章节模式改为项目任务的形式，设计公路工程施工情境，"以工作项目为载体、以工作过程为导向"进行开发的。

本书注重结合交通基础设施公路工程建设实际，体现公路工程施工人才需求特点，重点突出基本知识和基本技能的培养及相关施工标准的熟悉，在内容编排上，本书内容共分为7个学习项目：学习项目1道路工程概述，介绍道路分类、分级和主要组成，以及公路建设的主要程序；学习项目2公路工程施工图的识读，介绍道路平纵横断面设计要素和施工图成果的识读；学习项目3公路工程施工准备，介绍公路工程施工准备工作，重点介绍测量放样工作的知识和应用；学习项目4路基工程施工，介绍公路路基工程填筑和开挖施工方法、路基结构物的施工和质量验收程序；学习项目5路面基层（垫层）施工，介绍路面基垫层混合料的技术要求和组成设计、路面基层（垫层）施工和养护方法，以及质量验收程序和方法；学习项目6沥青混凝土路面施工，介绍沥青路面混合料的技术要求和组成设计，沥青混凝土路面施工和养护方法，以及沥青路面质量验收程序和方法；学习项目7水泥混凝土路面施工，介绍水泥路面混合料的技术要求和组成设计，水泥混凝土路面施工和养护方法，以及水泥路面质量验收程序和方法。通过本书所列项目内容为主线，构成了一个完整的工作过程。在编写过程中，突出了"以就业为导向、以岗位为依据、以能力为本位"的思想，依托仿真或真实的学习情境，注重职业能力的训练和个性培养，体现两个育人主体、两个育人环境的本质特征，实现了理论与实践的融合。

本书编写分工如下：学习项目1由安徽水利水电职业技术学院汪晓霞编写；学习项目2由福州市规划设计研究院（合肥）徐志民编写；学习项目3由安徽水利开发股份有限公司叶明林编写；学习项目4由安徽水利水电职业技术学院张晓战编写；学习项目5由安徽省交通职业技术学院邹冰洁编写；学习项目6由安徽水利水电职业技术学院刘天宝编写；学习项目7由安徽水利水电职业技术学院代齐齐编写；张晓战负责全书统稿。本书由张晓战、徐志民担任主编，由汪晓霞、刘天宝、叶明林、邹冰洁、代齐齐担任副主编。在本书的编写过程中得到合肥工业大学、福州市规划设计研究院、安徽水利开发股份有限公司、安徽省交通职业技术学院有关领导和专家大力支持，在此向他们表示衷心的感谢！

由于编者水平有限，书中疏漏和不足之处在所难免，恳请广大读者批评指正。

编者
2017 年 5 月

学习项目1 道路工程概述

学习目标：学生通过本项目的学习，能够理解我国道路建设的现状和基本特点；掌握公路的分类、分级和技术指标的选用；掌握道路的基本组成；掌握公路建设的基本程序。

项目描述：以我国公路建设基本知识介绍为项目载体，主要介绍道路建设的发展现状，公路的分类分级和主要技术标准，道路的主要组成和基本功能，公路建设的基本程序和注意事项。

学习情境1.1 我国的道路现状和特点

【情境描述】 在道路工程设计施工前，应了解道路建设的现状和基本特点，正确认识道路建设在交通运输系统中的地位。

1.1.1 我国道路建设的发展

1.1.1.1 道路的产生

道路是供各种车辆（指无轨车辆）和行人通行的工程设施的总称。从有人类开始就有了道路，可以说道路的历史就是人类发展的历史。人类在社会、经济生活中创造了道路，而道路的产生和发展又为推动社会的发展和人类的进步作出了巨大的贡献。

大约在公元前4000年，出现了车轮，这是人类物质文化发展史中的一件大事。车的发明改变了完全依靠人背、肩挑、棒抬、头顶的原始运输方式，是运输史上新的里程碑。人工修建道路，最早始于中国。中国古代传说中就有黄帝"披山通路"和"黄帝造车"之说。公元前21世纪时对制造车辆就有确切的记载，《史记·夏本纪》载："陆行乘车，水行乘船，泥行乘橇，山行乘撵"，在考古中还发现夏代的陶器上画有车轮花纹。这些都是夏代使用车的佐证。

1.1.1.2 早期道路

我国是一个历史悠久的文明古国，道路业发展很早。相传公元前2000多年就有轩辕氏造舟车。到周朝又有"周道如砥，其直如矢"的记载，并有战车、田车、乘车，还有专管道路的"司空官"。秦始皇统一六国后，为巩固政权，便利通商，大修驰道，把"车同轨"与"书同文"列为统一天下之大政。基本形成以咸阳为中心，向四面八方辐射的全国性道路网。据汉书载："为驰道於天下，东穷燕齐，南极吴楚，江湖之上，濒海之观毕至"，描述了当时道路发达的状况。筑路技术，秦代也有很大进步。据汉书载，当时的道路是"道广五十步，三丈而树，厚筑其外，隐以金椎，树以青松"，可见道路之雄伟。唐代，国家强盛，道路也因此兴旺。全国共建驿路24585km，且每隔15km设一驿站，并建立了完善的"驿制"。

到清末，已开始形成以北京为中心的连接全国23个省，3个区和1700个府、厅、州、县的道路网，全国27条主干线总长达650541km。光绪三年开始修建唐山至胥各庄铁路，到1911年铁路里程为4270km。

1.1.1.3 近代道路

我国近代汽车道路始于20世纪初，1901年上海进口了两辆汽车，从此汽车运输代替了驿道运输。1906年修建的那坎镇南关—龙州公路为我国第一条汽车公路，长55km。随后，1913年湖南省用新式筑路法修建了长沙—湘潭军用公路，成为我国新式筑路法之始，该路长50.11km，路基宽7～9m，路面宽4.57m，为铺砂路面，厚15cm。

1927年颁布的《国道工程标准及规则》成为我国第一个公路工程的标准法规。

1944年9月1日，青藏公路（全长797km）、康青公路（全长792km）相继建成，两条公路海拔均在4000m以上，成为当时世界最高、工程最艰巨的公路。

到1949年新中国成立时止，全国共有公路13.1912万km（能通车的仅7.8万km），汽车保有量69122辆（不包括军用车）。

1.1.1.4 现代道路

1. 公路里程跨越式增长，技术等级及状况不断改善

公路建设的质和量是公路状况和水平的标志。截至2014年年底，全国公路总里程达457.73万km，比上年末增加11.34万km。

公路等级结构日趋完善，高等级公路比例不断提高。截至2014年年底，全国等级公路里程404.63万km，比上年末增加14.55万km。等级公路占公路总里程的88.4%，提高了1.0个百分点。其中，二级及以上公路里程57.49万km，增加了2.92万km，占公路总里程的12.6%，提高了0.3个百分点，见表1.1。

表1.1　　　　　　　　　2014年全国各技术等级公路里程构成

公路等级	高速	一级	二级	三级	四级	等外
里程/万 km	12.35	9.10	36.04	41.82	305.32	53.10
占比/%	2.7	2.0	7.9	9.1	66.7	11.6

2. 公路建设投资持续增长，投资总额创历史新高

2014年全年完成公路建设投资15460.94亿元，比上年增长12.9%。其中，高速公路建设完成投资7818.12亿元，增长7.1%。普通国省道建设完成投资4611.82亿元，增长18.9%。农村公路建设完成投资3030.99亿元，增长20.4%，新改建农村公路23.21万km。纳入《集中连片特困地区交通建设扶贫规划纲要（2011—2020年）》的505个贫困县完成公路建设投资3442.92亿元，增长8.1%，占全国公路建设投资的22.3%。

3. 公路网密度增长迅速，乡村公路通达率接近百分之百

截至2014年年底，公路密度47.68km/100km²，提高1.18km/100km²，实现了公路建设的跨越式发展。

4. 农村公路建设成绩斐然，农民出行难状况进一步改善

截至2014年末，全国农村公路（含县道、乡道、村道）里程388.16万km，比上年末增加9.68万km，其中村道222.45万km，增加7.71万km。全国通公路的乡（镇）占全国乡（镇）总数的99.98%，其中通硬化路面的乡（镇）占全国乡（镇）总数的98.08%，比上年末提高0.28个百分点；通公路的建制村占全国建制村总数的99.82%，其中通硬化路面的建制村占全国建制村总数的91.76%，提高2.76个百分点。

5. 公路桥隧建设成绩显著，数量及科技水平进入世界前列

截至 2014 年，全国公路桥梁 75.71 万座、4257.89 万 m，比上年末增加 2.18 万座、280.09 万 m。其中，特大桥梁 3404 座、610.54 万 m，大桥 72979 座、1863.01 万 m。全国公路隧道为 12404 处、1075.67 万 m，增加 1045 处、115.11 万 m。其中，特长隧道 626 处、276.62 万 m，长隧道 2623 处、447.54 万 m。

6. 高速公路快速增长，通车里程位居世界第二

高速公路是 20 世纪 20 年代兴起的一种安全、快速、通过能力大的新型交通手段。我国内地从 20 世纪 70 年代初就开始了高速公路修建的前期准备工作，其中包括高速公路的技术资料翻译、科学考察、可行性研究以及外业测设工作。1981 年原交通部制定的《公路工程技术标准》（JTJ 1—81），现行标准 JTG B01—2014（以下简称《标准》）中列入了高速公路的技术标准，这些为高速公路的建设打下了基础。我国内地的高速公路建设起步于 20 世纪 80 年代后期，1988 年 10 月 31 日，我国第一条高速公路——沪嘉高速公路建成通车（长 20.4km），随后沈大高速公路、京津塘高速公路、广佛高速公路、西临高速公路、济青高速公路、首都机场高速公路、成渝高速公路、贵黄高速公路、莘松高速公路等相继建成通车。

截至 2014 年，全国高速公路里程 11.19 万 km，位居世界第二，比上年末增加 0.75 万 km。其中，国家高速公路 7.31 万 km，增加 0.23 万 km。全国高速公路车道里程 49.56 万 km，增加 3.43 万 km。

1.1.2　公路运输的特点

1.1.2.1　机动灵活、适应性强

由于公路运输网一般比铁路网、水路网的密度要大十几倍，分布面也广，因此公路运输车辆可以"无处不到、无时不有"。公路运输在时间方面的机动性也比较大，车辆可随时调度、装运，各环节之间的衔接时间较短。尤其是公路运输对客运、货运量的多少具有很强的适应性，汽车的载重吨位有小（0.25～1t）有大（200～300t），既可以单车独立运输，也可以由若干车辆组成车队同时运输，这一点对抢险、救灾工作和军事运输具有特别重要的意义。

1.1.2.2　可实现"门到门"直达运输

由于汽车体积较小，中途一般也不需要转换，除了可沿分布较广的路网运行外，还可离开路网深入到工厂企业、农村田间、城市居民住宅等地，即可以把旅客和货物从始发地门口直接运送到目的地，实现"门到门"直达运输。这是其他运输方式无法与公路运输比拟的特点之一。

1.1.2.3　在中、短途运输中运送速度较快

由于公路运输可以实现"门到门"直达运输，途中不需要倒运、转乘就可以直接将客、货运达目的地，因此在中、短途运输中其客、货在途时间较短，运送速度较快。

1.1.2.4　原始投资少、资金周转快

公路运输与铁路、水运、航空运输方式相比，所需固定设施简单，车辆购置费用一般也比较低，因此，投资容易且投资回收期短。据有关资料表明，在正常经营情况下，公路运输的投资每年可周转 1～3 次，而铁路运输则需要 3～4 年才能周转一次。

1.1.2.5　掌握车辆驾驶技术较容易

与火车和飞机驾驶员的培训要求相比，汽车驾驶技术比较容易掌握，对驾驶员各方面素质要求相对也比较低。

1.1.2.6　运量较小、运输成本较高

由于汽车载重量小，行驶阻力比铁路大 9~14 倍，所消耗的燃料又是价格较高的液体汽油或柴油，因此汽车运输比航空运输成本低，而比其他运输方式高。

1.1.2.7　运行持续性较差、运行速度相对较低

据有关统计资料表明，在各种现代运输方式中，公路的平均运行速度是较小的，运行持续性较差。各种运输方式的速度范围：公路为 50~100km/h；铁路为 100~300km/h；航空为 500~1000km/h。

1.1.2.8　安全性较低、污染环境较大

公路运输的事故发生率较高。据统计，自有记录以来死于交通事故的人数近 5000 万。死于汽车交通事故的人数不断增加，平均每年近 120 万人。这个数字超过了艾滋病、战争和结核病人每年的死亡人数。汽车所排出的尾气和引起的噪声也严重地威胁着人类的健康，是城市环境的最大污染源之一。

学习情境 1.2　道路的分类、分级及技术标准

【情境描述】　在道路工程设计施工前，应掌握道路的分类、分级以及主要技术标准，为正确合理选用道路等级以及相关技术标准打下基础。

1.2.1　道路的分类

道路按其使用特点分为公路、城市道路、厂矿道路及林区道路、乡村道路等。

1.2.1.1　公路

公路（highway）是指连接城市、乡村和工矿基地等，主要供汽车行驶，具备一定技术条件和设施的道路。公路按其重要性和使用性质又可划分为国家干线公路（简称国道）、省干线公路（简称省道）、县公路（简称县道）以及乡道四类。

（1）国道，指具有全国性政治、经济、国防意义的国家干线公路，包括重要的国际公路、国防公路，连接首都与各省、自治区首府和直辖市的公路，连接各大经济中心、港站枢纽、商品生产基地和战略要地的公路。

（2）省道，指具有全省（自治区、直辖市）政治、经济意义的省级干线公路，包括连接省会与卫星城市、中心城、经济区的公路，以及不属于国道的国际公路和省际间的重要公路。

（3）县道，指具有全县（旗、县级市）政治、经济意义，连接县城和县内主要乡（镇）、主要商品生产和集散地的公路，以及不属于国道、省道的县际间的公路。

（4）乡道，指主要为乡（镇）村经济、文化、生活服务的公路，以及不属于县道以上公路的乡与乡之间及乡村与外部联络的公路。

此外，国家把专线或主要供厂矿、林区、油田、农（牧）场、旅游区、军事要地等与外部联络的公路划为专用公路。

1.2.1.2　城市道路

城市道路（urban road）是指城市范围内供车辆及行人通行的，具备一定技术条件和设施的道路。

城市道路的功能除了把城市各部分联系起来为城市各种交通服务外，还起着形成城市结

构布局的骨架，提供通风、采光、保持城市生活环境空间以及为防火、绿化提供场地的作用。

1.2.1.3　厂矿道路

厂矿道路（factories and mines road）指主要为工厂、矿山运输车辆通行的道路，通常分为厂内道路和厂外道路及露天矿山道路。厂外道路为厂矿企业与国家公路、城市道路、车站、港口相衔接的道路和厂矿企业分散的车间、居住区之间连接的道路。

1.2.1.4　林区道路

林区道路（forest road）指修建在林区，主要供各种林业运输工具通行的道路。由于林区地形及木材运输特征，其技术要求应按专门制定的林区道路工程技术标准执行。

1.2.1.5　乡村道路

乡村道路（country road）指修建在乡村、农场，主要供行人及各种农业交通运输工具通行。目前，乡村道路等基础设施的建设尚缺乏相应的标准和规范。

各类道路由于其位置、交通性质及功能的不同，在设计时其依据、标准及具体要求也不相同。

1.2.2　道路等级及标准

1.2.2.1　公路等级及标准

1. 公路（技术）等级划分

根据功能和适应的交通量，公路可分为高速公路、一级公路、二级公路、三级公路、四级公路 5 个等级。

（1）高速公路。高速公路为专供汽车分向、分车道行驶，并应全部控制出入的多车道公路。

1）四车道高速公路应能适应将各种汽车折合成小客车的年平均日交通量 25000～55000 辆。

2）六车道高速公路应能适应将各种汽车折合成小客车的年平均日交通量 45000～80000 辆。

3）八车道高速公路应能适应各种汽车折合成小客车的年平均日交通量 60000～100000 辆。

（2）一级公路。一级公路为供汽车分向、分车道行驶，并可根据需要控制出入的多车道公路。

1）四车道一级公路应能适应将各种汽车折合成小客车的年平均日交通量 15000～30000 辆。

2）六车道一级公路应能适应将各种汽车折合成小客车的年平均日交通量 25000～55000 辆。

（3）二级公路。二级公路为供汽车行驶的双车道公路。双车道二级公路应能适应将各种汽车折合成小客车的年平均日交通量 5000～15000 辆。

（4）三级公路。三级公路为主要供汽车行驶的双车道公路。双车道三级公路应能适应将各种车辆折合成小客车的年平均日交通量 2000～6000 辆。

（5）四级公路。四级公路为主要供汽车行驶的双车道或单车道公路。

1）双车道四级公路应能适应将各种车辆折合成小客车的年平均日交通量 2000 辆以下。

2）单车道四级公路应能适应将各种车辆折合成小客车的年平均日交通量 400 辆以下。

2. 公路等级的选用原则

（1）公路等级的选用应根据公路功能、路网规划、交通量，并充分考虑项目所在地区的综合运输体系、远期发展等，经认证后确定。确定等级应先确定该公路的功能，是干线公路还是集散公路，即属直达还是连接，以及是否需要控制出入等，然后根据预测交通量初拟等级，再结合地形、交通组成等确定设计速度、路基宽度。

（2）一条公路可分段选用不同的公路等级或同一公路等级选择不同的设计速度、路基宽度，但不同公路等级、设计速度、路基宽度间的衔接应协调，过渡应顺适。

（3）预测的设计交通量介于一级公路与高速公路之间，且拟建公路为干线公路，宜选用高速公路；拟建公路为集散公路时，宜选用一级公路。

（4）干线公路宜选用二级及二级以上公路。

3. 公路工程技术标准

（1）技术标准的内容。公路的技术标准是指对公路路线和构造物的设计和施工在技术性能、几何形状和尺寸、结构组成上的具体要求，把这些要求用指标和条文的形式确定下来即形成公路工程的技术标准。

技术标准是根据汽车的行驶性能、数量、荷载等方面的要求，在总结公路设计、施工、养护和汽车运输经验的基础上，经过调查研究、理论分析制定出来的。它反映了我国公路建设的技术政策和技术要求，是公路设计和施工的基本依据和必须遵守的准则。各级公路主要技术指标汇总和各级公路路基宽度见表 1.2 和表 1.3。

表 1.2　　　　　　　　　各级公路主要技术指标汇总

公路等级		高速公路			一级公路			二级公路		三级公路		四级公路
设计车速/(km/h)		120	100	80	100	80	60	80	60	40	30	20
行车道宽度/m		3.75	3.75	3.75	3.75	3.75	3.5	3.75	3.5	3.5	3.25	3.0（单车道时为 3.5）
中间带宽度/m	一般值	4.5	3.5	3.0	3.5	3.5	3.0	3.8	3.0	—	—	—
	最小值	3.5	3.0	2.0	3.0	2.0	2.0	2.0	2.0	—	—	—
右侧硬路肩宽度/m	一般值	3.0 或 3.5	3.0	2.5	3.0	2.5	2.5	1.5	0.75	—	—	—
	最小值	3.0	2.5	1.5	2.5	1.5	1.5	0.75	0.25	—	—	—
土路肩宽度/m	一般值	0.75	0.75	0.75	0.75	0.75	0.5	0.75	0.75	0.75	0.5	0.25（双车道）
	最小值	0.75	0.75	0.75	0.75	0.75	0.5	0.5	0.5			0.5（单车道）
不设超高最小半径/m	$i_{路拱}\leqslant2.0\%$	5500	4000	2500	4000	2500	1500	2500	1500	600	350	150
	$i_{路拱}>2.0\%$	7500	5250	3350	5250	3350	1900	3350	1900	800	450	200
一般最小半径/m		1000	700	400	700	400	200	400	200	100	65	30
极限最小半径/m		650	400	250	400	250	125	250	125	60	30	15
停车视距/m		210	160	110	160	110	75	110	75	40	30	20
最小坡长/m		300	250	200	250	200	150	200	150	120	100	60
最大纵坡/%		3	4	5	4	5	6	5	6	7	8	9
桥涵设计荷载		公路—Ⅰ级						公路—Ⅱ级				

表 1.3　　　　　　　　　　　　　　　各级公路路基宽度

公路等级		高速公路、一级公路								
设计速度/(km/h)		120			100			80		60
车道数		8	6	4	8	6	4	6	4	4
路基宽度 /m	一般值	45.0	34.5	28.0	44.0	33.5	26.0	32.0	24.5	23.0
	最小值	42.0	—	26.0	41.0	—	24.5	—	21.5	20.0

公路等级		二级公路、三级公路、四级公路					
设计速度/(km/h)		80	60	40	30	20	
车道数		2	2	2	2	2 或 1	
路基宽度 /m	一般值	12.0	10.0	8.5	7.5	6.5 (双车道)	4.5 (单车道)
	最小值	10.0	8.5	—	—	—	

我国《标准》分总则、控制要素、路线、路基路面、桥涵、汽车及人群荷载、隧道、路线交叉、交通工程及沿线设施 9 章，共 81 条。

（2）技术标准的应用。在公路设计中，掌握和运用技术标准要注意以下几点。

1）《标准》指标选取要合理。采用《标准》要避免走极端，既不要轻易采用极限指标，影响公路的服务性能，也不应不顾工程数量，片面追求高指标，使投资过大，占地增加。

2）确定指标要慎重。在确定指标时，要深入实际进行踏勘调查，征询各方面意见，掌握第一手资料，然后根据任务书的要求，结合目前和远景的使用要求，通过比较，慎重确定。如指标定得不当，会直接影响公路的使用效果、工程造价及工期。

3）在不过分增加工程量的条件下尽量采用较高的指标，从而创造较好的营运条件，缩短里程，减少运输成本。

1.2.2.2　城市道路等级

1. 分级

我国现行的《城市道路工程设计规范》（CJJ 37—2012）（以下简称《规范》）依据道路在城市道路网中的地位和交通功能以及道路沿线的服务功能，将城市道路划分为 4 种类型，即快速路、主干路、次干路和支路。

（1）快速路应中央分隔、全部控制出入、控制出入口间距及形式，应实现交通连续通行，单向设置不应少于两条车道，并应设有配套的交通安全与管理设施。快速路两侧不应设置吸引大量车流、人流的公共建筑物的出入口。

（2）主干路应连接城市各主要分区，应以交通功能为主。主干路两侧不宜设置吸引大量车流、人流的公共建筑物的出入口。

（3）次干路应与主干路结合组成干路网，应以集散交通的功能为主，兼有服务功能。

（4）支路宜与次干路和居住区、工业区、交通设施等内部道路相连接，应解决局部地区交通，以服务功能为主。

2. 一般要求

（1）在规划阶段确定道路等级后，当遇特殊情况需变更级别时，应进行技术经济论证，并报规划审批部门批准。

（2）当道路为货运、防洪、消防、旅游等专用道路使用时，除应满足相应道路等级的技术要求外，还应满足专用道路及通行车辆的特殊要求。

（3）道路应做好总体设计，并应处理好与公路以及不同等级道路之间的衔接过渡。

学习情境1.3 道路的基本组成与作用

【情境描述】 在道路工程设计施工前，应掌握道路的基本组成和主要特点，为本工程结构图识读做好充分准备。

公路是一种线形工程结构物，它由线形组成和结构组成两大部分构成。

1.3.1 线形组成

1.3.1.1 路线

路线是指道路的中线。线形是指道路中线在空间的几何形状和尺寸。道路中线是一条三维空间曲线，由直线和曲线组成，平面示意图见图1.1。

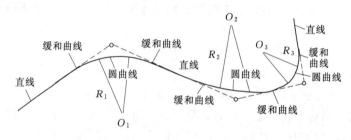

图1.1 道路中线平面示意图

1.3.1.2 平面、纵面线形

在道路线形设计中，是从平面线形、纵面线形和空间线形（又称平、纵组合线形）3个方面来研究的。

1.3.2 结构组成

公路的结构组成主要包括路基、路面、桥涵、隧道、路线交叉、交通工程及沿线设施等。

1.3.2.1 路基

1. 路基的定义

路基是按照路线位置和一定技术要求修筑的作为路面基础的带状构造物，一般由土、石按照一定结构尺寸要求所构成，承受由路面传递下来的行车荷载。路基使道路连续，构成车辆及行人的通行部分。

2. 路基横断面组成

用一法向切面通过道路中线各点沿法线方向剖切路基得到的图形称为路基横断面。路基横断面由行车道、中间带、路肩、边沟、边坡、截水沟、碎落台、护坡道等部分组成，如图1.2所示。

3. 路基横断面形式

路基横断面形式通常有路堤（图1.3）、路堑（图1.4）、半填半挖路基（图1.5）3种基本形式。路堤是指路基顶面高于原地面时，在原地面上填筑构成的路基。路堑则指路基顶面

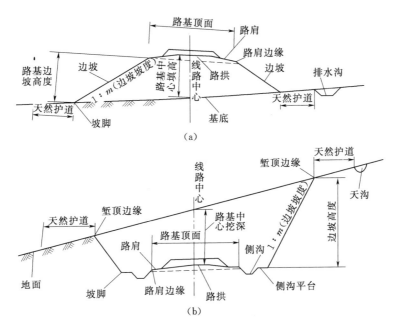

图 1.2　路基横断面各部分名称

（a）路堤；（b）路堑

低于原地面时，将原地面下挖而构成的路基。

在一个横断面内，部分为路堤，部分为路堑的路基，则称为半填半挖路基。路基结构必须稳定、坚实并符合规定的尺寸，以承受汽车和自然因素的作用。

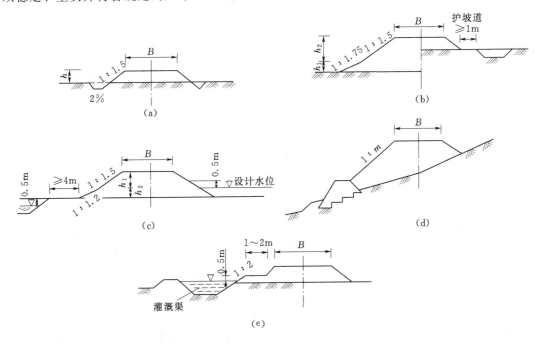

图 1.3　路堤的几种常见横断面形式

（a）矮路堤；（b）一般路堤；（c）浸水路堤；（d）护脚路堤；（e）挖沟填筑路堤

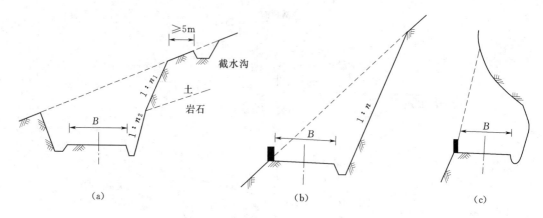

图 1.4　路堑的几种常见横断面形式

（a）全挖路堑；（b）台口式路堑；（c）半山洞路堑

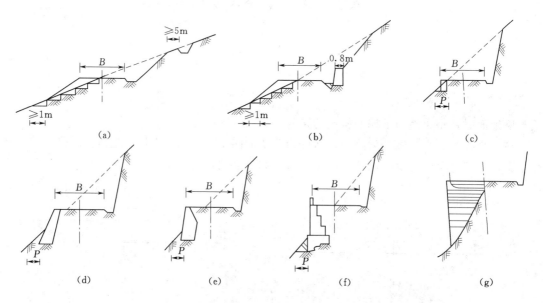

图 1.5　半填半挖路基的几种常见横断面形式

（a）一般填挖路基；（b）矮挡土墙路基；（c）护肩路基；（d）砌石护坡路基；

（e）砌石护墙路基；（f）挡土墙支撑路基；（g）半山桥路基

4. 路基防护

路基防护指在横坡较陡的山坡上或沿河一侧路基边坡受水流冲刷威胁的路段，为保证路基稳定和加固路基边坡所修建的构造物。常见的路基防护工程有护肩路基 ［图 1.5（c）］、砌石护坡 ［图 1.5（d）］、挡土墙 ［图 1.5（f）］、护脚路基 ［图 1.3（d）］ 以及砌石护墙路基 ［图 1.5（e）］ 等。

5. 路基排水设施

路基排水设施是为保持路基稳定而设置的地面和地下排水设施。道路排水系统按其排水方向可有纵向排水系统和横向排水系统。

纵向排水设施常见的有边沟、截水沟、排水沟等；横向排水设施常见的有路拱、桥涵、透水路堤、过水路面、渡槽等。路基排水出水口布置见图 1.6。

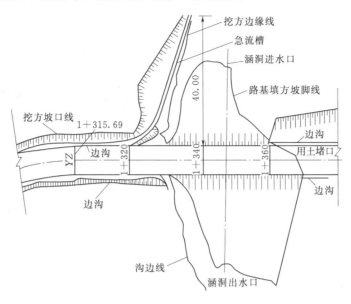

图 1.6　路基排水出水口布置（单位：m）

　　排水系统按其排水位置不同又分为地面排水和地下排水两部分。地面排水是用于排除危害路基的雨水、积水及外来水等地面水。在地下水位较高地段，还应设置地下排水系统。盲沟是常见的地下排水结构物。

1.3.2.2　路　面

　　路面是在路基表面用各种材料分层铺筑的结构物，以供车辆在其上以一定速度安全、舒适地行驶。其主要作用是加固行车部分，使之有一定的强度、平整度和粗糙度。按其力学性能可分为柔性路面（图 1.7）和刚性路面（图 1.8）两大类。常用的路面材料有沥青、水泥、碎（砾）石、砂、黏土等。道路常用层位及厚度如图 1.9 所示，某路面结构层示意图见图 1.10。

图 1.7　沥青路面

图 1.8　水泥混凝土路面

1.3.2.3　桥　涵

　　道路在跨越河流、沟谷和其他障碍物时所使用的构筑物称为桥涵，如图 1.11～图 1.16

所示。当桥涵的单孔跨径不小于 5m 时称为桥梁；反之则称为涵洞，如图 1.17 所示。

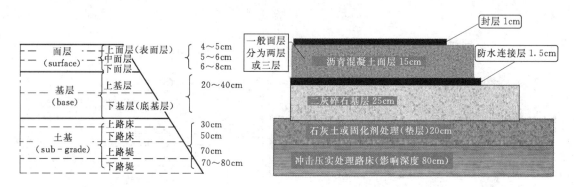

图 1.9　道路常用层位及厚度　　　　图 1.10　某二级公路路面结构层示意图

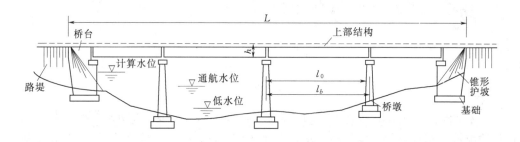

图 1.11　桥梁纵断面布置示意图

图 1.12　梁式桥

图 1.13　拱式桥

图 1.14　钢架桥

图 1.15　斜拉桥

图 1.16　悬索桥

图 1.17　圆管涵洞

1.3.2.4　隧道

公路穿过山岭、置于地层内的结构物称为隧道。隧道在公路上能缩短里程，避免翻越山岭，保障行车的快速直捷，是山区公路中采用的特殊构造物之一，如图 1.18 所示。

明挖岩（土）体后修筑棚式或拱式洞身再覆土建成的隧道称为明洞，如图 1.19 所示。明洞常用于地质不良或土层较薄的地段。

图 1.18　公路山体隧道

图 1.19　隧道明洞

1.3.2.5　沿线设施

为了保证行车安全、舒适和增加路容美观，公路除设置基本结构物和特殊结构物外，还需设置各种沿线设施，沿线设施是公路沿线交通安全、管理、防护、服务、环境等设施的总称。

（1）交通安全设施：是为保证行车与行人安全和充分发挥公路的作用而设置的设施，包括人行地下通道、人行天桥、轮廓标、线形诱导标、突起路标、交通信号灯、护栏、隔离栅、防护网、反光标志、防噪设施、照明设施、避险车道等。

（2）交通管理设施：是为保障良好的交通秩序，防止事故发生而设置的各种设施，包括公路标志（又可分为指示标志、警告标志、禁令标志、指路标志等）、路面标线、路面标志、紧急电话、公路监控设施、交通控制设施等。

（3）防护设施：是为防治公路上的塌方、泥石流、坠石、滑坡、积雪、雪崩、积砂、水毁等病害而设置的各种设施和构造物，如抗滑坡构造物、防雪走廊、防沙棚、挑坝等。

（4）服务设施：是为了方便旅客和保证行车安全，并为行车及旅客服务的设施，主要包括服务区、停车区、停车场、公共汽车停靠站、回车道、收费站、管理所、养护工区等。

（5）渡口码头：三、四级公路跨越较大河流、湖泊、水库时，当交通量不大而暂时不能建桥所设置的船渡设施。渡口通常包括引道、码头、渡船及附属设施等部分。

（6）路用房屋及其他沿线设施：包括养护房屋、营运房屋、收费站、加油站等设施。

（7）绿化：是公路不可缺少的部分，有稳定路基、荫蔽路面、美化路容、改善环境、增加行车安全和发展用材林木的功能。在一些地区还能减轻积砂、积雪、洪水等对公路的危害。

1.3.3　城市道路的结构组成

城市道路除具有与公路相同的路基、路面、桥涵、隧道、路线交叉、绿化、照明排水、交通安全、管理、服务等设施外，在城市道路用地范围内，根据城市交通特点还有以下结构组成部分。

（1）供各种车辆行驶的车行道。其中供汽车、无轨电车、摩托车行驶的为机动车道；供自行车、三轮车、畜力车行驶的为非机动车道。

（2）专供行人步行交通用的人行道。

（3）起防护与美化作用的绿化带。

（4）用于排除地面水的排水系统，如街沟或边沟、雨水口、窨井、雨水管等。

（5）为组织交通、保证交通安全的辅助性交通设备，如交通信号灯、交通标志、交通岛、护栏等。

（6）交叉口和交通广场。

（7）停车场和公共汽车停靠站台。

（8）沿街的地上设备，如照明灯柱、架空电线杆、给水栓、电话亭、清洁箱、接线柜等。

（9）地下各种管线，如电缆、煤气管、给水管、污水管等。

（10）在交通高度发达的现代化城市，还建有架空的高速道路（高架路）、人行过街天桥、地下道路、地下人行通道、地下铁道等。

学习情境 1.4　道路建设基本程序及内容

【情境描述】　在道路工程设计施工前，应掌握道路建设基本程序和主要内容，为后续工程施工制定施工组织计划和施工方案打下基础。

1.4.1　道路建设的基本程序

根据我国《公路工程基本建设管理方法》，公路基本建设程序如下：

（1）根据长远规划或项目建议书，进行可行性研究。

（2）根据可行性研究，编制计划任务书（也称为设计计划任务书，下同）。

（3）根据批准的计划任务书，进行现场勘测，编制初步设计文件和概算。

（4）根据批准的初步设计文件，编制施工图和施工图预算。

（5）列入年度基本建设计划。

（6）进行施工前的各项准备工作。

（7）编制实施性施工组织设计及开工报告，报上级主管部门审批。

（8）严格执行有关施工的规程和规定，坚持正常施工秩序，做好施工记录，建立技术档案。

（9）编制竣工图表和工程决算，办理竣工验收。

公路基本建设程序如图 1.20 所示。

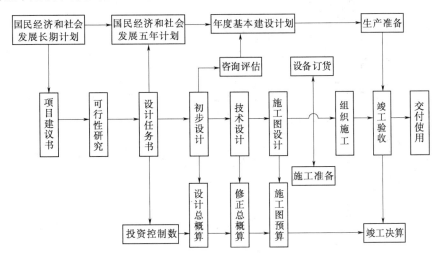

图 1.20 公路基本建设程序

1.4.2 道路建设的主要环节

1.4.2.1 道路规划

道路规划是指在一个地区范围内（如全国、省、市、地、县等），根据该地区的政治、国防、经济、文化、交通现状和发展要求，综合当地自然条件及其他因素，对道路进行的全面布局和规划的工作。

1. 道路规划的意义

道路网规划是道路建设科学管理大系统中决策系统的重要环节，是国土规划、综合运输网规划的重要组成部分。道路网规划属于长远发展布局规划，是制订道路建设中长期规划、编制五年建设计划、选择建设项目的主要依据，是确保道路建设合理布局，有秩序地协调发展，防止建设决策、建设布局随意性、盲目性的重要手段。

2. 道路规划的任务

道路规划的任务有以下方面。

（1）通过调查、勘测和分析，在评价现有道路状况，揭示其内在矛盾的基础上，根据客货流分布特点、发展趋势及交通量、运输量的生成变化特征，提出规划期公路发展的总目标和大布局。

（2）划分不同路线的性质、功能及技术等级，拟定主要路线的走向和主要控制点，列出分期实施的建设序列，提出确保实现规划目标的政策与措施，科学地预测发展需求，细致地研究合理布局。

3. 道路规划的主要内容

道路规划的主要内容有以下方面。

（1）道路网的现状及其综合评价。全面分析道路发展与社会经济发展的关系，并通过多种方法科学预测客货运输量、交通量的发展水平，分析发展特点，提出发展目标。

（2）论证公路网发展的总体布局方案，研究不同路线、路段的技术等级、性质与功能、干线的覆盖程度、吸引范围及其相应配套设施,优选出建设重点,推荐最佳建设序列。

(3)针对公路网规划总目标,提出实施规划存在的问题和需要采取的对策和措施。

1.4.2.2 道路可行性研究

道路可行性研究是指一种对投资项目在投资决策前进行技术、经济论证的科学方法,是一种在投资前通过调查、分析、研究、推算和比较,选择最小的耗费,取得最佳经济效果的手段。

国家发展和改革委员会规定,要以可行性研究为基础来确定基本建设的基本轮廓。这个轮廓概括为工程建设的可否、时期、规模3个基本问题。

1.任务和分类

(1)任务。在对地区社会、经济发展及路网状况进行充分调查研究、评价预测和必要的勘察工作的基础上,对项目建设的必要性、经济合理性、技术可行性、实施可能性提出综合的研究论证报告。

(2)分类。可行性研究按其工作深度可分为两大类,即工程预可行性研究和工程可行性研究。

2.主要内容

道路建设项目可行性研究报告的主要内容包括:建设项目的依据、背景,在交通运输网中的地位,原路的状况,预测交通量及发展水平;论述建设项目地理位置和自然特征,筑路材料来源及运输条件;论证不同方案的特点,提出推荐意见;测算主要工程量和估算投资,进行经济评价;对推荐方案进行评价,提出存在的问题和有关建议。

1.4.2.3 道路勘测设计

道路勘测设计根据批准的计划任务书进行。计划任务书主要包括:建设的依据和意义;路线的建设规模和修建性质;路线的基本走向和主要控制点;路线技术等级和主要技术标准;勘测设计的阶段划分及各阶段完成的时间;建设期限,投资估算,需要材料的数量;施工力量的原则安排。

计划任务书经上级批准后,如对建设规模、期限、技术等级标准及路线走向等重大问题有变更时,应报原批准机关审批同意。

道路设计是根据道路规划的要求,按国家规定的标准和计划任务书的指示,对一条道路的路线方案、形状、位置及各组成部分的详细结构尺寸、工程数量、费用等进行的设计计算工作。

道路设计必须对道路沿线的条件(自然的、社会的等)进行勘测、调查,收集资料,再通过内业设计,完成修建道路所必需的全部图、表、工程数量、费用等文件。

道路设计根据任务、审核和完成资料的不同可分为初步设计、技术设计和施工图设计。

1.4.2.4 道路施工

1.道路施工招投标

(1)招标。道路工程招标,是指道路工程建设单位就拟建道路的规模、道路等级、设计图纸、质量标准等有关条件,公开或非公开地邀请投标人报出工程价格,在规定的日期开标,从而择优选定工程承包者的过程。

(2)投标。道路工程投标,是承包单位在同意建设单位按拟定的招标文件所提出的各项条件的前提下,对招标项目进行报价。投标单位获得投标资料以后,在认真研究招标文件的基础上，掌握好价格、工期、质量、物资等几个关键因素，根据建设单位的要求和条件，在符合招标项目质量要求的前提下，对招标项目估算价格，并在规定的期限内向招标单位递交投标资料，争取中标，这个过程就是投标。

道路工程建设实行招标承包制，是我国道路建设事业改革的需要，招标投标承包制，不仅在理论上符合商品经济和价值规律的基本原理，且在实践上也证明了可以确保工程质量、缩短建设工期、降低工程造价、提高投资效益、保护公平竞争。

道路工程招标、投标工作，一般可分 3 个阶段，即准备阶段、招投标阶段、评标及签订合同阶段。

2. 道路施工监理

（1）监理的概念。施工监理是指独立的监理单位受建设单位的委托或派遣，依照国家现行法律、法令、法规以及有关的技术规范、标准和依法成立的施工合同文件，对工程建设的质量、投资、工期等进行全面的监督与管理的行为。

道路工程监理制度，是道路建设管理体制改革的重要内容，是强化质量管理、控制工期和造价、提高投资效益和施工管理水平的有效措施。

（2）监理工程师的职责。监理工程师的职责主要是计划管理、质量控制、计量与支付、合同管理等。

3. 道路施工实施

道路施工是将设计的道路在实地具体实施的过程。由于道路是线性工程，工地布设沿线分布，施工的点多、线长，并且施工现场又大多数是露天作业，因而受自然条件的影响较大。道路施工与其他土木工程施工相比较，具有更大的复杂性、艰苦性和困难性。

道路施工的主要内容有以下几点。

（1）施工前的准备，包括征地、场地准备以及拆迁、施工测量、材料准备、施工方案和施工组织计划的编制等。

（2）路基施工，包括路基整修、路基排水及防护施工等。

（3）路面施工，包括备料、路槽施工、路面基层施工、路面面层施工、路容整修等。

（4）桥涵施工，包括备料、基坑开挖、基础施工、下部构造施工、上部构造安装、桥面系施工、桥头引道施工等。

（5）隧道及特殊构造物施工。

（6）沿线设施施工。

（7）工程竣工及验收。

道路施工由各地区的公路工程局、处、队（或公路工程公司）等施工机构来完成。对于一些大型工程，如特大桥、长大隧道工程，则由专门的专业施工队伍承担。

4. 道路管理

（1）道路管理的含义。道路管理是一种国家行政行为，它指根据法律、法规或公路主管部门的授权，由公路管理机构及其工作人员，依照有关法规和规章制度，对公路的修建、养护、使用等工作的行为，履行组织、领导、决策、调整、监督、检查、处置等行政职责的活动。其实施手段包括法律的、经济的、行政的、技术的、思想政治的以及政府各部门、社会各方面通力合作进行综合治理等手段。

（2）公路管理的内容。公路管理的内容，从宏观广义地讲，包括公路立法，公路建设

（包括规划、计划、勘测设计、施工）管理，公路养护管理，公路路政管理，公路交通管理，公路规费征收与使用管理，还有公路人事行政、教育、科研、材料和装备管理等。

从宏观狭义地讲，公路管理则指公路建成投入使用后的管理，即特指现有公路的使用管理，包括公路养护管理、路政管理、交通管理和规费管理等。

（3）公路使用管理的基本任务。从微观上讲，公路使用管理的任务是相当庞杂的，而每一方面的工作又都存在着组织管理、计划管理、技术管理、装备管理、材料管理、财务管理、劳动工资管理以及教育、科研、党团工青妇幼等工作方面的管理。

5. 道路建设后评价

（1）后评价的意义。后评价是指对已经完成的建设项目进行分析评价，对项目的实施、执行和营运等全过程进行系统、客观的综合分析，并基于实际情况，对项目的执行、效益、作用、影响进行分析和评价，总结经验教训，为未来决策与管理提供依据。1996 年原交通部正式颁发了《公路建设项目后评价工作管理办法》和《公路建设后评价报告编制办法》，这是进行道路后评价的主要依据。

（2）项目后评价报告。根据 2012 年原交通部颁发的《公路建设项目后评价工作管理办法》编制后评价报告以项目法人为主，组织承担本项目可行性研究、设计、施工、监理、审计等有关部门参加，共同开展工作。后评价的方法采用综合比较法，前期工作的评价技术原则上可用于项目的后评价。公路建设项目后评价报告的主要内容包括：建设项目的过程评价；建设项目的效益评价；建设项目的影响评价，包括社会经济和环境影响；建设项目目标持续性评价，评价项目目标（服务交通量、社会经济效益、财务效益、环境保护等）的持续性，并提出相应的解决措施。

复 习 思 考 题

1. 简述公路运输的特点。

2. 简述道路的分类和分级，控制分级的主要因素有哪些？

3. 路基通常由哪几部分构成？

4. 路基的典型横断面类型有哪些？各有什么特点？

5. 路面结构主要分为哪些层次？

6. 公路工程建设程序主要有哪些步骤？

学习项目 2　公路工程施工图的识读

学习目标：通过本项目的学习，能够了解道路平面、纵断面、横断面设计的规定和要求；掌握道路设计的依据，平面线形三要素的应用，平曲线的超高与加宽设计；掌握道路纵断面、横断面图设计的要素；掌握公路工程施工图主要成果的识读。

项目描述：以某山区二级公路施工图设计为项目载体，主要介绍道路平面、纵断面、横断面设计的控制要素和主要方法，重点介绍相关施工图成果的识读。

学习情境 2.1　道路平面图识读

【**情境描述**】　本情境是在读懂道路施工图总说明的基础上，了解道路平面设计的规定和要求，掌握平面线形要素的应用，掌握直线、圆曲线、缓和曲线设计的基本方法，以及平曲线的超高和加宽的设置知识，能运用知识分析具体的道路平面案例。

2.1.1　平面线形要素设计

汽车的行驶规律是道路设计的基本课题，平面设计主要考察汽车的行驶轨迹，平面线形要与汽车行驶轨迹相符，才能保证行车安全。汽车行驶轨迹在几何性质上有以下特征：轨迹连续且圆滑，不出现断头和转折；曲率连续，在任一点上不出现两个曲率值；曲率变化是连续的，在同一点上不出现两个变化值。

通过对汽车行驶轨迹进行分析，道路平面线形采用直线、圆曲线、缓和曲线基本符合汽车行驶轨迹。行驶轨迹与车身纵轴之间的角度为零，则汽车的行驶轨迹曲率为零，而行驶轨迹曲率为零的线形是直线。行驶轨迹与车身纵轴之间的角度为常数，曲率为常数的线形是圆曲线。行驶轨迹与车身纵轴之间的角度为变数，即是汽车的行驶轨迹曲率为变数，而行驶轨迹的曲率变数的线形是缓和曲线。直线、圆曲线、缓和曲线统称为道路平面线形三要素。

2.1.1.1　直线

1. 直线的特点

直线是平面线形中的基本线形。直线以最短的距离连接两目的地，具有路线短捷、汽车行车方向明确、驾驶操作简单、视距良好等特点，同时直线线形简单，容易测设。直线路段能提供较好的超车条件，对双车道的道路有必要在间隔适当的距离处设置一定长度的直线。因此，直线被广泛用于各种线形工程中。

但是直线线形缺乏变化，在行车速度快的情况下，更易使驾驶者感到单调、疲乏，难以准确目测车间距，增加夜间行车车灯炫目的危险，还会导致出现超速行驶状态。因此，直线路段尤其是长直线路段，必须慎重选用。

2. 直线的运用

下列路段可采用直线：

（1）农田、河渠规整的平坦地区，城镇近郊规划等以直线条为主的地区。

（2）不受地形、地物限制的平坦地区或山间的开阔谷地。

（3）长大桥梁、隧道等构筑物路段。

（4）路线交叉点及其前后。

（5）双车道公路提供超车的路段。

3. 直线的长度

考虑到线形的连续和驾驶的方便，相邻两曲线之间应有一定的直线长度。在道路平面线形设计时，一般应根据路线所处地带的地形、地物条件，驾驶员的视觉、心理感受以及保证行车安全等因素，合理地布设直线路段，对直线的最大与最小长度应有所限制，既不宜过长，也不宜过短。

（1）直线的最大长度。各国对长直线的理解各不相同，如日本、德国规定直线最大长度不宜超过设计时速的 20 倍；美国则以 180s 行程为控制值。从理论上讲，合理的直线长度应根据驾驶员的心理反应和视觉效果来确定，我国目前对直线的最大长度未作明确限定，仅规定"直线的长度不宜过长"，设计人员可根据地形、地物、自然景观及经验等来判断和决定直线的最大长度。

当依据地形条件或其他特殊情况而采用长直线时，应结合沿线具体情况采取相应的技术措施。

1）长直线上纵坡不宜过大。

2）长直线与大半径的凹形竖曲线组合为宜。

3）路两侧地形过于空旷时，宜采用植树、设置构造物等措施改善其单调性。

4）长直线或长下坡尽头的平曲线，除应满足曲线半径、超高、视距的规定外，还应采取设置交通标志、增加路面抗滑能力等措施。

（2）直线的最小长度。两圆曲线间以直线径向连接时，基于保证线形连续性的考虑，直线的长度不宜过短。

对于同向曲线间的最小直线长度，《规范》中规定在通常情况下应以 $6v$（v 为行车速度，单位为 km/h）控制，特殊情况下应以 $2.5v$ 控制；若无法满足要求，则应将同向曲线设计成复曲线。

对于反向曲线间的最小直线长度，《规范》中规定应以 $2v$ 控制；否则应设置缓和曲线相连。

对于相邻回头曲线（即前一回头曲线的终点至后一回头曲线的起点）之间，应争取有较长的距离。回头曲线是半径小、转弯急、线形标准低、圆心角为接近于或者不小于 180°的曲线形式，山区道路为克服距离短、高差大的展线困难往往需要设置。由一个回头曲线的终点至下一个回头曲线起点的距离，在设计速度为 40km/h、30km/h、20km/h 时，分别应不小于 200m、150m、100m。另外，回头曲线前后线形要有连续性，两头以布置过渡性曲线为宜，还应布置限速标志，并采取保证通视良好的技术措施。

2.1.1.2　圆曲线

1. 圆曲线的几何要素

在公路和城市道路设计中，无论转角大小，都应设置平曲线，而圆曲线是平曲线的重要组成部分。圆曲线能很好地与地形、地物、环境相适应；现场容易设置；能很好地诱导驾驶员视线；曲率半径为一常数等。常采用的线形有单曲线、复曲线、双交点曲线、多交点曲线、虚交点曲线和回头曲线等。

圆曲线以转角 α 及半径 R 表示，右转角为 α_y，左转角为 α_z。不设置缓和曲线时圆曲线几何要素（图 2.1）计算公式为

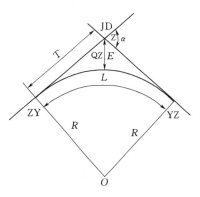

图 2.1　圆曲线要素计算

$$T = R \cdot \tan \frac{\alpha}{2} \tag{2.1}$$

$$L = \frac{\pi}{180} \cdot \alpha R \tag{2.2}$$

$$E = R\left(\sec \frac{\alpha}{2} - 1\right) \tag{2.3}$$

$$J = 2T - L \tag{2.4}$$

式中　T——切线长，m；

　　　L——圆曲线长，m；

　　　E——外距，m；

　　　J——校正值或超距，m；

　　　α——转角，（°）；

　　　R——圆曲线半径，m。

不设缓和曲线，平曲线主点桩位有 3 个，分别为 ZY 点（直线和圆曲线相接的点）、QZ 点（曲线中点）及 YZ 点（圆曲线与直线相接的点），里程的计算式为

$$ZY(桩号) = JD(桩号) - T \tag{2.5}$$

$$YZ(桩号) = ZY(桩号) + L \tag{2.6}$$

$$QZ(桩号) = YZ(桩号) - \frac{L}{2} \tag{2.7}$$

$$JD(桩号) = QZ(桩号) + \frac{J}{2} \tag{2.8}$$

2. 圆曲线半径

（1）计算公式。圆曲线的主要技术指标就是圆曲线半径。圆曲线半径是以汽车在曲线上能安全而又顺适地行驶所需要的条件而确定的。通过对行驶于平曲线上的汽车横向受力状态的分析及各种力的几何关系，得出圆曲线半径的计算公式为

$$R = \frac{v^2}{127(\mu \pm i_h)} \tag{2.9}$$

式中　R——圆曲线半径，m；

　　　v——行车速度，km/h；

　　　μ——横向力系数，即单位车重所承受的实际横向力，极限值为路面与轮胎之间的横向摩阻系数；

　　　i_h——路面的横向坡度，向内侧倾斜取正值，反之取负值，%。

由式（2.9）可得，确定圆曲线最小半径的关键参数是横向力系数和路面横坡。圆曲线半径越大，横向力系数就越小，汽车就越稳定。所以，从汽车行驶稳定性出发，圆曲线半径越大越好。但有时因受地形、地质、地物等因素的限制，圆曲线半径不可能设置得很大。如

果半径选用的太小，又会使汽车行驶不稳定、不安全，甚至会翻车。所以，必须综合考虑汽车安全、迅速、舒适和经济等因素，并兼顾美观，使确定的最小半径能满足某种程度的行车要求。

（2）圆曲线最小半径。圆曲线最小半径有极限最小半径、一般最小半径和不设超高的最小半径。我国《标准》根据不同的横向力系数和最大超高值，对于不同等级的公路规定了3种半径的数值，见表2.1。

表 2.1　　　　　　　　　　　　各级公路圆曲线最小半径

设计速度/(km/h)		120	100	80	60	40	30	20
极限最小半径/m		650	400	250	125	60	30	15
一般最小半径/m		1000	700	400	200	100	65	30
不设超高的最小半径/m	路拱≤2%	5500	4000	2500	1500	600	350	150
	路拱>2%	7500	5250	3350	1900	800	450	200

1）极限最小半径：是指各级公路在采用允许最大超高的横向摩阻系数情况下，能保证汽车行驶安全的最小半径。它是圆曲线半径采用的最小极限值，当地形困难或条件受限制时才使用。

《标准》中的极限最小半径是在规定的设计速度时，$i_h = 8\%$，$\mu = 0.1 \sim 0.17$ 按式（2.9）计算后得来的。

2）一般最小半径：是指各级公路在采用允许最大超高的横向摩阻系数情况下，保证汽车以设计速度行驶安全与舒适的最小半径，是设计时建议采用的值，它介于极限最小半径与不设超高的最小半径之间。

《标准》中的一般最小半径是按 $i_h = 6\% \sim 8\%$、$\mu = 0.05 \sim 0.06$ 计算后得来的。

3）不设超高的最小半径：是指道路曲线半径较大、离心力较小时，汽车沿双向路拱外侧行驶的路面摩擦力足以保证汽车行驶安全稳定所采用的最小半径。

圆曲线半径大于一定数值时，可以不设置超高，从行驶的舒适性考虑，必须把横向力系数控制在最小值。但是要注意，对于在曲线外侧行驶车辆存在着一个"反超高"，即超高横坡率为负值，大小同路拱，考虑到反超高同样会影响行车安全，所以我国《标准》中考虑路拱坡度不同的设置情况，取 $i_h = -0.015 \sim -0.035$、$\mu = 0.035 \sim 0.050$ 来计算不设超高的最小半径。

（3）圆曲线半径的运用。圆曲线半径的选用与设计速度、地形、相邻曲线的协调均衡、曲线长度、曲线间的直线长度、纵面线形的配合、公路横断面等诸多因素有关。以上3种圆曲线最小半径在具体应用时，应考虑以下几方面的要求。

1）一般情况下尽量选用不小于一般最小半径，只有在受地形限制或特别困难的情况下才可采用极限最小半径。

2）长直线或陡坡尽头，不得采用小半径圆曲线。

3）不论偏角大小，均应设置圆曲线。

4）桥位处两端设置圆曲线时，一般大于最小半径。

5）隧道内必须设置圆曲线时，应大于不设超高的最小半径。

6）半径过大也无实际意义，其几何性质与直线已无太大区别，故一般应小于10000m。

2.1.1.3　缓和曲线

缓和曲线是设置在直线与圆曲线之间或大圆曲线与小圆曲线之间，由较大圆曲线向较小圆曲线过渡的线形，是道路平面线形要素之一。它的优点是曲率半径均匀变化。《标准》规定，除四级公路可不设缓和曲线外，其余各级公路都应设置缓和曲线。在现代高速公路上，有时缓和曲线所占的比例超过了直线和圆曲线，成为平面线形的主要组成部分。在城市道路上，缓和曲线也被广泛使用。

1. 缓和曲线的作用

（1）便于驾驶员操纵方向盘。汽车从直线进入圆曲线，或从大半径圆曲线驶入小半径圆曲线时，插入缓和曲线，可使汽车前轮转向角逐渐从0°转至某一角度，从而有利于驾驶员操纵方向盘，保证行车安全。

（2）减小离心力变化，使乘客乘车舒适和稳定。离心力的大小与汽车的行驶曲率半径成反比。汽车由直线驶入圆曲线或由圆曲线驶入直线时，由于曲率的突变会使乘客有不舒适的感觉，所以，应在曲率不同的曲线之间设置一条过渡曲线，以缓和离心加速度的变化。

（3）超高横坡度及加宽逐渐变化，行车更加平稳。行车道从直线上的双坡断面过渡到圆曲线的单坡断面和由直线上的正常宽度过渡到圆曲线上的加宽宽度，一般情况下是在缓和曲线长度内完成的。为保证路容美观、减少车辆颠簸，设置一定长度的缓和曲线也是有必要的。

（4）与圆曲线配合得当，增加线形美观。圆曲线与直线径向连接，在连接处曲率突变，在视觉上有不平顺的感觉。设置缓和曲线后，线形连续圆滑，增加线形的美观，收到显著的效果。

2. 回旋线

（1）回旋线的数学表达式。回旋线是公路路线设计中最常用的一种缓和曲线。《标准》规定，缓和曲线采用回旋线。缓和曲线采用回旋线，是因为汽车行驶的轨迹非常近似回旋线。回旋线的基本公式为

$$rL = A^2 \tag{2.10}$$

式中　r——回旋线上某点的曲线半径，m；

　　　L——回旋线上某点到原点的曲线长，m；

　　　A——回旋线参数，表征回旋线曲率变化的缓急程度。

在回旋线的任意点上，r是随L的变化而变化的，但在缓和曲线的终点处，$L = L_s$，$r = R$，则式（2.10）可写为

$$RL_s = A^2 \tag{2.11}$$

式中　R——回旋线所连接的圆曲线的半径，m；

　　　L_s——回旋线的缓和曲线的长度，m。

（2）有缓和曲线的道路平曲线的几何要素计算如下。图2.2所示为将回旋线设为缓和曲线的基本图式，其几何元素的计算公式如下。

1）缓和曲线常数的计算如下。

缓和曲线的切线角为

$$\beta_0 = \frac{L_s}{2R} \frac{180}{\pi} \tag{2.12}$$

未设缓和曲线圆曲线的起点至缓和曲线起点的距离为

$$q = \frac{L_s}{2} - \frac{L_s^3}{240R^2} \tag{2.13}$$

设有缓和曲线后圆曲线的内移值为

$$p = \frac{L_s^2}{24R} - \frac{L_s^4}{2384R^3} \tag{2.14}$$

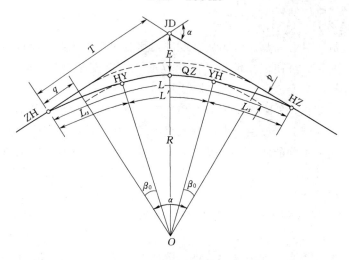

图 2.2　平面线型几何要素

2）平曲线几何要素的计算如下。

平曲线切线长为

$$T = (R + p)\tan\frac{\alpha}{2} + q \tag{2.15}$$

平曲线中的圆曲线长为

$$L' = (\alpha - 2\beta_0)\frac{\pi}{180}R \tag{2.16}$$

平曲线总长为

$$L = (\alpha - 2\beta_0)\frac{\pi}{180}R + 2L_s \tag{2.17}$$

外距为

$$E = (R + p)\sec\frac{\alpha}{2} - R \tag{2.18}$$

超距为

$$J = 2T - L \tag{2.19}$$

式中　T——总切线长，m；

　　　L——总曲线长，m；

　　　E——外矢距，m；

　　　J——修正值，m；

　　　R——圆曲线半径，m；

　　　α——路线转角，(°)；

β_0——缓和曲线终点处（即 HY、YH）的缓和曲线角，(°)；

p——设缓和曲线后，主圆曲线的内移值，m；

q——缓和曲线切线增长值，m；

L_s——缓和曲线长度，m。

设有缓和曲线的平曲线有 5 个主点桩位，分别是 ZH、HY、QZ、YH、HZ，里程推算为

$$ZH(桩号)=JD(桩号)-T \tag{2.20}$$
$$HY(桩号)=ZH(桩号)+L_s \tag{2.21}$$
$$YH(桩号)=HY(桩号)+L' \tag{2.22}$$
$$HZ(桩号)=YH(桩号)+L_s \tag{2.23}$$
$$QZ(桩号)=HZ(桩号)-L/2 \tag{2.24}$$
$$JD(桩号)=QZ(桩号)+J/2 \tag{2.25}$$

（3）缓和曲线的长度及参数。

1）缓和曲线的最小长度。缓和曲线应有足够的长度，以保证驾驶员操纵方向盘所需的时间，使乘客感觉舒适，线形圆滑顺适，圆曲线上的超高和加宽的过渡能在缓和曲线内完成。所以，应规定缓和曲线的最小长度。可从以下几方面考虑。

a. 旅客感觉舒适。汽车行驶在缓和曲线上，其离心加速度将随着缓和曲线曲率的变化而变化，如果变化过快将会使旅客感到横向的冲击，产生不舒适的感觉。通过推导有

$$L_s=0.035\frac{v^3}{R} \tag{2.26}$$

式中　L_s——缓和曲线最小长度，m；

　　　　v——计算行车速度，km/h；

　　　　R——圆曲线半径，m。

b. 超高渐变率适中。由于在缓和曲线上设有超高过渡段，如果过渡段太短则会因路面急剧地由双坡变为单坡而形成一种扭曲的面，对行车不利。

在超高过渡段上，路面外侧逐渐抬高，从而形成一个"附加坡度"，当圆曲线超高值一定时，这个附加坡度就取决于过渡段长度。附加坡度（或称超高渐变率）太大或太小都不好，太大对行车不利，太小对排水不利。《标准》规定了适中的超高渐变率，由此可导出计算缓和段最小长度的公式为

$$L_s=\frac{B}{p}\Delta i \tag{2.27}$$

式中　L_s——缓和曲线最小长度，m；

　　　　B——超高旋转轴至路面外侧边缘的距离，m；

　　　　Δi——超高旋转轴外侧的最大超高横坡度与原路面横坡度的代数差，%；

　　　　p——超高渐变率，参考《标准》选用。

c. 行驶时间不能过短：缓和曲线的长度太短会使驾驶员操作不便，甚至造成驾驶操纵的紧张和忙乱，则有

$$L_s \geqslant v_t = \frac{v}{3.6} \tag{2.28}$$

一般认为汽车在缓和曲线上行驶时间最少为 3s，则有

$$L_{smin}=\frac{v}{1.2} \tag{2.29}$$

考虑了上述影响缓和曲线的各项因素，我国《标准》规定按设计速度来确定缓和曲线最小长度，同时考虑了行车时间和附加纵坡的要求，各级公路的缓和曲线最小长度见表 2.2。

表 2.2　　　　　　　　　　**各级公路的缓和曲线最小长度**

公路等级	高速公路			一级公路			二级公路		三级公路		四级公路
设计行车速度/(km/h)	120	100	80	100	80	60	80	60	40	30	20
缓和曲线最小长度/m	100	85	70	85	70	50	70	50	35	25	20

注　四级公路为超高、加宽缓和段。

2）缓和曲线参数的确定。缓和曲线参数宜根据地形条件及线形要求确定，并与圆曲线半径相协调。德国经验认为，为得到视觉上协调而又平顺的线形，回旋线参数 A 和连接的圆曲线间应保持以下关系，即 $R/3\leqslant A\leqslant R$。

当 $R<100\text{m}$ 时，A 宜大于或等于 R；当 R 接近于 100m 时，A 宜等于 R；当 R 较大或接近于 3000m 时，A 宜等于 $R/3$；当 $R>3000\text{m}$ 时，A 宜小于 $R/3$。

（4）缓和曲线的省略。当设置缓和曲线后计算得出的内移值很小，即使直线与圆曲线直接衔接，汽车也能正常行驶，这样路段可以省略缓和曲线。《规范》规定，在下列情况下可不设回旋线。

1）四级公路无论圆曲线半径的大小可不考虑设计缓和曲线。

2）在直线和圆曲线间，当圆曲线半径大于或等于"不设超高最小半径"时，缓和曲线无条件省略。

3）半径不同的圆曲线径相连接处，应设置为缓和曲线，但符合下述条件时可以省略不设缓和曲线。

a. 小圆半径大于表 2.1 所列"不设超高最小半径"时。

b. 小圆半径大于表 2.3 所列"小圆临界半径"，且符合下列条件之一时。

（a）小圆曲线按规定设置相当于最小回旋线长的回旋线时，其小圆与大圆的内移值之差不超过 0.10m。

（b）设计速度不小于 80km/h 时，大圆半径（R_1）与小圆半径（R_2）之比小于 1.5。

（c）设计速度小于 80km/h 时，大圆半径（R_1）与小圆半径（R_2）之比小于 2。

表 2.3　　　　　　　　　　**复曲线中的小圆临界半径**

公路等级	高速公路			一级公路			二级公路		三级公路	
计算行车速度/(km/h)	120	100	80	100	80	60	80	60	60	30
临界曲线半径/m	2100	1500	900	1500	900	500	900	500	250	130

【工程实例 2.1】　一平原区某二级公路，设计速度为 80km/h，有一弯道 $R=250\text{m}$，交点 JD 的桩号为 K17+568.38，转角 $\alpha=38°30'00''$，试计算该曲线上设置缓和曲线后的 5 个基本桩号。

解：（1）缓和曲线长度 L_s。

平原区二级公路计算行车速度为 80km/h，则

$$L_s = 0.036 \frac{v^3}{R} = 0.036 \times \frac{80^3}{250} = 73.73 \text{(m)}$$

$$L_s > \frac{v}{3.6} \times 3 = \frac{80}{3.6} \times 3 = 66.67 \text{(m)}$$

$$L_s = \frac{R}{9} \sim R = \frac{250}{9} \sim 250 = 27.78 \sim 250 \text{(m)}$$

取整数，采用缓和曲线长75m（《标准》规定：$v = 80 \text{km/h}$ 时，最小缓和曲线长为70m）。

（2）设有缓和曲线后圆曲线的内移值为

$$p = \frac{L_s^2}{24R} - \frac{L_s^4}{2384R^3} = \frac{75^2}{24 \times 250} - \frac{75^4}{2384 \times 250^3} = 0.94 \text{（m）}$$

（3）总切线长为

$$T = (R+p)\tan\frac{\alpha}{2} + q = (250+0.94)\tan 19°15' + 37.47 = 125.10 \text{（m）}$$

（4）曲线总长度为

$$\beta_0 = \frac{L_s^2}{2R}\frac{180}{\pi} = \frac{75}{2 \times 250} \times \frac{180}{3.14} = 8°35'39.72''$$

$$L = (\alpha - 2\beta_0)\frac{\pi}{180}R + 2L_s = 250 \times (38°30' - 2 \times 8°35'39.72'') \times \frac{3.14}{180} + 2 \times 75$$
$$= 242.99 \text{（m）}$$

（5）5个基本桩号。

$$ZH = JD - T = K17+568.38 - 125.10 = K17+443.28$$
$$HY = ZH + L_s = K17+443.28 + 75 = K17+518.28$$
$$YH = HY + L' = K17+518.28 + (242.99 - 150) = K17+611.27$$
$$HZ = YH + L_s = K17+611.27 + 75 = K17+686.27$$
$$QZ = HZ - L/2 = K17+686.27 - 121.495 = K17+564.775$$
$$J = 2T - L = 2 \times 125.10 - 242.99 = 7.21 \text{(m)}$$
$$JD = QZ + J/2 = K17+564.775 + 7.21/2 = K17+568.38$$

JD桩号相同，计算无误。

2.1.2　曲线上的超高与加宽

2.1.2.1　超高

1. 超高及其作用

为抵消车辆在曲线路段上行驶时所产生的离心力，将路面做成外侧高内侧低的单向横坡形式，称为曲线上的超高。合理地设置超高，可以全部或部分抵消离心力，提高汽车在曲线上行驶的稳定性与舒适性。当汽车等速行驶时，圆曲线上所产生的离心力是常数，超高横坡度应是与圆曲线半径相适应的全超高。而在缓和曲线上曲率是变化的，其离心力也是变化的，因此在缓和曲线上应是逐渐变化的超高。这段从直线上的双向横坡渐变到圆曲线上单向横坡的路段，称为超高过渡段。四级公路不设缓和曲线，但曲线上若设有超高，从构造的角度也应有超高过渡段。

2. 超高值的确定

由前面圆曲线半径计算公式（2.9），可得超高值的计算公式为

$$i_k = \frac{v^2}{127R} - \mu \qquad (2.30)$$

最大超高值的限值与气候条件、地形、地区、汽车以低速行驶的频率、路面施工的难易程度等因素有关。从保证汽车转弯时有较高速度和乘客舒适性来看，要求超高横坡应尽量大一点，但考虑到车辆组成不同、车速不一，特别是停在弯道上的汽车，有可能向弯道内侧滑移的危险。另外，在冰雪状态下，过大的超高对车辆启动及刹车都不利。所以，各圆曲线半径所设置的超高值应根据设计速度、圆曲线半径、公路条件、自然条件等经计算确定。道路圆曲线部分的最小超高值应与该道路直线部分的正常路拱横坡度值一致。各级道路圆曲线部分最大超高值规定见表2.4。

表 2.4 各级道路圆曲线部分最大超高值

公路等级	高速公路、一级公路	二级公路、三级公路、四级公路
一般地区/％	8 或 10	8
积雪冰冻地区/％	6	

注 高速公路、一级公路正常情况下采用8％，交通组成中小客车比例高时可采用10％。

3. 超高的过渡方式

超高过渡方式应根据地形、车道数、中间带宽度、超高值、排水要求、路容美观等因素而定，分为下列几种方式。

（1）无中间带的公路的超高过渡方式。

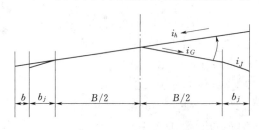

图 2.3 超高值等于横坡的过渡

1）绕内边缘旋转。在过渡段起点之前将路肩的横坡逐渐变为路拱横坡，再以路中线为旋转轴，逐渐抬高外侧路面与路肩，使之达到与路拱坡度一致的单向横坡后（图2.3），整个断面再绕未加宽前的内侧车道边缘旋转，直至达到超高横坡度为止。由于绕内侧边缘旋转行车道内侧不降低，有利于路基纵向排水，一般新建公路宜采用此种方式，如图2.4（a）所示。

2）绕中线旋转。在超高过渡段之前，先将路肩横坡逐渐变为路拱横坡，再以路中线为旋转轴，使外侧车道和内侧车道变为单向的横坡度后，整个断面一同绕中线旋转，使单坡横断面直至达到超高横坡度为止。一般改建公路常采用此种方式，如图2.4（b）所示。

3）绕外边缘旋转。先将外侧车道绕外边缘旋转，与此同时，内侧车道随中线的降低而相应降低，待达到单向横坡后，整个断面仍绕外侧车道边缘旋转，直至超高横坡度。路基外缘标高受限制或路容美观有特殊要求时可采用此种方式，如图2.4（c）所示。

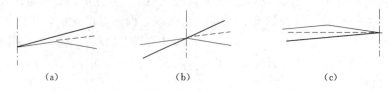

(a)	(b)	(c)

图 2.4 无中间带公路超高的过渡方式
（a）绕内边缘旋转；（b）绕中线旋转；（c）绕外边缘旋转

（2）有中间带的公路的超高过渡方式。

1）绕中间带的中心线旋转，如图 2.5（a）所示。

先将外侧行车道绕中间带的中心旋转，待达到与内侧行车道构成单向横坡后，整个面一同绕中心线旋转，直至超高横坡值，此时中央分隔带呈倾斜状。中间带宽度不大于 4.5m 的公路可采用。

2）绕中央分隔带边缘旋转，如图 2.5（b）所示。

将两侧行车道分别绕中央分隔带边缘旋转，使之各自成为独立的单向超高断面，此时中央分隔带维持原水平状态。各种宽度中间带均可选用此种方式。

3）绕各自行车道中线旋转，如图 2.5（c）所示。

将两侧行车道分别绕各自的中线旋转，使之各自成为独立的单向超高断面，此时中央分隔带边缘分别升高与降低而成为倾斜断面。车道数大于 4 条的公路可采用。

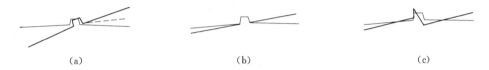

|　　　　　　　　(a)　　　　　　　　　　　　　　(b)　　　　　　　　　　　　　(c)|

图 2.5　有中间带公路的超高过渡方式

（a）绕中间带的中心线旋转；（b）绕中央分隔带边缘旋转；（c）绕各自行车道中线旋转

（3）超高过渡段的设置。由直线段的双向路拱横断面逐渐过渡到圆曲线段的全超高单向横断面，其间必须设置超高过渡段。双车道公路超高过渡段长度按式（2.31）计算，即

$$L_c = \frac{B\Delta i}{p} \tag{2.31}$$

式中　B——旋转轴至行车道（设路缘带时为路缘带）外侧边缘的宽度，m；

　　　Δi——超高坡度与路拱坡度的代数差，%；

　　　p——超高渐变率，即旋转轴至行车道外侧边缘线之间的相对坡度，其值见表 2.5；

　　　L_c——超高过渡段长度。

表 2.5　　　　　　　　　　　　　　　　超　高　渐　变　率

设计速度 /(km/h)	超高旋转轴位置		设计速度 /(km/h)	超高旋转轴位置	
	中线	边线		中线	边线
120	1/250	1/200	40	1/150	1/100
100	1/225	1/175	30	1/125	1/75
80	1/200	1/150	20	1/100	1/50
60	1/175	1/125			

在确定超高过渡段长度时，超高过渡段长度一般应采用 5 的倍数，且不小于 10m。一般情况下，在确定缓和曲线长度时，已经考虑了超高过渡段所需的最短长度，故一般取超高过渡段上 L_c 与回旋线长度 L 相等，即超高的过渡应在回旋线全长范围内进行；但当回旋线较长时，超高过渡段可设在回旋线的某一区段范围之内，其超高过渡段的纵向渐变率不得小于 1/330，全超高断面宜设在缓圆点和圆缓点处。

分离式路基公路的超高过渡方式宜按无中间带公路分别予以过渡。城市道路单幅路及三

幅路机动车道宜绕中线旋转；双幅路及四幅路机动车道宜绕中间分隔带边缘旋转，使两侧车行道各自成为独立的超高横断面。

（4）超高值计算。平曲线上设置超高以后，道路中线、路基内外边缘等计算点与路基设计高程的高差 h 称为超高值。计算超高值后可根据路基设计标高计算路基内外缘的设计标高，这些高程是弯道施工的依据，应列于路基设计表中。这些超高计算公式见表 2.6 和表 2.7，并可参看图 2.6。

表 2.6　　　　　　　　　　　　　　绕边线旋转超高值计算公式

超高位置		计算公式	
		$x \leqslant x_0$	$x > x_0$
圆曲线上	外缘 h_c	$b_j i_j + (b_j + B) i_b$	
	中线 h_c'	$b_j i_j + \dfrac{B}{2} i_b$	
	内缘 h_c''	$b_j i_j - (b_j + b) i_b$	
过渡段上	外缘 h_{cx}	$b_j (i_j - i_G) + [b_j i_G + (b_j + B) i_b] \dfrac{x}{L_c} \left(或 \approx \dfrac{x}{L_c} h_c \right)$	
	中线 h_{cx}'	$b_j i_j + \dfrac{B}{2} i_G$	$b_j i_j + \dfrac{B}{2} \dfrac{x}{L_c} i_b$
	内缘 h_{cx}''	$b_j i_j - (b_j + b_x) i_G$	$b_j i_j - (b_j + b_x) \dfrac{x}{L_c} i_b$

注　1. 计算结果均为与设计标高的高差。

　　2. 临界断面距缓和起点：$x_0 = \dfrac{i_G}{i_b} L_c$。

　　3. x 距离处的加宽值：$b_x = \dfrac{x}{L_c} b$。

表 2.7　　　　　　　　　　　　　　绕中线旋转超高值计算公式

超高位置		计算公式	
		$x \leqslant x_0$	$x > x_0$
圆曲线上	外缘 h_c	$b_j (i_j - i_G) + \left(b_j + \dfrac{B}{2} \right) (i_G + i_b)$	
	中线 h_c'	$b_j i_j + \dfrac{B}{2} i_G$	
	内缘 h_c''	$b_j i_j + \dfrac{B}{2} i_G - \left(b_j + \dfrac{B}{2} + b \right) i_b$	
过渡段上	外缘 h_{cx}	$b_j (i_j - i_G) + \left(b_j + \dfrac{B}{2} \right) (i_G + i_b) \dfrac{x}{L_c} \left(或 \approx \dfrac{x}{L_c} h_c \right)$	
	中线 h_{cx}'	$b_j i_j + \dfrac{B}{2} i_G$	
	内缘 h_{cx}''	$b_j i_j - (b_j + b_x) i_G$	$b_j i_j + \dfrac{B}{2} i_G - \left(b_j \cdot \dfrac{B}{2} + b_x \right) \dfrac{x}{L_c}$

注　1. 计算结果均为与设计标高的高差。

　　2. 临界断面距缓和段起点：$x_0 = \dfrac{2 i_G}{i_G + i_b} L_c$。

　　3. x 距离处的加宽值：$b_x = \dfrac{x}{L_c} b$。

表 2.6 和表 2.7 公式中各字母含义如下：B 为路面宽度，m；b_j 为路肩宽度，m；i_G 为路拱横坡度；i_j 为路肩横坡度；i_b 为超高横坡度；L_c 为超高缓和段长度（或缓和曲线长度），m；L_0 为路基横坡度由 i_j 变为 i_G 所需的距离，m；一般可取 1m；x_0 为与路拱同坡度的单向超高点至超高缓和段起点的距离，m；x 为超高缓和段上任意一点至起点的距离，m；h_c 为基外缘最大超高值，m；h'_c 为路中线最大抬高值，m；h''_c 为路基内缘最大降低值。m；h_{cx} 为 x 距离处路基外缘抬高值，m；h'_{cx} 为 x 距离处路中线抬高值，m；h''_{cx} 为 x 距离处路基内缘降低值，m；b 为路基加宽值，m；b_x 为 x 距离处路基加宽值，m。

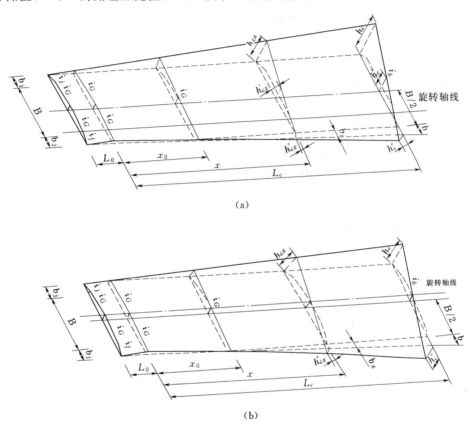

（a）

（b）

图 2.6　超高过渡方式

（a）绕内边轴旋转；（b）绕中轴旋转

2.1.2.2　曲线加宽

1. 圆曲线上设置加宽的原因和条件

汽车在曲线上行驶时，各个车轮的轨迹半径是不相等的，后轴内侧车轮的行驶轨迹半径最小，前轴外侧车轮的行驶轨迹半径最大。因此，在车道内侧需要更宽一些的行车道以满足后轴内侧车轮的行驶轨迹要求，所以需要加宽曲线上的行车道。汽车在曲线上行驶时，前轴中心的轨迹并不完全符合理论轨迹，而是有较大的摆动偏移，所以也需要加宽曲线上的行车道，以保证车辆摆动偏移时的安全。圆曲线上设置加宽的条件：《标准》规定，当平曲线半径不大于 250m 时，应在平曲线内侧设置加宽。

2. 全加宽值的确定方法

（1）加宽值的计算方法。根据汽车交会时相对位置所需的加宽值 e_1，设汽车后轴至前保

险杠之距为 d，圆曲线半径为 R，则单车道上的加宽值为

$$e_1 = \frac{d^2}{R} \tag{2.32}$$

根据试验和行车调查，车速引起的汽车摆动幅度的变化值为

$$e_2 = \frac{0.1v}{\sqrt{R}} \tag{2.33}$$

则圆曲线上的一个车道全加宽值为

$$B_j = e_1 + e_2 = \frac{d^2}{R} + \frac{0.1v}{\sqrt{R}} \tag{2.34}$$

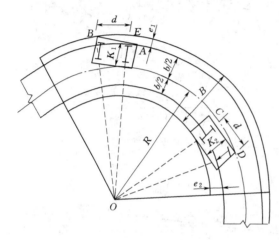

图 2.7 普通汽车加宽

对于有半挂车的汽车，对行车道的加宽要求由牵引车、拖车、汽车摆动幅度的变化值由 3 部分组成，即

$$B_j = e_1 + e_2 = \frac{d_1^2}{R} + \frac{d_2^2}{R} + \frac{0.1v}{\sqrt{R}} \tag{2.35}$$

式中　d_1——牵引车后轴至保险杠前缘的距离；

　　d_2——拖车后轴至牵引车后轴的距离。

普通汽车的加宽示意图如图 2.7 所示。

（2）加宽的规定与要求。当平曲线半径不大于 250m 时，应统一在平曲线内侧加宽，双车道的加宽值见表 2.8；四级公路和山岭重丘区的三级公路采用第一类加宽值，其余各级公路采用第三类加宽值；对于不经常通行集装箱运输半挂车的公路，可采用第二类加宽值；圆曲线的加宽应设置在圆曲线内侧且路面加宽时路基一般也同时加宽。

表 2.8　　　　　　　　　　　双 车 道 路 面 加 宽 值

加宽类型	汽车轴距加前悬/m	圆 曲 线 半 径/m							
		250～200	200～150	150～100	100～70	70～50	50～30	30～25	25～20	20～15
1	5	0.4	0.6	0.8	1.0	1.2	1.4	1.8	2.2	2.5
2	8	0.6	0.7	0.9	1.2	1.5	2.0	—	—	—
3	5.2+8.8	0.8	1.0	1.5	2.0	2.5	—	—	—	—

由 3 条以上车道构成的行车道，其加宽值应另行计算。四级公路路基采用 6.5m 以上的宽度时，当路面加宽后剩余的路肩宽度不小于 0.5m 时则路基可不予加宽；小于 0.5m 时则应加宽路基以保证路肩宽度不小于 0.5m。

3. 加宽缓和段

（1）加宽缓和段设置。当圆曲线段设置全加宽时，为了使路面由直线段正常宽度断面过渡到圆曲线段全加宽断面，需要在直线和圆曲线之间设置加宽缓和段。对于设置有缓和曲线的平曲线，加宽缓和段应采用与缓和曲线相同的长度；对于不设缓和曲线但设置有超高缓和

段的平曲线，可采用与超高缓和段相同的长度；对于不设缓和曲线又不设置超高缓和段的平曲线，其加宽缓和段长度应按渐变率为 1/15 且长度不小于 10m 的要求设置。

（2）加宽缓和段的形式。

1）按比例过渡。对于二、三、四级公路，采用在加宽缓和段全长范围内按其长度成正比例增加的方法，即

$$b_{jx} = \frac{x}{L_j} B_j \tag{2.36}$$

式中　b_{jx}——缓和段上加宽值；

　　　　x——缓和段上任意点至缓和段起点之间的距离；

　　　　L_j——加宽缓和段长度；

　　　　B_j——全加宽值。

2）高次抛物线过渡。对于高等级公路，采用高次抛物线过渡形式，即

$$b_{jx} = (4k^3 - 3k^4) B_j \tag{2.37}$$

式中　k——加宽值参数，$k = \frac{x}{L_j}$。

此外，还有缓和曲线过渡、插入二次抛物线过渡等方法。

2.1.3　平面线形的组合与衔接

2.1.3.1　平面线形设计的一般原则

（1）平面线形应直接、连续、均衡，并与地形相适应，与周围环境相协调。

（2）各级公路不论转角大小均应敷设曲线，并宜选用较大的圆曲线半径。转角过小时，应调整平面线形。当不得已而设置小于 7° 的转角时，则必须按规定设置足够长的曲线。

《规范》规定的平曲线最小长度见表 2.9，公路转角不大于 7° 时的平曲线长度见表 2.10。

表 2.9　　　　　　　　　　　　　平曲线最小长度

设计速度/（km/h）		120	100	80	60	40	30	20
平曲线 最小长度/m	一般值	600	500	400	300	200	150	100
	最小值	200	170	140	100	70	50	40

表 2.10　　　　　　　　　　　　公路转角不大于 7° 时的平曲线长度

公路等级		高速公路			一级公路			二级公路		三级公路		四级公路
设计车速/（km/h）		120	100	80	100	80	60	80	60	40	30	20
平曲线 最小长度/m	一般值	$1400/\theta$	$1200/\theta$	$1000/\theta$	$1200/\theta$	$1000/\theta$	$700/\theta$	$1000/\theta$	$700/\theta$	$500/\theta$	$350/\theta$	$280/\theta$
	低限值	200	170	140	170	140	100	140	100	70	50	40

注　表中 θ 为路线转角值，（°）。

（3）6 车道及其以上的高速公路，同向或反向圆曲线间插入的直线长度，还应符合路基外侧边缘超高过渡渐变率规定的要求。

（4）设计速度不大于 40km/h 的双车道公路，两相邻反向圆曲线无超高时可径向衔接，无超高有加宽时应设置长度不小于 10m 的加宽过渡段；两相邻反向圆曲线设有超高时，地形条件特殊困难路段的直线长度不得小于 15m。

（5）设计速度不大于40km/h的双车道公路，应避免连续急弯的线形。地形条件特殊、困难不得已而设置时，应在曲线间插入规定的直线长度或回旋线。

2.1.3.2 平面线形的组合与衔接

平面线形由直线、圆曲线、缓和曲线3个几何要素组成。3个线形要素可以组合成不同的组合线形。

1. 基本形曲线

按直线—缓和曲线—圆曲线—缓和曲线—直线的顺序组合的曲线称为基本形，如图2.8所示。当两个缓和曲线的参数值相等，即 $A_1 = A_2$ 时，叫做对称基本形。两个缓和曲线的参数值也可根据地形条件设计成非对称的曲线，即 $A_1 \neq A_2$。为使线形连续协调，缓和曲线—圆曲线—缓和曲线的长度之比宜为 $1:1:1$ 左右，并注意 $A_1 : A_2$ 应不大于2。

2. S形曲线

两反向圆曲线相衔接或插入的直线长度不足时，可用回旋线将两反向圆曲线连接组合为S形曲线，如图2.9所示。S形曲线的两回旋线参数 A_1 与 A_2 宜相等。当采用不同的回旋线参数时，A_1 与 A_2 之比应小于2.0，有条件时以小于1.5为宜。

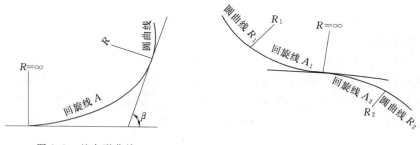

图2.8 基本形曲线   图2.9 S形曲线

S形的两个反向回旋线以径向光滑连接为宜，当地形条件受限制，必须插入短直线或当两圆曲线的回旋线相互重合时，短直线或重合段的长度应符合以下公式，即

$$L \leqslant \frac{A_1 + A_2}{40} \tag{2.38}$$

式中 L——反向回旋线间短直线或重合段的长度，m；
A_1，A_2——回旋线参数。

两圆曲线半径之比不宜过大，以 $\dfrac{R_1}{R_2} \leqslant 2$ 为宜。R_1 为大圆曲线半径（m），R_2 为小圆曲线半径（m）。

3. 卵形曲线

两同向圆曲线相衔接或插入的直线长度不足时，可用回旋线将两同向圆曲线连接组合为卵形曲线，如图2.10所示。卵形曲线的回旋线参数宜选 $R_2/2 \leqslant A \leqslant R_2$（$R_2$ 为小圆曲线半径）。两圆曲线半径之比以 $0.2 \leqslant \dfrac{R_1}{R_2} \leqslant 0.8$ 为宜。两圆曲线的间距以 $0.003 \leqslant \dfrac{D}{R_2} \leqslant 0.03$ 为宜（D 为两圆曲线间的最小间距）。

4. 凸形曲线

受地形条件限制时，可将两同向回旋线在曲率相同处径向衔接而组合成为凸形曲线，如

图 2.11 所示。凸形曲线只有在路线严格受地形限制，且对接点的曲率半径相当大时方可采用。凸形曲线的回旋线参数及其对接点的曲率半径，应分别符合允许最小回旋参数和圆曲线最小半径的规定。凸形曲线在两回旋线曲线衔接处，曲率发生突变，不仅行车操作不便，而且由于超高、路面边缘线纵断面也在该处形成转折，所以凸形曲线作为平面曲线是不理想的。

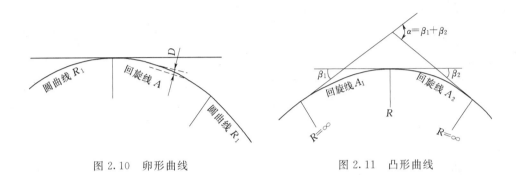

图 2.10　卵形曲线　　　　　　　　　图 2.11　凸形曲线

5. 复合曲线

受地形条件限制时，大半径圆曲线与小半径圆曲线相衔接处，可采用两个或两个以上同向回旋线在曲率相同处径向连接而组合为复合曲线，如图 2.12 所示。复合曲线的两个回旋线参数之比以小于 1.5 为宜。复合曲线在受地形条件限制或互通式立体交叉的匝道设计中可采用。

6. C 形曲线

受地形条件或其他特殊情况限制时，可将两同向圆曲线的回旋线曲率为零处径向衔接而组合为 C 形曲线，如图 2.13 所示。C 形的线形组合方式只有在特殊地形条件下方可采用。

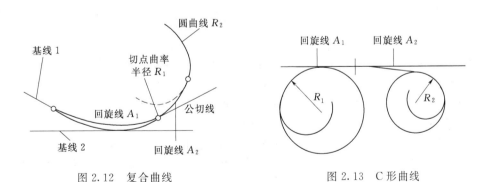

图 2.12　复合曲线　　　　　　　　　图 2.13　C 形曲线

2.1.4　公路平面设计成果识读

2.1.4.1　直线、曲线及转角表

直线、曲线及转角表全面地反映了路线的平面位置和路线平面线形的各项指标，它是公路设计的主要成果。只有在完成该表以后，才能据此计算逐桩坐标表和绘制路线平面设计图，同时在做路线的纵断面设计、横断面设计和其他构造物设计时都要使用该表的数据。该表的格式参见表 2.11。

表 2.11				直线、曲线及转角表									
交点号 JD	交点桩号	转角值 α		半径 R	曲线要素值/m							曲线位置		曲线中点 QZ
		左转角值 αL	右转角值 αY		缓和曲线参数 A	缓和曲线长度 Ls	切线半径 T	曲线长度 L	外距 E	校正值 D	第一缓和曲线或超高过渡长度加宽过渡长度起点 ZH	第一缓和曲线终点或圆曲线起点 HY（ZY）	
1	2	3	4	5	6	7	8	9	10	11	12	13	14

曲线位置		直线长度及方向			测量断链			备注
第二线和曲线终点或圆曲线起点 YH（YZ）	第二缓和曲线或超高过渡长度加宽过渡长度起点 HZ	直线长度/m	交点间距/m	计算方位角或计算方向角/(°)	桩号	增长/m	减短/m	
15	16	17	18	19	20	21	22	23

2.1.4.2 逐桩坐标表

高速公路、一级公路的线形指标高，在测设和放线时需要采用坐标法才能保证测设精度。所以，平面设计成果必须提供一份逐桩坐标表。

2.1.4.3 公路平面设计图

公路平面设计图综合反映路线的平面位置、线形和几何尺寸，还反映出沿线人工构造物和重要工程设施的布置及道路与周边环境地形、地物和行政区划的关系等。

公路平面图中应示出沿线的地形、地物、路线位置及里程桩号、断链、平曲线主要桩位与其他交通路线的关系以及县以上境地界等；标注水准点、导线点及坐标网格或指北图式；示出特大桥、大中桥、隧道、路线交叉位置等；列出平曲线要素和交点坐标表等。比例尺一般为 1∶2000～1∶5000。

具体道路平面设计成果识读见本书附录××区××至××公路工程一阶段施工图设计。

学习情境2.2 道路纵断面图识读

【情境描述】 在读懂道路施工图总说明、熟悉道路平面设计图的基础上，了解道路纵断面设计的规定和要求，掌握纵断面设计要素的应用，掌握纵断面坡度坡长设计的基本方法，以及竖曲线设计的知识，能运用知识分析具体的道路纵断面案例。

2.2.1 纵断面设计的规定和要求

沿着道路中线竖向剖切而展开的断面即为路线纵断面。由于自然因素的影响以及经济性要求，路线纵断面总是一条有起伏的空间线。纵断面设计主要是解决公路线形在纵断面上的位置、形状和尺寸问题。纵断面设计要依据汽车的动力特性、道路等级、当地的自然地理条件以及工程经济性等，同时要满足汽车行驶时的力学要求、驾驶员视觉及心理要求和乘客的舒适性要求。

图 2.14 所示为路线纵断面示意图。纵断面图是道路纵断面设计的主要成果，也是道路设计的重要技术文件之一。把道路的纵断面图与平面图结合起来，就能准确地定出道路的空间位置。

纵断面图由两条主要的线及文字资料两部分构成：一条是地面线，它是根据中线上各桩

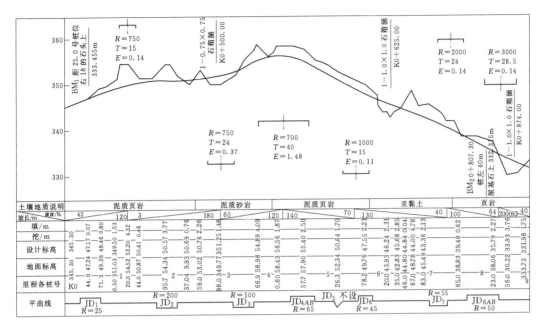

图 2.14 路线纵断面

点的高程而点绘的一条不规则的折线，反映了沿着中线地面的起伏变化情况；另一条是设计线，是路线上各点路基设计高程的连续，由直线和竖曲线组成，直线（即均匀坡度线）有上坡和下坡，是用高差和水平长度表示的；在直线的坡度转折处为了平顺过渡要设置竖曲线，按坡度转折形式的不同，竖曲线有凹有凸，其大小用半径和水平长度表示。

纵断面线是经过技术、经济以及美学等多方面比较后定出的一条具有规则形状的几何线，反映了道路路线的起伏变化情况。

如图 2.14 所示，中线上地面点高程叫做地面高程；路基未设加宽超高前的路肩边缘的高程叫做设计高程；同一桩点的设计高程与地面高程之高差叫做施工标高，又称为填挖高；当设计高程大于地面高程时，为填方路段称为路堤；当设计高程小于地面高程时，为挖方路段称为路堑。

2.2.1.1 最大纵坡与最小纵坡

1. 最大纵坡

最大纵坡是指在纵坡设计时各级道路允许使用的最大坡度值。它是道路纵坡极限值，是纵面线形设计的重要控制指标。在地形起伏较大地区，它的大小直接影响路线的长短、使用质量、运输成本及工程的经济性。

（1）制定最大纵坡的依据。

1）车辆类型。各级道路允许的最大纵坡是根据汽车的动力特性、道路等级、自然条件以及工程、运营经济等因素，通过综合分析、全面考虑合理确定的。

2）计算车速。由于不同类型的汽车具有不同的动力性能和制动性能，其上坡时的爬坡能力和下坡时的制动能力也不同，要求的最大纵坡也不同。所以，在确定最大纵坡时应以国产典型载重汽车作为标准车型。

3）自然条件。汽车的爬坡能力与行驶速度成反比，车速越高爬坡能力越低。因此，确定道路路线最大纵坡应以保证一定的速度为前提。

（2）最大纵坡设计标准。各级公路最大纵坡的规定见表 2.12。

表 2.12　　　　　　　　　　　各级公路最大纵坡

设计速度/(km/h)	120	100	80	60	40	30	20
最大纵坡/%	3	4	5	6	7	8	9

高速公路受地形条件或其他特殊因素限制时，经技术经济论证合理，最大纵坡可增加 1%；公路改建中，设计速度为 40km/h、30km/h、20km/h 的利用原有公路路段，经技术经济论证合理，最大纵坡可增加 1%。

位于海拔 2000m 以上或严寒冰冻地区，四级公路山岭、重丘区的最大纵坡不应大于 8%。

桥上及桥头路线的最大纵坡如下。

1）小桥与涵洞处纵坡应按路线规定采用。

2）大、中桥上纵坡不宜大于 4%，桥头引道纵坡不宜大于 5%；紧接大、中桥桥头两端的引道纵坡应与桥上纵坡相同（即引道应有一段纵坡与桥梁保持一致）。

3）隧道部分路线纵坡。隧道内纵坡不应大于 3%，但独立明洞和短于 50m 的隧道其纵坡不受此限制；紧接隧道洞口的路线纵坡应与隧道内纵坡相同。

4）位于市镇附近非汽车交通较多的地段，桥上及桥头引道纵坡均不得大于 3%。在非机动车交通比例较大路段，为照顾其交通要求可根据具体情况将纵坡适当放缓：平原、微丘区一般不大于 2%～3%；山岭、重丘区一般不大于 4%～5%。

（3）高原纵坡折减。在海拔 3000m 以上的高原地区，由于空气密度下降而使汽车发动机的功率、汽车的驱动力以及空气阻力降低，导致汽车的爬坡能力下降。同时，汽车水箱中的水易于沸腾而破坏冷却系统。为此，在高原地区除了汽车本身要采用一些措施使得汽油充分燃烧，避免随海拔增高而使功率降低过甚外，在道路纵坡设计中应适当采用较小的坡度。

《规范》规定：位于海拔 3000m 以上的高原地区的各级公路的最大纵坡值应按表 2.13 的规定予以折减，折减后若小于 4%，则仍采用 4%。

表 2.13　　　　　　　　　　　高原纵坡折减

海拔高度/m	3000～4000	4000～5000	5000 以上
折减值/%	1	2	3

2. 最小纵坡

最小纵坡是各级公路在特殊情况下允许使用的最小坡度值。

一般情况下，为使公路上汽车快速、安全和通畅地行驶，希望道路纵坡设计的小一些为好。但是，在长路堑以及其他横向排水不通畅的地段，为保证排水要求，防止积水渗入路基而影响其稳定性，均应设置不小于 0.3% 的纵坡，当必须设计平坡（0%）或小于 0.3% 的纵坡时，边沟应作纵向排水设计。

在弯道超高横坡渐变段上，为使行车道外侧边缘不出现反坡，设计最小纵坡不宜小于超高允许渐变率。干旱少雨地区最小纵坡可不受上述限制。

2.2.1.2　坡长限制与缓和坡段

1. 坡长限制

坡长限制是指最小坡长和最大坡长两方面的内容。

（1）最小坡长限制。其主要是从汽车行驶平顺性、乘客舒适性等要求考虑的。如果坡长过短，使变坡点增多，汽车行驶在连续起伏地段产生的增重与减重的变化频繁，导致乘客感觉不舒适，车速越高越感突出。从路容美观、相邻两竖曲线的设置和纵面视距等方面考虑也要求坡长应有一定的最短长度。

最小坡长通常以设计速度行驶 9~15s 的行程作为规定值。《标准》规定，各级公路最短坡长应按表 2.14 选用。在平面交叉口、立体交叉的匝道以及过水路面地段，最短坡长可不受此限。

表 2.14　　　　　　　　　　　**各级公路最小坡长**

设计速度/(km/h)	120	100	80	60	40	30	20
最小坡长/m	300	250	200	150	120	100	60

（2）最大坡长限制。它是指控制汽车在坡道上行驶，当车速下降到最低允许速度时所行驶的距离。实际资料表明，道路纵坡的大小及其坡长对汽车正常行驶影响很大，纵坡越陡、坡长越长，汽车因克服行驶阻力而使行车速度显著下降，甚至要换较低排挡克服坡度阻力；易使水箱"开锅"，导致汽车爬坡无力，甚至熄火；下坡行驶制动次数频繁，易使制动器发热而失效，甚至造成车祸。

要从理论上确切计算由希望速度到允许速度的最大坡长是困难的，必须结合试验调查资料综合海拔高度、装载量、油门开启程度、滚动阻力系数及挡位等研究后确定。

《规范》规定，各级公路不同纵坡时的最大坡长可按表 2.15 选用。

表 2.15　　　　　　　　　　　**各级公路纵坡长度限制**

纵坡坡度/% ＼ 设计速度/(km/h) 最大坡长/m	120	100	80	60	40	30	20
3	900	1000	1100	1200			
4	700	800	900	1000	1100	1100	1200
5		600	700	800	900	900	1000
6			500	600	700	700	800
7					500	500	600
8					300	300	400
9						200	300
10							200

高速公路、一级公路当连续陡坡由几个不同坡度值的坡段组合而成时，应对纵坡长度受限制的路段采用平均坡度法进行验算。

二、三、四级公路当连续纵坡大于 5% 时，应对纵坡长度加以限制，以利于提高车速和行车安全。对计算行车速度不大于 80km/h 的道路，当连续纵坡大于坡长限制值时，应在不大于规定长度处设缓和坡段。

2. 缓和坡段

在纵断面设计中，当连续陡坡的长度大于限制最大坡长的规定值时，应安排一段缓坡，用以恢复在陡坡上降低的速度。同时，从下坡安全考虑，缓坡也是需要的。在缓坡上汽车将加速行驶，理论上缓坡的长度应适应这个加速过程的需要，但实际设计中很难满足这个要求。《标准》规定，缓和坡段的纵坡应不大于3%，其长度应不小于最短坡长。

设置缓和坡段应结合纵向地形起伏情况，尽量减少填挖方工程数量，同时应考虑路线的平面线形要素。在一般情况下，缓和坡段宜设置在平面的直线或较大半径的平曲线上，以便充分发挥缓和坡段的作用，提高整条道路的使用质量。为了提高行驶质量、保证行车安全，在必须设置缓和坡段而地形又困难的地段，可以将缓和坡段设于半径比较小的平曲线上，但应适当增加缓和坡段的长度，以使缓和坡段端部的竖曲线位于该小半径平曲线之外。

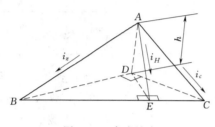

图 2.15 合成坡度

2.2.1.3 合成坡度与平均纵坡

1. 合成坡度

由路线纵坡与弯道超高横坡或路拱横坡组合而成的坡度称为合成坡度，其方向即流水线方向，如图2.15所示。

合成坡度的计算公式为

$$i_H = \sqrt{i_z^2 + i_c^2} \tag{2.39}$$

式中　i_H——合成坡度，%；

　　　i_z——路线设计纵坡坡度，%；

　　　i_c——超高横坡度或路拱横坡度，%。

将合成坡度控制在一定范围之内，目的是尽可能地避免急弯和陡坡的不利组合，防止因合成坡度过大而引起的横向滑移和行车危险，保证车辆在弯道上安全而顺适地运行。

表2.16为各级公路最大允许合成坡度规定值。

表 2.16　　　　　　　　　　各级公路最大合成坡度

公路等级	高速公路			一级公路			二级公路		三级公路		四级公路
设计速度/(km/h)	120	100	80	100	80	60	80	60	40	30	20
合成坡度值/%	10.0	10.0	10.5	10.0	10.0	10.5	9.0	10.0	9.5	10.0	10.0

特别是在冬季路面有积雪结冰的地区，自然横坡较陡峻的傍山路段和非汽车交通比率高的路段，要求合成坡度必须小于8%。

为了保证路面排水，《规范》规定合成坡度的最小值不宜小于0.5%。特别在超高过渡段，合成坡度小于0.5%时，应采取综合排水措施，以保证排水通畅。

2. 平均纵坡

在公路设计中，平均纵坡是指一定长度的路段纵向所克服的高差与路线长度之比，是为了合理运用最大纵坡、坡长及缓和坡段的规定，以保证车辆安全顺利地行驶的限制性指标。

平均纵坡与坡道长度有关，还与相对高差有关。《标准》规定，二、三、四级公路越岭路线连续上坡（或下坡）路段，相对高差为200～500m时，平均纵坡不应大于5.5%；相对高差大于500m时，平均纵坡不应大于5%，并注意任意连续3km路段的平均纵坡不宜大于 5.5%。

2.2.2　竖曲线设计

1. 竖曲线的作用及线形

纵断面上相邻两条纵坡线相交形成变坡点，其相交角用转坡角表示。为了行车平顺、舒适，在相邻两条纵坡线相交的转折处，用一段曲线来缓和，这条连接两纵坡线的曲线叫做竖曲线。

竖曲线的形状，通常采用圆曲线或二次抛物线两种。在设计和计算上，为方便一般采用二次抛物线形式。当竖曲线转坡点在曲线上方时为凸形竖曲线；反之为凹形竖曲线。

竖曲线的主要作用如下。

（1）缓冲作用。用竖曲线代替折线可以消除汽车在变坡点的冲击。

（2）保证公路纵向的行车视距。凸形竖曲线减少纵坡变化产生的盲区；凹形竖曲线可增加下穿路线的视距。

（3）平竖曲线很好地组合，有利于路面排水和改善行车的视线诱导和舒适感。

2. 竖曲线要素计算

竖曲线要素计算如图 2.16 所示。

设相邻两纵坡坡度分别为 i_1 和 i_2，则相邻两坡度的代数差即转坡角为 $\omega = i_1 - i_2$，其中 i_1、i_2 为本身值，当上坡时取正值，下坡时取负值。当 ω 为负值时，则为凸形竖曲线；当 ω 为正值时，则为凹形竖曲线。

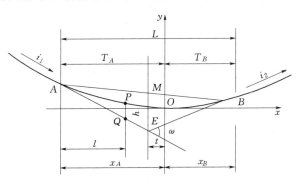

图 2.16　竖曲线要素计算

我国采用的是二次抛物线形作为竖曲线的常用形式，其基本方程为

$$x^2 = 2Py \tag{2.40}$$

如图 2.16 所示，若取抛物线顶点处的曲率半径为 R，则有

$$x^2 = 2Ry \tag{2.41}$$

$$y = \frac{x^2}{2R} \tag{2.42}$$

竖曲线上任一点 P 的斜率（通过该点的斜线的坡度）为

$$i_P = \frac{d_y}{d_x} = \frac{x}{R} \tag{2.43}$$

（1）竖曲线长度 L。纵断面设计中竖曲线长度是指两点间的水平距离，即

$$L = R\omega \tag{2.44}$$

（2）竖曲线切线长 T 为

$$T = \frac{L}{2} = \frac{R\omega}{2} \tag{2.45}$$

（3）竖曲线上任一点的竖距 h 为

$$h = \overline{PQ} = y_p - y_q = \frac{l^2}{2R} \tag{2.46}$$

（4）竖曲线的外距 E 为

$$E = \frac{T^2}{2R} \tag{2.47}$$

（5）竖曲线上任意点至相应切线的距离 y 为

$$y = \frac{x^2}{2R} \tag{2.48}$$

式中 x——竖曲线上任意点至竖曲线起点（终点）的距离，m；

R——竖曲线的半径，m。

3. 竖曲线的设计标准

竖曲线设计标准有竖曲线最小半径和竖曲线长度。由于汽车在凸形竖曲线和凹形竖曲线上行驶时，考虑影响的因素不同，两者有不同的设计标准。

（1）竖曲线最小半径的确定。

1）凹形竖曲线极限最小半径确定考虑因素如下。

a. 缓和冲击。汽车在凹形竖曲线上行驶时，由于离心力的作用，产生增重；半径越小，离心力越大；增重不仅会影响到旅客的舒适性，同时也会影响到汽车的悬挂系统。因此，应控制离心力不致过大来限制竖曲线极限最小半径。

b. 夜间行驶前灯照射距离。对地形起伏较大地区的路段，在夜间行车时，若半径过小，前灯照射距离过短，则无法保证行车速度和安全。

c. 跨线桥下视距要求。为保证汽车穿过跨线桥时有足够的视距，汽车行驶在凹形竖曲线上时，应对竖曲线最小半径加以限制。

2）凸形竖曲线极限最小半径确定考虑因素如下。

a. 缓和冲击。汽车行驶在竖曲线上时，产生径向离心力，使汽车在凸形竖曲线上产生失重，所以确定竖曲线半径时对离心力要加以控制。

b. 满足纵面行车视距。汽车行驶在凸形竖曲线上，如果竖曲线半径太小，会阻挡司机的视线。为了行车安全，对凸形竖曲线的最小半径和最小长度应加以限制。

综合以上情况，《标准》规定了各级公路的凹形竖曲线和凸形竖曲线的极限最小半径，见表2.17。

（2）竖曲线一般最小半径。竖曲线极限最小半径是缓和行车冲击和保证行车视距所必需的竖曲线半径的最小值，该值只有在地形受限制迫不得已时采用。通常为了使行车有较好的舒适条件，设计时多采用大于极限最小半径 1.5～2.0 倍，该值为竖曲线一般最小值。《标准》规定了各级公路的凸形和凹形竖曲线一般最小半径，见表2.17。

表 2.17 各级公路的竖曲线最小长度

设计速度/（km/h）		120	100	80	60	40	30	20
凸形竖曲线半径/m	极限最小值	11000	6500	3000	1400	450	250	100
	一般最小值	17000	10000	4500	2000	700	400	200
凹形竖曲线半径/m	极限最小值	4000	3000	2000	1000	450	250	100
	一般最小值	6000	4500	3000	1500	700	400	200
竖曲线最小长度/m		100	85	70	50	35	25	20

（3）竖曲线最小长度。与平曲线相似，当坡度角很小时，即使有较大的竖曲线半径，竖

曲线长度仍很短，这样会使司机产生急促的变坡感觉。因此，在竖曲线设计时，不但保证竖曲线半径要求，还必须满足竖曲线最小长度规定。我国按照汽车在竖曲线上以设计速度行驶 3s 行程时间控制竖曲线最小长度。

4．竖曲线的设计和计算

（1）竖曲线设计的一般要求。

1）竖曲线设计，应选用较大的曲线半径。在不过分增加工程量的情况下，通常采用大于竖曲线一般最小半径的半径值，特别是当坡度差较小时，更应选择大半径，以利于视觉和路容美观。可参照表 2.18 选择竖曲线半径。

表 2.18　　　　　　　　　　从视觉观点所需的竖曲线最小半径

设计速度 /(km/h)	竖曲线半径/m		设计速度 /(km/h)	竖曲线半径/m	
	凸形	凹形		凸形	凹形
120	20000	12000	60	9000	6000
100	16000	10000	40	3000	2000
80	12000	8000			

2）同向竖曲线应避免出现断背曲线，特别是两同向凹形竖曲线间如果直线坡段不长，应合并为单曲线或复曲线形式的竖曲线。

3）反向竖曲线间最好设置一段直线坡段，直线坡段的长度一般不小于设计速度的 3s 行程，以使汽车从失重（或增重）过渡到增重（或失重）有一个缓和段。

4）竖曲线设置应满足排水需要。

（2）竖曲线计算。竖曲线计算就是确定设计纵坡上指定桩号的路基设计标高，其计算步骤如下。

1）计算竖曲线的基本要素如竖曲线长、切线长、外距。

2）计算竖曲线起、终点的桩号。

$$竖曲线起点的桩号＝变坡点的桩号－T$$
$$竖曲线终点的桩号＝变坡点的桩号＋T$$

3）计算竖曲线上任意点切线标高及改正值：

$$切线标高＝变坡点的标高±(T-x)i$$

改正值为

$$y=\frac{x^2}{2R}$$

4）计算竖曲线上任意点设计标高。

$$某桩号在凸形竖曲线的设计标高＝该桩号在切线上的设计标高－y$$
$$某桩号在凹形竖曲线的设计标高＝该桩号在切线上的设计标高－y$$

【工程实例 2.2】　某山岭区二级公路，变坡点桩号为 K3＋030.00，高程为 427.68m，前坡为上坡，$i＝+5\%$，后坡为下坡，$i＝-4\%$，竖曲线半径 $R＝2000m$，如图 2.17 所示。试计算竖曲线诸要素以及桩号为 K3＋000.00 和 K3＋100.00 处的设计标高。

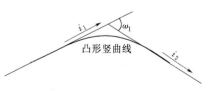

图 2.17　竖曲线计算示意图

解：（1）计算竖曲线要素。

转坡角：$\omega = i_2 - i_1 = -4\% - 5\% = -9\% < 0$，所以该竖曲线为凸形竖曲线

曲线长：$L = R\omega = 2000 \times 0.09 = 180$（m）

切线长：$T = \dfrac{L}{2} = 90$（m）

外距：$E = \dfrac{T^2}{2R} = \dfrac{90^2}{2 \times 2000} = 2.03$（m）

（2）计算竖曲线起、终点桩号。

$$竖曲线起点桩号 = （K3+030.00） - 90 = K2+940.00$$
$$竖曲线终点桩号 = （K3+030.00） - 90 = K3+120.00$$

（3）计算 K3+000.00、K3+100.00 的切线标高和改正值。

K3+000.00 的切线标高 = $427.68 - （K3+030.00 - K3+000.00） \times 5\% = 426.18$（m）

$$K3+000.00 的改正值 = \frac{（K3+000.00 - K2+940.00）^2}{2 \times 2000} = 0.90（m）$$

$$K3+100.00 的改正值 = \frac{（K3+120.00 - K3+100.00）^2}{2 \times 2000} = 0.10（m）$$

（4）计算 K3+000.00、K3+100.00 的设计标高。

$$K3+000.00 的设计标高 = 426.18 - 0.9 = 425.28（m）$$
$$K3+100.00 的设计标高 = 424.88 - 0.1 = 424.78（m）$$

2.2.3 纵断面设计成果识读

纵坡设计主要是指设计人员根据选线（定线）的意图，结合公路等级、沿线自然条件和构造物控制标高等，在综合考虑工程技术和工程经济的基础上，确定路线合适的高程、各坡段的纵坡度和坡长的工作。纵断面设计成果，主要包括路线纵断面图和路基设计表。

1. 纵断面设计图

纵断面设计图是公路设计的重要文件之一，也是纵断面设计的最后成果。纵断面图采用直角坐标系，以横坐标表示里程桩号，纵坐标表示高程。为了明显地反映中线地面起伏形状，通常将横坐标的比例采用1：2000，纵坐标采用1：200。

纵面图的内容。

（1）桩号里程、地面高程与地面线、设计高程与设计线，施工填挖值。

（2）设计线的纵坡度及坡长。

（3）竖曲线及其要素，平曲线资料。

（4）设计排水沟沟底线及坡度、距离、高程、流水方向以及土壤地质情况。

（5）沿线桥涵及人工构造物的位置、结构类型、孔数及孔径。

（6）与铁路、公路交叉的桩号及路名。

（7）沿线跨越河流名称、桩号、常水位及最高洪水位。

（8）水准点位置、编号和高程。

（9）断链桩位置、桩号及长短链关系。

2. 路基设计表

路基设计表是公路设计文件的组成内容之一，它是平、纵、横等主要测设资料的综合。表中填列的所有整桩、加桩及填挖高度、路基宽度（包括加宽）、超高值等有关资料，路基

横断面设计的基本数据也是施工的依据之一。

具体道路纵断面设计成果识读见本书附录××区××至××公路工程一阶段施工图设计。

学习情境 2.3 道路横断面图识读

【情境描述】 在读懂道路施工图总说明,熟悉道路平面、纵断面设计图的基础上,了解道路标准横断面和典型横断面形式;掌握横断面设计要素的应用,掌握横断面图设计的基本方法,以及土石方计算调配的知识;能运用知识分析具体的道路横断面案例。

公路中线的法线方向剖面图称为公路横断面图。公路横断面图是由横断面设计线和地面线所构成的。其中横断面设计线包括行车道、路肩、分隔带、边沟边坡、截水沟、护坡道以及取土坑、弃土堆、环境保护等设施。高速公路和一级公路上还有变速车道、爬坡车道等。而横断面中的地面线是表征地面起伏变化的那条线,它是通过现场实测或由大比例尺地形图、航测像片、数字地面模型等途径获得的。公路横断面设计是根据行车对公路的要求,结合当地的地形、地质、气候、水文等自然因素,确定横断面的形式、各组成部分的位置和尺寸。设计的目的是保证有足够的断面尺寸、强度和稳定性,使之经济合理,同时为路基土石方工程数量计算、公路的施工和养护提供依据。

2.3.1 标准横断面与典型横断面

2.3.1.1 标准横断面

高速公路和一级公路的路基横断面上下行用中央分隔带分开,其横断面由行车道、中间带、路肩以及紧急停车带、爬坡车道、变速车道等组成,如图 2.18(a)所示。

二、三、四级公路的路基横断面由行车道、路肩以及错车道组成,如图 2.18(b)所示。

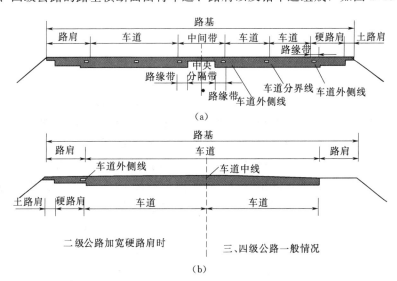

图 2.18 标准横断面图
(a)高速公路、一级公路;(b)二、三、四级公路

2.3.1.2 典型横断面

为了满足行车的要求,路线设计标高有些部分高出地面,需要填筑;有些部分低于原地

面，需要开挖。因此，路基横断面形状各不相同，根据填挖情况将路基横断面分为路堤、路堑、填挖结合路基及不填不挖路基4种典型类型。

1. 路堤

高于原地面的填方路基称为路堤。路堤在结构上分为上路堤和下路堤，上路堤是指路面底面以下0.80~1.50m范围内的填方部分；下路堤是指上路堤以下的填方部分，是填方路基横断面的基本形式。按其填土高度可划分为：填土高度低于1~1.5m的路堤，属于矮路堤；填土高度在1.5~20m范围内的路堤，属于一般路堤；填土高度超过20m的路堤，属于高路堤。填方路基的填料选择、压实度和原地基表面处理等技术措施应符合《公路路基设计规范》（JTGD 30—2015）的要求。路堤一般通风良好，排水方便，且为人工或机械填筑，对填料的性质、状态和密实程度可以按要求加以控制。因此，路堤式路基病害较少，是经常采用的一种形式。平坦地区往往是耕地，地势较低、水文条件差，设计时要特别注意控制最小填土高度，使路基处于干燥或中湿状态。各种形式的路堤横断面图如图1.3所示。

2. 路堑

低于原地面的挖方路基称为路堑。图1.4是挖方路基的基本形式。典型路堑为全挖断面，路基两边需设置边沟。陡峻山坡上的半路堑，因填方有困难，为避免局部填方，可挖成台口式路基。在整体坚硬的岩层上，为节省土石方工程，有时可采用半山洞路基，但要确保安全可靠、不得滥用。

路堑低于天然地面，通风和排水不畅；路堑是在天然地面上开口而成的，其土石性质和地质构造取决于所处地的自然条件；路堑开挖破坏了原地层的天然平衡状态，所以路堑的病害比路堤多，设计和施工时，除要特别注意做好路堑的排水工作外，还应对其边坡的稳定性予以充分的考虑。

3. 填挖结合路基

填挖结合路基是路堤和路堑的综合形式，主要设置在较陡的山坡上，其基本形式如图1.5所示。填挖结合路基的特点是移挖作填，节省土石方，如果处理得当，使路基稳定可靠，是一种比较经济的路基断面形式。

原地面的横坡度关系到填挖结合路基横断面的形式和稳定性。填方部分在自重力作用下有可能沿原地面下滑。为使填方部分与原地面很好地结合，增强接触面的抗滑能力，要求在填筑之前，清除松土和杂草，拉毛原地面；当原地面陡于1∶5时，填方部分的基底应挖成台阶，台阶宽度不得小于1m，台阶应有2%~4%向内倾斜的坡度；当填方边坡不易填筑或占地太多时，可根据实际情况，利用废石修筑路肩、砌石及挡土墙等支挡建筑物，形成各种形式的填挖结合路基。边坡参照现有道路边坡或天然边坡拟定。

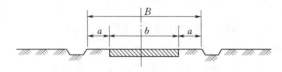

图2.19 不填不挖路基横断面的基本形式

B—路基宽度；a—路肩宽度；b—路面宽度

4. 不填不挖路基

填挖结合路基兼有路堤和路堑的设置要求。不填不挖路基是指原地面与路基标高相同构成的路基横断面的一种特殊形式，其基本形式如图2.19所示。这种路基虽然节省土石方，但对排水非常不利，且原状土密实

程度往往不能满足要求，容易发生水淹、雪埋、沉陷等灾害，因此应尽量少用或不用该类路基，干旱的平原区和丘陵区、山岭区的山脊线方可考虑。为保证路基的稳定性，需要检查路

床顶面以下 30cm 范围内的密实程度，必要时翻松原状土重新分层碾压，或采用换填土层。同时路基两侧应设置边沟，以利于排水。

2.3.2 路基边坡坡度与附属设施

2.3.2.1 路基边坡坡度

路基边坡坡度是以边坡高度 H 与边坡宽度 b 之比来表示的，通常将边坡高度 H 定为1，b 与 H 的比值是几这个坡度就是1比几，写成 $1:m$ 或 $1:n$，如图 2.20 所示。

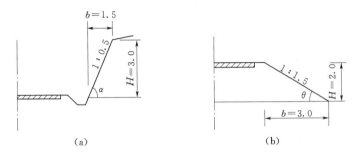

图 2.20 路基边坡坡度示意图（单位：m）
(a) 路堑；(b) 路堤

一般路堤边坡坡度应根据填料的物理力学性质、边坡高度和工程地质条件按表 2.19 确定。如边坡高度超过 20m 时，边坡形式宜采用阶梯形，并应按高路堤另行设计。沿河受水浸淹路基的边坡坡度，在设计水位以下部分视填料情况可采用 $1:1.75～1:2.0$，在常水位以下部分可采用 $1:2～1:3$。如用渗水性好的土填筑或设边坡防护时，可采用较陡的边坡。

表 2.19   路 堤 边 坡 坡 率

填料种类	边 坡 坡 率	
	上部高度（$H{\leqslant}8m$）	下部高度（$H{\leqslant}12m$）
细粒土	$1:1.5$	$1:1.75$
粗粒土	$1:1.5$	$1:1.75$
巨粒土	$1:1.5$	$1:1.75$

土质路堑边坡坡度应根据工程地质与水文地质条件、边坡高度、排水措施、施工方法并结合自然稳定山坡和人工边坡的调查及力学分析综合确定，边坡常见形式如图 2.21 所示。

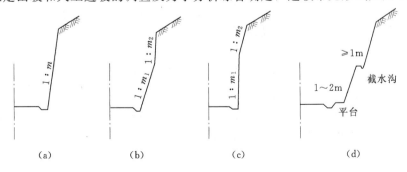

图 2.21 路堑边坡的形式
(a) 直线形；(b) 上陡下缓折线形；(c) 上缓下陡折线形；(d) 台阶形

路堑边坡高度不大于20m时，边坡坡度不宜大于表2.20的规定值。

表 2.20　土质挖方边坡坡度

土 的 类 别		边坡坡度
黏土、粉质黏土、塑性指数大于3的粉土		1：1
中密以上的中砂、粗砂、砾砂		1：1.5
卵石土、碎石土、圆砾土、角砾土	胶结和密实	1：0.75
	中密	1：1

岩石路堑边坡应根据工程地质条件与水文地质条件、边坡高度、施工方法，结合自然边坡和人工边坡的调查综合确定。边坡高度不大于30m时，无外倾软弱结构面的边坡坡度可按表2.21确定。

表 2.21　岩石路堑边坡坡度

边坡岩体类型	风化程度	边坡坡度	
		$H<15m$	$15m \leqslant H<30m$
Ⅰ类	未风化、微风化	1：0.1～1：0.3	1：0.1～1：0.3
	弱风化	1：0.1～1：0.3	1：0.3～1：0.5
Ⅱ类	未风化、微风化	1：0.1～1：0.3	1：0.3～1：0.5
	弱风化	1：0.3～1：0.5	1：0.5～1：0.75
Ⅲ类	未风化、微风化	1：0.3～1：0.5	
	弱风化	1：0.5～1：0.75	
Ⅳ类	弱风化	1：0.5～1：1	
	强风化	1：0.75～1：1	

注　1. 有可靠的资料和经验时，可不受本表限制。
　　2. Ⅳ类强风化包括各类风化程度的极软岩。

2.3.2.2　路基工程的附属设施

路基工程的附属设施主要有取土坑、弃土堆、护坡道、碎落台、堆料坪、错车道及护栏等，这些设施也是路基设计的组成部分，对保证路基稳定和交通安全具有重要作用。

1. 取土坑

路基填方应根据土石方填挖平衡原则，尽量从挖方取土，如需从取土坑借方时，应对取土坑做出规划设计。取土坑应尽量设在荒坡、高地上，少占农田，并与农业、水利和环保部门紧密联系，协调发展。

取土坑纵坡不小于0.5%，横坡度2%～3%，并向外侧倾斜。取土坑边坡一般不宜陡于1：1.0，靠路基一侧不宜陡于1：1.5。

填方路基设置路侧取土坑时，路基边缘与取土坑的高差大于2m时，应设置护坡道，对于一般道路，护坡道宽度为1～2m，高速公路和一级公路，护坡道不小于3m。

2. 弃土堆

路基弃土应作规划设计，与当地农田建设和自然环境相结合，利用弃土改地造田。山坡弃土应注意避免破坏或掩埋下侧林木农田，沿河弃土应防止河床堵塞或引起水流冲毁农田房屋等。

弃土堆一般就近设在低地，或弃于地面下坡一侧。弃土堆宜堆成梯形横断面，边坡不大于1：1.5，弃土堆坡脚与路堑堑顶之间的距离一般为3~5m，路堑边坡较高、土质较差时应大于5m。

3. 护坡道和碎落台

护坡道的作用是保护路基边坡。护坡道一般设在路堤坡脚或挖方坡脚处。边坡较高时也可设在边坡上方或挖方边坡的变坡处。浸水路基的护坡道可设在浸水线以上的边坡上。护坡道宽度d至少为1.0m。边坡高度$h=3~6m$时，$d=2m$；$h=6~12m$时，$d=2~4m$。护坡道应平整密实，并做成1‰~2‰向外倾斜的横坡。

碎落台设置于挖方边坡坡脚处，位于边沟外缘，有时也可设在挖方边坡的中间。其作用是给零星土石块下落时提供临时堆积，以免堵塞边沟，同时提高了边坡的稳定性，兼有护坡道和视距台（弯道）的作用。碎落台的宽度视边坡高度和土的性质而定，一般至少1m，并做成向边沟2‰的横坡。

2.3.3 路基土石方数量计算及调配

路基土石方是公路工程的一项主要工程量，在公路设计和路线方案比较中，路基土石方数量的多少影响公路的造价、工期、用地等方面，是评价公路测设质量的主要技术经济指标之一。在编制公路施工组织计划和工程概预算时，还需要确定分段和全线路基土石方数量。

土石方数量及其调配，关系到取土或弃土地点、公路用地，并对工程造价、所需劳动力和机具设备的数量和施工工期有一定的影响。

土石方计算与调配的任务是计算每公里路段的土石方数量和全线总土石方数量，设计挖方的利用和填方的来源及运距，为编制工程概（预）算确定合理的施工方法。

因为地面形状是很复杂的，填、挖方不是简单的几何体，所以其计算只能是近似的，计算的精确度取决于中桩间距、测绘横断面时采点的密度和计算公式与实际情况的接近程度等。计算时一般应按工程的要求，在保证使用精度的前提下力求简化。

2.3.3.1 横断面面积计算

路基的填挖断面面积是指断面图中原地面线与路基设计线所包围的面积，高于地面线者为填，低于地面线者为挖，两者应分别计算。通常采用积距法和坐标法。

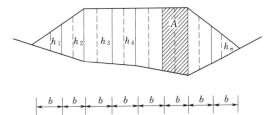

图2.22 横断面面积计算（积距法）

1. 积距法

如图2.22所示，将断面按单位横宽划分为若干个梯形和三角形，每个小条块的面积近似按每个小条块中心高度与单位宽度的乘积计算，即

$$A_i = bh_i \tag{2.49}$$

则横断面面积为

$$A = bh_1 + bh_2 + \cdots + bh_n = b\sum h_i \tag{2.50}$$

当$b=1m$时，则A在数值上就等于各小条块平均高度之和$\sum h_i$。

2. 坐标法

已知断面图上各转折点坐标(x_i, y_i)，则横断面面积为

$$A = \frac{1}{2}\sum_{i=1}^{n}(x_i y_{i+1} - x_{i+1} y_i) \tag{2.51}$$

坐标法的计算精度较高，适宜用计算机计算。

计算横断面面积的方法还有几何图形法、数方格法、求积仪法等，这里不再介绍。在横断面面积计算中应注意以下问题。

（1）填方和挖方的面积应分别计算。

（2）由于工程造价不同，填方或挖方的土方和石方也应分别计算。

（3）有时横断面上的某一部分面积既是挖方面积，又算作填方面积。例如，淤泥既要挖除，又要回填其他材料。

2.3.3.2　土石方数量计算

路基土石方计算工作量较大，加之路基填挖变化的不规则性，要精确计算土石方体积是十分困难的。在工程上通常采用近似计算，有平均断面法和棱台体积法。

1. 平均断面法

假定相邻断面面积相差不大，两断面间看为一棱柱体，则其体积为

$$V = \frac{L}{2}(A_1 + A_2) \tag{2.52}$$

式中　V——体积，即土石方数量，m^2；

　A_1，A_2——分别为相邻两断面的面积，m^2；

　　　L——相邻断面之间的距离，m。

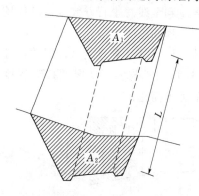

图2.23　平均断面法

该方法如图2.23所示。用平均断面法计算土石方体积简便、实用，是公路上常采用的方法。

2. 棱台体积法

由于上述方法只有当A_1、A_2相差不大时才较准确。当A_1、A_2相差较大时，则按棱台体公式计算更为接近，其公式为

$$V = \frac{L}{3}(A_1 + A_2)\left(1 + \frac{\sqrt{m}}{1 + m}\right) \tag{2.53}$$

式中，$m = \frac{A_1}{A_2}$，其中$A_1 < A_2$。

第二种的方法精度较高，应尽量采用，特别适合计算机计算。

用上述方法计算的土石方体积中，是包含了路面体积的。若所设计的纵断面有填有挖基本平衡，则填方断面中多计算的路面面积与挖方断面中少计算的路面面积相互抵消，其总体积与实施体积相差不大。但若路基是以填方为主或以挖方为主，则最好是在计算断面面积时将路面部分计入。也就是填方要扣除、挖方要增加路面所占的那一部分面积。特别是路面厚度较大时更不能忽略。

计算路基土石方数量时，应扣除大、中桥及隧道所占路线长度的体积；桥头引道的土石方可视需要全部或部分列入桥梁工程项目中，但应注意不要遗漏或重复；小桥涵所占的体积一般可不扣除。

2.3.3.3　路基土石方调配

土石方调配的目的是为确定填方用土的来源、挖方土的去向以及计价土石方的数量和运量等。通过调配合理地解决各路段土石方平衡与利用的问题，从路堑挖出的土石方在经济合理的调运条件下移挖作填，尽量减少路外借土和弃土，少占用耕地以求降低公路造价。

1. 土石方调配原则

（1）在半填半挖的断面中，应首先考虑在本路段内先横向后纵向，填方首先考虑本桩利用，以减少借方和调运方数量。

（2）为使调配合理，必须根据地形情况和施工条件，选用适当的运输方式，确定合理的经济运距，用以分析工程用土是调运还是外借。

（3）土方调配"移挖作填"固然要考虑经济运距问题，但这不是唯一的指标，还要综合考虑弃方和借方的占地，赔偿青苗损失及对农业生产的影响等。有时路堑的挖方纵向调配作路堤的填方，虽然运距超出一些，运输费用可能高一些，但如能少占地、少影响农业生产，这样对整体来说未必是不经济的。

（4）不同的土方和石方应根据工程需要分别进行调配，以保证路基稳定和人工构造物的材料供应。

（5）土石方调配应考虑桥涵位置对施工运输的影响，一般大沟不作跨越运输，同时应注意施工的可能与方便，尽可能避免和减少上坡运土。

（6）位于山坡上的回头曲线路段，要优先考虑上下线的土方竖向调运。

（7）土方调配对于借土和弃土事先同地方商量，妥善处理。借土应结合地形、农田规划等选择借土地点，并综合考虑借土还田，整地造田等措施。弃土应不占或少占耕地，在可能条件下宜将弃土平整为可耕地，防止乱弃乱堆，或堵塞河流、损害农田。

2. 土石方调配计算的几个概念

（1）平均运距。土方调配的运距是从挖方体积的重心到填方体积的重心之间的距离。在路线工程中为简化计算起见，这个距离可简单地按挖方断面间距中心至填方断面间距中心的距离计算，称为平均距离。

（2）免费运距。根据公路工程概预算定额，土石方作业包括挖、装、运、卸等工序。在某一特定距离内，只按土石方数量计价而不计运费，这一特定的距离称为免费运距。施工方法的不同，其免费运距也不同，如人工运输的免费运距为 20m，铲运机运输免费运距为 100m。

在纵向调配时，当其平均运距超过定额规定的免费运距时，应按其超运运距计算土方运量。

（3）经济运距。填方用土来源，一是路上纵向调运，二是就近路外借土。一般情况下路堑挖方调去填筑距离较近的路堤还是比较经济的。但如果调运的距离过长，以至运价超过了在填方附近借土所需的费用时，移挖作填就不如在路堤附近就地借土经济。因此，采用"借"还是"调"，有个限度距离问题，这个限度距离即"经济运距"，其值按式（2.54）计算，即

$$L_{经} = \frac{B}{T} + L_{免} \tag{2.54}$$

式中　B——借土单价，元/m³；

T——运费单价，元/（$m^3 \cdot km$）；

$L_免$——免费运距，km。

经济运距是确定借土或调运的界限，当调运距离小于经济运距时，采取纵向调运经济；反之，则可考虑就近借土。

（4）运量。土石方运量为平均超运运距单位与土石方调配数量的乘积。在生产中，如工程定额是将人工运输免费运距20m，平均每增运距10m划为一个运输单位，称为"级"，当实际的平均运距为40m，则超运运距20m时，则为两个运输单位，称为二级，在路基土石方数量计算表中记作②。

$$总运量＝调配（土石方）数量×n \qquad (2.55)$$

$$n=\frac{L-L_免}{A} \qquad (2.56)$$

式中　n——平均超运运距单位（四舍五入取整数）；

L——土石方调配平均运距，m；

$L_免$——免费运距，m；

A——超运运距单位，m（如人工运输 $A＝10m$、铲运机运输 $A＝50m$）。

（5）计价土石方数量。在土石方计算与调配中，所有挖方均应予计价，但填方则应按土的来源决定是否计价，如果是路外就近借土就应计价；如果是移挖作"填"的纵向调配利用方，则不应再计价；否则形成双重计价，即计价土石方数量为

$$V_计＝V_挖＋V_借 \qquad (2.57)$$

式中　$V_计$——计价土石方数量，m^3；

$V_挖$——挖方数量，m^3；

$V_借$——借方数量，m^3。

3. 土石方调配方法

土石方调配应明确填挖情况、桥涵位置、纵坡、附近地形、施工方法和可借方、废方的地点。土石方调配方法在目前生产上采用土石方计算表调配法，可直接在土石方计算表上进行调配，其优点是方法简单、调配清晰、精度符合要求。土石方计算表也可由计算机自动完成。具体调配步骤如下。

（1）在土石方数量计算与复核完毕后进行土石方调配，调配前应将可能影响运输调配的桥涵位置、陡坡大沟等注明在表旁，供调配时参考。

（2）计算并填写表中"本桩利用""填缺""挖余"各栏。当以石作填土时，石方数应填入"本桩利用"的"土"一栏，并以符号区别。然后按填挖方分别进行闭合核算，其核算式为

填方＝本桩利用＋填缺

挖方＝本桩利用＋挖余

（3）在作纵向调配前，根据填缺、挖余的分布情况，选择适当的施工方法及可采用的运输方式定出合理的经济运距，供土石方调配时参考。

（4）根据填缺、挖余分布情况，结合路线纵坡和自然条件，本着技术经济少占用农田的原则，具体拟定调配方案。将相邻路段的挖余就近纵向调配到填缺内加以利用，并把具体调运方向和数量用箭头表明在纵向调配栏中。

（5）经过纵向调配，如果仍有填缺或挖余，则应会同当地政府协商确定借土或弃土地点，然后将借土或弃土的数量和运距分别填注到借方或废方栏内。

（6）调配完成后，调配结果示于土石方数量表中，并按下式复核，即

$$填缺＝远运利用＋借方$$
$$挖余＝远运利用＋废方$$

（7）本公里调配完毕，应进行本公里合计，总闭合核算除上述外，还有

$$（跨公里调入方）＋挖方＋借方＝（跨公里调出方）＋填方＋废方$$

（8）土石方调配一般在本公里内进行，必要时也可跨公里调配，但需将调配的方向及数量分别注明，以免混淆。

（9）每公里土石方数量计算与调配完成后，须汇总列入路基每公里土石方表，并进行全线总计与核算。至此完成全部土石方计算与调配工作。

（10）最后计算计价土石方数量，即

$$计价土石方数量＝挖方数量＋借方数量$$

2.3.4　横断面设计成果识读

路基横断面设计的主要成果是"两图两表"，即路基横断面设计图、路基标准横断面图、路基设计表与路基土石方计算表。

1. 路基横断面设计图

路基横断面设计图是路基每一个中桩的法向剖面图，它反映每个桩位处横断面的尺寸及结构，是路基施工及横断面面积计算的依据，图中应给出地面线与设计线，并标注桩号、施工高度与断面面积。相同的边坡坡度可只在一个断面上标注，挡墙等圬工构造物可只绘出形状不标注尺寸，边沟也只需绘出形状。横断面设计图应按从下到上、从左到右的方式进行布置，一般采用 1：200 的比例。

2. 路基标准横断面图

路基标准横断面图是路基横断面设计图中所出现的所有路基形式的汇总。它标出了所有设计线（包括边坡、边沟、挡墙、护肩等）的形状、比例及尺寸，用以指导施工。这样路基横断面设计图就不必对每一个断面都进行详细的标注（其中很多断面的比例、尺寸都是相同的），避免了工作的重复与繁琐，也使横断面设计图比较简洁。

3. 路基设计表

路基设计表严格地说不能只作为横断面设计的成果，它是路线设计成果的一个汇总，其前半部分是平面与纵面设计的成果。横断面设计完成后，再将"边坡""边沟"等栏填上。其中"边沟"一栏的"坡度"如果不填写，表明沟底纵坡与道路纵坡一致。如果不一致，则需另外填写。

4. 路基土石方计算表

路基土石方是公路工程的一项主要工程量，所以在公路设计和路线方案比较中，路基土石方数量的多少是评价公路测设质量的主要技术经济指标之一，也是编制公路施工组织计划和工程概预算的主要依据。

5. 其他成果

对于特殊情况下的路基（如高填深挖路基、浸河路基、不良地质地段路基等）应单独设计，并绘制特殊路基设计图。图中应示出地质、防护工程设施及构造物布置大样图。

具体道路横断面设计成果识读见本书附录××区××至××公路工程一阶段施工图设计。

复 习 思 考 题

1. 什么是道路的极限最小半径、一般最小半径和不设超高最小半径？

2. 道路平面线形设计有哪些组合类型？

3. 某二级公路，设计车速为 60km/h，有一弯道曲线半径为 300m，交点桩号为 K7＋374.65，转角为 48°20′30″。试计算该曲线上设置缓和曲线后的 5 个主点桩号。

4. 纵断面设计有哪些控制指标？各有什么控制作用？

5. 怎样计算任意点设计高程？

6. 某山区二级公路，设计车速为 60km/h，其纵坡分别为前坡－1.0％，后坡－2.5％，转折点桩号为 K0＋620，设计高程为 9.0m，竖曲线半径 $R＝4000m$。试计算竖曲线要素及 K0＋600、K0＋630 处的高程。

7. 道路横断面布置有哪些基本形式？

8. 公路超高设置有哪些方式？

9. 道路设置加宽的作用是什么？

10. 路基土石方计算的基本原理和方法有哪些？

11. 综合路基横断面设计内容，完善表 2.22 中内容。

表 2.22　　　　　　　　　　　　题　11　表

桩号	挖方面积 /m²	填方面积 /m²	挖方 平均面积 /m²	填方 平均面积 /m²	距离 /m	挖方体积 /m³	填方体积 /m³	本桩利用	填缺	挖余
＋300	0	33.6	—	—	—				—	—
＋350	33.6	21.2								
＋368.45	42.5	10.2								
＋380	52.8	0								
合计	—	—								

学习项目3 公路工程施工准备

学习目标：通过本项目的学习，能够了解路基路面工程的施工特点和基本施工方法，掌握施工准备工作中的组织准备和设备准备，重点掌握施工准备中的技术准备，包括测量放样方面的知识和应用。

项目描述：以安徽省内部分公路及合肥市新建市政道路为项目载体，主要介绍公路工程施工准备工作，包括组织准备、设备准备及技术准备等，特别就路基路面工程中的测量放样工作做具体介绍。

学习情境3.1 路基工程施工准备

【情境描述】 路基工程在施工前，一方面要了解路基施工特点及主要方法，另外还应充分做好施工前准备工作，包括组织准备、设备准备及技术准备，为正确选用合适的施工方案和进行技术交底做准备。

公路路基是在原地面上通过挖、填、压实、砌筑而修成的线形构造物，它多由自然土（石）填、挖而成。在使用过程中，一方面承受由路面传递而来的行车荷载的反复作用；另一方面要抵御风吹日晒、雨水冲刷等各种自然因素的影响。因此，要求路基必须具有足够的强度和整体稳定性，良好的水-温稳定性和耐久性。路基工程涉及范围广，影响因素多，灵活性也比较大，尤其是路基内部结构复杂多变，除了要求合理的设计外，还必须通过精心的施工来进一步完善，做到"精心设计、精心施工"。

3.1.1 施工准备工作概述

3.1.1.1 路基工程施工特点

与其他土建工程相比较，公路路基工程具有以下特点。

1. 施工场地线长面窄

路基工程是线状建筑物，爬峻岭、穿山洞、填沟壑、跨河谷。施工点多面窄，有效施工宽度往往在一百几十米范围内，机械设备施展困难，而且施工地点往往自然条件恶劣、运输不便，如图3.1所示。

2. 土石方工程数量大、沿线分布不均匀

为了保证车辆行驶安全，道路必须满足一定的技术标准。路基不可避免地需要挖、填或砌筑，个别路段还不得不采用高填深挖。这些因素决定了路基工程数量比较大，而且公路的等级越高，其工程数量越巨大。据统计，山区

图3.1 施工现场线长面窄

二级公路每公里路基计价土石方达 4 万～6 万 m³，个别达到 10 万 m³ 以上，路基造价占公路总投资的 35%～45%，个别山区公路高达 65%。

3. 路基工程项目繁多、相互制约

路基施工内容包括路基土石方、排水、砌筑、防护、小桥涵等工程。每一分项工程之间相互牵制。例如，小桥涵施工与土石方施工之间的次序、衔接和工艺等环节若处理不当，不仅影响工期、闲置机械，更重要的是会给工程留下质量隐患，难以根治。

4. 区域性影响大

我国幅员辽阔，各地气候、地形、地貌、水文、地质、土质等自然条件相差很大，而这些自然条件与公路施工密切相关。公路路基施工系野外作业，又是在狭长地带露天操作。经常穿越不同地形地貌的公路路基，各地区具有不同的特殊地质，使一般问题复杂化，常规的处理方法难以奏效。因此，路基施工必须根据不同的自然特点采取不同的施工机械、工艺、方法，有效地组织协调好各类施工机械，做到技术与经济、质量与进度、费用与安全的最佳统一。

气候和季节对路基施工的质量、工期和安全影响很大。特别是雨季和冬季，会给一些地区的路基施工增加许多困难，施工作业受到极大限制，甚至无法进行。自然灾害如地震、滑坡、雪崩、泥石流等，会妨碍施工甚至停工，破坏已完成的路基。

5. 施工干扰因素多

城郊结合部公路路基施工现场往往地下埋置着各种电力、电信、供水、排水等管线，乡村公路路基施工现场则可能遇到古树、文物建筑、古墓等。旧路改建既要维持交通，又要保证施工进度和工程质量。当地政府、民风、习俗、文化等直接影响到土地征用、水电器材供应。上述这些因素均影响到公路路基施工，有时会严重拖延施工工期，甚至造成工程无法施工。因此，施工前需要对这些因素作全面调查，综合分析，逐一排查。

因此，路基工程施工前必须做好详细调查，合理安排，统一部署，选择合适的填筑材料，采用先进的施工技术和机械设备、周密的施工组织和科学的管理。施工期间及时调整，才能实现快速、高效、安全施工，有效地保证路基工程的施工质量。

3.1.1.2 路基施工的基本方法

路基土石方施工作业主要指土石方开挖、运输、铺筑、压实和修整等工作。有时为了提高挖土的效率，还要先松土。路基施工的基本方法可分为以下几种。

1. 人工及人工配合简易机械化施工

人工施工是传统的施工方法，施工时主要是利用手工工具进行作业，工效低，劳动强度大，不但要占用大量劳动力，而且进度慢，工程质量难以保证。人工施工适用于缺乏机械的地方道路和工程量小而分散的零星土石方工程。在排水、砌筑、防护工程中，也普遍采用人工施工。

人工配合简易机械化施工是在人工施工的基础上，对施工过程中劳动强度大和技术要求相对较高的工序使用机具或简易机械完成，如图 3.2 所示。其具有花钱少、工效高、易推广等优点，虽然还是以人力为主，但生产效率比人工施工高，劳动强度低，故在我国目前条件下，特别是山区公路建设中，仍不失为一种值得推广的施工方法。

2. 机械化施工和综合机械施工

在工程施工中将推土机、铲运机、平地机、挖掘机、压路机及松土机等筑路机械，经过选配、施工组织，使各种机械科学地组织成有机的整体，优质、高效地完成路基施工任务的施工方法。例如，土方路基施工中，根据挖方土质性质、运距的远近，合理地选择铲运机＋平地机或挖掘机＋自卸汽车＋推土机＋平地机进行土方作业，如图3.3～图3.6所示。机械化施工不仅仅体现于机械化程度或投入机械的数量，而且要更着重于机械化的水平，着重于施工机械的配套、施工技术、施工组织及施工管理等多学科的现代施工技术。

图 3.2　简易机械化施工

图 3.3　推土机铲运

图 3.4　挖掘机和自卸汽车组合

图 3.5　平地机平整

图 3.6　路基压实

3. 爆破法施工

爆破法是利用炸药爆炸时所释放出的巨大能量，使其周围介质受到破坏或移位的方法。爆破法施工可大大加快工程进度，减少繁重的体力劳动，提高劳动生产率，降低工程成本。目前，爆破法施工主要应用于石方路基，特别是岩质坚硬、不可能用人工或机械开挖的石质路堑，通常要采用爆破法开挖后用机械清运石方；对于工程量大的集中的硬土路堑，有时也采用先爆破松土，后以机械推、运土的办法施工，如图3.7所示。另外，对软土、沼泽地区的公路路基，可将炸药放在软土或沼泽中爆炸，利用炸药爆炸时产生的张力，把淤泥或泥炭炸弃，然后回填以强度较高的透水性填料，这种软基处理施工方法称为爆破挤淤。定向爆破还可将路基挖方直接移作填方。

图3.7 路基爆破施工

爆破施工是一种对人身安全带有危险性的作业，同时对周围建筑物破坏性比较大，对生态环境也有影响，必须按有关施工规定和安全规程进行操作，严格按设计文件施工。

4. 水力机械施工

运用水泵、水枪等水力机械，喷射强力水流，把土冲散并泵送到指定地点沉积。这种方法可用来挖掘比较松散的土层和进行软土地基加固的钻孔工作，但施工现场需有足够的水源和电源。

以上简单介绍了常见的路基土石方施工方法。施工方法的选择，应根据工程性质条件、土石方开挖难易程度、土石方数量、施工期限、工程造价及可能获取的人力、机械设备等条件来考虑，同时要结合考虑因地制宜和综合配套使用各种方法。

高速公路、一级公路以及在特殊地区或采用新技术、新工艺、新材料进行路基施工时，开工前应拟订多套施工方案；在地质条件、断面形式均具有代表性的地段铺筑长度不小于100m的试验路段，从中选出最佳方案，以指导全线施工。

【工程实例3.1】 某山区二级公路路基填筑按照"三阶段、四区段、八流程"的施工方法，采用挖掘机开挖装车、自卸车运输、推土机粗平、平地机精平、重型压路机分层碾压，连续作业。采用灌砂法检测压实度，形成挖、装、运、推、平、压一条龙机械化施工。

软土路基、顺层滑坡等不良地段，应避开雨季，快速施工，路基防护及时跟进。

路堑土方开挖，采用两端出土，纵向分层开挖，推土机、挖掘机配合自卸汽车施工，路基防护工程及时跟进。

路堑石方开挖，根据岩石的类别、风化程度和节理发育程度等确定开挖方案，对于软石和强风化岩石，采用推土机或挖掘机直接开挖；当采用推土机或挖掘机不能直接开挖时，爆破法开挖，路堑开挖梯段高度小于5m以下的采用浅眼小台阶控制爆破，梯段高度超过5m的、工程量较为集中的深路堑为加快施工进度采用深孔松动爆破。

浆砌路基加固及防护工程采用挤浆法施工，砂浆采用机械拌和，对厚型砌体采用砂浆捣固棒捣固。加固用水泥混凝土集中拌和，搅拌车运输，插式振捣器振捣。

3.1.2 组织准备

在启动项目管理之前，首先要建立一个能完成管理任务、运转自如的高效项目组织机构——项目经理部。一个好的组织机构，可以有效地完成施工项目管理目标，有效地应付环境的变化，形成高效率的组织力，使组织系统正常运转，产生集体思想和意识，完成项目管理任务。

根据工程的大小和项目的特点，组建技术配备精良、设备先进齐全、生产快速高效的施工管理机构，建立工程项目分工责任制，完善工程质量分级管理体系。

一般项目经理部的组织机构设置项目经理为本工程的负责人，负责全面管理工作；项目总工负责本工程的质量与技术管理工作；临时党支部书记或指导员负责精神文明建设、安全生产、后勤供应等工作。项目经理部下设质检、工程技术、财务、材料、机务、政工、安全等管理部门。为便于组织施工及管理，在经理部统一指挥下，根据工程的特点，按工程项目类别分别设路基土石方、路面、桥梁、隧道、排水及涵洞、防护工程等专业作业组（工区）。以上各工区及施工组分别负责组织本工程范围内相应工程项目的施工。

项目经理部管理机构示意图如图 3.8 所示。工程规模的大小不同，各机构可能有相应变化。在组建项目经理部各职能部门的时候，必须明确各部门的责、权、利；否则会在以后工作中产生扯皮、推诿，责任不清，指挥不灵。每个部门配备的专业人员应按职称、能力形成梯队。所需要的人数视工程规模大小、艰难程度而定，路桥专业技术人员数量一般公路按平均每人管理 3～5km 配置，高速、一级公路按平均每人管理 1km 配置。项目经理部各职能部门的职责和权限在一般的公路工程监理专业书籍有所论述。

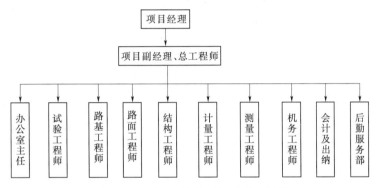

图 3.8 项目经理部管理机构示意框图

除了建立施工组织机构外，要使一个工程顺利、按质按量地完成还需要建立劳动组织体系。根据确定的工程施工进度、工期计划安排及劳动力的调配，合理地组织安排施工环节和施工过程，严格劳动纪律，严把工程质量关，事实奖惩制度，最大限度地创造效益。

【工程实例 3.2】 某市政道路改建工程项目经理部管理机构如图 3.9 所示。

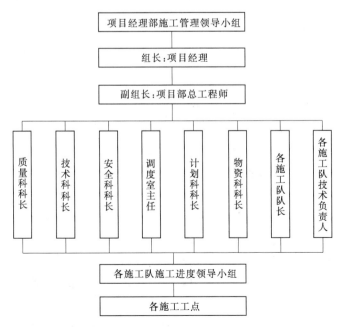

图 3.9 项目经理部管理机构框图

3.1.3　设备准备

3.1.3.1　生活办公设备准备

物质准备包括工程临时房屋修建或租赁、机具设备购置或租赁，各种材料的采集、调配、运输、储存，临时道路修建，供水、电力、电信等生活必需的设施。

1. 临时房屋及临时设施

（1）工程现场应设有宿舍、会议室、浴室、食堂、厨房、管理室、经理部办公室、看守房、水池、机房、工地试验室、厕所等。

（2）根据工程需要设置一个或多个临时设施，主要有预制场、木工场、钢筋制作场、搅拌站、工人休息室、水泥及其他材料库、各种材料堆放场等。

（3）机械停放场、检修厂及油库，应设有停车场、检修棚、零件库、油库、发电机房等。

（4）项目经理部应考虑监理工程师用房。

（5）办公室、宿舍、会议室、食堂、厨房等采用砖结构（或活动房屋），按简易房屋标准建设。办公室和会议室设轻型板平顶，砖墙结构设圈梁。料库、检修棚、预制棚、钢筋棚、木工棚等均按混凝土柱（或钢管立柱）、石棉水泥瓦盖顶敞开式考虑。三材库设封闭式。

工程规模不大而工期较短且条件允许时，可考虑租赁离施工现场不远的当地民房。

（6）所有房屋均有电灯照明，并配备必要的生活日用电气。

（7）修建临时运输便道。

（8）施工、生活用水、用电。

以自行发电为主，预制场配 500kW 发电机 1 台，其他各配 120kW 发电机 1 台，另配 60kW 发电机 1 台备用。同时申请地方用电，做二路电源，确保施工用电满足施工要求。水源利用符合规定的附近自然水源抽储使用。

（9）消防安全设施要求。

1）各基地和仓库、预制场、钢筋木工棚、检修棚按 $300\sim2000\text{m}^2$ 的标准配备消防灭火设备，并按规定地点安装和经常检查。

2）做好消防培训工作，强化消防安全意识。

3）各基地和仓库应设有消防专用通道。

4）各水池兼作消防使用。

（10）项目经理部设医务室，各施工队有巡回医生。医务室与当地医院要加强联系，并有简要的协议，紧急状况及时配合。

2. 办公设备

（1）通信设施。项目经理部经理室、工程师（监理工程师）办公室、调度室应按工程需要设国内长途直拨电话，各施工队安装分机。

（2）办公室应配备计算机、打印机、复印机、传真机及各种资料柜等日常办公用品。

（3）交通工具。按工程需要配备一定数量的工程车辆及测量专用车辆。工程规模大的尚应配备医务急救车。

【工程实例 3.3】　某经济开发区区内道路临时设施布置及临时设施用地见表 3.1。

表 3.1   临时设施布置及临时设施用地

用途	面积/m²	位置	需用时间	备注
办公室	80			
宿舍	300			
食堂	60			
试验室	70			
水泥仓库	100	部分租用道路两旁民房;部分现场布置	开工之日至完工	
拌和场	800			
器材仓库	40			
修理间	100			
停车场	300			
供电	就近			
供水	就近			
卫生	30			
合计	1880			

3.1.3.2 施工机械设备准备

路基土石方施工机械包括土石方挖运机械和压实类机械两大类。前者主要指推土机、装载机、挖掘机、铲运机、平地机、松地机、自卸汽车和凿岩机等。在路基土石方施工时,施工机械的合理配套是工程能否按时完成及经济效益最大化的保障。这些机械常用的作业方式和适用范围见表 3.2。

表 3.2   常见土方施工机械作业方式、适用范围

机械名称	适用的作业项目			设备图片
	施工准备工作	基本土方作业	施工辅助作业	
推土机	(1) 修筑临时道路 (2) 推倒树木,铲除草皮 (3) 清除积雪、清理建筑碎屑 (4) 推缓陡坡地形	(1) 高度 3m 以内的路堤和路堑土方工程 (2) 运距 10～100m 以内的土方挖运与铺填及压实 (3) 傍山坡的半填半挖路基土方	(1) 路基缺口土方的回填、基面粗平 (2) 取土坑及弃土堆平整工作 (3) 配合铲运机作业 (4) 斜坡上推挖台阶	
铲运机		运距 60～700m 以内土方挖运、铺填及碾压作业	(1) 路基面及场地粗平 (2) 取土坑及弃土堆整理工作	
平地机	(1) 铲除草皮 (2) 清除积雪 (3) 疏松土壤	(1) 修筑 0.75m 以下的路堤及 0.6m 以下的路堑土方 (2) 傍山坡半填半挖路基土方	(1) 开挖排水沟及山坡截水 (2) 平整场地及路基 (3) 修刮边坡	

续表

机械名称	适用的作业项目			设备图片
	施工准备工作	基本土方作业	施工辅助作业	
拖式松土机	(1) 翻松旧路的路面 (2) 清除树根小树墩及灌木丛		(1) 在含砾石及坚硬的Ⅲ～Ⅳ类土中做疏松工作 (2) 破碎及揭开 6.5m 以内的冻土层	
正铲拖斗挖土机		(1) 半径为 7m 以内的土壤挖掘 (2) 配合自卸车运土	(1) 开挖沟槽及基坑 (2) 水下捞土	

路基土方施工机械担负着开挖、铲装、运输、整平、压实等任务。石质路堑尚包括各种型号的松土器、凿岩机、爆破器材。土石方机械设备配套是根据地质、土质、工程量、工期和运距等因素来选择机械。

【工程实例3.4】 某标段路基全长 330.331m，路基挖方 21632m³（其中挖土方 9518m³、挖石方 12114m³）、路基填方 24539m³（其中填土方 10797m³、填石方 13742m³）。

路基土石方施工按每天两班作业，平均每月填筑 24539m³，机械配置见表 3.3。

表 3.3　　路基施工每个作业面机械配置

序号	机械名称	型 号	额定功率/kW 或容量/m³ 或吨位/t	单位	数量
1	露天钻机	汤姆洛克 D300	ϕ38～64mm	台	1
2	气腿式凿岩机	YT28		台	9
3	挖掘机	小松 PC400-5	1.6m³/斗	台	2
4	装载机	ZL50	3.0m³/斗	台	4
5	自卸汽车	斯太尔	15t	辆	8
6	推土机	小松 D155A-1A	160kW 以上	台	3
7	平地机	德莱赛 850VHB	132kW	台	2
8	振动压路机	宝马 BW151AD-2	55t	台	2
9	振动压路机	YZ18J	18t	台	2
10	光轮压路机	3Y18/21	18t	台	1
11	洒水车	YGJ5130GSSCA	6m³	辆	2

3.1.3.3 试验仪器设备准备

工地试验室是为施工现场提供质量检测数据服务，配合路基施工，检测工地所用的各种原材料、加工材料及结构性材料的物理力学性能，以及施工结构体的几何尺寸。路基土石方工程材料试验项目主要有土的颗粒分析试验、含水量试验、液塑限试验、标准击实试验、回弹模量试验和 CBR 试验等。公路路基工程检测项目主要有压实度检测、含水量测定、弯沉检测、回弹模量试验和外观尺寸检测等。

工地试验室所购置的各种重要试验设备仪器应通过当地政府计量部门标定，交通质量监督部门认证合格后才能投入使用。工地试验室认证工作应在接到中标通知书后立即开始申办，在工程开工前办理完毕各种必要的证件。另外，工地试验室必须配备最新版本的各种试验规程，设计、施工规范及其他参考书籍。

【工程实例 3.5】 某市政道路工程工地试验室材料试验仪器设备表见表 3.4。

表 3.4　　　　　　　　　　工地试验室材料试验仪器设备表

序号	仪器设备名称	单位	数量	备注
1	电动脱模器	台	1	
2	万能试验机	台	1	
3	压力机	台	1	
4	电动抗折机	台	1	
5	水泥净浆搅拌机	台	1	
6	振动台	台	1	
7	标准击实仪	台	1	
8	养护箱	台	1	
9	无侧限抗压试模	组	1	
10	测钙仪	台	1	
11	混凝土强制搅拌机	台	1	
12	烘箱	台	1	
13	压碎值仪	台	1	

3.1.4　技术准备

施工前的技术准备工作主要是了解和分析建设工程特点、进度要求，摸清施工的客观条件，做好施工现场的准备工作，编制施工组织设计，合理部署和全面规划施工力量，制订合理的施工方案，使施工过程连续、均衡、有节奏地进行，保证工程在规定期限内交付使用，同时使工程在保证质量的前提下，做到提高劳动生产率和降低工程成本。在施工准备的各项工作中，以施工组织设计的编制作为中心内容。

3.1.4.1　熟悉设计图纸

施工单位接受工程任务后，应全面熟悉、审核施工图纸、资料和有关文件，领会设计意图，参加工程主管部门或建设单位组织的设计交底和图纸会审并做好记录。

设计交底和图纸会审中，着重要解决以下几个问题。

（1）设计依据与施工现场的实际情况是否一致。

（2）设计中所提出的工程材料、施工工艺的特殊要求，施工单位能否实际解决。

（3）设计能否满足工程质量及安全要求，是否符合国家的有关规范和行业标准。

（4）施工图纸中土建工程及其他专业工程相互之间有无矛盾，图纸及说明是否齐全。

（5）图纸上的尺寸、高程和工程量的计算有无差错、遗漏和矛盾。

（6）对于施工难度大、技术要求高以及首次采用新技术、新工艺、新材料的工程，施工单位应根据工程特点，结合本单位的技术现状，制订相应的技术保障措施，做好技术培训工作，必要时应先进行试点，取得经验并经监理单位批准后推广。

设计图纸是施工的依据，施工单位和全体施工人员必须按图施工。未经业主或监理工程师同意，施工单位和施工人员无权修改设计图纸，更不能没有设计图纸就擅自施工。

技术交底通常包括施工图交底、施工技术措施交底以及安全技术交底等。交底工作分别由高一级技术负责人、单位工程负责人、施工队长、作业班组长逐级组织进行。

3.1.4.2 踏勘和调查

开工前应根据设计图纸和资料进行沿线的踏勘和调查，将发现的问题和意见逐一标明，会同设计单位和建设单位进行协调解决，并做出会议纪要。

（1）施工现场需要的供水、电力、电信、交通调查。对整个施工路段及周边便道、供电、供水、电讯等临时设施，预留桥涵位置等作全面的调查。

（2）既有管线、建筑物的调查。对施工现场范围内的既有电力、电信、给排水管道、坟墓、具有文物价值的古建筑、人防工事、测绘标志、珍稀植物等既有拆迁物的数量、品质、权属、价值进行认真调查，以免将来影响甚至中断施工。

（3）弃土、取土调查。土石方工程开工后将遇到大量的取土、弃土问题，施工前应调查其位置、数量、品质，还必须调查其权属。若调查不清、权属不明或数量不足，将直接影响工程进度和工程质量。

（4）工程数量的复核。根据现场的实测结果计算工程数量，并与设计文件相比较，复核土石方工程量。复核成果若与设计文件相差较大时，尤其工程地质、土石方成分及土石方数量，如土石方数量相差达10%，应及时向业主反映，作变更处理，追加工程量。

（5）排水调查及设计。根据路基填挖范围、周边的既有排水系统，施工前创建一个完整的永久性或临时性排水体系。

3.1.4.3 施工组织设计

根据设计文件、现场条件，各单位工程的施工程序及相互关系，工期要求以及有关定额等编制施工组织设计，详细内容在"公路工程施工组织设计"中介绍。

3.1.4.4 开工前的试验

路基工程开工前，承包人必须申办组建经当地政府交通质量监督部门认可的工地试验室。工地试验室领取政府部门颁发的试验室等级证书后，应对拟用的土工、圬工砌体所用的各种原材料、复合材料进行标准试验，以判断材料的合格性。

路基土石方工程应对拟用的土石填料进行土工试验，开工前也应对路基排水、防护、加固等结构物进行系列试验。

3.1.4.5 资金的筹措及社会调查

1. 启动资金数量的计算

接受中标通知书后，准备工作的一个重要内容就是资金的筹措。承包人机械、人力、办公、材料、保险等方面消耗需要的资金按从进场到第一期工程计量需要多少开支，要依据工程项目的大小而定，通常占标价的10%。及时申报动员预付款是解决资金周转的一个途径。

2. 启动资金的来源

一般工程的启动资金由中标单位的扩大再生产资金解决。但对大型工程，启动资金可从动员预付款、银行信贷、股份、公司自身等方面考虑筹措。

3. 社会调查

路基开工前应准备的工作除了以上内容外，尚应注意了解当地政府职能部门的工作效率、信用度，当地邮政、通信、电力、供水、医院、教育等情况。对经常有业务往来的单位，如医院、电力、派出所、机械配件、加油站等，最好能签订简单的协议。此外，当地的民风、习俗、文化也直接影响施工。承包人要与当地政府、老百姓打成一片，将自己的利益与当地利益紧密结合起来，不但不能干伤害当地老百姓的事情，而且必要时还应让利于老百姓，为当地做好事，造福于民。有争议的、权属不清的荒坡、山地，最好不作为取土、弃土场地或其他临时征用土地。

【工程实例 3.6】 某市政道路工程施工准备技术交底记录表见表 3.5。

表 3.5　　　　　　　　　　　　技术交底记录表

工程名称		分部工程	道路工程
分项工程名称	施工准备	年　月　日	
施工方法及要求。 (1) 工程施工前，施工管理人员认真学习图纸及施工组织设计等有关文件，参加技术交底、掌握设计意图。如发现设计问题及时反馈给现场技术人员或项目总工，以便与设计人员办理变更洽商、减少施工损失。 (2) 施工员应严格按照施工组织设计要求安排施工队做好以下工作。 1) 配合地上、地下拆迁工作并清理现场。 2) 建设施工基地（生活区、办公区、加工场、搅拌站、施工用水、施工用电）。 3) 建设社会交通疏导便道及施工用便道。 4) 支搭施工围挡。 5) 按照施工组织设计等有关文件提供的依据对地上、地下文物及须保护的构筑物坑探并做出显著标记。 (3) 测量员按要求做好以下工作。 1) 接桩后对原始桩位进行保护及测量复核。 2) 做好线位、高程、排水及附属构筑物内业资料。 3) 严格按照《城市道路工程施工技术规范》执行			
交底单位		接交单位	
交底人		接交人	

3.1.5　施工现场准备

施工现场是参加施工的全体人员为优质、安全、低成本和高速度完成施工任务而进行工作的活动空间；施工现场准备工作是为拟建工程施工创造有利的施工条件和物质保证的基础。其主要内容包括以下几项。

(1) 拆除障碍物，做好三通一平。

(2) 做好施工场地的控制网测量与放线工作。

(3) 搭建临时供电、供水、交通道路、通信线路和施工用房等各种临时设施。

(4) 安装调试施工机具，做好建筑材料、构配件等的存放工作。

(5) 做好冬雨期施工安排。

(6) 设置消防、安保设施和机构。

3.1.6　试验路段准备

高等级道路以及在特殊地区或采用新技术、新工艺、新材料进行路基施工时，应采用不同的施工方案做试验路段，从中选出路基施工的最佳方案指导全线施工。

试验路段的位置应选在地质条件、断面形式均具有代表性的地段，长度大于100m。可通过试验确定以下内容：不同机具压实不同填料的最佳含水量、适宜的松铺厚度和相应的碾压遍数，最佳的机械配套和施工组织。

在整个试验段施工时，应加强有关指标的检测，完工后及时写出试验报告，上报监理工程师审批。

3.1.7 建立自检质量保证体系

为了保证道路工程的施工质量，施工单位必须有高度的质量意识，使所建工程经得起建设单位、监理单位的抽检和政府质监部门的检查。因此，必须建立自检质量保证体系。它主要由施工单位的主要负责人、有关的技术质量检查人员、施工设备及检测仪器等组成。

【工程实例3.7】 某山区二级公路质量保证体系如下。

1. 质量保证措施

（1）交验工程质量达到国家、行业质量验收标准，符合设计文件和有关技术规范要求；单位工程一次验收合格率100%。

（2）杜绝工程质量重大事故；杜绝发生的严重不良行为影响企业信誉。

（3）确保工期满足合同要求，并争取提前0.5～1个月完成施工任务。

2. 强化质量意识、健全规章制度

（1）在职工中牢固树立"优良在我心中，质量在我手中"的观念，使其认识到质量工作的好坏与企业、个人利益的关系，把质量工作贯穿到施工的全过程中，深入到企业的每个人，形成每道工序齐抓共管、上下自律，使工程质量始终处于受控状态。

（2）施工前组织技术人员，对照工地实际复核图纸，发现问题及时与设计单位取得联系，待设计明确后方可进行施工。

（3）严格按照本工程招标文件技术规范和公路技术规范及设计要求施工。

（4）推行全面质量管理，实行项目分解及目标管理，对重大技术问题组织QC小组攻关，科学指导施工，积极推广新技术、新工艺、新设备、新材料，为创质量全优的目标共同努力。

（5）严格执行施工前的技术交底制度，对作业人员坚持进行定期质量教育和考核。对关键作业人员进行岗前培训，持证上岗。

（6）项目经理部建立严格的质量检查组织机构，全力支持和充分发挥质检机构人员的作用。主动接受监理工程师的监督和帮助，积极为监理工程师的工作提供便利条件。

3. 严把主要材料采购、进场检验关

（1）进入工程主体的材料要严格符合设计要求，所有厂制材料有出厂合格证和必要的检验、化验单据；否则，不得在工程中使用。

（2）每批进场水泥、外加剂、钢材等主要材料，应向监理工程师提交供货附件，明确厂家、材料品种、型号、规格、数量、出厂日期及出厂合格证，检验、化验单据等，并按国家有关标准和材料使用要求，分项进行抽样检查和试验，试验结果报监理工程师审核，作为确定使用与否的依据。

（3）粗细骨料应按规定做相关试验，各项指标必须符合规定及设计要求后方可使用，试验结果同时报监理工程师。

4. 强化施工管理，确保工程质量

(1) 路基工程。

1) 线路所经地段为三等四级草地，开挖前按规定做好地表的清理工作，并按设计中线、坡率放线。

2) 路基填筑，严格按照试验路段及结果并经监理工程师批准的参数数据和填筑工艺组织施工，保证压实质量达到设计标准。

3) 施工做到随时掌握天气、气温变化情况，随挖、随运、随填、随压，并分层做好路面排水横坡，避免积水浸泡形成病害；否则，应作翻修晾晒、重新整平、压实处理。每层压实完毕，按规定进行检验，质量合格后方可进行上一层填筑。

4) 严格按照测量双检复核制的要求进行测量放线，并对中线、水平实行定期、不定人进行复核，确保准确无误。

5) 高度重视路基防护及排水工程，路基完工后及时作，真正起到防护路基的作用。

(2) 路面工程。

1) 施工中按工点制订详细的施工技术措施，并进行技术交底，严格按施工工艺和操作规程进行。

2) 路面底基层的填筑，选用优质填料。混合料拌和采用机械进行，分层摊铺、压实，并严格质量检测工作。

3) 沥青混凝土施工按设计尺寸放样施工，并根据施工进度及时测量和复测。沥青混合材料必须符合质量标准，并严格按施工配合比计量拌和。

4) 沥青混凝土使用的骨料的各项指标应符合《规范》要求，不合格的禁止使用。

5) 开展群众性的活动，对关键工序组织技术攻关。

(3) 排水及防护工程。

1) 施工准备期内按设计图纸要求并根据实际地形做好路基及施工驻地的防排水设施，为后续工程施工做好准备。

2) 排水及防护砌体所使用的材料按图纸及《规范》要求采购，到工地应加强检验工作，不合格的坚决不准使用；其基础的埋置深度和砌筑尺寸严格按图纸要求办理，砌体咬扣紧密、嵌缝饱满密实。砂浆配合比符合要求，块石表面的泥土清理干净。

3) 对易受水冲刷的护坡基础，按图纸要求办理或按监理工程师指示进行。

4) 砌体分层挤浆砌筑，砌筑上层时，不应振动下层，不得在已砌筑好的砌体上抛掷、滚动、翻转和敲击石块。

5) 砌体必须砌成直线，砌筑时每层应大致找平，底层或基层采用较大的精选石块，所有层次的铺筑都应使承重面和石块的天然层面平行。

6) 护坡、导流坝的沉降缝、泄水孔，要按照设计图纸和施工规范要求进行施工，墙背反滤层按施工规范切实做好。

【工程实例 3.8】　某建设工程质量体系保证框图如图 3.10 所示。

3.1.8　开工报告

以上各项工作准备就绪后，可向监理工程师提出工程开工的申请报告。当监理工程师同意、签发开工令后，施工单位即可正式开工。

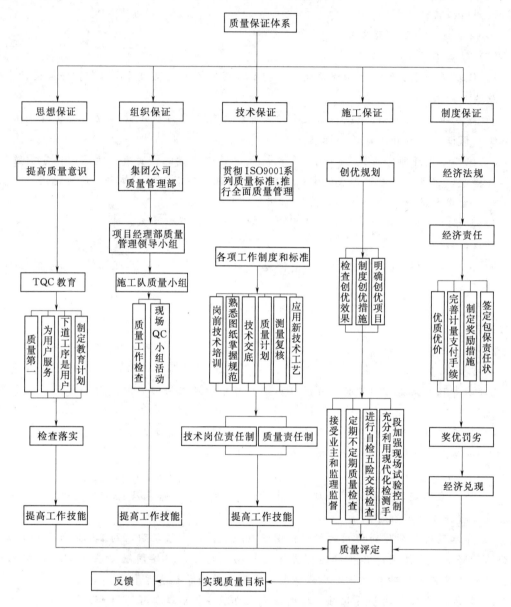

图 3.10　某建设工程质量保证体系框图

学习情境 3.2　路基工程测量放样

【情境描述】　路基工程在施工前以及施工过程中测量放样贯穿始终，本情境主要从施工前的复测、施工测量及竣工测量等方面做全面介绍，对工程建设的质量控制有着重要指导意义。

路基施工测量包括中线测量、高程测量和横断面测量。随着路基的开挖与填筑，施工测量要反复进行多次。一般情况下，每填挖 1m 左右，便要重新进行路基施工测量放样。施工测量的进度必须达到有关规定、规程的要求。

3.2.1 测量放样

测量贯穿于路基施工整个过程。目前工程建设对工程进度管理和工程计量管理规定，要求对工程量在开工前、施工中、竣工后进行准确及时统计、计算、记录、审报等。所有这些工作均离不开测量。因此，施工测量的任务和意义已不仅为施工提供依据，除了按质量标准要求对测量过程进行详细记录并经相关责任人签字以外，施工测量尚须为工程进度和计量管理提供第一手数据。

按测量所处的阶段划分，土石方施工测量可分为施工前的复测、施工测量及竣工测量。它们既有相同点，又各具特色。

【规范列举】 根据《公路路基施工技术规范》（JTG F10—2006）（以下简称《规范》）中有关施工测量的要求列举如下，在实际工作中参照执行。

3.2 测量

3.2.1 控制性桩点，应进行现场交桩，并保护好交桩成果。

3.2.2 控制测量

1 各级公路的平面控制测量等级应符合表 3.2.2-1 的规定。

表 3.2.2-1 平面控制测量等级

公路等级	平面控制网等级
高速公路、一级公路	一级小三角、一级导线、四级 GPS 控制网
二级公路	二级小三角、二级导线
三级公路及以下公路	三级导线

2 三角测量技术要求应符合表 3.2.2-2 的规定。

表 3.2.2-2 三角测量技术要求

等　级	平均边长 /m	测角中误差 /(")	起始边边长 相对中误差	最弱边边长 相对中误差	三角形闭合差 /(")	测回数	
						DJ_2	DJ_6
一级小三角	500	±5.0	1/40000	1/20000	±15.0	3	4
二级小三角	300	±10.0	1/20000	1/10000	±30.0	1	3

3 导线测量技术要求应符合表 3.2.2-3 的规定。

表 3.2.2-3 导线测量技术要求

等级	附合 导线长度 /km	平均边长 /m	每边测距 中误差 /mm	测角中误差 /(")	导线全长 相对闭合差	方位角 闭合差 /(")	测回数	
							DJ_2	DJ_6
一级	10	500	17	5.0	1/15000	$±10\sqrt{n}$	2	4
二级	6	300	30	8.0	1/10000	$±16\sqrt{n}$	1	3
三级	—	—	—	20.0	1/2000	$±30\sqrt{n}$	1	2

4 四级 GPS 控制网的主要技术参数应符合表 3.2.2-4 的规定。

表 3.2.2-4　　　　　　　　　四级控制网技术参数要求

级别	每对相邻点平均距离 d/m	固定误差 a/mm	比例误差系数 b/ppm	最弱相邻点点位中误差 m/mm
四级	500	≤10	≤20	50

注　每对相邻点间最小距离应不小于平均距离的 1/2，最大距离不宜大于平均距离的 2 倍。

5 各级公路的水准测量等级应符合表 3.2.2-5 的规定。

表 3.2.2-5　　　　　　　　　水 准 测 量 等 级

公路等级	水准测量等级	水准路线最大长度/km
高速公路、一级公路	四等	16
二级及以下公路	五等	10

6 公路高程测量应采用水准测量。在水准测量确有困难的地段，四、五等水准测量可以采用三角高程测量，采用三角高程测量时，起讫点应为高一个等级的控制点。

7 水准测量精度应符合表 3.2.2-6 的规定。

表 3.2.2-6　　　　　　　　　水 准 测 量 精 度 要 求

等级	每公里高差中数中误差/mm		往返较差、附合或环线闭合差/mm		检测已测测段高差之差/mm
	偶然中误差 $M_\triangle$	全中误差 M_W	平原微丘区	山岭重丘区	
三等	±3	±6	±12$\sqrt{L}$	±3.5$\sqrt{n}$ 或 ±15$\sqrt{L}$	±20$\sqrt{L_i}$
四等	±5	±10	±20$\sqrt{L}$	±6.0$\sqrt{n}$ 或 ±25$\sqrt{L}$	±30$\sqrt{L_i}$
五等	±8	±16	±30$\sqrt{L}$	±45$\sqrt{L}$	±40$\sqrt{L_i}$

注　①计算往返较差时，L 为水准点间的路线长度（km）。
　　②计算附合或环线闭合差时，L 为附合或环线的路线长度（km）。
　　③n 为测站数，L_i 为检测测段长度（km）。

8 路基施工与隧道、桥梁施工共用的控制点，应分别满足《公路隧道施工技术规范》（JTJ 042）、《公路桥涵施工技术规范》（JTJ 041）的规定。

9 路基施工期间应根据情况对控制桩点进行复测。季节性冻土地区，在冻融以后应进行复测。

10 其它方面应符合《公路勘测规程》（JTJ 061）的规定。

3.2.3　导线复测

1 导线测量精度应符合表 3.2.2-3 的规定。

2 原有导线点不能满足施工需要时，可增设满足相应精度要求的附合导线点。

3 同一建设项目内相邻施工段的导线应闭合，并满足同等级精度要求。

4 对可能受施工影响的导线点，施工前应加以固定或改移，从开工至竣工验收的时间段内应保证其精度。

3.2.4　水准点复测与加密

1 水准点精度应符合表 3.2.2-6 的规定。

2 沿路线每 500m 宜有一个水准点。在结构物附近、高填深挖路段、工程量集中及地形复杂路段，宜增设水准点。临时水准点应符合相应等级的精度要求，并与相邻水准点闭合。

3 当水准点有可能受到施工影响时，应进行处理。

3.2.5 中线放样

1 路基开工前，应进行全段中线放样并固定路线主要控制桩，高速公路、一级公路宜采用坐标法进行测量放样。

2 中线放样时，应注意路线中线与结构物中心、相邻施工段的中线闭合，发现问题应及时查明原因，进行处理。

3 设计图纸和实际放样不符时，应查明原因后进行处理。

3.2.6 路基放样

1 路基施工前，应对原地面进行复测，核对或补充横断面，发现问题时，应进行处理。

2 路基施工前，应设置标识桩，对路基用地界、路堤坡脚、路堑坡顶、取土坑、护坡道、弃土堆等的具体位置标识清楚。

3 对深挖高填路段，每挖填 3～5m 或者一个边坡平台（碎落台）应复测中线和横断面。

4 高速公路和一级公路施工中，标高控制桩间距不宜大于 200m。

5 施工过程中，应保护好所有控制桩点，并及时恢复被破坏的桩点。

3.2.7 每项测量成果必须进行复核，原始记录应存档。

1. 施工前的复测

土石方施工前复测的主要任务是复核设计文件所提供资料的准确性，尤其是工程量的误差百分比。复测的项目包括复核导线点、水准点、路线中桩位置（坐标）及高程、横断面地面线等内容。复测步骤为先复核设计单位提供的导线点、水准点，后复核设计地面线（原地面中桩位置及高程、横断面地面线）是否与现场相符，最后复核设计工程量计算是否准确。复测及计算结果与设计文件相差超过允许范围时，应及时向业主报告，提出相应的处理措施。

工程量复核和横断面技术交底是两项工作。但就测量工作而言，其工作方法及内容是一致的，故可将此两项工作合并成一项来完成。横断面地面线测量可采用抬杠法、全站仪放射法等。根据测量结果，有条件时承包人应重新绘制出全线的纵、横断面图，并计算横断面面积及工程量，对工程量进行复核。

值得一提的是，当复核计算的工程量与原设计有较大的出入时，应及时报告监理工程师及技术人员。地形变化较大的断面应在路段上标出其桩位（包括填挖高度、距中线距离），作为技术交底内容。

路线测量复核桩位、高程、地面线无误或在允许误差范围后，即可进行边桩、边坡放样。

（1）导线复测应注意的问题。

1）当原来测的中线主要控制桩由导线控制时，施工单位必须根据设计资料认真做好导线复测工作。

2）导线复测应采用全站仪或其他满足测量精度的仪器，仪器使用前应进行检验、校正。

3）原有导线不能满足施工要求时，应进行加密，保证在道路施工的全过程中，相邻导线点间能相互通视。

4）导线起讫点应与设计单位测定结果比较，测量精度应满足设计要求；当设计未规定时，应满足以下要求：角度闭合差为 $\pm 16\sqrt{n}$（n 是测站数），坐标闭合差为 $\pm\dfrac{1}{1000}$。

5）复测导线时，必须和相邻施工段的导线闭合。

（2）中线复测应注意的问题。

1）路基开工前应全面恢复中线并固定路线主要控制桩，如交点、转点、曲线要素桩等；高等级公路应采用坐标恢复中桩。

2）恢复中桩时应注意与结构物中心、相邻施工标段的中线闭合，发现问题应及时查明原因，并报现场监理工程师或业主。

3）如发现原设计中线长度丈量错误或需要局部改线时，应上报监理单位和业主，一般做断链处理，相应调整纵坡，并在设计图表的相应部位注明断链距离和桩号。

（3）校对及增设水准点需要注意的问题。

1）使用设计单位设置的水准点之前应进行校核，并与国家水准点闭合，超出允许误差范围时，应查明原因并及时报告有关部门。大桥附近的水准点闭合差应按《公路桥涵施工技术规范》（JTG/TF 502011）的规定办理，高速公路和一级公路的水准点闭合差为 $\pm 20\sqrt{L}$ mm，二级以下公路水准点闭合差为 $\pm 30\sqrt{L}$ mm，L 为水准路线长度，以 km 计。

2）水准点间距宜 200～300m 布设一个，在人工结构物附近、高填深挖地段、工程量集中及地形复杂地段宜增设临时水准点。要求在施工范围内随意架设水准仪均能瞄到水准点。临时水准点必须符合精度要求，并与相邻标段水准点闭合。

3）如发现个别水准点受施工影响时，应将其移出影响范围之外。其标高应与原水准点闭合。

4）增设的水准点应设在便于观测和不易沉降的坚硬基岩上或永久性建筑物的牢固处，也可设在埋入土中至少 1m 深的混凝土桩上。路基施工期间每半年至少应复测一次水准点，季节冻融地区，在冻融以后也应进行复测。

2. 路基中桩放样

路线中线施工放样就是利用测量仪器和设备，按设计图纸中的各项元素（如公路平纵横设计参数）和控制点坐标（或路线控制桩），将公路的"中心线"准确无误地放到实地，指导施工作业，习惯上也称为"测设"。

路线中线施工放样是保证施工质量的一个重要环节。这是一项严肃认真、精确细致的工作，稍有不慎就有可能发生错误。一旦发生错误而又未能及时发现，就会影响下一步工作，影响工程质量和进度，若不及时处理甚至会造成损失。要严格按照有关规范、规程的要求，对测量数据认真复核检查，不合格的成果一定要返工重测，要一丝不苟，树立质量重于泰山的意识。为确保施工测量质量，在施工前必须对导线控制点和路线控制桩进行复测，在施工过程中要定期检查。放样时应尽量使用精良的测量设备，采用先进的测设方法。

路线中线施工放样又称为恢复中线。一般有两种方法：①用沿线控制点放样；②用路线控制桩（交点 JD、直圆 ZY、圆直 YZ 等点）放样。

用控制点放样中线，放样精度能得到充分的保证。在测量技术飞速发展的今天，全站仪的使用越来越普遍，因而这种方法得到了广泛的应用，成为恢复中线的主要手段。《公路路基施工技术规范》（JTG F10—2006）规定，对高速公路、一级公路，应采用坐标法恢复路线主要控制桩。

实际应用中，二级以上的公路勘察设计，均沿路线建有导线控制点，作为首级控制，故可采用控制点放样。

用路线控制桩来恢复中线有两种情况：一是公路两旁没有布设导线控制点，公路中线都是用交点桩号、曲线元素（转角、半径、缓和曲线长）标定，施工单位只有根据路线控制桩来恢复中线，这种情况在修建低等级公路时是常见的；二是由于施工单位没有全站仪，无法利用控制点，也只好利用路线控制桩恢复中线，但这种方法常用于低等级公路。

（1）用导线控制点测设中线，实质上就是根据导线点坐标与公路中线坐标之间的关系，借助高精度的测量仪器和方法，将公路中线放到实地。因此，也可称为"坐标法"。

如图 3.11 所示，P 为公路中线点，坐标为 (X_P, Y_P)；A、B 为导线点，坐标分别为 (X_A, Y_A)、(X_B, Y_B)，P 点与 A 点的极坐标关系用 A 点到 P 点的距离 s_{AP}、坐标方向 α_{AP} 表示，即

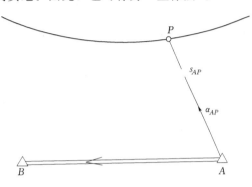

$$s_{AP} = \sqrt{(X_P - X_A)^2 + (Y_P - Y_A)^2} \quad (3.1)$$

$$\alpha_{AP} = \arctan \frac{Y_P - Y_A}{X_P - X_A} \quad (3.2)$$

式（3.1）和式（3.2）就是两点间距离和坐标方位的计算公式。式中，导线点的坐

图 3.11　坐标法恢复中桩示意图

标通过控制测量求得。下面根据求得的 P 点坐标进行放样，具体步骤如下。

1）在测站 A 上架设全站仪，对中整平（参见图 3.11）。

2）将导线点坐标、路线有关数据输入全站仪。

3）后视已知导线点 B，照准确认。

4）根据待放样点 P 的坐标仪器自动计算出闭合角度和距离。

5）全站仪拨转水平方向角 α_i 至零，指导棱镜操作者沿该方向走到放样点大概位置，利用仪器进行测距。当所测距离与计算距离 s_i 之差较小时，便可用小钢尺量距定桩，并在桩的侧面标注上桩号。

6）精确对点测距，用小铁钉确定该点位置。

7）检查该点的桩号、方位、距离是否正确。

重复 4）～7），放样其他道路中线点。

（2）用路线控制桩恢复中线的方法，目前在实际工程中因为效率低、精度差基本不采用。

3. 路基边桩放样

路基边桩放样就是在地面上将每一个横断面的路基边坡线与地面的交点，用木桩标定出来。边桩的位置由两侧边桩至中桩的距离来确定。常用的边桩放样方法如下。

（1）图解法。就是直接在横断面图上量取中桩至边桩的距离，然后在实地用皮尺沿横断面方向将边桩丈量并标定出来。在填挖方不大时，使用此法较简便且广泛。

（2）解析法。就是根据路基填挖高度、边坡率、路基宽度和横断面地形情况，先计算出路基中心桩至边桩的距离；然后在实地沿横断面方向按距离将边桩放出来。具体方法按下述两种情况进行。

1）平坦地段的边桩放样。图 3.12 为填方路堤，坡脚桩至中桩的距离 D 应为

$$D = \frac{B}{2} + mH \tag{3.3}$$

图 3.13 为挖方的路堑，坡顶桩至中桩的距离 D 为

$$D = \frac{B}{2} + S + mH \tag{3.4}$$

式中　B——路基宽度；

　　　　m——边坡坡率；

　　　　H——填挖高度；

　　　　S——路堑边沟顶宽。

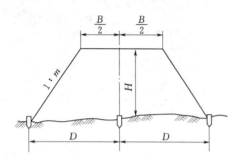

图 3.12　填方平坦路段边桩放样示意图

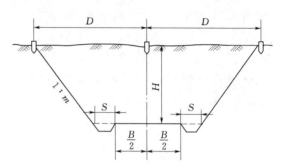

图 3.13　挖方平坦路段边桩放样示意图

以上是断面位于直线段时求算 D 值的方法。若断面位于弯道上有加宽时，按上述方法求出 D 值后，还应在加宽一侧的 D 值中加上加宽值。

放样时，沿横断面方向放出求得的坡脚（或坡顶）至中桩的距离，定出边桩即完毕。

2）倾斜地段的边桩放样。在倾斜地段，边桩至中桩的距离随着地面坡度的变化而变化。如图 3.14 所示，路堤坡脚桩至中桩的距离 $D_{上}$、$D_{下}$ 为

$$D_{上} = \frac{B}{2} + m(H - h_{上}) \tag{3.5}$$

$$D_{下} = \frac{B}{2} + m(H + h_{下}) \tag{3.6}$$

如图 3.15 所示，路堑坡顶桩至中桩的距离 $D_{上}$、$D_{下}$ 为

$$D_{上} = \frac{B}{2} + S + m(H + h_{上}) \tag{3.7}$$

$$D_{下} = \frac{B}{2} + S + m(H - h_{下}) \tag{3.8}$$

式中　$h_{上}$，$h_{下}$——分别为上、下侧坡脚（或坡顶）至中桩的高差。

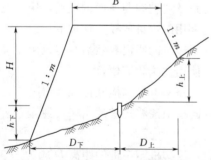

图 3.14　填方倾斜路段边桩放样示意图

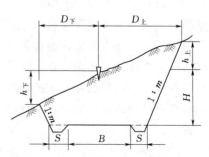

图 3.15　挖方倾斜路段边桩放样示意图

其中 B、S 和 m 均为已知。故 $D_上$、$D_下$ 随 $h_上$、$h_下$ 变化而变化。由于边桩未定，所以 $h_上$、$h_下$ 均为未知数。实际工作中，采用试探法放边桩，在现场边测边标定，一般试探一至两次即可。如果结合图解法，则更为简便。

4. 路基边坡放样

在边桩放样出来后，为了保证填、挖的边坡达到设计要求，还应把设计的边坡在实地标定出来以方便施工，边坡放样的方法主要有竹杆绳索放样法和边坡样板放样法。

（1）用竹杆、绳索放样边坡。如图 3.16 所示，O 为中桩，A、B 为边桩，CD 间距为路基宽度。放样时在 C、D 处竖立竹杆于高度等于中桩填土高度 H 之处，C'、D' 用绳索连接，同时由 C'、D' 用绳索连接到边桩 A、B 上，则设计边坡就展现于实地。

当路堤填土不高时，可按上述方法一次挂线。当路堤填土较高时，如图 3.17 所示，可分层挂线。

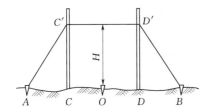

图 3.16　竹杆、绳索放样边坡示意图

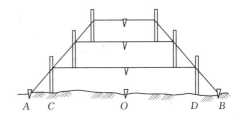

图 3.17　分层挂线放样边坡示意图

（2）用边坡样板放样边坡。施工前按照设计边坡坡度做好边坡样板，施工时按照边坡样板进行放样。

1）用活动边坡尺放样边坡。具体做法如图 3.18 所示，当水准器气泡居中时，边坡尺的斜边所指示的坡度正好为设计边坡坡度，故可以指示与检核路堤的填筑。同理，边坡尺也可指示与检核路堑的开挖。

2）用固定边坡样板放样边坡。具体做法如图 3.19 所示，在开挖路堑时，于坡顶桩外侧按设计坡度设立固定样板，施工时可随时指示并检核开挖和修整情况。

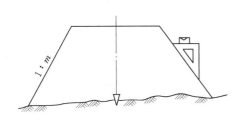

图 3.18　活动边坡尺放样边坡示意图

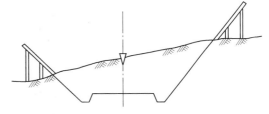

图 3.19　固定边坡样板放样边坡示意图

学习情境 3.3　路面工程结构识图及测量放样

【情境描述】　本情境描述了该路面垫层、基层工程概况，各结构层施工测量平面放样方法以及高程放样方法，为路面结构层铺筑施工打下基础。

3.3.1　路面结构图识读

路面是由各种坚硬材料铺筑的路基顶面，供车辆直接在其表面行驶的层状结构物，具有承受车辆重量、抵抗车轮磨耗和保持道路表面平整的作用。

路面结构施工图是表达各结构层的材料和设计厚度，用以指导路面施工的图样，如图 3.20（a）所示。当路面结构类型单一时，可在标准横断面上用竖直线引出标准，如图 3.20（b）所示，当路面结构类型较多时，可在路段不同的结构分别绘制路面结构图，并标注材料符号（或名称）及厚度，如图 3.20（c）所示。

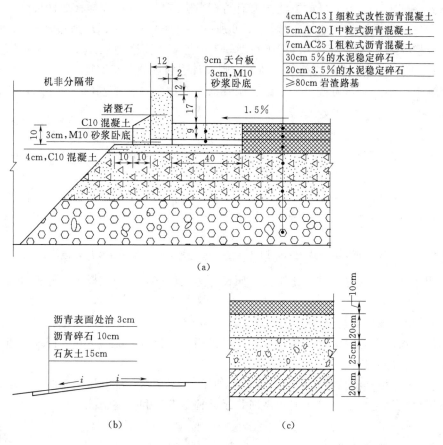

图 3.20　路面结构图

当路基工程完工后，由施工单位会同监理人员按照设计文件对路基中线、高程、宽度、横坡等检查合格后便可开始路面的施工。由路面结构图可知，路面结构自下而上分别由底基层、基层和面层组成，当基层较厚时，通常分两层来施工，当水文条件差时还常在底基层下面设垫层。

路面基层（垫层）施工测量的外业工作：①恢复中桩、左右边桩，规范要求直线段每 15～20m 设一桩，曲线段每 10～15m 设一桩，并在两侧边缘处设指示桩。施工实践中，为了更好地控制高程，方便推土机（或平地机）作业，一般情况下都是每 10m 设一桩；②进行水平测量，用明显标志标出桩位的设计高程；③严格掌握各结构层的厚度和高程，其路拱横坡应与面层一致。

【工程实例3.9】　工程概况：某高速公路 K12＋600～K12＋700 为路面施工段，以断面 K600 为例，从"直线、曲线及转角表"与"路基设计表"中可以看出，K12＋600 在高速公路直线段，是挖方；横断面路基宽度 $B=24.5m$，中央分隔带宽度为 1.5m；由"路面结构图"，已知路面结构类型为 Ⅱ - 3 型：面层分为 3 层，分别为细粒式（4cm）、中粒式（5cm）、粗粒式（7cm）沥青层，上基层为水泥稳定级配碎石（15cm），下基层为二灰碎石（18cm），底基层为二灰土（20cm），垫层为天然砂砾（15cm）。沥青面层半幅路宽硬路肩外边缘至中桩的平距 24.5÷2－0.75＝11.5（m），沥青面层半幅路宽内边缘至中桩的平距＝1.5÷2＝0.75（m）；上基层半幅路宽外边缘至中桩的平距＝24.5÷2－0.75＋0.10＝11.6（m），上基层半幅路宽缘至中桩的平距＝1.5÷2＝0.75（m）；下基层半幅路宽外边缘至中桩的平距＝24.5÷2－0.25＝12（m），下基层半幅路宽内边缘至中桩的平距＝0.75－0.10＝0.65（m）；底基层和垫层路宽外边缘至中桩的平距＝24.5÷2－0.25＝12（m），底基层和垫层半幅路宽内边缘就在中线位置。经查"路基设计表"得其路面设计高程为 1071.919m，已知路面各结构层的横坡度为 2%。

1. 平面放样

（1）放样中桩，根据计算的边桩至中桩距离放出边桩位置。查"逐桩坐标表"得 K12＋600 坐标为（5412.774，3856.997），以"导线点成果表"为依据，全站仪放样时用来查表获取测站点与后视点坐标。将全站仪架设在附近导线点上，后视另一导线点并设置，便可输入坐标放出中桩位置；或经纬仪配合测距仪放样。由于路面各结构层的中桩都在同一条铅垂线上，所以各结构层中桩的平面坐标均相同，用同样方法放出 K12＋620、H12＋640、K12＋660、…各断面中桩。

（2）用距离交会法放样直线段中间 10m 中桩及边桩。注意路面垫层、低基层、下基层路面宽度相同，上基层的宽度不一样，所以边桩的位置也不相同，需分别计算放样。

2. 高程放样

（1）计算高程放样数据。根据各结构层的宽度，可得沥青面顶内边缘（靠中央分隔带一侧）设计高程为路面设计高程，沥青面层顶面外边缘的设计高程＝1071.919－（24.5÷2－1.5÷2－0.75）×2%＝1071.704（m）。已知路面结构层类型为 Ⅱ - 3（潮湿粉性土），由"路面结构图"可知：

中粒层内边缘顶（即靠中央分隔带一侧）的设计高程＝1071.919－0.04＝1071.879（m），中粒层顶外边缘的设计高程＝1071.704－0.04＝1071.664（m）。

粗粒层内边缘顶的设计高程＝1071.879－0.05＝1071.829（m），粗粒层外边缘顶设计高程＝1071.664－0.05＝1071.614（m）。

上基层（水泥稳定级配碎石）内边缘顶的设计高程＝1071.829－0.07＝1071.759（m），上基层（水泥稳定级配碎石）外边缘顶的设计高程＝1071.614－0.07－0.01×2%＝1071.542（m）。

下基层（二灰碎石）内边缘顶的设计高程＝1071.759－0.15＋0.1×2%＝1071.611（m），下基层（二灰碎石）外边缘顶的设计高程＝1071.542－0.15－（0.75－0.25－0.10）×2%＝1071.384（m）。

底基层（二灰土）中桩位置顶面设计高程＝1071.611－0.18＋0.65×2%＝1071.444（m），底基层（二灰土）外边缘顶的设计高程＝1071.384－0.18＝1071.204（m）。

砂砾垫层中桩位置顶面的设计高程＝1071.444－0.20＝1071.244（m），砂砾垫层外边缘顶的设计高程＝1071.204－0.20＝1071.004（m）。

（2）路面结构层高程放样的实施。路槽质量合格后，垫层施工放样。路基中桩位置顶面设计高程 1071.244−0.15＝1071.094(m)，实测为 1071.090m；砂砾垫层外边缘底面的设计高程 ＝ 1071.004m − 0.15 = 1070.854m。实测边桩左、右位置分别为 1070.856m、1070.851m。路基中垫层为天然砂砾15cm，人工摊铺，松铺系数由实践确定为1.4，则考虑松铺厚度的中桩加高 (1071.244−1071.090)×0.4=0.0616(m)，同法计算边桩左、右位置加高分别为 0.0592m、0.0612m。用水准仪视线高法进行设计高程放样，在木桩侧面划红线表示待放线点中桩设计高程 1071.244m 位置和边桩设计高程 1071.004m 位置，在红线位置向上用小钢尺分别量取 6.2cm、5.9cm、6.1cm，划出考虑松铺系数后的中桩、左、右边桩施工标高红线。同法放出 K12＋610、K12＋620、K12＋630、…各断面中桩、边桩设计高程和考虑松铺系数的施工标高并画线标记。按桩上施工标高位置依次挂线、拉紧。按挂线高度摊铺填料、整平，整平后撤掉线开始碾压，跟踪测量并及时通知路面修理，使其垫层顶面高程和平面位置达到设计规范要求。垫层检验合格后，低基层、下基层及上基层按同样方法放样中桩、边桩和高程，所不同的是下基层、上基层要放样中央分隔带边桩和高程；跟踪测量以使施工达到规范要求。

3.3.2 路面基层（垫层）中线、边桩放样

3.3.2.1 路面基层（垫层）中桩、边桩平面位置放样方法

路面基层（垫层）中桩、边桩放样仍然是先恢复中线，然后由中线控制边线。边桩放样方法如下。

(1) 各结构层放出中线后，再根据中线的位置和横断面方向用钢尺丈量放出边桩。

(2) 在高等级公路路面施工中，实践中常采用全站仪坐标法或经纬仪配合测距仪极坐标法放样中桩、边桩。边桩坐标的计算与放样：如图 3.21 所示，已知中线上任一中桩 P 的坐标为 $(X_P、Y_P)$，切线方位角为 α，M 点和 N 点分别在法线方向，即横断面方向上，M 点在切线左侧，距 P 点为 d_1，N 点在切线的右侧，距 P 点为 d_2。直线 PM 方向可以看作是由切线所示方向向左转 90°后得到的，PN 方向可以看作是由切线所示方向向右转 90°后得到的，因此 PM 的方位角 $\alpha_{PM}＝\alpha−90°$；PN 的方位角 $\alpha_{PN}＝\alpha＋90°$，则 M、N 点坐标分别为

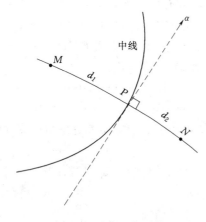

$$X_M＝X_P＋d_1\cos(\alpha−90°) \tag{3.9}$$

$$Y_M＝X_P＋d_1\sin(\alpha−90°) \tag{3.10}$$

$$X_N＝X_P＋d_2\cos(\alpha＋90°) \tag{3.11}$$

图 3.21 边桩坐标计算

$$Y_N＝X_P＋d_2\sin(\alpha＋90°) \tag{3.12}$$

已知横断面方向上 M、N 点坐标，便采用坐标放样的方法放出边桩。

实践中，垫层、底基层所放桩位常采用竹桩（或木桩）标志；基层由于其表面坚硬，在放样进行中，可先用钢钉标出其位置（天气好时也可用粉笔标出其位置），然后（在施工铺筑前）用钢钎标志。

路面层施工，对于设有中央分隔带的，在放样时可一并放出中央分隔带边桩，也可在放出中桩、边桩后，在中、边桩连线上用皮尺（基层、面层应用钢卷尺）量距法加设中央分隔带边桩。

放样实践中，在线路直线段通常只放出每隔 20m 的中桩位置，至于中间 10m 桩位及边桩则要另外重新加桩（即人工放桩）。在曲线段通常只放出每隔 20m 的中桩和每隔 20m 一侧的边桩，至于中间 10m 桩和另一侧需重新加桩（即人工放桩）。

3.3.2.2 中桩加桩、边桩的平面位置放样方法（即人工放桩方法）

1. 线路直线段皮尺（或钢尺）交会法加桩

直线段皮尺（或钢尺）交会法加桩，实际上就是几何中"解直角三角形"。众所周知，在直角三角形中三边之间的关系为

$$a^2 + b^2 = c^2（勾股定理）\tag{3.13}$$

式中　a——假设为线路两中桩之平距，m；

　　　b——假设为线路中桩至边桩距离，即半幅路宽，m。

【工程实例 3.10】 图 3.22 是某高速公路中一段直线段，放样时只放出了中线每隔 20m 的桩位，如图中 K128＋020、K128＋040、…、K128＋080、…，其间 10m 桩及左、右边桩需自己放出。图中半幅路宽 12.75m，可用下述方法步骤进行加桩放样。

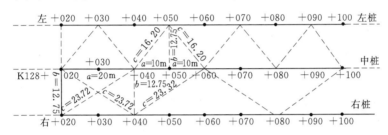

图 3.22　直线段人工放桩（单位：m）

1. 计算

方法 1：令 $a=20$m，$b=12.75$m，则 $c=23.72$m。

方法 2：令 $a=10$m，$b=12.75$m，则 $c=16.20$m。

2. 实地放桩

（1）方法 1 的操作步骤（见图 3.22 右半幅）。

1）甲置尺于＋020 中桩，使尺读数为 23.72m。

2）乙置尺于＋060 中桩，使尺读数为 23.72m。

3）丙将两尺零端重合，套于钢钎上，手提钢钎均匀用力，同时拉紧两根皮尺（或钢尺），使甲、乙、丙构成等腰三角形，而钢钎则恰好位于两腰交点处，此时钢钎下尖端即为＋040 右边桩，用竹桩标志。

4）甲、乙、丙三人持尺同时前进，甲置尺于＋040 中桩，乙置尺于＋080 中桩，甲、乙均使尺为 23.72m。

5）丙手提钢钎，均匀用力同时拉紧两根皮尺（或钢尺），则钢钎下尖端即为＋060 右边桩桩位。

6）重复上述操作，同法放出＋080、＋100、…以及左边桩＋040、＋060、＋080、＋100、…。

7）直线段起点，终点边桩可用下法放出。

以 K128＋020 为例：甲置尺于＋020 中桩，使尺读数为半幅路宽 12.75m；乙置尺

于+040中桩，使尺读数为 23.72m；丙手提钢钎，两手同时均匀用力拉紧两根皮尺（或钢尺），则钢钎下尖端即为+020 右或左边桩桩位。

8）当右（或左）边桩放出 20m 间距桩位后，则另半幅边桩也可用下法放出（穿线法放桩）。

由图 3.22 知，K128+020 横断面，其中桩、左桩、右桩是在一条直线上，若已知其中两点位，则另一桩位不难放出，其方法如下。

甲置尺零端于+020 右桩，乙拉尺使其位于+020 中桩至右桩方向线上，丙在中桩读尺数为 12.75m，乙在尺读数为 2×12.75=25.50（m）处打桩，即为+020 左桩。

（2）方法 2 的操作步骤（见图 3.22 左半幅）。

1）甲置尺于+020 中桩，乙置尺于+040 中桩，甲乙均使尺读数为 16.20m。

2）丙持钢钎（两尺零端套钎上），均匀用力同时拉紧两根皮尺（或钢尺），则钢钎下尖立为+030 左边桩桩位。

3）重复上述操作，同法放出左边桩+050、+070、+090、…。

（3）加放 10m 桩。

在方法 1，当放出间隔为 20m 的左边桩及右边桩后，则可在其间用皮尺（或钢尺）加放出 K128+030、+050、…、+90 左、中、右边的 10m 桩。

2. 线路曲线段中央纵距法加桩

在图 3.23 中，已知半径 R、弦长 C（即曲线上 AB 两点之间平距，在公路线路曲线段上就是两相邻桩位之间平距），则只要求得 y 值，就可定出 AB 弧长中点 K。在直角 $\triangle OBM$（或直角 $\triangle OAM$）中，有

$$J^2 = R^2 - \left(\frac{C}{2}\right)^2 \tag{3.14}$$

则

$$y = R - \sqrt{R^2 - \left(\frac{C}{2}\right)^2} = R - \sqrt{\left(R + \frac{C}{2}\right)\left(R - \frac{C}{2}\right)} \tag{3.15}$$

式中　J——OM 长度；

　　　R——曲线半径，m；

　　　C——相邻两里程桩之间的平距（AB 直线长）。

现代公路施工曲线段桩位放样，采用全站仪坐标法直接把曲线上相隔等距的里程桩的平面位置（x、y 值）放到实地，实地上相邻两里程桩距就是曲线弦长。要在相邻里程桩间曲线（弧）上加桩，实践中按下述方法操作。

（1）计算中央纵距 y。

（2）实地放桩（图 3.23）。

1）甲置尺于+625 中桩，使尺读数为 0m。

2）乙置尺于+650 中桩，此时尺读数应为 25.00m。

3）丙置尺于+625～+650 尺中点读数 12.50 处，用小钢尺在尺垂线 MK 方向上量 $y_{中}=0.015$m，则为加桩+637.5m 桩位。

4）线路中线、左边线需加桩处，都用同法放出。

5）用"穿线法"定出右边桩，如 K128+625，置尺 0 端于+625 左边桩，使尺沿+625

中桩方向线上在尺读数为 $13.16 \times 2 = 26.32(\text{m})$ 处打桩即为 +625 右边桩。

当实地曲线段只放出中桩桩位时，如上例中只放出了 K128+625、K128+650、…中桩，此时只要计算出 CB（或 CA）、AN（或 BN）就可用尺长交会法放出左、右边桩。

在图 3.23 中，连接 BC（或 AC），过 O 作 $OM \perp AB$，垂足为 M，$BM = AM$。可导出内圆曲线计算放线数据 CB（或 AC）公式和外圆曲线计算放线数据 AN（或 BN）通用公式如下。

对于外圆曲线，有

$$BN = AN = \sqrt{\left(\frac{AB}{2}\right)^2 + \left(\frac{B}{2} + y_{\text{中}}\right)^2}$$

(3.16)

对于内圆曲线，有

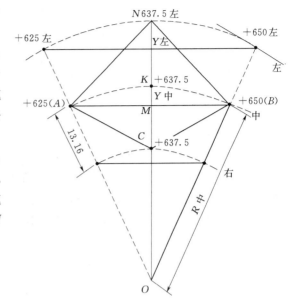

图 3.23　平曲线放桩示意图

$$BC = AC = \sqrt{\left(\frac{AB}{2}\right)^2 + \left(\frac{B}{2} - y_{\text{中}}\right)^2}$$

(3.17)

式中　AB——曲线两相邻中桩点间平距，一般等距 20m、25m、10m 等；

$\dfrac{B}{2}$——半幅路宽，B 为路宽；

$y_{\text{中}}$——中央纵距 y，有

$$y = R - \sqrt{\left(R + \frac{AB}{2}\right)\left(R - \frac{AB}{2}\right)}$$

3.3.3　层铺厚度控制

3.3.3.1　水准前视法测定点位高程的方法步骤

（1）将水准仪安置在最佳视距范围（仪器距待测点、后视点 80m 内），并且不影响施工车运输，又便于观测的地方（图 3.24 中"测站点"）。

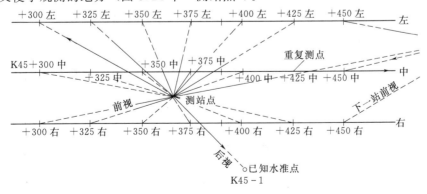

图 3.24　用前视法在一个测站点上测定线路桩位高程示意图

（2）后视已知水准点 K45-1，记录已知水准点高程、后视标尺读数。

（3）前视待测点 K45+325 左，读数并记录，即可算出该点高程，并记录。

（4）继续前视待测点 K45+325 中及右，读数记录，算出 K45+350 中及右高程，并记录。

（5）扶尺员前进至 K45+350，观测员继续前视读数算得高程并记录，不过此时照准标尺读数依次为 K45+350 的右、中、左桩。

（6）同上述操作，直至观测至 K45+425 左、中、右桩。

（7）最后再一次照准后视已知水准点，读取后视读数，与开始时后视读数相比较，若相等或差值不大于 2mm，则说明起算后视读数正确。

（8）上述一个测站观测完毕，若要立即提供桩位挖填高度，指导施工，则应在测站上观测过程中或观测结束立即计算出 $h=H_{设}-H_{实}$，为"＋"则填，为"－"则挖。

（9）用油性笔在桩位竹签上划出加了松铺高的填方高，若为挖，则在竹签上标明该桩位的下挖深度。

（10）上述工作完毕，迁至下一测站。

3.3.3.2 路面基层（垫层）桩位设计高程的放样方法

1. 实测点位地面高程进行设计高程放样

用点位地面实测高程进行高程放线方法步骤如下：用前视法测出待放线点地面高程，称为地面实测高程 $H_{实}$。计算待放线点设计高程 $H_{设}$－实测高程 $H_{实}=V$。依据 V 值在待放线点上的竹桩侧面划"线"或写"数"。一般情况下，V 值为正，表示该点位应填 V 值，才可达到该点设计高程，用划线法在竹桩侧面表示；当 V 值为负时，则表示该点需下挖 V 值后才可达到测点设计高度，划线并写数在竹桩侧面表示。由于填料为松方，所以应考虑松铺系数 i（图 3.25）。

2. 实测点位桩顶高程进行设计高程放样

用点位桩顶实测高程进行高程放线方法步骤如下：用前视法测出待放线点的竹（木）桩顶面的高程，称为桩顶实测高程 $H_{顶}$。计算待放线的设计高程 $H_{设}$－桩顶实测高程 $H_{顶}=V$ 值；V 为"＋"由桩顶上量；V 为"－"由桩顶下量。依据 V 值在待放线点上竹（木）桩侧面划线或写数表示待放线点设计高程位置。上述小钢尺由桩顶下量 V 值划的线是待放线点的设计高程面，公路施工中是指经碾压后应达到的设计位置。由于填料是松方，因此施工填料时应考虑松铺系数，所在竹（木）桩侧面还应划上由地面量至桩顶下量线高×松铺系数的线条（图 3.26）。

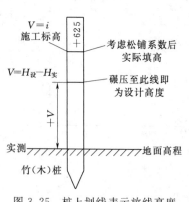

图 3.25 桩上划线表示放线高度

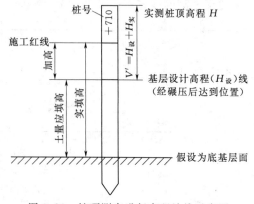

图 3.26 桩顶测高进行高程放线示意图

3. 用视线高法进行设计高程放样

已知放线点的设计高程 H、水准点的高程 Z（施工中称为后视点）、水准点的标尺读数 C（称为后视读数），则待放线点上水准尺的读数（即前视读数）$D=Z+C-H$。用待放线点"视线高"进行高程放线方法步骤如下：首先设站，照准后视点，读取水准尺读数 C；计算待放线点视线高 $Z+C$，确定待放线点桩号设计高程 H，算出前视标尺读数 D。前视照准放线点水准尺，指挥立尺员沿点位上竹（木）桩侧面上下移动水准尺，同时托尺员用小托板紧紧托住尺底部，跟着尺子上下移动，当尺上读数为 D 时，停止移动，此时拿走标尺、托板固定处划红线，则此红线即表示待放线点设计高程 H。为了检核所划红线是否正确，则令托板靠在红线处，令标尺立其上，读取标尺读数 D'，与计算的 D 比较，若 $|D'-D|\leqslant 2mm$，则表示正确，可转入下一待放线点。计算下一个放线点的前视标尺读数，此时 Z、C 值不变，只要输入下一个待放点设计高程就可算出下一个待放点的前视标尺读数。同上述方法步骤，放出其他待放线点设计高程位置。放完一个施工段后，回过头来再划松铺系数加高红线，也可一边放线，一边划加高红线。

3.3.3.3 基层（垫层）层铺测量过程

（1）各结构层铺筑前设计高程放线方法。在施工实践中，常采用的方法有以下几种。

1）实测点位地面高程，进行设计高程放线。

2）实测点位桩顶高程，进行设计高程放线。

3）待放线点"视线高法"进行设计高程放线。

现代道路施工，由于机械化程度高、进度迅速，施工现场不可能从容放线。后边施工前边放线方法宜采用"视线高法"直接将设计高程放到点位桩侧，并根据实地填高加放松铺厚度。

（2）在各边桩和中桩标记处（考虑松铺系数红线）拉工程线，按挂线高度摊铺填料、整平，注意整平时，通常是先用平地机整平，然后拉十字线人工修整（在图 3.27 中，为 K1+220～K1+230 横断面），整平后撤掉线，开始碾压。

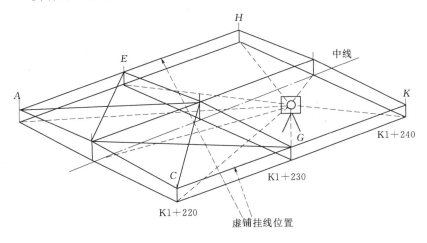

图 3.27 基层施工时的松铺整平

（3）各结构层施工中的跟踪测量。跟踪测量就是紧跟在各结构层（垫层、低基层、基层）摊铺作业后面的水准测量。它能及时发现摊铺过程中的超填或欠填，及时指导路面整修，使其达到设计高程。作业步骤方法如下。

1）当基层摊铺一定距离，路面经碾压几遍基本定型后方可进行跟踪测量。

2）在压路机碾压进行中，用皮尺拉距放出预测的点位，用扎红绳标记的铁钉标志，通常情况下设中央分隔带的全幅路宽测 6 点，不设分隔带的全幅路宽测 5 点，具体间距需根据要求而定。

3）在跟踪测量前，应事先计算出预测点位的设计高程，填入"跟踪测量记录表"中，表中部为预测点桩号及其设计高程，左为左半幅跟踪测量记录，右为右半幅跟踪测量记录。

4）跟踪测量实施。

a. 将水准仪安置在施工段适当处，照准后视已知水准点塔尺读数，记入"跟踪测量记录表"。

b. 当压路机暂停后，立即用水准前视法测记碾压段预测点塔尺读数（前视读数）。

c. 测读完毕，通知压路机继续碾压，并立即计算预测点实地高程和超填或欠填数据抄录在纸上交给施工人员，立即进行人工整修。

d. 人工整修过的地方经碾压后，再测一次实地高程，如还超限，则再整修，直至符合精度要求。

（4）各层施工中补桩放线。上面层施工之前放好左、中、右各桩位后，在施工进行中，常因汽车压坏桩、推土机推掉或人为毁桩等原因需要现场立即补桩，在这种情况下应根据现场桩位间几何关系补桩。

（5）基层（垫层）施工结束时的测量工作。

1）恢复中、边桩平面位置。

2）进行中、边桩施工标高放线。

3）在施工过程中，应对线路外形进行日常维护，使外形管理的测量频度和质量标准达到规范要求。

<h1 style="text-align:center">复 习 思 考 题</h1>

1. 路基工程施工特点主要有哪些？
2. 路基施工的基本方法主要有哪些？
3. 路基施工前准备工作主要有哪些基本内容？
4. 叙述路基中桩、边桩及边坡放样的方法。

学习项目4 路基工程施工

学习目标：通过本项目的学习，能够了解和掌握公路路基工程施工的类型和基本方法；了解和掌握公路路基排水设施和防护设施的基本构造和施工技术；掌握公路工程路基施工质量验收的基本程序。

项目描述：以某山区二级公路路基施工为项目载体，主要介绍道路路基施工的基本方法，包括填筑和开挖、路基排水和防护设施的构造和施工要点，熟悉路基施工质量检验程序和验收要点。

学习情境4.1 路基工程概论

【情境描述】 本情境是在读懂路基施工图的基础上，了解路基工程的基本组成和主要断面形式，为后期制定施工方案打下基础。

4.1.1 公路基本组成部分

4.1.1.1 公路基本组成部分

公路是一种带状的三维空间实体，它的中心线是一条空间曲线。公路中线及沿线地貌、地物在水平面上的投影图称为路线平面图。沿路线中线的竖向断面图称为路线纵断面图。中桩处垂直于公路中心线方向的剖面图称为横断面图，如图4.1所示

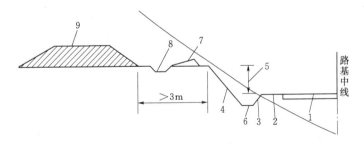

图 4.1 公路横断面示意图

1—路面；2—路肩；3—内侧边坡；4—外侧边坡；5—边坡高度；
6—边沟；7—土埂；8—截水沟；9—弃土堆

（1）路基是按照路线位置和一定技术要求修筑的带状构造物，是路面的基础，承受由路面传来的行车荷载。

（2）路面是在路基顶面的行车部分，用各种混合料铺筑而成的层状结构物。结构和构造如图4.2和图4.3所示。

坚强稳定的路基又为路面结构长期承受汽车荷载提供了重要的保证，而路面结构层的存在又保护了路基避免直接经受车辆和大气的破坏作用，长期处于稳定状态。所以，路基路面相辅相成，是不可分离的整体，应综合考虑它们的工程特点、综合解决两者的强度稳定性等

工程技术问题。

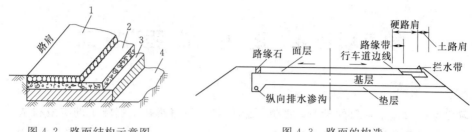

图 4.2　路面结构示意图　　　　　　　　　　图 4.3　路面的构造
1—面层；2—基层；3—垫层；4—土基

（3）路床是指路面底面以下 80cm 范围内的路基部分，在结构上分上路床（0～30cm）及下路床（30～80cm）两层。

（4）路肩是指位于行车道外缘至路基边缘，具有一定宽度和横坡度的带状结构部分（包括硬路肩与土路肩）。用以保持行车道的功能和供临时停车使用，并作为路面的横向支承。

（5）路基边坡是指为保证路基稳定，在路基两侧做成的具有一定坡度的坡面，为了防止水流对边坡的冲刷，在坡面上所做的各种铺砌和栽植的总称叫护坡。

（6）为防止路基填土或山坡土体坍塌而修筑的承受土体侧压力的墙式构造物称为挡土墙。它是路基加固工程的一种结构型式。

（7）为保持路基稳定和强度而修建的地表和地下排水设施称为路基排水设施，包括边沟、截水沟、排水沟、急流槽、跌水、蒸发池、渗沟、渗水井等。

4.1.1.2　路基工程特点

公路路基是路面的基础，它的作用是保证路面平整，并具有足够的强度与稳定性。因此，要求路基在行车荷载和自然因素的综合作用下，具有良好的使用品质。

从工程性质和结构特点来说，公路路基主要是用土壤或石块修筑而成的一种线形结构物，它的结构形式比较简单，但工程数量很大，而且往往比较集中。特别是由于路基长距离地修筑在地面上，同地面及大气的接触面积很大，它的稳定性受地形、地质、土壤、水文和气候的影响极大，如果设计和施工不当，容易产生经常性的各种病害，导致路基路面破坏，影响交通和行车安全，需耗费较大的投资进行修复。此外，由于公路路线较长。如果设置在平坦地带上，往往会占用农田和影响原有的排灌设施，必须妥善处理好同农业生产的关系。搞好路基工程，并非是轻而易举的事，对此要有充分的认识。

4.1.2　路基路面稳定性影响因素

路基路面稳定性影响因素主要有自然因素和人为因素。由于路基路面结构的主体裸露在大气中，并具有路线长、与大自然接触面广的特点，其稳定性在很大程度上由当地自然条件所决定。因此，应在深入调查道路沿线从总体到局部，从大区域到具体路段的自然情况的基础上，分析研究掌握各有关自然因素的变化规律及对路基路面结构稳定性的影响，从而针对当地实际情况，采取有效的工程措施，以保证路基路面具有足够的强度和稳定性。

4.1.2.1　影响路基路面稳定性的自然因素

1. 地质和地理条件

道路沿线的地形、地貌及海拔，不仅影响道路的路线走向和线形设计，还影响路基、路面设计。平原、丘陵及山岭区地势各不相同，水温情况各异。平原区地势平坦，易积聚地面水，地下水位高，路基需保证最小填土高度，路面结构层则需选择水稳定性良好的材料，并采用适当的排水设施；丘陵区地势起伏，山岭区地势陡峭，如路基路面排水设计不当，易导致路基路面稳定性下降，出现各种变形和破坏现象。

道路沿线的地质条件，如岩石的种类、成因、节理、风化及裂隙情况，岩层的走向、倾向和倾角、层理和厚度以及有无软弱层或遇水软化的夹层，有无断层或其他特殊的地质现象（岩溶、冰川、泥石流、地震带）等，都对路基路面的稳定性有一定影响。

2. 气候条件

气候条件如气温、降水、空气湿度、冰冻深度、日照、蒸发、风向、风力等，都将影响道路沿线地表水和地下水的状况，并影响到路基路面的水温状况。

一年之中气候的季节性变化，使路基路面的水温状况也发生季节性周期变化。气候还受到地形的影响，如山南与山北、山顶与山脚的气候差别等因素，都将影响路基路面的稳定性。

3. 水文及水文地质条件

水文条件，如道路沿线地表水的排泄情况，河流洪水位、常水位的高低，有无地表积水和积水期的长短，河岸的冲刷和淤积情况等；水文地质条件，如地下水位、地下水的移动情况，有无泉水、层间水、裂隙水等，所有这些地表水与地下水都将影响路基、路面的稳定性，如处理不当，极易引起各种病害。

4. 土的类别和强度

土是修筑路基路面的基本材料，不同类别的土具有不同的工程性质，将直接影响路基、路面的强度和稳定性。不同类别的土含有不同的颗粒成分，含砂粒成分较多的土，由内摩擦力构成其主要强度，强度较高且不易受水的影响，但施工时压实困难；颗粒直径较细的砂，在渗流的情况下易流动而形成流砂；含黏粒成分较高的土，由黏聚力构成其主要强度，强度随密实度的不同有较大的变化，且随水分的增加而降低；粉类土毛细作用强烈，其强度和承载能力随毛细水上升高度增加、湿度加大而降低，在负温的情况下，水分通过毛细作用移动并积聚，发生冻胀，最后导致路基翻浆、路面结构层断裂等。

4.1.2.2 影响路基、路面稳定性的人为因素

（1）荷载作用，包括静载、动载的大小及重复作用次数。

（2）路基、路面结构，包括路基填土或填石的类别与性质、路基的断面形式、路面的等级与结构类型、排水构筑物的设置情况、路面表层是否渗水等。

（3）施工方法与质量，包括不同类别的土是否分层填筑、路基压实方法及质量、面层的施工质量与水平等。

（4）养护措施，包括一般措施及在设计、施工中未及时采用而在养护过程中加以补充的改善措施。

此外，还有沿线附近的人为设施（如水库、排灌渠道、水田）及人为的活动等。

4.1.3 路基土分类及工程性质

按照《公路土工试验规程》（JTG E40—2007）中土的工程分类方法，将土分为巨粒土、粗粒土、细粒土和特殊土四大类，土分类总体系如图4.4所示。各类土组具有不同的工程性质，在选择其作为路基填筑材料，以及修筑稳定土路面结构层时，应分别采取不同的工程技术措施。各土组的主要工程性质如下。

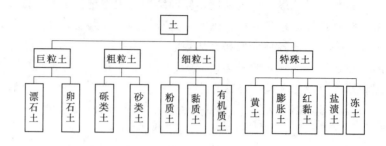

图 4.4　土分类总体系

1. 巨粒土

巨粒土是指粒径大于 60mm 颗粒质量占 5% 以上的土组。它有很高的强度及稳定性,是填筑路基的良好材料。其中,漂石还可用于砌筑边坡。

2. 粗粒土

粗粒土指粒径为 0.074～60mm 颗粒质量占 50% 以上的土组。根据粒径大小又分为砾类土和砂类土。砾类土由于粒径较大,内摩擦力也大,因而强度和稳定性均能满足要求,是良好的路基填筑材料。级配良好时,或经人工处理后,可用于高级路面的基垫层。

砂类土又可分为砂、含细粒土砂(或称砂土)和细粒土质砂(或称砂性土)3 种。

砂和含细粒土砂无塑性,透水性强,毛细上升高度很小,具有较大的摩擦系数,强度和水稳定性均较好。但由于黏性小,易于松散,压实困难,需用振动法或灌水法才能压实。为克服这一缺点,可添加一些黏质土,以改善其使用质量。

细粒土质砂既含有一定数量的粗颗粒,使路基具有足够的强度和水稳性,又含有一定数量的细颗粒,使其具有一定的黏性,不致过分松散。一般遇水干得快,不膨胀,干时有足够的黏结性,扬尘少,容易被压实。因此,细粒土质砂是修筑路基的良好材料。

3. 细粒土

细粒土指粒径小于 0.074mm 颗粒占 50% 以上的土组。根据粒径大小和土体含有不利成分分为粉质土、黏质土和有机质土。粉质土为最差的筑路材料。它含有较多的粉土粒,干时稍有黏性,但易被压碎,扬尘多;浸水时很快被湿透,易成稀泥。粉质土的毛细作用强烈,上升速度快,毛细上升高度一般可达 0.9～1.5m,在季节性冰冻地区,水分积聚现象严重,造成严重的冬季冻胀,春融期间出现翻浆,故又称其为翻浆土。如遇粉质土,特别是在水文条件不良时,应采取一定的措施,改善其工程性质。

黏质土透水性很差,黏聚力大,因而干时坚硬,不易挖掘。它具有较强的可塑性、黏结性和膨胀性,毛细管现象也很显著,用来填筑路基比粉质土好,但不如细粒土质砂。浸水后黏质土能较长时间保持水分,因而承载能力小。对于黏质土,如在适当的含水量时加以充分压实和有良好的排水设施,筑成的路基也能获得稳定。

有机质土(如泥炭、腐殖土等)不宜作路基填料,如遇有机质土均应在设计和施工上采取适当措施。

4. 特殊土

黄土属大孔和多孔结构,具有湿陷性;膨胀土受水浸湿发生膨胀,失水则收缩;红黏土失水后体积收缩量较大;盐渍土潮湿时承载力很低;冻土冻结时土体积膨胀,融化时水分增加，土层软化，强度大大降低。因此，特殊土也不宜作路基填料。

总之，土作为路基建筑材料，砂性土最优，黏性土次之，粉性土属不良材料，最容易引起病害，还有一些特殊土（如黄土、有机质土等）用以填筑路基时必须采取相应的技术措施，才能保证路基的稳定性。

4.1.4 路基基本构造

一般路基通常是指在良好的地质和水文条件下，填土高度或挖方深度不超过《公路路基设计规范》（JTG D30—2004）（以下简称《路基设计规范》）允许范围的路基。通常情况下，一般路基只要结合当地的地形、地质情况，直接选用典型横断面图或设计规定即可进行设计，不必进行论证和验算。但对于超过规范规定的高填、深挖路基，以及地质和水文等条件特殊的路基，为确保路基具有足够的强度和稳定性，优选出经济合理的横断面，需要进行个别设计和验算。

1. 典型路基横断面类型

为了满足行车的要求，路线设计标高有些部分高出地面，需要填筑；有些部分低于原地面，需要开挖。因此，路基横断面形状各不相同，根据填挖情况将路基横断面分为路堤、路堑、填挖结合路基及零填零挖路基 4 种典型类型。

2. 路基宽度

各级公路路基宽度为车道宽度与路肩宽度之和，各级公路路基标准横断面如图 4.5 所示。当设有中间带、加（减）速车道、爬坡车道、紧急停车带、错车道等时，应计入这些部分的宽度。其相应宽度值详见《公路工程技术标准》路线设计部分。

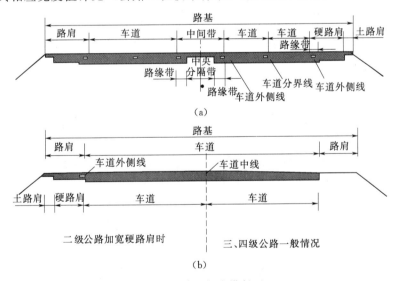

图 4.5　路基标准横断面
(a) 高速公路、一级公路；(b) 二、三、四级公路

3. 路基高度

路基高度是指路基设计标高与中桩地面标高的差值。《路基设计规范》规定：新建公路的路基设计标高为路基边缘标高，在设置超高、加宽地段，则为设置超高、加宽前的路基边缘标高；改建公路的路基设计标高可与新建公路相同，也可采用路中线标高；设有中央分隔带的高速公路、一级公路，其路基设计标高为中央分隔带的高速公路、一级公路，其路基设

计标高为中央分隔带的外侧边缘标高。沿河及受水浸淹的路基设计标高，应高出表 4.1 规定的设计洪水频率对应的计算水位加雍水高、波浪侵袭高和 0.5m 的安全高度。

表 4.1　　　　　　　　　　　　　　路 基 设 计 洪 水 频 率

公路等级	高速公路	一级公路	二级公路	三级公路	四级公路
设计洪水频率	1/100	1/100	1/50	1/25	按具体情况确定

路基设计标高与原地面标高之差又为路堤填挖高度。路基填挖高度是路线纵断面设计时，综合考虑路基强度和稳定性要求、桥涵等人工构造物控制标高、路线纵坡、工程经济要求等因素确定。

由于地表长期积水和地下水对路基强度和稳定性的影响，路床表面应高出地表长期积水水位或地下水位一个必要的高度。保证土基在不利季节处于某种干湿状态时，路床表面距地表长期积水水位或地下水位的最小高度，称为该状态的路基临界高度。临界高度与当地温度、湿度、日照等气候条件，以及土质和对土基干湿状态的要求等有密切关系。

在确定路基高度时，一般应以土基处于干燥状态或中湿状态设为临界高度，作为路基最小填土高度的控制指标。在土质及水文地质条件不良地段，路基最小填土高度的确定，应综合考虑当地的气候特征、水文地质、土质、路基结构、道路等级、路面类型及排水难易等因素对路基的影响。必须保证路基不因地表水、地下水、毛细水及冻胀作用的影响而降低其强度和稳定性。

使路基具有一定填土高度是保证路基稳定性的重要措施，同时也可以保证路面的强度和稳定性，为此，在条件许可时，应尽量满足最小填土高度的要求。如不能满足时，则应采取相应的处治措施，如加强排水、换土、设置隔离层等，以避免地表水和地下水对路基的危害。

学习情境 4.2　特 殊 地 基 处 理

【情境描述】　本情境是在熟悉路基施工图的基础上，介绍软土地基处理方法及选用原则，并要求掌握多种软基处理方法施工流程。

随着我国高等级公路的不断修建，湿软地基的处理加固已显得越来越重要。作为路基本身或其支承体，软土地基因土体含水量大、孔隙比大而使地基呈现出强度低、压缩性大、沉降量大的软弱土层地基。

软土是指以沉积的饱和的软弱黏性土或以淤泥为主的地层，有时也夹有少量的腐泥或泥炭层。我国的软土地基按其成因不同，可分为滨海沉积类、湖泊沉积类、河滩沉积类和谷地沉积类 4 种；按其沉积的环境不同，可分为滨海相、三角洲相、泻湖相、溺湖相、湖相、河床相、河漫滩相、牛轭湖相、谷地相 9 种类型。

软土一般具有天然含水量高、孔隙比大、透水性差、抗剪强度低、压缩性高、触变性和蠕变性等特点。在公路工程中，根据天然含水量及天然孔隙比等主要特征，并结合其他指标对软土地基进行分类，通常可分为软黏性土类、淤泥质土类、淤泥类、泥炭质土类、泥炭类等 5 种类型。其具体分类及其物理力学特性，见表 4.2。

表 4.2 软土地基分类及其物理力学特性

类 型	天然密度 $\rho/(kg/m^3)$	含水量 $\omega/\%$	孔隙比 e	有机质含量/%	压缩系数 $\alpha_{1\sim2}$ /MPa^{-1}	渗透系数 $K/(cm/s)$	快剪强度 C_u/kPa	快剪强度 $\phi_u/(°)$	标准贯入值 $N_{63.5}$
软黏性土	1600~1900	$\omega_L<\omega<100$	>1.0	<3.0	>0.3	<1×10^{-6}	<20	<10	<2
淤泥质土	1600~1900		1.0~1.5	3.0~10	>0.3				
淤泥	1600~1900		>1.5	3.0~10	>0.3				
泥炭质土	1000~1600	100~300	>3.0	10~50	>2.0	<1×10^{-3}	<10	<20	
泥炭	1000	>300	>10	>50	>2.0	<1×10^{-2}			

4.2.1 软土地区路基的基本要求

1. 路基的稳定性

在天然的软土地基上，采用快速施工方法修筑路堤所能填筑的最大高度，称为极限高度或临界高度。当路堤高度超过这一极限高度时，对路堤或路基必须采取一定的加固措施，才能保证路堤的安全填筑和正常使用；否则，就可能使填土的部分发生崩塌、坡脚外侧地基隆起等（主要表现为刺入破坏和圆弧滑动破坏，见图 4.6），从而造成工程的大范围返工，甚至会出现其他工程破坏和人身伤害事故。

(a) (b)

图 4.6 软土路堤破坏示意图
(a) 刺入破坏；(b) 圆弧滑动破坏

极限高度的大小，主要取决于地基的特性和填料的性质等方面。对于一般软土地基的极限高度，通常为 3~5m；对于沼泽类软土地基的最小填筑厚度，可参考表 4.3 中的数值，也可按稳定分析的结果及工地填筑试验确定。

表 4.3 沼泽路堤最小填筑厚度

沼泽路堤类别	泥炭厚度/m	填土厚度/m
Ⅰ 类	0.5~2.0	1.5~2.5
	2.0~4.0	2.5~3.0
	4.0~6.0	3.0~3.5
Ⅱ 类	0.5~2.0	2.0~3.0
	2.0~4.0	3.0~3.5
	4.0~6.0	3.5~4.0

注 填土厚度，如不挖除泥炭则指泥炭面以上的填土部分，如部分挖除泥炭应包括沉入泥炭的部分。

2. 路基的沉降量

与路堤快速滑动破坏不同，软土地基的路堤由于软土的压缩性大，在自重作用下会产生沉降，并且这种沉降会在相当长的时间内持续发展，大大超过一般路堤的允许沉降量。严重时，不仅增加填土的工程量，而且在靠近填土部分的挡土墙、边沟等排水设施，也会受到沉降或水平移动的影响。即使完成铺装路面后还可能继续沉降，对路面的纵横断面造成一定影响，难以保证其平整度，也会引起路面结构的破坏。实际观测发现，一些竣工后 10 余年的路堤，剩余的沉降达 5~10cm 的情况并不罕见。

影响路基沉降的因素除自重外，还有基地附加应力的变化、加载的速率与加载方式问题等。

4.2.2 软土地基处理的基本规定

（1）软土地基处理的施工必须确保施工质量，科学地做好施工组织设计，加强施工现场的技术管理，严格按照有关操作规程实施，认真做好工程质量的检查和验收工作。

（2）在软土地基处理前，应当首先完成下列有关工作。

1）收集并熟悉有关施工图纸、工程水文地质报告、土工试验报告和施工范围内的地下管线、建筑物、构筑物等有关资料。

2）组织有关人员编制软土地基处理的施工组织方案和实施大纲，使软土地基处理按科学的程序和方法进行。

3）为保证软土地基的处理质量，达到预定的处理目标，对所需要的原材料、半成品、成品进行检查。

4）对所使用的施工机械进行检查调试，保证施工机械达到正常运转的良好状态。

5）对于采用桩基处理的软土地基进行必要的成桩试验，以便取得施工中的技术参数，确保桩基施工成功。

（3）在软土地基的处理前，应做好施工期间的排水措施，对常年处于地表集水、水塘的地段，应按设计要求先做好抽水、清淤和回填工作。

（4）软土地基处理材料的选用，应当贯彻"因地制宜、就地取材"的原则。所有运至工地的材料必须分类堆放，妥善保管，按现行有关标准进行质量检验，不合格材料不得用于工程。

（5）在软土地基处理过程中，应当遵照"按图施工"和"边观察、边分析"的方法；如发现施工现场情况与设计所提供资料不符，或原设计的处理方法因故不能实施，需要改变设计时，应及时报告监理工程师和业主，并根据有关规定报请变更设计，待批准后才能实施。

（6）在软土处理过程中，应认真做好原始记录，积累资料，不断总结，提高软土地基处理施工技术水平。

（7）在软土地基处理施工过程中，必须严格执行有关安全、劳保和环境保护等规定。

4.2.3 软土地基处理方法分类

软土地基处理的分类方法很多。例如，按处理深度可分为浅层软基处理和深层软基处理；按处理时间可分为临时软基处理和永久软基处理；按处理方式又可分为化学处理和物理处理；按照软基加固机理进行分类，高等级公路软土地基的地基处理方法、加固原理及适应范围见表 4.4。

表 4.4　　　　　　　　　常用地基处理方法、加固原理及适应范围

分类	处理方法	加　固　原　理	适应范围
排水固结法	堆载预压法 砂井预压法 袋装砂井预压法 塑料排水板预压法 降水预压法 真空预压法 电渗预压法	在软土地基中通过孔隙水的排除使地基土体得到加固，进而使土体强度增强、地基承载力提高，并可有效地减少工后沉降。一般孔隙水的排出有 3 条途径：一是地面上预加一个压力，从而在土体内造成一个压力差，迫使孔隙水向砂层或预先设置的滤层排出；二是在土体内规定的部位施加一个负压，诱使孔隙水向负压区集中排出；三是利用电能在土体内造成一个电势差，驱使孔隙水排出	软黏土、淤泥和淤泥质土地基
复合地基法	树根桩	利用就地灌注的小直径桩（直径在 75～250mm），与土体构成复合地基，提高地基承载力，增加地基的稳定性和减少沉降	各类土
	振冲混凝土薄壁管桩	利用振动机械击沉薄壁套管至设计深度，然后一边振动拔管，一边将配制好的填料倒入套管之间，反复振冲，混凝土填料与挤密土柱一起形成复合地基共同承受上部荷载。其深度可达 22m 左右	
	CFG 桩	利用振动打桩机击沉直径为 300～400mm 的桩管，在管内边振动边填入碎石、粉煤灰、水泥和水按一定比例配合的材料，形成半刚性的桩体，与原地基形成复合地基，也可用其他方法成孔	淤泥质土、杂填土、黏性土
	深层搅拌桩（粉喷桩）	以水泥和石灰等材料为固化剂，利用深层搅拌机械对原位软土进行强制搅拌，经过物理和化学作用生成较坚硬的拌和柱体，与原地基形成复合地基，提高地基承载力，增加地基的稳定性和减少沉降	淤泥、杂填土、黏性土、粉土
	高压喷射注浆法（旋喷桩）	利用钻机把带有喷嘴的注浆钻管钻进到预定土层后，再以 20MPa 左右的高压将配制好的填料从喷嘴中喷射出来冲击并破毁土体，在喷射升过程中与周围土体混合形成桩体固结体	淤泥、淤泥质土、杂填土、黏性土地基
	碎石桩	利用成孔过程中沉管对土体的振密和挤密作用，使土体向四周挤压密实，同时分层填入并夯实碎石，形成石桩与土的复合地基	松散的非饱和黏性土、杂填土、湿陷性黄土
	砂桩	由水力振冲或沉桩机成孔，填砂料，并振密使之置换部分软黏土，并使土中水分逐渐排出而固结，以提高地基承载力	软弱黏性土
	钢渣桩	用振动打桩成孔工艺成孔，将废钢渣分批投入并振密直至成桩，与原地基土形成复合地基，提高地基承载力	
改善地基应力条件法	冻结法	通过人工冷却，使地基温度低到孔隙水的冰点以下，使孔隙水冻结，从而获得理想的截水性和较高的承载能力	饱和的砂土或黏性土层中的临时性措施
	烧结法	在软弱黏土地基的钻孔中加热，通过熔热使周围地基土减少含水量，提高强度，提高地基承载力	软黏土、湿陷性黄土
	反压护道法	在路堤的两侧（或一侧）填筑适当高度与宽度的护道，路堤填土在护道荷重的作用下所形成的反向力矩平衡其滑动力矩，因而保证路堤的稳定	
	土工材料加固法	将土工材料铺设在加固软土地基与路堤之间，通过土工材料将上部填料的垂直变形向水平方向扩散，使上部材料的抗剪变形能力得到充分发挥，以达到提高承载能力的目的	砂土、黏性土、软土

分类	处理方法	加 固 原 理	适应范围
动力挤密法	强夯法	将一定质量的夯锤从适当高度自由落下。反复夯击地面，地基土在强夯的冲击力与振动力共同作用下得到振实挤密，从而提高地基的承载能力，降低其压缩性	杂填土、非饱和性黏土及湿陷性黄土
	重锤夯实法	利用起重机械将重锤提到一定高度，然后自由下落，反复夯击地基后，在地基表面形成一层较密实的土层，从而提高地基表面土层的强度	地下水位以上稍湿的黏性土、湿陷性黄土、杂填土和分层填土
	爆破法	利用钻孔等方法将一根根管子按一定的间距打设在需要加固的土层位置，在管内填入炸药，按预定方式引爆，土体在冲击波的作用下被挤实，使地基强度得到提高	适应于饱和净砂土地基
	机械碾压法	利用压路机、推土机等机械设备来回开动压实地基土，分层填土分层压实	处理浅层非饱和软弱地基、湿陷性黄土地基、膨胀土地基以及杂填土
	挤密砂桩（碎石桩、石灰庄、土桩）	利用挤密或振动使深层土密实，并在挤密和振动过程中回填砂、碎石、石灰、灰土等材料形成砂桩、碎石桩等，与桩间挤密土体形成复合地基，提高地基承载力，减少沉降量，消除或部分消除土的湿陷性或液化性	一般适用于杂填土、松散砂土。石灰桩适用于软弱黏性土

4.2.4 软土地基处理方案的比较选择

任何一种软基加固方法都不是万能的，各种加固方法都有它一定的使用条件和范围。由于软土性状千差万别、地质勘查资料的局限性及设计参数误差等因素的影响，往往使处理后的效果与设计要求产生较大的差异。因此，针对具体的软基加固工程应综合考虑各方面的因素，如设计施工条件、上部结构和荷载作用条件、软土性状条件、经济技术条件、工期条件等，恰到好处地选择处理方案，体现经济、可靠、高效的指导原则，是软土地基处理的重点和关键。

1. 方案选择应考虑的因素

在方案分析和选择时，不能仅仅只考虑荷载和变形因素，而是要综合施工期的地表状况、结构物密度、填土高度、施工进度、施工季节、气候条件、施工环境、设备情况、材料供应等因素统筹考虑，使所选择的处理方案技术上可靠、经济上合理、条件上允许、时间上满足，同时还应考虑到环境保护、节约能源、生态平衡等方面因素。

2. 方案选择应收集的资料

在选择确定具体的处理方法前，必须收集、调研有关的资料，主要包括：详细的工程地质和水文地质勘查资料，场地的环境条件，施工进度与气候条件，本地区其他同类工程软基处理经验，材料、设备来源情况，道路性质、形状、位置条件等方面的资料。其中，最重要的是工程和水文地质资料，这是选择和确定软基具体处理方案的重要依据。

3. 方案选择确定的具体步骤

软土地基处理方案的确定，可按下列步骤进行。

（1）收集详细的工程地质、水文地质及地基基础的设计资料。如地形、地质成因、地层状况；软土层厚度、不均匀性和分布范围；持力层位置及状况；地下水情况及地基土的物理力学性质。

（2）根据地基处理的预定目标（解决路堤变形问题或沉降问题）、使用要求（工后沉降量及差异沉降量要求）、结构类型和荷载大小等，并结合地形地貌、地层结构、地下水特征、周围环境和相邻建筑物等因素，初步选定几种可供参考的地基处理方案，以供方案比较和进一步选择。

（3）对初步选定的几种地基处理方案，分别从处理效果、材料来源、机具条件、施工进度、投资成本和环境影响等方面进行认真的技术、经济比较，并根据安全可靠、施工方便、经济合理、有利环保的原则，从中选择最佳处理方案，也可综合完善初选方案。

（4）对基本确定的地基处理方案，根据道路等级和施工现场复杂程度，可在有代表性的场地上进行相应的现场试验，通过试验检验设计参数和处理效果。如果达不到设计要求时，应查明原因，采取相应措施或修改设计。试验工程的修筑也可为大范围正式施工积累经验，提供设计依据，控制施工质量。

4.2.5 换填法

当软弱土地基的承载力和变形满足不了设计要求，而软弱土层的厚度又不是很大时，将基础以下处理范围内的软弱土层部分或全部挖去，然后分层置换强度较大、性能稳定、无侵蚀性的材料，如砂、碎石、素土、灰土、炉渣或粉煤灰等，并压（夯、振）实至要求的密实度为止，这种处理方法称为换填土层法。一般全部挖除换填的软土层厚度限于 3m 且局部分布又无硬壳层的地段，而对于厚度大于 3m 的表层软土，则通常采用部分挖除置换处理。

换填土层法的加固原理是根据土中附加应力分布规律，让垫层承受上部较大的应力，软弱层承受较小的应力，甚至不增加软基的附加应力以满足设计对地基的要求。

换填土层法适用于淤泥、淤泥质土、湿陷性黄土、素填土、杂填土地基及暗沟、暗塘等的浅层处理。换填土层法原理简单、明晰，施工技术难度小，安全可靠，是浅层地基处理常用的方法之一。它包括开挖置换、抛石挤淤、爆破挤淤、轻型材料置换等多种具体处理方法。

1. 开挖换填法

开挖换填法即在一定范围内，把影响路基稳定性的软土用人工或机械挖除，用无侵蚀作用的低压缩性散粒体置换，分层夯实。按软土的分布形态和开挖部位，有全面开挖换填和局部开挖换填两种情况。开挖边坡一般为 1∶1 左右，开挖深度一般在 2m 以内，为防止边坡塌落，应随挖随填。

开挖换填所用填料一般为灰土、砂卵石、碎石及工业废渣等。

换填灰土一般用于不透水路基，土料就地取用黏性土，打碎过筛，其粒径不大于 15mm，消解生石灰粒径不大于 5mm；灰、土体积配合比为 2∶8 或 3∶7，拌和时根据气候和土的湿度适量洒水，拌至颜色均匀为止。含水量宜用手紧握成团，两指轻捏即碎为宜。铺设前，应将基底碾压数遍，铺土应分段分层进行并夯实，每层铺土厚度可根据不同夯压方式确定，一般压路机松铺厚度为 20～30cm，蛙式打夯机松铺厚度为 10～25cm。夯实（碾压）遍数根据设计要求确定，一般不少于 4 遍，铺上的灰土当日即应压实，换填完毕，不能暴露太久，应连续进行路堤的填筑施工。

换填灰土的质量检查，可用环刀取样，测定干密度，对于轻亚黏土最小干密度为 1.68g/cm³，亚黏土为 1.5～1.55g/cm³，黏土为 1.45～1.5g/cm³。

换填的砂、卵石材料宜用级配良好的坚硬的中砂、粗砂和卵石、碎石，不含草根杂物，含泥量不超过3％，石子粒径最大不宜超过5cm。人工级配的砂石，应将砂石拌和均匀后铺填压实。

换填碎石和矿渣是目前应用较多的一种地基加固方法。碎石和矿渣具有足够的强度和模量值，稳定性好，地基固结快。换填的砂、卵石、碎石或工业废渣材料，其质量检查可采用灌砂法检查其干密度。

2. 抛石挤淤法

抛石挤淤法即在路基底部抛投一定数量的片石，将淤泥挤出基底范围，强制置换饱和软土的地基处理方法。

抛石挤淤法施工简单、迅速、方便，一般适用于石料丰富、运距较短、厚度不超过4m，且表面无硬壳，片石能下沉至底部，排水较困难的积水洼地中的具有触变性的流塑状饱和淤泥和泥炭土的处理。

抛石挤淤法按挤淤方式可分为整体压载挤淤和散式挤淤两种。

散抛的片石大小，视泥炭或淤泥的稠度而定，对于容易流动的泥炭或淤泥，片石可小些，但一般不宜小于30cm，且小于30cm粒径含量不得超过20％。当软土层平坦时，抛投的顺序应先从路中线向前抛投，再渐次向两侧扩展，以使淤泥向两旁挤出。当软土或泥沼底面的横坡陡于1∶10时，抛石应从高的一侧向低的一侧扩展，并在低的一侧边部多抛填一些，使低的一侧边部约有2m宽的平台面。片石抛掷出水面后，宜用重型压路机振动碾压密实，然后在其上铺设反滤层，再进行填土。

但由于散抛石挤淤时，片石沉降不一致，从而在路基下面留有部分软土，完工后会引起不利的不均匀沉降。相对而言，整体压载挤淤法采用接底式处理时，就可避免上述现象。

【工程实例4.1】 某城镇道路K10+840～K10+970，本段工程地质情况较为复杂，中线的右侧为老路，左侧局部为鱼塘，其部分段落为杂填土覆盖。

(1) K10+840～K10+970段，左侧直接穿越鱼塘，鱼塘水深0.5～1.0m，水下为一层淤泥，呈流塑状，层厚2.0～2.5m，其下为低液限黏土。

(2) K10+870～K10+900段鱼塘为杂填土所覆盖，层厚6.0m左右，主要成分为建筑垃圾，松散状；在杂填土的坡脚处为淤泥，呈流塑状，层厚2.0～2.5m，其淤泥已被剪切隆起，其下为低液限黏土。

(3) K10+900～K10+970段，路中线左侧22m范围内地表为素填土，层厚2.0～3.0m，填土时间超过20d，较密，22m以外为鱼塘，鱼塘水深0.5～1.0m，水下为一层淤泥，呈流塑状，层厚2.0～2.5m，其下为低液限黏土。

针对该段路基情况，首先在施工中安排4台大功率抽水机日夜不间断抽水3d将水抽干，将鱼塘底部淤泥挖除深2.0～2.5m，但底部还有大量淤泥，此时则采用抛石挤淤的处理方法。

施工工序：清除表土→排除积水→挖除淤泥→分层换（抛）填石块泥垫层→压实→压实度检验→路基分层填筑→压实度及弯沉检测→路面施工等工序。

在进行软基处理前，应先进行石块收集，石块粒径一般不超过压实厚度的2/3，石块为软质岩或极软岩（强度小于20MPa），以免影响透水性垫层的设置。就近堆放及质量检验，严格控制石块泥的含泥量不超过20％。

由于该路段软土层地下水较丰富且水位较高，采取在路基范围内设置深 3～4m 的管式渗沟，外侧挖排水沟疏干路基范围内积水。

石块泥应逐层填筑，分层（40cm）压实。自卸汽车回填石块泥要快速集中，并由地基中部向两侧扩展；推土机摊铺要均匀、平整；对换填土底层应先用推土机碾压 4 遍，然后再用 12～15t 光轮压路机碾压 4 遍，碾压要做到缓起、慢行、稳停、走向直、速度匀，尽量避免因碾压方式不当扰动软土层而反弹下陷。每次碾压要重叠 1/2，至重轮轮迹压遍全宽时方为 1 遍。这样石块泥，一方面在路基下层形成透水性垫层，替换了基底下部一定厚度的软土层；另一方面通过石块（片石）骨架作用达到挤密软基目的，保证各组成成分经压实后相互间嵌密实。

3. 爆破挤淤法

将炸药放在软土或泥沼中引爆，利用爆炸时的张力作用，把淤泥和泥炭扬弃，然后回填以强度较高的透水性土。其特点是换填深度大、功效较高，软土、泥沼均可使用。但爆破对周围环境影响大，一般只限于爆破对附近构筑物或设施没有不良影响，且淤泥或泥炭层较厚（超过 5m），稠度较大，路堤填土高度较高，施工期急迫等情况。

爆破挤淤法根据爆破与填土的关系分为两种：一是先部分填筑，进行底部爆破，再填筑；二是先爆破后填筑。第一种方法可有效防止软土或淤泥回淤，适用于稠度较大、较软、回淤较快的软土或泥沼；第二种方法适用于稠度较小、回淤较慢的软土，见图 4.7。

图 4.7　某海岸堤坝工程爆破挤淤施工现场

4.2.6　复合地基法

4.2.6.1　旋喷法

旋喷法是用钻机钻孔至预定深度，用高脉冲泵，通过安装在钻杆下端的特殊喷射装置，向土中喷射化学浆液。在喷射的同时，钻杆以一定速度旋转并逐渐往上提升，高压射流使一定范围内的土体结构破坏，强制破坏的土体与化学浆液混合，胶结硬化后在土层中形成直径较均匀的圆柱体，其施工现场见图 4.8。旋喷法的施工工艺流程如下。

图 4.8　青岛地铁河西试验段车站维护结构旋喷桩施工

1. 钻机定位

钻机定位是钻机头对准空位的中心，保证钻机的垂直度。

2. 钻孔

一般选用旋转振动钻机或地质钻机。

3. 插注浆管

选用旋转振动钻机时，钻孔和插注浆管两工艺合二为一；选用地质钻机时，在钻至预定深度后，先抽出岩心管，再插入注浆管。

4. 旋喷作业

当喷浆管插至预定深度后，由下而上进行旋喷作业。在操作中要注意以下几点。

（1）旋喷前要检查高压设备和管路系统，其压力和流量必须满足设计要求。

（2）喷射过程中，要防止喷嘴堵塞。

（3）喷射时，要做好压力、流量、冒浆量的测量工作，并应按要求逐项记录。

（4）深层旋喷时，应先喷浆后旋钻和提升，以防注浆管折断。

（5）搅拌水泥浆时，水灰比要符合设计规定，不得随意更改，旋喷过程中要防止水泥浆沉淀、浓度降低。

5. 冲洗

当喷射提升至设计标高时，旋喷即告结束，此时应将注浆管等设备冲洗干净。

6. 移动机具到新孔上，重复以上操作

高压喷射的注浆方式，除旋转喷射外，还有定向喷射和摆动喷射等，如图 4.9 所示。

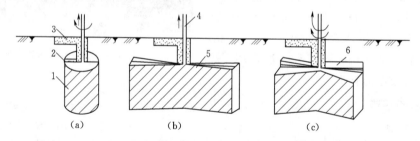

图 4.9　高压喷射注浆的 3 种方式
（a）旋喷；（b）定喷；（c）摆喷
1—桩；2—射流；3—冒浆；4—喷射注浆；5—板；6—墙

4.2.6.2 *深层拌和法*

深层拌和法包括石灰桩法、水泥搅拌桩法、高压旋喷桩法等，其原理是在钻机钻进时，利用压缩空气或加压泵将生石灰、水泥干粉或水泥浆等胶凝材料，与软土强制搅拌，使胶凝材料与软土产生物理、化学作用，从而形成复合地基，以达到提高地基承载力、减小沉降的目的。这里介绍水泥搅拌桩法。

深层拌和法主要设备为深层搅拌桩机，工程中常用的多动力多头深层搅拌桩机如图 4.10 所示。

水泥搅拌桩法适宜于加固各种成因的饱和软黏土、新吹填的黏土、泥炭土、粉土和淤泥质土等。水泥搅拌桩分为喷浆型（湿法）和喷粉型（干法）两种。

喷浆型（湿法）施工工艺流程为：钻机就位→预搅下沉→制备水泥浆→喷浆搅拌提升→

重复搅拌下沉和提升→清洗→移位→重复以上步骤，如图
4.11 所示。

喷粉型（干法）施工工艺流程为：钻机就位→正转钻
进→反转提升、喷粉→成桩→移位→重复以上步骤，如图
4.12 所示。

施工质量控制：要求搅拌桩基本垂直于地面，布桩位
置与设计误差不得大于 2cm，成桩桩径偏差不应超过 5cm；
对喷浆搅拌工艺所用水泥浆要严格按设计的配合比拌制，
不得有离析现象，不宜停置时间过长，停置超过 2h 应降低
等级使用；对喷粉搅拌所用的水泥粉要严控入储灰罐前的
含水量，严禁受潮结块，不同水泥不得混用；严格按设计
参数控制水泥粉（浆）的喷出量和搅拌提升速度，确保搅
拌桩施工的均匀性。

图 4.10 多动力多头深层搅拌桩机

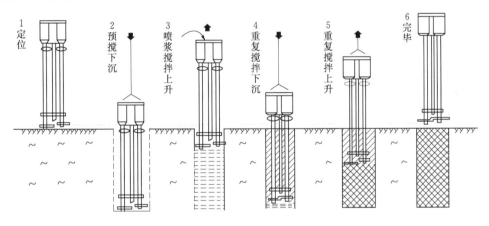

图 4.11 喷浆型深层搅拌施工流程

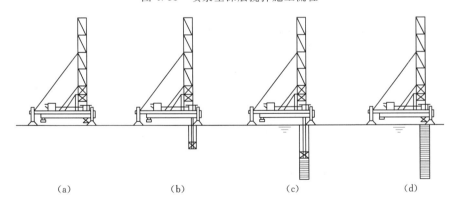

图 4.12 喷粉深层搅拌施工流程
（a）就位；（b）钻进；（c）提升；（d）成桩

4.2.7 排水固结法

排水固结法是对天然地基，或先在地基中设置砂井（袋装砂井或塑料排水带）等竖向排
水体，然后利用建筑物本身重量分级逐渐加载；或在建造前在场地上现行加载预压，使土体

中的孔隙水排出，逐渐固结，地基发生沉降，同时强度逐步提高的方法。

排水固结法适用于处理各类淤泥、淤泥质土及冲填土等饱和黏性土地基。排水固结法是由排水系统和加压系统两部分共同组合而成。其中，排水系统分竖向排水体（普通砂井、袋装砂井、塑料排水板）和水平排水体（砂垫层）；加压系统有堆载法、真空法、降低地下水位法、电渗法、联合法等。

【工程实例4.2】　某平原区道路由于杂填以下为淤泥质黏土，工程性能差且水位较高，处理难度大。对杂填土及淤泥质黏土的下部土层用石块挤密，以提高该层土的力学性质，采用逐层碾压，并且采用超载预压进行处理，使之加速固结和缩短沉降的时间。项目部将大量的水稳筛分料堆积在该路段的路床顶面，施加2.0m的当量压载土方进行超载预压，在预压期间项目部做了以下工作。

1. 观测工作

观测点布置原则。在路堤填筑期埋设沉降板（杆），路面铺筑时埋设沉降墩作为沉降观测点。填筑期沉降观测点布置遵循以下原则。

（1）在桥梁两侧、通道一侧设置观测断面，其中桥头设置左、中、右3个观测点。

（2）软土路段观测断面的间距为100～200m，非软土路段观测断面间距约500m。

（3）河塘路段设置观测断面，每种地基处理路段至少不止一个观测断面。

（4）堤高大于5m的高路堤设置左、中、右观测点。路面铺筑期沉降墩埋设断面位置与路基填筑期断面位置相同，每个断面仅设置一个中位测点，左、右观测点取消。

2. 观测频率及提交的成果

填筑期每月至少观测两次，路面期每月观测一次，不断地进行沉降动态监测。路基填筑至设计标高，即开始进入沉降预压期。预压期间1个月，观测频率为每周1次，第2～3个月为半月1次，此后每月1次，经过2004年8月至2005年4月，8个月的预压期，地基的沉降速率逐渐减小，加载期的最大沉降速率为8～20mm/d，经过预压8个月后已降低到2～0.45mm/d，达到了非常好的预期效果。对该段路基进行弯沉测设，均符合弯沉要求。

4.2.7.1　砂井排水固结法

在软土地基中，钻挖一定直径的孔眼，灌以粗砂或中砂，利用上部荷载作用，加速软土的固结，这种方法称为砂井排水固结法。砂井顶部用砂沟或砂垫层连通构成排水系统，在路堤荷载的作用下加速排水固结。

该方法适用于软土层较厚、路堤较高，特别是当天然土层的水平排水性能较垂直向为大时，或软土层中有薄层细砂夹层时，采用砂井的方法效果更好。其施工要求如下。

（1）砂井的直径和间距布置。砂井的直径和间距主要取决于软土的固结特性和预压期限的要求，工程上常用的砂井直径为20～30cm。砂井的间距为相邻两砂井的中心距，这是影响固结速率最主要的因素之一，井距越小固结越快；反之，则固结越慢。井距一般为井径的8～10倍，常用范围为2～4m。砂井在平面上可布置成三角（梅花）形或正方形，以三角（梅花）形排列较紧凑、有效，如图4.13所示。

（2）砂井的深度。砂井的深度视软土层的情况和路堤高度而定，当软土层较薄，或底层为透水层时，砂井应贯穿整个软土层；当软土层厚度很大时，一般不需要打穿整个受压层。通常可先选定某一砂井深度、砂井直径和间距，通过沉降和固结度计算，确定最佳组合尺寸。当用于控制路堤的稳定性时，砂井的深度以超过最危险滑动面的深度为好。

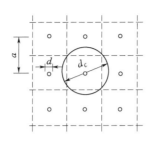 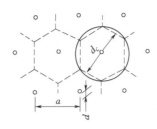

图 4.13　砂井平面布置图

（3）砂沟或砂垫层布置。为了把砂井中的水排到路堤坡脚以外，在路堤底部应铺设砂垫层，也可采用砂沟式垫层，即横向每排砂井顶部设置砂沟一条，再在纵向设置数条砂沟把其连接起来，如图 4.14 所示。纵向砂沟采用中间密、两旁疏的形式布置。沙沟的宽度可为砂井直径的 2 倍，高度为 0.4～0.5m。

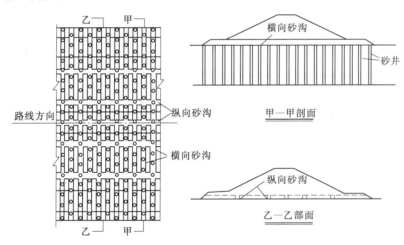

图 4.14　砂沟布置图

4.2.7.2　袋装砂井排水法

袋装砂井排水法是将风干砂装入透水性好的长条编织袋中，用专门的机械将砂袋打入软土地基内，代替大直径砂井的软土地基处理方法。

袋装砂井排水法与砂井排水固结法的适用范围、理论分析计算相同。但袋装砂井具有砂井直径小、工程造价低、施工速度快、设备轻便的特点，当地基水平位移较大时，袋装砂井更有优势。

袋装砂井直径根据所承担的排水量和施工要求确定，一般采用 7～12cm 的直径，井距为 1～2m，井径比为 13～30。袋装砂井施工现场如图 4.15 所示。

袋装砂井施工要求如下。

（1）砂井定位要准确，垂直度要好。

图 4.15　袋装砂井施工现场

（2）砂料含泥量要求小于 3%，并使用风干砂。

（3）采用聚丙烯编织袋，具有良好的透水性，并避免长时间暴晒。

（4）施工中，应避免砂袋被挂破漏砂。

（5）确保袋装砂井与排水垫层之间的连接。

4.2.7.3 塑料板排水法

塑料板排水法是把用滤膜包裹的塑料芯板用机械打入软土地基，利用滤膜的透水性和塑料板的沟槽构造把水汇集起来排到地面砂垫层内的软基加固方法。塑料芯板是由聚丙烯和聚乙烯塑料加工而成的两面带有间隔沟槽的板条，滤膜一般采用不低于 60 号、耐腐蚀的涤纶衬布，且含胶量不小于 35%。

塑料板排水法的原理是将塑料板换算成相当直径的砂井，其作用和适用范围等同于砂井排水法，其换算公式为

$$D = \frac{a(b+\delta)}{\pi} \tag{4.1}$$

式中　a——换算系数，由试验求得；

　　　b——塑料板宽度；

　　　δ——塑料板厚度。

从现场资料得到，施工长度在 10m 左右，挠度在 10% 以下的排水板，a 为 0.6～0.9；对标准型，即 $b=100mm$，$\delta=3～4mm$，取 $a=0.75$。换算直径 $D=50mm$，相当于直径为 50mm 的砂井。井径比采用 15～30。对于理想的塑料板井，排水井内部的水头损失可忽略不计，a 取 1.0 时，$D=66mm$。

塑料排水板的结构如图 4.16 所示。

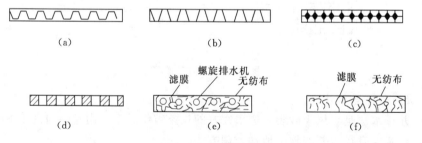

图 4.16　塑料排水板的结构

（a）Ⅱ形槽塑料板；（b）梯形槽塑料板；（c）△形槽塑料板；（d）硬透水膜塑料板；
（e）无纺布螺旋孔排水板；（f）无纺布柔性排水板

塑料板排水法的施工内容包括：插入塑料排水板、铺设排水砂垫层、路堤填筑加载 3 部分。其中，塑料排水板的插入是决定该方法施工效果的关键工序。

（1）施工工艺为：平整场地、挖排水沟→铺下层砂垫层→稳压→放样→机具就位→塑料排水板穿靴→插入套管→拔出套管→割断排水板→检查并记录板位等情况→机具移位→铺设上层砂垫层。

（2）施工控制要求如下。

1）塑料排水板插入过程中，防止淤泥进入板芯，堵塞疏水通道，影响排水效果。

2）塑料板与桩尖连接要牢靠，避免提管时脱开，将塑料板带出。如图 4.17 所示。

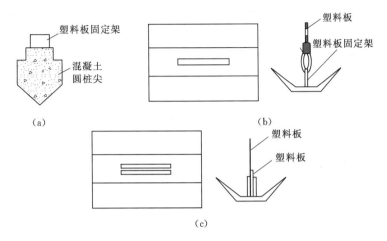

图 4.17 塑料排水板与桩尖连接方式

（a）混凝土圆桩尖示意图；（b）倒梯形桩尖；（c）楔形固定桩尖

3）导管与桩尖配合适当，避免错缝，防止淤泥进入，增大塑料板与导管壁的摩擦力，造成塑料板带出。

4）严格控制间距与深度，凡塑料板带出 2m 的应作废并重新补打。

5）塑料板接长时，应采用滤水膜内平搭接的方法，保证输水畅通并有足够的搭接长度，搭接长度不小于 20cm。

6）塑料板插板机是塑料板排水法的基本施工机械，可与袋装砂井打井机械通用，只是将圆形导管改为矩形导管。机械的锤击振力大小，可根据每次打设根数、导管断面大小、入土长度及地基的均匀性而定。一般对均匀软土，振动锤击振力可参考表 4.5 选用。

表 4.5 振动锤击力参考表

长度/m	导管直径/cm	振动锤击力/kN	
		单管	双管
>10	130～146	40	80
10～20	130～146	80	120～160
>20	130～146	120	160～220

4.2.8 动力加固法

重压法也称为动力固结法，主要包括强夯法、重锤击实法、碾压法等。本小节主要介绍强夯法。

强夯法是以 8～20t 的重锤、8～40m 的落距对土基进行强力夯击，利用冲击波和动应力达到加固软土层的目的。强夯法对土体的作用效果可概括为加密作用、液化作用、固结作用和时效作用。

强夯法具有施工简单、加固效果好、使用经济、适用面广等优点。可以广泛用于杂填土、碎石土、砂土、黏性土、湿陷性黄土及泥炭和沼泽土。缺点是噪声和震动较大，不宜在人口密集或附近防震要求较高的地点使用。

强夯法的主要设备包括夯锤、起重机、脱钩装置等。强夯法施工程序如下。

（1）平整场地。预估强夯后的变形平均高度，依此确定地面高程，然后用推土机整平。

（2）铺垫层。当遇到地表面为细粒土且地下水位高的情况，有时需在表面铺 0.5～2m 厚的砂、砂砾或碎石，其目的是为了在地表形成硬层，既可支撑起重设备，确保机械通行施工，又可加大地下水距地表面的距离，加速超静水压力的消散，防止夯击效率降低。

（3）夯点放线定位。宜用石灰或打小桩的方法，偏差不得大于 5cm。夯点可按等边三角形、等腰三角形或正方形布置。夯点间距选取要依据加固深度或取夯锤直径的 2.5～3.5 倍。

（4）强夯施工。夯击遍数对砂性土一般点夯 1～3 遍，黏性土点夯 2～4 遍，最后再以低能量满夯两遍。相邻两遍夯击的时间间隔应根据孔隙水压力消散的情况而定，对饱和黏性土一般需 3～4 周，而对于渗透性好的地基可连续施工。每夯击一遍，场地平整度偏差较大时，可用推土机推平或用粗砂将夯坑填平。

（5）现场记录。强夯施工时应对每一夯实点的夯击能量、夯击次数和每次夯击量等做好详细的现场记录。

（6）隔震要求。强夯施工时所产生的冲击波，会对周围环境造成震动和破坏，因此，强夯施工前要根据周围环境保护要求，在适当位置挖设减震沟，减震沟深一般距地表面 2.0m 左右。

图 4.18 强夯施工现场

【工程实例 4.3】 本项目沿线存在特殊性岩土主要为湿陷性黄土，岩性一般为粉土，少数为粉质黏土，土质较为疏松，具较大的空隙和垂直节理。所在段落野外常见分布有落水洞、黄土陷穴等特殊的地质地貌，湿陷土层厚度变化较大，一般厚度为 3～8m，为Ⅰ～Ⅱ级非自重湿陷性黄土，局部厚度达 10m 左右，为Ⅲ级自重湿陷。为确保路基工程质量，设计图纸采用强夯法对湿陷性黄土进行处理。强夯试验段夯击能采用 1000kN·m。

开夯前，现场监理人员对锤重和落距进行认真检查，确保单击、夯击能量符合设计要求。每遍夯击前对夯点放样进行复测，并在施工过程中详细记录数据。强夯的试验数据将为后续大面积施工提供翔实的第一手资料，也将作为现场质量控制的重要依据，现场施工如图 4.18 所示。

4.2.9 软土地基处治质量要求

1. 基本要求

（1）换填地基的填筑压实要求同土方路基压实要求，见表 4.18。

（2）砂垫层。砂的规格和质量必须符合设计要求和规范规定；适当洒水，分层压实；砂垫层宽度应宽出路基边脚 0.5～1.0m，两侧端以片石护砌；砂垫层厚度及其上铺设的反滤层应符合设计要求。

（3）反压护道。填筑材料、护道高度和宽度应符合设计要求，压实度不低于 90%。

（4）袋装砂井、塑料排水板。砂的规格、质量、砂袋织物质量和塑料排水板质量必须合格；砂袋和塑料排水板下沉时不得出现扭结、断裂等现象；井（板）底标必须符合设计要求，其顶端必须按规范要求伸入砂垫层。

（5）碎石桩。碎石材料应符合设计要求；应严格按试桩结果控制电流和振冲器的留振时间；分批加入碎石，注意振密挤实效果，防止发生"断桩"或"颈缩桩"。

（6）砂桩。砂料应符合规定要求；砂的含水量应根据成桩方法合理确定；应确保桩体连续、密实。

（7）粉喷桩。水泥应符合设计要求；根据成桩试验确定的技术参数进行施工；严格控制喷粉时间、停粉时间和水泥喷入量，不得中断喷粉，确保粉喷桩长度；桩身上部范围内必须进行二次搅拌，确保桩身质量；发现喷粉量不足时，应整桩复打；喷粉中断时，复打重叠孔段应大于 1m。

（8）软土地基上的路堤，应在施工过程中进行沉降观测和稳定性观测，并根据观测结果对路堤填筑速率和预压期等做出必要调整。

2. 实测项目

实测项目见表 4.6～表 4.9。

表 4.6 砂 垫 层 实 测 项 目

项次	检查项目	规定值或允许偏差	检查方法和频率	权值
1	砂垫层厚度	不小于设计值	每 200m 检查 4 处	3
2	砂垫层宽度	不小于设计值	每 200m 检查 4 处	1
3	反滤层设置	符合设计要求	每 200m 检查 4 处	1
4	压实度/%	90	每 200m 检查 4 处	2

表 4.7 袋装砂井、塑料排水板实测项目

项次	检查项目	规定值或允许偏差	检查方法和频率	权值
1	井（板）间距/mm	±150	抽查 2%	2
2	井（板）长度	不小于设计值	查施工记录	3
3	竖直度/%	1.5	查施工记录	2
4	砂井直径/mm	+10，0	挖验 2%	1
5	灌砂量/%	−5	查施工记录	2

表 4.8 碎石桩（砂桩）实测项目

项次	检查项目	规定值或允许偏差	检查方法和频率	权值
1	桩距/mm	±150	抽查 2%	1
2	桩径/mm	不小于设计值	抽查 2%	2
3	桩长/m	不小于设计值	查施工记录	3
4	竖直度/%	1.5	查施工记录	2
5	灌石（砂）量	不小于设计值	查施工记录	2

表 4.9 粉 喷 桩 实 测 项 目

项次	检查项目	规定值或允许偏差	检查方法和频率	权值
1	桩距/mm	±100	抽查 2%	1
2	桩径/mm	不小于设计值	抽查 2%	2
3	桩长/m	不小于设计值	查施工记录	3
4	竖直度/%	1.5	查施工记录	1
5	单桩喷粉量	符合设计要求	查施工记录	3
6	强度/kPa	不小于设计值	抽查 5%	3

3. 外观鉴定

砂垫层表面坑洼不平时，每处减 1～2 分。

4.2.10　土工合成材料处治层

1. 基本要求

（1）土工合成材料质量应符合设计要求，无老化，外观无破损，无污染。

（2）土工合成材料应紧贴下承层，按设计和施工要求铺设、张拉、固定。

（3）土工合成材料的接缝搭接、黏结强度和长度应符合设计要求，上、下层土工合成材料搭接缝应交替错开。

2. 实测项目

实测项目见表 4.10～表 4.13。

表 4.10　　　　　　加筋工程土工合成材料实测项目

项次	检查项目	规定值或允许偏差	检查方法和频率	权值
1	下承层平整度、拱度	符合设计施工要求	每 200m 检查 4 处	1
2	搭接宽度/mm	+50，0	抽查 2%	2
3	搭接缝错开距离/mm	符合设计施工要求	抽查 2%	2
4	锚固长度/mm	符合设计施工要求	抽查 2%	3

表 4.11　　　　　　隔离工程土工合成材料实测项目

项次	检查项目	规定值或允许偏差	检查方法和频率	权值
1	下承层平整度、拱度	符合设计施工要求	每 200m 检查 4 处	1
2	搭接宽度/mm	+50，0	抽查 2%	2
3	搭接缝错开距离/mm	符合设计施工要求	抽查 2%	2
4	搭接处透水点	不多于 1 个点	每缝	3

表 4.12　　　　　　过滤排水工程土工合成材料实测项目

项次	检查项目	规定值或允许偏差	检查方法和频率	权值
1	下承层平整度、拱度	符合设计施工要求	每 200m 检查 4 处	1
2	搭接宽度/mm	+50，0	抽查 2%	3
3	搭接缝错开距离/mm	符合设计施工要求	抽查 2%	3

表 4.13　　　　　　防裂工程土工合成材料实测项目

项次	检查项目	规定值或允许偏差	检查方法和频率	权值
1	下承层平整度、拱度	符合设计施工要求	每 200m 检查 4 处	1
2	搭接宽度/mm	≥50（横向） ≥150（纵向）	抽查 2%	3
3	黏结力/N	≥20	抽查 2%	3

3. 外观鉴定

（1）土工合成材料重叠、皱折不平顺，每处减 1～2 分。

（2）土工合成材料固定处松动，每处减 1～2 分。

学习情境 4.3 路基填筑施工

【情境描述】 本情境是在处理了特殊地基基础上，介绍路堤填筑类型，重点讲解路堤填筑、压实的施工程序、方法以及控制要点。为制定路基填筑施工方案打下基础。

填方路基的施工是公路工程施工中非常重要的环节，它不仅关系到公路的施工质量和基本使用功能，而且也关系到公路的使用寿命和使用安全。因此，需要精心设计、精细化组织管理和精心施工，确保工程质量。

填方路基的主要特点：①工程量大；②涉及面积广，分布不均匀，工程情况复杂；③工期长，耗费劳动力多，机械台班占用多。

填方路基的施工要求，除必须要符合设计的断面尺寸外，还应满足：①具有足够的整体稳定性；②具有足够的强度和刚度；③具有足够的水温稳定性。路堤的强度和稳定性是保证路面稳定的基本条件。

4.3.1 路基填筑用土

用于路堤填筑的土料，原则上应就地取材或利用路堑挖方的土壤，对填料总的要求是：具有良好的级配和一定的黏结能力，在一定的压力下易于压实稳定，基本不受水浸软化和冻害影响等。

各类公路用土具有不同的性质，在选择作为路基的填筑材料时，应当根据不同的土类分别采取不同的工程技术措施。不得采用设计或规范规定不适用的土料作为路基填料，路基填料的强度和粒径应符合有关规范的规定。

按照《公路路基施工技术规范》（JTG F10—2006）规定具体如下。

（1）含草皮、生活垃圾、树根、腐殖质的土严禁作为填料。

（2）泥炭、淤泥、冻土、强膨胀土、有机质土及易溶盐超过允许含量的土，不得直接用于填筑路基；确需使用时，必须采取技术措施进行处理，经检验满足设计要求后方可使用。

（3）液限大于50%、塑性指数大于26、含水量不适宜直接压实的细粒土，不得直接作为路堤填料；需要使用时，必须采取技术措施进行处理，经检验满足设计要求后方可使用。

（4）粉质土不宜直接填筑于路床，不得直接填筑于冰冻地区的路床及浸水部分的路堤。

（5）填料强度和粒径，应符合表4.14的规定。

表 4.14　路基填方材料的最小强度和最大粒径

项目分类 （路面底面以下深度）		填料最小强度（CBR）/%		填料最大粒径 /cm
		高速公路、一级公路	其他公路	
路堤	上路床（0～30cm）	8.0	6.0	10
	下路床（30～80cm）	5.0	4.0	10
	上路堤（80～150cm）	4.0	3.0	15
	下路堤（>150cm）	3.0	2.0	15
零填及路堑路床（0～30cm）		8.0	6.0	10

注　1. 其他公路做高级路面时，应按高速公路、一级公路的规定。

　　2. 表中所列强度按《公路土工试验规程》（JTG E40—2007），对试样浸水96h的CBR试验方法确定。

　　3. 黄土、膨胀土及盐渍土的填料强度，分别按各自的规定办理。

4.3.2 路基填筑施工工艺

1. 路堤的横断面形式

路堤的横断面形式应根据公路等级、技术标准，结合当地地形、地质、水文、挖填条件等情况确定。常用的横断面形式，按其填土高度可划分为矮路堤、高路堤和一般路堤。填土高度小于1.0m者，属于矮路堤；填土高度大于18m（土质）或20m（石质）者，属于高路堤；介于两者之间的属于一般路堤。随其所处条件和加固类型的不同，还有浸水路堤、护脚路堤、护肩路堤、挡土墙路堤、挖沟填筑路堤等。

2. 路堤填筑的类型及方法

（1）水平分层填筑。填筑时按照横断面全宽分成水平层次，逐层向上填筑，每填筑一层，经压实检查合格后再填筑上一层。如果原地面不平，应从最低处分层填起。水平分层填筑法施工操作方便、安全，压实质量易于保证，如图4.19和图4.20所示。

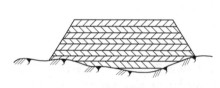

图4.19 水平分层填筑法

图4.20 路基水平分层填筑施工现场

（2）纵坡分层填筑。用推土机从路堑取土填筑运距较短的路堤，并以纵坡方向分层，逐层向上填筑，逐层压实。这种施工方法适用于原地面坡度小于20°的地段，如图4.21所示。

（3）竖向填筑。又称为横向全高填筑，即从路基一端按横断面的全部高度，逐步推进填筑，这种填筑方法适用于无法自下而上填土的陡坡、断岩或泥沼地区，如图4.22所示。但此方法所填土料不易压实，并且还有沉陷不均匀的缺点。为此，应采用必要的技术措施，如采用高效能的压实机械、采用沉陷量较小的砂石作为填料或采用混合填筑的方法等。

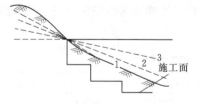

图4.21 纵坡分层填筑法

图4.22 竖向填筑法

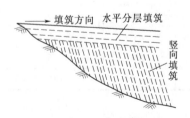

图4.23 混合填筑法

（4）混合填筑。在深谷、陡坡、断岩地段，下层采用竖向填筑的方法，上层采用水平填筑的方法，如图4.23所示，这样可以使上部的填土获得足够的密实度，以保证路基的质量。

3. 路堤填筑施工的工艺流程

路堤填筑施工的一般程序：施工前的准备工作、修建小型人工构造物、路基基础处理、路基土石方工程施工、路基工程的检查与验收等。具体来讲，路堤填筑施工的主要工序包括料场选择、基底处理、填筑和压实。路堤填筑施工的工艺流程见图4.24。

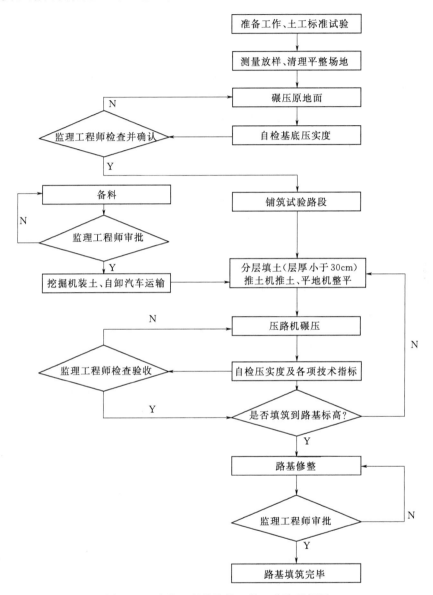

图4.24 路基工程填筑施工的工艺流程框图

4.3.3 路堤填筑施工的主要工序及控制要点

4.3.3.1 施工取土

（1）路基填方取土，应根据设计要求，结合路基排水和当地土地规划、环境保护要求进行，不得任意挖取。

（2）施工取土应不占或少占良田，尽量利用荒坡、荒地，取土深度应结合地下水等因素考虑，利于复耕。原地面耕植土应先集中存放，以利再用。

（3）自行选定取土方案时应符合下列技术要求。

1）地面横向坡度陡于1：10时，取土坑应设在路堤上侧。

2）桥头两侧不宜设置取土坑。

3）取土坑与路基之间的距离，应满足路基边坡稳定性的要求。取土坑与路基坡脚之间的护坡道应平整密实，表面设 1%～2% 向外倾斜的横坡。

4）取土坑兼作排水沟时，其底面宜高出附近水域的常水位或与永久排水系统及桥涵出水口的标高相适应，纵坡不宜小于 0.2%，平坦地段不宜小于 0.1%。

5）线外取土坑等与排水沟、鱼塘、水库等蓄水（排洪）设施连接时，应采取防冲刷、防污染的措施。

（4）对取土造成的裸露面，应采取整治或防护措施。

4.3.3.2 土质路堤

1. 地基表层处理应符合的规定

（1）二级及二级以上公路路堤基底的压实度应不小于 90%；三、四级公路应不小于 85%。路基填土高度小于路面和路床总厚度时，基底应按设计要求处理。

（2）原地面坑、洞、穴等，应在清除沉积物后，用合格填料分层回填分层压实，压实度符合 4.2.2 条第 1 款第 1 项的规定。

（3）泉眼或露头地下水，应按设计要求，采取有效导排措施后方可填筑路堤。

（4）地基为耕地、土质松散、水稻田、湖塘、软土、高液限土等时，应按设计要求进行处理，局部软弹的部分也应采取有效的处理措施。

（5）地下水位较高时，应按设计要求进行处理。

（6）陡坡地段、土石混合地基、填挖界面、高填方地基等都应按设计要求进行处理。

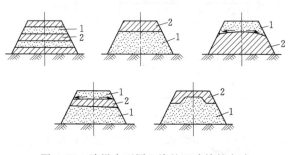

图 4.25　路堤内不同土壤的正确填筑方式
1—透水性土；2—不透水性土

2. 路堤填筑应符合的规定

（1）性质不同的填料，应水平分层、分段填筑，分层压实。同一水平层路基的全宽应采用同一种填料，不得混合填筑。每种填料的填筑层压实后的连续厚度不宜小于 500mm。填筑路床顶最后一层时，压实后的厚度应不小于 100mm。

（2）对潮湿或冻融敏感性小的填料应填筑在路基上层。强度较小的填料应填筑在下层。在有地下水的路段或临水路基范围内，宜填筑透水性好的填料，如图 4.25 和图 4.26 所示。

（3）在透水性不好的压实层上填筑透水性较好的填料前，应在其表面设 2%～4% 的双向横坡，并采取相应的防水措施。不得在由透水性较好的填料所填筑的路堤边坡上覆盖透水性不好的填料。

（4）每种填料的松铺厚度应通过试验确定。

（5）每一填筑层压实后的宽度不

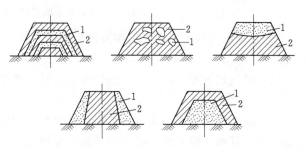

图 4.26　路堤内不同土壤的错误填筑方式
1—透水性土；2—不透水性土

得小于设计宽度。

（6）路堤填筑时，应从最低处起分层填筑，逐层压实；当原地面纵坡大于 12% 或横坡陡于 1∶5 时，应按设计要求挖台阶，或设置坡度向内并大于 4%、宽度大于 2m 的台阶。

（7）填方分几个作业段施工时，接头部位如不能交替填筑，则先填路段，应按 1∶1 坡度分层留台阶；如能交替填筑，则应分层相互交替搭接，搭接长度不小于 2m。

3. 选择施工机械

应考虑工程特点、土石种类及数量、地形、填挖高度、运距、气候条件、工期等因素，经济合理地确定。填方压实应配备专用碾压机具。

4.3.3.3 填石路堤

1. 填料应符合的规定

（1）膨胀岩石、易溶性岩石不宜直接用于路堤填筑，强风化石料、崩解性岩石和盐化岩石不得直接用于路堤填筑。

（2）路堤填料粒径应不大于 500mm，并不宜超过层厚的 2/3，不均匀系数宜为 15～20。路床底面以下 400mm 范围内，填料粒径应小于 150mm。

（3）路床填料粒径应小于 100mm。

2. 基底处理应符合的规定

（1）除满足 4.2.2 条第 1 款的规定外，承载力应满足设计要求。

（2）在非岩石地基上，填筑填石路堤前，应按设计要求设过渡层。

3. 填筑应符合的规定

（1）路堤施工前，应先修筑试验路段，确定满足表 4.15 中孔隙率标准的松铺厚度、压实机械型号及组合、压实速度及压实遍数、沉降差等参数。

（2）路床施工前，应先修筑试验路段，确定能达到最大压实干密度的松铺厚度、压实机械型号及组合、压实速度及压实遍数、沉降差等参数。

（3）二级及二级以上公路的填石路堤应分层填筑压实。二级以下砂石路面公路在陡峻山坡地段施工特别困难时，可采用倾填的方式将石料填于路堤下部，但在路床底面以下不小于 1.0m 范围内仍应分层填筑压实。

（4）岩性相差较大的填料应分层或分段填筑。严禁将软质石料与硬质石料混合使用。

（5）中硬、硬质石料填筑路堤时，应进行边坡码砌，码砌边坡的石料强度、尺寸及码砌厚度应符合设计要求。边坡码砌与路基填筑宜基本同步进行。

（6）压实机械宜选用自重不小于 18t 的振动压路机。

（7）在填石路堤顶面与细粒土填土层之间应按设计要求设过渡层。

4. 填石路堤施工质量应符合的规定

（1）上、下路堤的压实质量标准见表 4.15。

表 4.15　　　　　　　填石路堤上、下路堤压实质量标准

分区	路面底面以下深度/m	硬质石料孔隙率/%	中硬石料孔隙率/%	软质石料孔隙率/%
上路堤	0.8～1.50	≤23	≤22	≤20
下路堤	＞1.50	≤25	≤24	≤22

（2）填石路堤施工过程中的每一压实层，可用试验段确定的工艺流程和工艺参数，控

制压实过程；用试验路段确定的沉降差指标检测压实质量。

（3）填石路堤填筑至设计标高并整修完成后，其施工质量应符合表4.16的规定。

表4.16　　　　　　　　　填石路堤施工质量标准

项次	检测项目		允许偏差		检查方法或频率
			高速公路、一级公路	其他公路	
1	压实度		符合试验路堤确定的施工工艺		施工记录
			沉降差≤试验路堤确定的沉降差		水准仪：每40m检测一个断面，每个断面检测5～9点
2	纵面高程/mm		＋10，－20	＋10，－30	水准仪：每200m测4断面
3△	弯沉		不大于设计值		—
4	中线偏位/mm		50	100	经纬仪：每200m测4点，弯道加HY、YH两点
5	宽度		不小于设计值		米尺：每200m测4处
6	平整度/mm		20	30	3m直尺：每200m测4点×10尺
7	横坡/%		±0.3	±0.5	水准仪：每200m测4个断面
8	边坡	坡度	不陡于设计值		每200m抽查4处
		平顺度	符合设计要求		

注　带△的检查项为关键项目。

（4）填石路堤成型后的外观质量标准。路堤表面无明显孔洞。大粒径石料不松动，铁锹挖动困难。边坡码砌紧贴、密实，无明显孔洞、松动，砌块间承接面向内倾斜，坡面平顺。

4.3.3.4　土石路堤

1. 填料应符合的规定

（1）膨胀岩石、易溶性岩石等不宜直接用于路堤填筑，崩解性岩石和盐化岩石等不得直接用于路堤填筑。

（2）天然土石混合填料中，中硬、硬质石料的最大粒径不得大于压实层厚的2/3；石料为强风化石料或软质石料时，其CBR值应符合相关的规定，石料最大粒径不得大于压实层厚。

2. 基底处理应满足填土路堤的规定

在陡、斜坡地段，土石路堤靠山一侧应按设计要求，做好排水和防渗处理。

3. 填筑应符合的规定

（1）压实机械宜选用自重不小于18t的振动压路机。

（2）施工前，应根据土石混合材料的类别分别进行试验路段施工，确定能达到最大压实干密度的松铺厚度、压实机械型号及组合、压实速度及压实遍数、沉降差等参数。

（3）土石路堤不得倾填，应分层填筑压实。

（4）碾压前应使大粒径石料均匀分散在填料中，石料间孔隙应填充小粒径石料、土和石渣。

（5）压实后透水性差异大的土石混合材料，应分层或分段填筑，不宜纵向分幅填筑；如确需纵向分幅填筑，应将压实后渗水良好的土石混合材料填筑于路堤两侧。

（6）土石混合材料来自不同料场，其岩性或土石比例相差较大时，宜分层或分段填筑。

（7）填料由土石混合材料变化为其他填料时，土石混合材料最后一层的压实厚度应小于300mm，该层填料最大粒径宜小于 150mm。压实后，该层表面应无孔洞。

（8）中硬、硬质石料的土石路堤，应进行边坡码砌，码砌边坡的石料强度、尺寸及码砌厚度应符合设计要求。边坡码砌与路堤填筑宜基本同步进行。软质石料土石路堤的边坡按土质路堤边坡处理。

4. 中硬、硬质石料土石路堤质量应符合的规定

（1）施工过程中的每一压实层，可用试验路段确定的工艺流程和工艺参数，控制压实过程；用试验路段确定的沉降差指标，检测压实质量。

（2）路基成型后质量应符合表 4.16 的规定。

5. 软质石料填筑的土石路堤

应符合《规范》的规定。

6. 土石路堤的外观质量标准

路基表面无明显孔洞；大粒径填石无松动，铁锹挖动困难；中硬、硬质石料土石路基边坡码砌紧贴、密实，无明显孔洞、松动，砌块间承接面应向内倾斜，坡面平顺。

4.3.3.5　高填方路堤

（1）高填方路堤填料宜优先采用强度高、水稳性好的材料，或采用轻质材料。受水淹、浸的部分，应采用水稳性和透水性均好的材料。

（2）基底处理应符合的规定。

1）基底承载力应满足设计要求。特殊地段或承载力不足的地基应按设计要求进行处理。

2）覆盖层较浅的岩石地基，宜清除覆盖层。

（3）高填方路堤填筑应符合的规定。

1）施工中应按设计要求预留路堤高度与宽度，并进行动态监控。

2）施工过程中宜进行沉降观测，按照设计要求控制填筑速率。

3）高填方路堤宜优先安排施工。

4.3.3.6　桥、涵及结构物的回填

（1）填料宜采用透水性材料、轻质材料、无机结合料等，非透水性材料不得直接用于回填。

（2）基坑回填必须在隐蔽工程验收合格后方可进行。基坑回填应分层填筑、分层压实，分层厚度宜为 100～200mm。二级及二级以上公路，采用小型夯实机具时，基坑回填的分层压（夯）实厚度不宜大于 150mm，并应压（夯）实到设计要求的压实度。

（3）台背及与路堤间的回填施工应符合的规定。

1）二级及二级以上公路应按设计做好过渡段，过渡段路堤压实度应不小于 96%，并应按设计做好纵向和横向防排水系统。

2）二级以下公路的路堤与回填的连接部，应按设计要求预留台阶。

3）台背回填部分的路床宜与路堤路床同步填筑。

4）桥台背和锥坡的回填施工宜同步进行，一次填足并保证压实整修后能达到设计宽度要求。

（4）涵洞回填施工应符合的规定。

1）洞身两侧应对称分层回填压实，填料粒径宜小于 150mm。

2) 两侧及顶面填土时，应采取措施防止压实过程对涵洞产生不利后果。

【工程实例4.4】 台背回填是一种特殊的施工工序。主要是在高等级公路桥涵构造物完成以后，用砂砾、碎砾、非强风化开山毛渣、碎石灰土等符合要求的材料分层填筑桥涵结构物与路基之间的遗留部分。从而达到有效地控制构造物台背回填施工质量，减少因回填区不均匀沉降而引起的桥头跳车等现象的发生，其主要工序为施工前各项准备工作、台背回填施工、标识回填层次、备足用料、回填施工、机械碾压、拍摄照片、整理内业资料。采取这种新工艺、新方法，就会成功地解决施工中出现的一系列疑难问题。目前这种新方法已在中铁十三局集团和我国多条高速公路施工中全面加以推广运用。图4.27所示分别为施工技术人员在结构物表面标识回填层次，施工人员纵向开挖台阶以便于结构物和回填部分结合紧密，施工机械在进行分层台背回填碾压。

图4.27 标识回填层次、纵向开挖台阶、回填碾压

4.3.3.7 半填半挖路基、路堤与路堑过渡段

1. 基底处理应符合的规定

（1）应从填方坡脚起向上设置向内侧倾斜的台阶，台阶宽度不小于2m，在挖方一侧，台阶应与每个行车道宽度一致、位置重合。

（2）石质山坡，应清除原地面松散风化层，按设计开凿台阶。

（3）孤石、石笋应清除。

（4）纵向填挖结合段，应合理设置台阶。

（5）有地下水或地面水汇流的路段，应采用合理措施导排水流。

2. 施工应符合的规定

（1）路基应从最低标高处的台阶开始分层填筑、分层压实。

（2）填筑时，应严格处理横向、纵向、原地面等结合界面，确保路基的整体性。

（3）路基填筑过程中，应及时清理设计边坡外的松土、弃土。

（4）高度小于800mm的路堤、零填及挖方路床的加固换填宜选用水稳性较好的材料。

4.3.3.8 路堤填筑时的注意事项

沿河路堤填土，连同护坡道在内一并分层填筑，可能受水浸淹部分的填料，应选用水稳性好的土料。路堤填筑范围内，原地面的坑、洞、墓穴等，用原地的土或砂性土回填，并按规定进行压实。路堤基底原状土的强度不符合要求时，应进行换填。路基施工中为防止雨水冲刷边坡，在路基两侧20m左右做临时泄水槽，槽底铺塑料布，路肩做挡土埝，以利于雨水排出。为了保证填料摊铺均匀以便平整碾压，一般通过石灰线划网格的方法指导装卸车卸料，如图4.28所示。

4.3.4 路基压实

路堤填料的碾压是路基施工的一个关键工序，只有有效地压实路基填料，才能保证路基填筑工程的施工质量。根据路堤填料的不同，路基压实分为土基压实、填石路基压实和土石混填路基压实。由于填料性质的不同，压实的方法和控制标准也不同。

4.3.4.1 土质路基压实

1. 路基压实的原理

路基填土经过开挖、运输、铺装等过程，已变得十分松散，压实的目的就是：通过碾压做功，使土壤颗粒重新组合，彼此积压，孔隙缩小，形成密实整体，从而使土体的强度增加、稳定性提高，塑性变形、渗透系数、

图 4.28 路堤填筑前划分方格网以便堆料

毛细水作用及隔温性能均有明显改善。因此，路堤填料的碾压是公路施工的一个关键工序，也是提高路基强度和稳定性的根本技术措施。

路基土体压实按压实机械作用种类不同，分为静压原理、冲击作用原理、振动作用原理。其中，静压原理是依靠机械自重对土体进行密实的方法；冲击作用原理是将一定质量的物体提升一定高度，然后自由下落，产生冲击，对土体进行冲击压实；振动作用原理是用振动压路机采用快速、连续的冲击作用，形成持续不断的冲击波，使土粒运动，达到密实土体的目的。

2. 影响压实的因素

影响压实效果的因素有内因和外因两个方面。内因是指土体本身的土质和含水量，外因是指压实功能（如力学性能、压实时间、压实遍数、压实速度和铺土厚度）及压实时外界自然和人为的其他因素等。归纳起来，影响压实效果的主要因素有土的含水量、土的性质、压实功能、铺土厚度、地基或下承层强度、碾压机具和方法等。

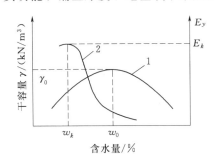

图 4.29 土的变形模量、干容重与含水量的关系

（1）含水量对压实效果的影响。通过击实试验表明，任何有一定黏结力的土，在不同的含水量条件下，用同样的压实功进行压实，获得的密实度和强度不同，所得的关系曲线如图 4.29 所示。从图中可以看出，在同等条件下，土体在达到一定含水量之前，干密度随含水量的增加而提高，其主要原因是水在土体压实过程中起着润滑作用，土粒间的摩阻力减小，当施加外力后，水随土粒的空隙减少而被排出，土的干密度得到提高。当干密度达到最大值后，如果含水量继续增大，土粒间的空隙被水所占据，而且此时水一般情况下不会被压缩或挤出，造成水分互相转移，土的干密度反而下降。

在通常一定压实条件下，所得到土体干密度的最大值，称为最大干密度，相应的含水量称为最佳含水量。由此可知，只有在最佳含水量时土体被压实的孔隙才最小，才可以使压实后的土体在遇水饱和后，其密实度和强度下降才最小，从而获得理想的工程效果。因此，在土体压实过程中，如果能控制土的最佳含水量，就可以得到最佳的压实效果，耗费的压实功能也最经济。

不同土的最大干密度和最佳含水量的变化范围见表 4.17。

表 4.17　　　　　　　　不同土的最大干密度和最佳含水量的变化范围

土类名称	塑性指数	重　型		轻　型	
		最大干密度 /(g/cm³)	最佳含水量 /%	最大干密度 /(g/cm³)	最佳含水量 /%
S、SF	<1	1.94~2.02	7~11	1.80~1.89	8~12
SM	1~7	1.99~2.28	8~12	1.85~2.08	9~15
ML	1~7	1.77~1.97	15~19	1.61~1.80	16~22
SC、CLS	7~17	1.83~2.16	9~15	1.67~1.95	12~20
SCH、CHS、CH	>17	1.75~1.90	16~20	1.58~1.70	19~23

　　注　S—砂；SF—含粗粒土砂；SM—粉土质砂；ML—低液限粉土；SC—黏土质砂；CLS—含沙低液限黏土；SCH—高液限黏土质砂；CHS—含砂高液限黏土；CH—高液限黏土。

　　（2）土的性质对压实效果的影响。由于不同土质有着不同的最佳含水量及最大干密度，因此土质不同压实性能差别较大。一般来讲，分散性较低的土（如砂性土）压实效果较好，而且含水量较小，最大干密度较大，特别在振动力作用下，很容易被压实。但对黏性土、粉质土等分散性较高的土，压实效果较差，主要是这些细分散的土颗粒比表面积大、黏聚力大、土粒表面水膜需水量大、最佳含水量偏高，而最大干密度反而偏小。

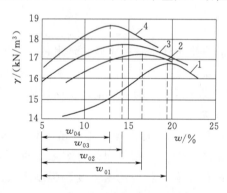

图 4.30　不同压实功能的压实曲线对照

　　（3）压实功能对土料压实的影响。压实功能主要指压实工具的种类、力学性能、碾压遍数、锤落高度和作用时间等，压实功能是除土料含水量之外，对压实效果起着重要影响的因素。其与压实效果的关系曲线见图 4.30。曲线表明，同一种土的最佳含水量随压实功能的增大而减小，最大干容重则随压实功能的增大而提高；在相同含水量条件下，压实功能越高，土基的密实度越高。因此，在工程实践中，可以通过增加压实功能（如选用重碾、增加碾压遍数、延长作用时间等）措施，以提高路基强度和降低最佳含水量。但是，从图中也可以看出，当压实功能增加到一定程度后，压实效果的提高非常缓慢，在经济效益和施工组织上，既不经济也不科学。而且，当压实功能过大，不仅会破坏土基的结构，还会影响到土基的水稳定性。相比之下，严格控制土料的最佳含水量，要比单纯增加压实功能有更大的收效。

　　（4）铺土厚度对压实效果的影响。压实厚度对压实效果具有明显的影响，在土质、湿度与压实功能相同的条件下，实测土层不同深度的密实度随深度递减，表层 5cm 最高。工程实践证明，不同压实工具的有效压实厚度有所差异，有效压实厚度与土质、含水量、压实机械的构造特征等因素有关。在一般情况下，夯实机械压实每层铺土厚度不宜超过 20cm；12~15t 的光面压路机，每层铺土厚度不宜超过 25cm；振动压路机或夯击机，每层铺土厚度不宜超过 50cm。在实际施工控制中，每层铺土厚度应通过现场试验确定。

　　（5）地基或下承层强度对压实效果的影响。在填压路堤时，如果地基没有足够的强度，则第一层路堤铺土很难达到较高的压实度，即使采用重型压路机械或增加碾压遍数，不但无法达到预期的效果，其至会使碾压土层变成"弹簧土"。因此，对于地基或下承层强度不足的情况，通常采取以下措施。

1）在填筑路堤之前，先将地基碾压几遍，使其达到规定的密实度。

2）如果在地基中有软土层，则应按有关方法处理后方可铺土碾压。

3）对于路堑处路槽的碾压，应先铲除 $30\sim40cm$ 原状土并碾压地基后，再分层填筑压实。

（6）碾压机具和方法对压实效果的影响。

压实机具的不同，或采用的压实方法不同，均能严重影响土体的压实效果。

1）压实机具类型不同，其压力传递的影响深度也不同。一般情况下，夯击式机具压力传递的影响深度最大，振动式机具次之，碾压式机具最浅。

2）当压实机具的质量较小时，碾压的遍数越多，土的密实度越高。但密实度的增长是有限度的，超过一定的密实度，继续增加碾压遍数，则只能引起弹性变形。工程实践证明，一般碾压 6 遍之前，土体密实度增大明显，$6\sim10$ 遍增长比较缓慢，10 遍以后稍有增长，20 遍后基本不增长。

3）当压实机具的质量较大时，随着压实遍数的增加，土体的密实度迅速增加，但当超过某一极限后，土的变形急剧增加而达到破坏。

压实机具的质量、作用遍数对土的压实影响，参见图 4.31。

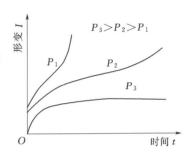

图 4.31 不同荷载下土的变形与时间的关系

【工程实例 4.5】 某高速公路第 6 合同段，全长 5.15km，起止桩号为 K36＋000～K41＋150。分为路床、上路堤与下路堤，平均填高约 8m，设计要求压实度分为 93 区、94 区、96 区。为了取得路基填筑的有关数据，进行了路基填筑试验。

1. 路基土的性质

试验段填土取自于 K36＋132 处挖方路基，其液限为 45.7％，塑性指数为 15.1，满足液限小于 50％、塑性指数小于 26 的填料要求，最大干密度为 $1.69g/cm^3$，最佳含水量为 19.6％。

2. 试验层的填筑

（1）在已经调平的试验路段，选定第 3 层作为 93 区的试验层，第 4 层为 94 区的试验层，第 5 层为 96 区的试验层。每层填筑前先选定任意两个断面的 6 个固定点，测出其高程，再用石灰打好方格网，控制松铺厚度在 30cm 以内，路基两侧各超填 50cm，以保证路基边缘的压实。

（2）用推土机初平，平地机精平，人工辅助整平，确保路基表面的平整度、纵坡度、横坡度。由实验室现场取样，测出路基天然含水量，施工中控制在最佳含水量的 0％～2％。气温高或有风时取高值；反之取低值。

（3）由测量工程师放出与下一层对应的两个断面的 6 个固定点，测出其高程，计算出松铺厚度。

（4）碾压。符合上述要求并获取一定数据后，用 YZ20 型振动压路机碾压，碾压时遵循先静后振、先慢后快、先两边后中间的原则，沿路基纵向方向碾压，压路机行走速度不超过

4km/h，且相邻两轮重合 1/3 轮宽。并记录好压实遍数。

3. 试验结果

经过现场测定，该土的天然含水量为 20.4%，在其最佳含水量（19.6% 的 ±2%）以内。

93 区试验结果：在最佳含水量 ±2% 范围内时，压路机静压 1 遍，弱振 1 遍，强振 1 遍，测定其压实度为 91.2%～92.4%，强振第 2 遍后，测定压实度为 93.0%～93.8%。根据现场试验，达到 93 区压实度要求的碾压遍数为：压路机静压 1 遍，弱振 1 遍，强振 2 遍。

94 区试验结果：在最佳含水量 ±2% 范围内时，压路机静压 1 遍，弱振 1 遍，强振 3 遍，测定其压实度为 94.1%～94.6%。根据现场试验，达到 94 区压实度要求的碾压遍数为：压路机静压 1 遍，弱振 1 遍，强振 3 遍。

96 区试验结果：在最佳含水量 ±2% 范围内时，压路机静压 1 遍，弱振 1 遍，强振 3 遍，测定其压实度为 95.2%～95.7%，强振第 3 遍后，测定压实度为 96.2%～96.8%。根据现场试验，达到 96 区压实度要求的碾压遍数为：压路机静压 1 遍，弱振 1 遍，强振 3 遍。

该土的压实系数为 $K_1 = 1.16$（93 区），$K_2 = 1.18$（94 区），$K_3 = 1.21$（96 区）。

4. 压实功能及压实机具对压实的影响分析

土的最佳含水量和最大干密度随压实功能的变化试验曲线表明，土的最佳含水量，随压实功能的增加而减小，而最大干密度则随压实功能的增长而增大。这是因为，压实是用外部功能来克服颗粒间引力而使土形成新的结构，故功能越大就越容易克服颗粒间引力，也就可以在较低含水量下达到更大的密实度。故现在路基的碾压大都采用超重型的压路机。试验证明，用 15t 以上钢轮压路机碾压时，土和路面材料的含水量略小于室内重型击实试验法的含水量，而且可以减少碾压遍数。如试验路段达到 93 区的压实度，用 YZ20 的压路机，只需静压 1 遍，弱振 1 遍，强振 2 遍就可达到要求，而第 2 试验路段达到 93 区的压实度，用 YZ18B 压路机，必须静压 2 遍，振压 3 遍才能达到要求。可见，压实功能对压实度的影响也是比较明显的。

3. 路基压实的一般规定

（1）土质路基压实度应符合表 4.18 的规定。

表 4.18 　　　　　　　　　　　　土质路基压实度标准

填挖类型		路床顶面以下深度 /m	压实度/%		
			高速公路、一级公路	二级公路	三、四级公路
路堤	上路床	0～0.30	≥96	≥95	≥94
	下路床	0.30～0.80	≥96	≥95	≥94
	上路堤	0.80～1.50	≥94	≥94	≥93
	下路堤	>1.50	≥93	≥92	≥90
零填及挖方路基		0～0.30	≥96	≥95	≥94
		0.30～0.80	≥96	≥95	—

注　1. 表列压实度以《公路土工试验规程》（JTJ 051）重型击实试验法为准。

　　2. 三、四级公路铺筑水泥混凝土路面或沥青混凝土路面时，其压实度应采用二级公路的规定值。

　　3. 路堤采用特殊填料或处于特殊气候地区时，压实度标准根据试验路在保证路基强度要求的前提下可适当降低。

　　4. 特别干旱地区的压实度标准可降低 2%～3%。

（2）路基土压实的最佳含水量及最大干密度以及其他指标，应在路基修筑半个月前，在取土地点取具有代表性的土样进行击实试验确定。

（3）土质路基的压实度试验方法可采用灌砂法、环刀法、蜡封法、灌水法（水袋法）或核子密度湿度仪（核子仪）法。

（4）每一压实层均应检验压实度，合格后才可填筑上一层；否则应查明原因，采取措施补压。检验频率为每 2000m² 检验 8 点，当不足 200m² 时，至少应检验 2 点。检验的标准：必须每个点的压实度都符合表 4.18 的规定，必要时可根据需要增加检验点。

（5）填石路堤的紧密程度在规定深度范围内，以通过 12t 以上振动压路机进行试验，当压实层顶面稳定，不再下沉（无轮迹）时，可判为密实状态。

（6）土质路床顶面压实完成后，应进行弯沉检验。检验汽车的轮重（或轴重）及弯沉允许值，按照设计规定执行。检验频率应为每幅双车道每 50m 检验 4 点，左、右两后轮隙下各 1 点。

（7）对填石及土石混填路堤，如果设计规定需在路床顶面进行强度试验时，应按照设计规定办理。

（8）土质路床顶面检验的压实度和弯沉值均应满足要求。如果仅有一项满足要求时，应找出不满足的原因，予以适当处理。

4. 填土路堤压实施工要点

路基必须分层填筑压实，每层表面平整，路拱合适，排水效果好。填土路堤压实施工要点如下。

（1）加强土的含水量检查，填土路堤应严格控制碾压最佳含水量。对透水性不良的土料，应控制其含水量在最佳含水量±2%之内。必要时可洒水或晾晒。

（2）严格控制松铺厚度。采用机械压实时，高速公路和一级公路的分层最大松铺厚度不应超过 30cm；其他公路，按土质类别、压实机具功能、压实遍数等，经现场试验确定，但最大松铺厚度不得超过 50cm。填筑至路床顶面最后一层的最小厚度不应小于 8cm。

（3）严格控制路堤几何尺寸和坡度。路堤填土宽度每侧比设计宽度宽出 30cm，压实宽度不得小于设计宽度，压实合格后，最后削坡。

（4）若填方分几个作业段施工，两段交接处不在同一时间施工，则先填路段应按 1:1 坡度分层留台阶；若两个地段同时填筑，则应分层相互交叠衔接，其搭接长度不得小于 2m，如图 4.32 所示。

（5）压实作业时，应先边后中，以便形成路拱；先轻后重，以适应逐渐增长的土基强

图 4.32 路基填方分作业段施工

度；先慢后快，以免松土被机械推动。同时应在碾压前，先行整平，可自路中线向路堤两边整成 2%～4%的横坡。在弯道部分碾压时，应由低的一侧边沿向高的一侧边沿碾压，以便形成单向超高横坡。前后两次轮迹（或夯击）需重叠 15～20cm。碾压时应特别注意控制均匀压实，以免引起不均匀沉陷，见图 4.33。

（6）各种压实机具碾压不同土类的适宜铺土厚度和所需压实遍数，与填土的实际含水量

图 4.33 土基压实施工现场

及所要求的压实度大小有关，碾压的技术参数应根据要求的压实度，按照所做试验路段的试验结果确定。如果控制压实遍数超过 10 遍，应当考虑适当减少填土厚度。

（7）高速公路和一级公路填土的压实，宜采用振动压路机或 35～50t 轮胎压路机进行。采用振动压路机进行碾压时，第一遍应只静压、不振动，然后先慢后快，由弱振至强振，千万不可采用同样振动，更不能先强后弱。

（8）各种压路机的碾压行驶速度开始时宜用慢速，最大行驶速度不宜超过 4km/h；碾压时直线路段由两边向中间，小半径曲线段由内侧向外侧，纵向进退式进行；横向接头对振动压路机一般重叠 0.4～0.5m。对于三轮压路机一般重叠后轮宽度的 1/2，前后相邻两区段宜纵向重叠 1.0～1.5m。碾压施工中，应无漏压、无死角，确保碾压均匀。

（9）使用夯锤压实时，第一遍夯位应紧靠排列，如果有间隙，则不得大于 15mm；第二遍夯位应在第一遍夯位的缝隙上，如此连续夯实直至达到规定的压实度。

（10）每层土均须经压实度检验合格后，方可转入下一道工序。不合格处应进行补压后再进行检验，一直达到合格为止。

4.3.4.2 填石路基、土石混填路基压实

1. 填石路基压实施工要点

（1）填石路堤基底处理同填土路堤。

（2）填料和填筑要求。膨胀性岩石、易溶性岩石、崩解性岩石和盐化岩石等均不应用于路堤填筑。填石路堤的石料强度不应小于 15MPa，石料最大粒径不宜超过层厚的 2/3。填石路堤填料的岩性相差较大时，应将不同岩性的石料分层或分段填筑。填筑时应将石块逐层水平填筑，分层厚度，高速公路和一级公路应不宜大于 50cm；其他公路填筑厚度不宜大于 1.0m。石料大面向下排放平稳，紧密靠拢，所有缝隙用小石块或石屑填塞密实。当石块级配较差、粒径较大、填层较厚、石块间的空隙较大时，可于每层表面的空隙里扫入石渣、石屑、中粗砂，再以压力水将砂冲入下部，反复数次，使空隙填满。人工铺填 25cm 以下石料时，可直接分层摊铺、分层碾压。

（3）填石路堤在压实之前，应当用大型推土机将路堤表面摊铺平整，对于个别不平整处，应当用人工配合以细石屑找平。

（4）填石路堤均应压实并选用工作质量 12t 以上的重型压路机、工作质量 2.5t 以上的夯锤或 25t 以上的轮胎压路机压（夯）实。当缺乏以上机具时，可采用重型静载光轮压路机压实，并减少每层填筑厚度和减小石粒粒径。

（5）压实操作要求。应先压两侧再压中间，压实路线对于轮碾应纵向互相平行，反复碾压。对于夯锤应成弧形，当夯击密实程度达到设计要求后，再向后移动一夯锤位置。行与行之间应重叠 40～50cm；前后相邻区段应重叠 100～150cm。

（6）填石路堤压实所需的碾压或夯击遍数应经过试验确定。当采用重型压路机时，可按压实层顶面稳定、不再下沉且无轮迹、石块紧密、表面平整为准；当采用重锤夯实时，可依重锤下落时不下沉而发生弹跳现象进行压实度检验。

（7）填石路堤使用各种压实机具时的注意事项与压实填土路基相同。

（8）填石路堤顶面至路床顶面下，高速公路和一级公路应填筑 50cm 厚符合路床要求的土，其他公路填筑厚度为 30cm。

2. 土石混填路基压实施工要点

（1）土石混填路基的基底处理同填土路堤。

（2）填料和填筑质量控制。天然土石混合材料中所含石料强度大于 20MPa 时，石块的最大粒径不得超过压实厚度的 2/3，超过的应予以清除；当所含石料为强度小于 15MPa 的软质岩时，石块的最大粒径不得超过压实厚度，超过的应打碎。土石混合材料在填筑时，不得采用倾填方法，应分层填筑、分层压实，松铺厚度宜为 30～40cm，或经试验确定。压实后渗透性差异较大的土石混合材料应分层分段填筑，不宜纵向分幅填筑；如确需纵向分幅填筑，应将压实后渗透性良好的土石混合材料填筑于路堤两侧。当石料含量大于 70% 时，应先铺大块石料，且大面向下安放平稳，然后铺小块石料、石屑等进行嵌缝找平，最后再碾压密实；当石料含量小于 70% 时，土石可以混合填筑，但应消除硬质石块过于集中的现象。土石混合料高等级公路路堤路床顶面以下 30～50cm 范围内，也应填筑符合路床要求的土并分层压实，填料最大粒径不得大于 10cm。其他公路路堤路床顶面以下填筑 30cm 的砂类土，填料最大粒径不得大于 15cm。

（3）土石路堤的压实方法与技术要求，应根据混合料中巨粒土（石粒）含量的多少确定。当混合填料中巨粒土（石粒）含量多于 70% 时，其压实作业接近填石路堤，应按填石路堤的压实方法和有关规定进行；当混合填料中巨粒土（石粒）含量小于 50% 时，其压实作业接近填土路堤，应按填土路堤的压实方法和有关规定进行。

（4）土石路堤的压实度可采用灌砂法或水袋法检验。其标准干容重应根据每一种填料的不同含石量的最大干容重作出干密度曲线，然后根据试坑挖取试样的含石量，从标准干密度曲线上查出对应的标准干密度。若几种填料混合填筑，则应从试坑挖取的试样中计算各种填料的比例，利用混合填料中几种填料的干容重曲线查得对应的标准干容重，用加权平均的计算方法，计算所挖试样的标准干容重。

（5）当采用灌砂法或水袋法检验有困难时，可以根据填石路堤的有关规定检验，即以通过 12t 以上振动压路机进行压实试验，当压实层顶面稳定，不再下沉（无轮迹）时，可判为密实状态。

【工程实例 4.6】 拟开展进行试验施工段落为：TJ13 合同段（K66＋320～K66＋430，长 110m）做石方填筑试验。

1. 推平、碾压方法

人工解锤改小石料粒径→推土机（D85 型）推平→压路机（YZ18 型）静压、振压各一遍→平地机（PY180 型）整平→压路机（YZ18 型）振压一遍、静压一遍收光。

2. 压实度控制

石方以沉降差法（在石方填筑质量监控中详述）并碾压数遍。各种填料填筑时根据 93、94、96 分区分别控制压实度达到 93%、94%、96% 以上。每次检测压实度时每 2000m² 需检测 8 个点。

3. 填筑过程中的机械组合及质量监控

先对运至现场粒径过大的填料进行人工解锤，先用推土机（D85 型）粗平，再用压路机

（YZ18 型）静压、振压各一遍后顺路线方向呈梅花形均匀布置 10 个钢球，此时羊足碾开始碾压，测量人员进行跟踪测量即可（每碾压一遍测量人员用水准仪观测一次钢球的高程，得出前后沉降差），直到前后沉降差小于 5mm，标准差小于 3mm，表面无明显轮迹为止，再用平地机（PY180 型）整平，最后再用压路机（YZ18 型）振压一遍、静压一遍收光。

学习情境 4.4 路 堑 开 挖 施 工

【情境描述】 在熟悉道路施工图的基础上，介绍土质路堑的开挖注意事项；掌握土质路堑开挖的方法以及横向开挖和纵向开挖方案。介绍石方开挖方法以及工程爆破类型、爆破作业注意事项和爆炸药品的管理。

4.4.1 土方开挖施工

4.4.1.1 土方开挖要求

土方开挖施工中应注意下列各点。

（1）路基开挖前应对沿线土质进行检测试验。对适用于种植草皮和其他用途的表土应储存于指定地点；对于开挖出的适用材料，应用于路基填筑，以减少挖方弃土和弃土堆面积，也可以减少填方借土和取土坑面积。但各类材料不应混杂，混杂材料均匀性较差，难以保证路基的压实质量。对不适用的材料可以做弃土处理。

（2）土质路堑地段的边坡稳定极为重要。开挖时，不论开挖工程量和开挖深度大小，均应自上而下进行，不得乱挖超挖。一方面，要注意施工方法，如果采用不加控制的爆破法施工，容易造成路堑边坡失去稳定性，坍方性掏洞取土易造成土坍塌伤人，因而严禁掏洞取土。在不影响边坡稳定的情况下采用爆破施工时，也应经过设计审批。另一方面，要注意施工顺序。防止因开挖顺序不当而引起边坡失稳崩塌。通常应按原有自然坡面自上而下挖至坡脚，不可逆顺序施工；否则极易引起滑坡体滑坍。

（3）施工中，如遇土质变化需修改施工方案时，应该及时报批；如因冬季或雨季影响，使得挖出的土方不能及时用于填筑路堤时，应按路基季节性施工的有关方法进行处理；如路堑路床的表土层下为有机土、难以晾干压实的土、CBR 值小于稳定要求的土或不宜做路床的土，均应清除换填，必要时还应设置渗沟，以保证满足路基深度的要求。如果遇到特殊土质（盐渍土、黄土、膨胀土等）以及易于坍塌的土时，应按特殊土的有关要求进行施工。

（4）挖方路基施工标高应考虑压实的下沉值。绝对不能将路基的施工标高与路基的设计标高（路线纵断面图上设计标高）混淆，造成超挖或少挖，产生浪费或返工。

4.4.1.2 排水设施的开挖

水是造成路堑各种病害的主要原因，所以在路堑开挖前应做好截水沟，并根据土质情况做好防渗工作。施工期间应修建临时排水设施，临时排水设施应与水文性排水设施相结合，水流不得排入农田、耕地、污染自然水源，也不得引起淤积或冲刷。

对排水沟渠的具体要求如下。

（1）排水沟渠的具体位置、横断面尺寸应符合设计图纸的规定。截水沟不应在地面坑洼处通过，必须通过时，应按路堤填筑要求将坑洼处填平压实，然后开挖，并防止不均匀沉陷和变形。

（2）平曲线外边沟沟底纵坡，应与曲线前后的沟底相衔接。曲线内侧不得有积水或外溢现象发生。

（3）路堑和路堤交接处的边沟应缓缓引向路堤两侧的天然沟或排水沟，不得冲刷路基，路基坡脚附近不得积水。

（4）排水沟渠应从下游出口向上游开挖，如图4.34所示。同时，应保证排水设施沟基稳固，严禁将排水沟挖筑在未加处理的弃土上；沟形整齐，沟坡、沟底平顺，沟内无弃土杂物；沟水排泄不得对路基产生危害；截水沟的弃土应用于路堑与截水沟间筑土台，并分层压（夯）实，台顶设2‰倾向截水沟的横坡，土台边缘坡脚距路堑顶的距离不应小于设计规定。

图4.34 路堑开挖截水沟施工

4.4.1.3 边坡开挖

路堑挖土边坡施工的基本要求与填土边坡基本类似，除了边坡坡度符合规范外，也应做好放样、布设标准边坡等工作。但是，与填方边坡相比又有自己的一些特点，路堤边坡由于是填土而成，其工作性质差异不大，而路堑边坡由自然状态土、石开挖而形成，随线路经过地带不同而有较大的变化，工程性质有时差别很大，施工作业难易程度也就有了一定的区别。

对于砂类土边坡，施工时挖出的斜坡应留有足够的余量，然后打桩、定线，进行坡面修整。具体做法是：先用机械开挖，留有20～30cm的余量，以后可以人工修整或者采用平地机修整，也可以采用小型反铲挖掘机作业。如果采用挖掘机修整边坡，要求操作人员应有较高的技术水平；否则极容易造成超挖或欠挖现象。

对于砾类土边坡，由于影响砾类土挖方边坡的因素，主要是土体结合的紧密程度，故其强度应结合土壤、地质、水文等条件确定。

砾类土的潮湿程度及边坡高度，对边坡的稳定有较大的影响，一般湿度大，边坡高时，宜采用较缓的边坡；对于密实度较差的土体，应避免深挖；应注意到边坡缓，则受雨水的作用面积增大，故边坡坡度不应过缓。另外，应根据具体情况采取边坡防护和加固措施，切实做好排水工作，以免影响边坡的稳定性。

位于地质不良地段需设置挡土墙等防护设施的路堑边坡，应采用分段挖掘、分段修筑防护设施的方法，以保证边坡的稳定和安全。

4.4.1.4 弃土处理

在施工过程中，弃土随便乱堆会影响现有公路和施工便道的车辆行驶，堵塞农田水利设施，造成水流污染，淤塞或挤压桥孔或涵管口，增加水流速度，改变水流方向，冲刷河岸，所有这些都是不允许的。所以要求在开挖路堑弃土地段前，提出弃土的施工方案报有关部门批准后实施，方案改变时，应该报批准单位复查。

弃土堆的边坡坡度不应陡于1∶1.5，顶面向外应设不小于2‰的横坡，其高度不宜大于3m。路堑旁的弃土堆，其内侧坡脚与路堑顶之间的距离，对于干燥硬土不应小于3m；对于软湿土，不应小于路堑深度加5m。在山坡上侧的弃土堆应连续而不中断，并在弃土堆前设截水沟；山坡下侧的弃土堆应每隔50～100m设置宽度不小于1m的缺口以利于排水，对于弃土堆坡脚应进行防护加固。

此外，岩溶地区的漏斗处大多已成为地面水的排泄通道，暗河口则成为地下水的出口通道，如将弃土弃置在这些地方，会造成地面水和地下水难以排走，形成水灾，影响路基稳定和安全。若在贴近桥墩（台）处弃土，将会造成桥墩（台）承受偏压，桥墩（台）的安全会受到严重影响。所以，应严禁在岩溶漏斗处、暗河口处、贴近桥墩（台）处弃土。

4.4.2 路堑开挖施工工艺

路堑开挖是路基施工中工程量最大、最普通的施工内容，有多种施工机械适宜于使用并能发挥机械的优势。所以，路堑开挖主要采用机械化施工。

4.4.2.1 路堑开挖一般要求

路堑边坡的形状一般可以分为直线、折线和台阶形 3 种。当挖方边坡较高时，可根据不同的土质、岩石性质和稳定要求开挖成折线式或台阶式边坡，边坡外侧应设置碎落台，其宽度不应小于 1.0m；台阶式边坡中部应设置边坡平台，边坡平台的宽度不应小于 2m。

边坡坡顶、坡面、坡脚和边坡中部平台应设置地表排水系统，当边坡有积水湿地、地下水渗出和地下水露头时，应根据实际情况设置地下渗沟、边坡渗沟或者仰斜式排水孔，或在上游沿垂直地下水流方向设置拦截地下水的排水隧洞等排导设施。

根据边坡稳定情况和周围环境确定边坡坡面防护形式，边坡防护应采取工程防护与植物防护相结合，稳定性差的边坡应设置综合支挡工程。如果条件许可时，应优先采用有利于生态环境保护的防护措施。

4.4.2.2 路堑开挖施工工艺流程图

路堑开挖施工工艺流程图见图 4.35。

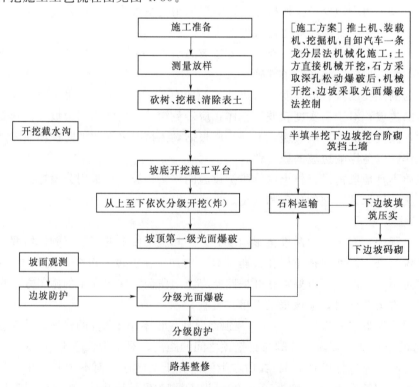

图 4.35 路堑开挖施工工艺流程框图

4.4.2.3 土质路堑开挖方案

土质路堑开挖根据挖方数量大小及施工方法的不同主要有横向全宽挖掘法、纵向挖掘法和混合挖掘法。不论采用何种方法开挖，均应保证施工过程中及竣工后能够顺利排水，随时注意边坡稳定，防止因开挖不当导致坍方；有计划地处理废方，尽可能用于改地造田、保护环境；注意有效扩大工作面，提高生产效率，保证施工安全。

1. 横向全宽挖掘法

（1）单层横向全宽挖掘法。以路堑整个横断面的宽度和深度，从一端或两端逐渐向纵深挖掘的方式，挖出的土方一般都是向两侧运送，如图 4.36（a）所示，此法主要适用于挖掘深度较小且长度较短的路堑。

（2）多层横向全宽挖掘法。从路堑的一端或两端按横断面分层开挖至路基设计标高，每层都有单独的运土出路和临时排水设施。这种方法主要适用于开挖深度较大且长度较短的路堑。土方工程数量较大时，各层应纵向拉开，做到多层、多方向出土，可安排较多的劳动力和施工机械，以加快施工进度。每层挖掘深度应视工作方便和安全而定，一般为 1～2m，如图 4.36（b）所示。

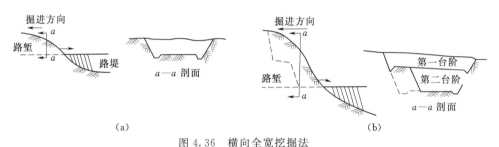

图 4.36　横向全宽挖掘法
（a）单层横向全宽挖掘法；（b）多层横向全宽挖掘法

2. 纵向挖掘法

（1）分层纵挖法。沿路堑全宽以深度不大的纵向分层进行挖掘前进的作业方式称为分层纵挖法，如图 4.37（a）所示，此法适用于较长的路堑。当路堑长度不超过 100m，开挖深度不大于 3m，地面较陡时，宜采用推土机作业，当地面横坡较缓时，表面宜横向铲土，下层的土宜纵向推运；当路堑横向宽度较大时，宜采用两台或多台推土机横向联合作业；当路堑前傍陡峻山坡时，宜采用斜铲推土。

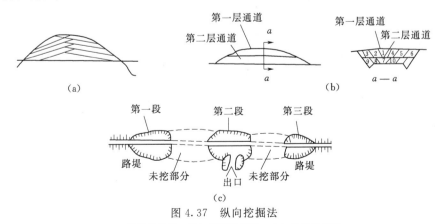

图 4.37　纵向挖掘法
（a）分层纵挖法；（b）通道纵挖法；（c）分段纵挖法

（2）通道纵挖法。先沿路堑纵向挖掘一通道，然后将通道向两侧拓宽，如图 4.37（b）所示。上层通道拓宽至路堑边坡后，再开挖下层通道，按此方向直至开挖到挖方路基顶面标高，称为通道纵挖法。通道可作为机械通行、运输土方车辆的道路，便于土方挖掘和外运的流水作业。这种方法适用于路堑较长、较深、两段路堑纵坡较小的路堑开挖。

（3）分段纵挖法。沿路堑纵向选择一个或几个适宜处，将较薄一侧堑壁横向挖穿，使路堑分成两段或多段，各段再纵向开挖称为分段纵挖法，如图 4.37（c）所示。该法适用于路堑过长，弃土运距过远，或一侧的堑壁不厚的路堑开挖，同时还应满足其中间段有弃土场，土方调配计划有多余的挖方废弃的条件。

3. 混合式挖掘法

当路线纵向长度和挖掘深度都很大时，为了扩大工作面，可以将多层横挖法和通道纵挖法混合使用。先沿路堑纵向开挖通道，然后沿横向坡面挖掘，以增加开挖坡面，如图 4.38 所示。每一坡面的大小，应能容纳一个施工小组或一台机械作业。

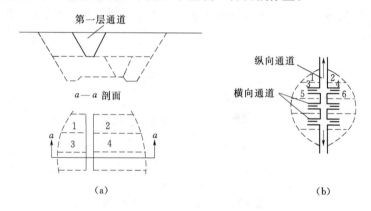

图 4.38　混合挖掘法
（a）横向和平面；（b）平面纵横通道示意（1～6 开挖顺序）

4.4.2.4　土质路堑的横向开挖

土质路堑的横向开挖可采用人工作业，也可以采用机械作业。

用人工按横挖法开挖路堑时，可在不同高度分几个台阶开挖，其深度一般为 1.5～2.0m。无法自两端一次横挖到路基设计标高或分台阶横挖，均应设单独的运土通道及临时排水沟，以免相互干扰，影响工效，造成事故。

用机械按横挖法开挖路堑且弃土（或移挖作填）运距较远时，可以用挖掘机配合自卸车进行。每层台阶高度可增加到 3～4m。其余要求与人工开挖路堑相同。

路堑横挖法也可用推土机进行，若弃土或移挖作填运距超过推土机的经济运距时，可用推土机推土堆积，再用装载机配合自卸车运土。用机械开挖路堑时应注意的是，边坡应配合平地机或人工分层修刮平整，以保证边坡的平整与稳定。

4.4.2.5　土质路堑纵向挖掘

土质路堑纵向挖掘多采用机械化施工。

当采用分层纵挖法挖掘的路堑长度较短（不超过 100m）、地面坡度较陡时，宜采用推土机作业。推土机作业时，每一铲挖掘地段的长度应能满足一次铲切达到满载的要求，一般为

5～10m，铲挖宜在下坡时进行，对于普通土宜为 10%～18%，不得大于 30%；对于松土不宜小于 10%，不得大于 15%；傍山卸土的运行道路应设有向内稍低的横坡，但应同时留有向外排水的通道。

当采用分层纵挖法挖掘的路堑长度较长（超过 100m）时，宜采用铲运机作业，有条件时最好配备一台推土机配合铲运机（或采用铲运推土机）作业。对于拖式铲运或铲运推土机，其铲斗容积为 4～8m³ 的适宜运距为 100～400m，容积为 9～12m³ 的适宜运距为 100～700m。自行式铲运机运距可增加一倍。铲运机的运土道，单道的宽度不应小于 4m，双道的宽度不应小于 8m；其纵坡，重载上坡坡度不宜大于 8%；弯道应尽可能平缓，避免急弯；路基表层应在回驶时刮平，重载弯道处路基应保持平整。铲运机作业面的长度和宽度应能使铲量达到满载。在起伏地形的工地，应充分利用下坡铲装；取土应沿其工作面有计划地均匀进行，不得局部过度取土造成坑洼积水。铲运机卸土场的大小应满足分层铺卸的需要，并留有回转余地。填方卸土应边走边卸，防止成堆，行走路线外侧边缘的距离不小于 20cm。

【工程实例 4.7】 工程概况：大运某高速公路里程桩号为 K52＋520.708～K61＋000，设计行车速度为 100km/h，路基宽度 26.5m，双向 6 车道。该公路是由平微区向山岭重区过渡变化的起始段，地形、地貌、地质情况较为复杂，沟壑纵横，高填深挖段落此起彼伏，其中 K56＋960～K57＋790 段 830m 长的段落，集中了约 180 万 m³ 的挖方工程量，最大挖方深度高达 42.70m。

1. 工作区划分

施工过程中，根据该段挖方工程量集中，绝大部分为土质成分等性质，并结合该段内立交桥的布置位置和弃土场的分布状况、容量情况，将该段划分成两个大的作业区，4 个作业小区，同时采用机械开挖，配合人工修坡的方式进行多点作业。

2. 施工方案的实施

在经过原始地貌及断面的复核和放线后，正常的作业程序是：根据测设结果，划定征地红线、划分各施工作业区后，结合设计图纸进行开挖边线的施工。为能在开挖过程中随时复核、检测路堑线形、边坡是否符合设计要求，除了须将设计提供的各类控制点，按规范要求移至开挖线以外，还应每隔一定距离设置边线控制桩。本段以每百米为单元，在横断面方向的路堑顶适当位置，设置控制边桩，并规定每开挖 3～4 m 深，进行一次边坡、边线的复核测量，以校核开挖平面位置和边坡坡度等。

施工作业机具的配置，是根据每区段单位时间内，平均开挖 1m 深的工程量来确定和选择的，也可根据所属区段作业面积的大小来配置。为保证开挖机具的高效作业，对施工场地的平整、施工道路的畅通、机具临时维修、加油等辅助工作均特别注意合理到位。共安排了 4 台推土机与 4 台装载机配合此项工作。

3. 控制施工质量的方法

复核路线中线及开挖线，是深路堑开挖施工的重点。因此，在正式开挖之前，多次进行中线复测，并与段落两端的有关结构物进行联测，以保证路堑平面位置的准确性。施工过程中，规定每开挖 4.0m 进行一次中线测设和宽度检测，以校核平面位置是否准确、边坡是否符合设计。当挖掘机在边坡附近作业时，均暂时留置 1～2m 宽的土体，待每层（层高约 2m）开挖即将结束之前，以人工配合挖掘机进行边坡的挖掘。此时，须配置较为熟练的操作手进行作业，以保证边坡既不超挖，又不留下太多的土体，进而减少人工修坡的工作量。此外，在边坡修整过程中，随时以垂球和靠尺检测坡比，以确保边坡施工精度。

4.4.3　石方开挖施工

石方开挖是道路通过山区与丘陵地区的一种常见的路基施工方法。由于是开挖建造，结构物整体稳定是石方路堑设计、施工的中心问题。而地质条件（岩石的性质、地质构造、风化破碎程度及边坡高度等）对路基的稳定有决定性的影响。设计前，应对路线的工程地质条件、岩体特征（结构、产状、破碎程度）及公路等级、边坡高度和施工方法进行综合调查，制定切实可行的设计标准和施工方法。

4.4.3.1　石方开挖应注意的问题

开挖石方应根据岩石的类别、风化程度和节理发育程度等确定开挖方式，对于软石和强风化岩石，能用机械直接开挖的均应采用机械开挖，也可实施人工开挖，开挖施工方案基本同土方开挖。凡是不能采用机械或人工直接开挖的石方，可采用爆破法开挖。用爆破法开挖时，应注意以下问题。

1. 爆破区管线调查

需用爆破法开挖的石方地段，如空中有缆线，应查明其平面位置和高度；还应调查地下有无管线，如果有管线，应查明其平面位置和埋设深度；同时应调查开挖边界线外的建筑物结构类型、完好程度、距开挖边界距离，然后制订爆破方案。任何爆破方案的制订，必须确保空中缆线、地下管线和施工区边界外建筑物的安全。爆破方案确定后，进行炮位、炮孔深度和用药量设计，其设计图纸资料应报送有关部门审批。

2. 爆破方法选择

爆破施工对边坡的稳定性影响很大，为了保证边坡的稳定，一般不选用大爆破，而选用中、小爆破。

（1）当石方风化较严重、节理发育或岩层形状对边坡稳定不利时，需用小型排炮微差爆破，小型排炮药室距设计边坡线的水平距离不应小于跑孔间距的1/2。

图4.39　预裂孔布置

（2）当岩层走向与路线走向基本一致，倾角大于15°且倾向公路，或者开挖边界线外有建筑物，施爆可能对建筑物地基造成影响时，应沿开挖边界线设计地面打预裂孔，如图4.39所示，其孔深与炮孔深度相同，预裂孔内不装炸药和其他爆破材料，孔的距离不大于炮孔纵向间距的1/2。

（3）开挖层靠边坡的两列炮孔，特别是靠顺层边坡的一列炮孔，应采用减弱松动爆破。

（4）开挖边界外若有必须保证安全的重要建筑物，即使采用减弱松动爆破仍无法保证建筑物安全时，可采用人工开凿或静态爆破。

3. 爆破法开挖程序

石方爆破开挖必须严格按以下程序进行：爆破影响调查与评估→爆破施工组织设计→配备专业施爆人员，培训考核、技术交底→主管部门批准→用机械或人工清除施爆区覆盖层和强风化岩石→炮眼钻孔作业→爆破器材检查与试验→炮孔（或坑道、药室）检查与废渣清除→装药并安装引爆器材→布置安全岗和施爆区安全人员→炮孔堵塞→撤离施爆区和飞石、强地震波影响区内的人、畜等→起爆→清除瞎炮→解除警戒→测定爆破效果（包括飞石、地震波对施爆区内、外构造物造成的损伤及造成的损失）。

4. 施爆及排水

进行爆破作业时，必须由经过专业培训并取得爆破资格证书的专业人员施爆。应注意开挖区的施工排水，在纵向和横向形成坡面开挖面，其坡度应满足排水要求，以确保爆破出的石料不受积水浸泡。

5. 边坡清刷

（1）石质挖方边坡应顺直、圆滑、大面平整，边坡上不得有松石、危石。突出于设计边坡线的石块，其突出尺寸不应大于20cm，起爆凹进部分尺寸也不应大于20cm。对于软质岩石，突出及凹进部分尺寸均不应大于10cm；否则，应采取清理措施。

（2）挖方边坡应自开挖面向下分级清刷边坡，下挖2～3m时，应对新开挖边坡刷坡。对于软质岩石边坡可用人工或机械清刷，对于坚石和次坚石，可使用炮眼法、裸露药包法爆破清刷边坡，同时清除危石、松石。清刷后的石质路堑边坡不应陡于设计规定。

（3）石质路堑边坡如因过量超挖而影响上部边坡岩体稳定时，应用浆砌片石补砌超挖的坑槽。如石质路堑边坡为易风化岩石，还应砌筑碎落台。

6. 路床整修

（1）石质路堑路床底高程应符合设计要求，开挖后的路床基岩标高与设计标高之差应符合规范要求，如过高，应凿平；如过低，应用开挖的石屑或者灰土碎石填平并碾压密实。

（2）石质路堑路床顶面宜使用密集小型排炮施工。炮眼底面标高宜低于设计标高10～15cm，装药时应在孔底预留5～10cm的空眼，装药量按松动爆破计算。

（3）石质路床超挖大于100mm的坑洼有裂隙水时，应采用渗沟连通，渗沟宽度不应小于100mm，渗沟底略低于坑洼底，坡度不小于0.6%，使可能的裂隙水或者地表渗水由浅坑洼渗到深坑洼，并与边沟连接。如渗沟底低于边沟底，则应在路肩下设纵向渗沟，沟底应低于深坑洼底至少100mm，宽度不应小于800mm；纵向渗沟由填方路段引出。渗沟应填碎石，并与路床同时碾压到规定的密实度。

4.4.3.2 工程爆破类型

爆破石质路堑施工的最有效施工方法，也可用以爆破松动土，炸除软土、淤泥、扩孔等。山区公路路基石方工程量大，而且相当集中，采用爆破方法施工，不但能大大提高工效、缩短工期、节省劳动力、降低工程成本，而且可以改善线形，提高公路使用质量。

1. 爆破常见参数

（1）最小抵抗线长度 W。药包中心至地表的最小距离。

（2）爆破作用指数 n，即

$$n = \frac{r}{W} \tag{4.2}$$

式中 r——爆破漏斗口半径，当地面坡度等于零时，用 r_0 表示。

n 大，则爆破漏斗浅而宽；n 小，则漏斗深而窄。爆破作用指数 n 值是决定破坏范围大小及抛掷距离远近的主要参数，可以根据抛掷率 E 与地面坡角 α 按式（4.3）计算，即

$$n = \left(\frac{R}{55} + 0.53 \right) \times \sqrt[3]{f(\alpha)} \tag{4.3}$$

在半路堑抛坍爆破中，$n=1$。

（3）单位耗药量 K。单位耗药量 K 是在水平边界条件下，形成标准抛掷漏斗时，爆破单位体积介质所需要消耗的炸药用量。它是衡量岩石爆破性能的综合性指标。

（4）炸药换算系数 e。以标准炸药为准，令其换算系数 $e=1$，若所用炸药不是标准炸药，可按式（4.4）换算，即

$$n=\frac{300}{\text{所用炸药的实际爆力}} \text{ 或 } n=\frac{11}{\text{所用炸药的实际猛度}} \qquad (4.4)$$

（5）堵塞系数 d。从导洞到药室的转弯长度小于 1.5m 或堵塞长度小于 1.2m 时，d 在 $1.0\sim1.4$ 的范围内选用，一般 $d=1$。

（6）抛掷率 E。抛掷率是指爆破抛出石方体积与爆破漏斗总体积之比。它不但是爆破设计的主要参数，而且也是检查爆破效果的主要指标。抛掷率应根据地形、地质条件，结合工程要求进行确定。

（7）药包间距。在爆破工程中，为了使爆破能形成所需要的路堑形状，必须采用药包群。如果药包间距太大，爆破后形成一个个互不联系的爆破漏斗，其间残留一部分未爆破的岩埂；药包间距太小，则爆破作用的重复性太大，增加导洞药室开挖工作量，大量浪费炸药，影响边坡稳定性，飞石安全距离也无法保证。因此，必须确定一个合适的药包间距，以保证药包爆破时产生比较理想的相互作用。

（8）爆破区安全距离。爆破区安全距离是指爆破时的飞石、地震波、空气冲击波可能伤及人、畜、建筑物的距离。在这个距离范围内是危险区，飞石距离、地震安全距离、空气冲击波安全距离的确定可参见相关资料。

2. 常用的爆破方法

岩石路基开挖采用的方法，应根据石方的集中程度、地形、地质条件及路线横断面形状等具体情况而定。一般可分为小炮和大爆破两大类。小炮主要包括裸露药包法、钢钎炮、葫芦炮、猫洞炮等；大爆破则随药包性质、断面形状和地形的变化而不同。用药量在 1000kg 以下为小炮，1000kg 以上为大爆破。常用爆破方法如下。

（1）裸露药包法。裸露药包法主要用于破碎大孤石或进行大块石的二次爆破。操作时药包最好放置于被炸物体的表面、岩石的凹槽或者缝隙处。也可将药包底部架空成聚能穴，以加强破碎岩石的能力，还可以用厚度大于药包高度的黏土或砂土覆盖，然后进行爆破。但是覆盖物中不得夹杂有石块、砖块等坚硬物块，以防止发生飞石伤害事故。

（2）钢钎炮（炮眼法）。钢钎炮通常指炮眼直径和深度分别小于 7cm 和 5m 的爆破方法。由于其炮眼直径小，装药量不多，爆破的石方量较少，在工程量分散、石方量较少时（如整修边坡、开挖边沟、炸除孤石等），仍然是适用的炮型。此外，还常用此法为大爆破创造有利的地形条件，如图 4.40 所示。

用多排炮眼起爆时，炮眼应按梅花形交错布置，排与排之间的距离约等于同排炮眼之间距离的 0.86 倍。

炮眼的装药深度，一般为炮眼全长的 $1/3\sim1/2$，特殊情况下不得超过 2/3。

（3）药壶炮（葫芦炮）。药壶炮是指在深 $1.5\sim3.0$ m 以上的炮孔底部用少量炸药经一次或多次爆破（称烘膛或压缩爆破），使炮孔底部扩大成药壶形（葫芦形），最后将炸药集中装入"药壶"进行爆破，如图 4.41 所示。

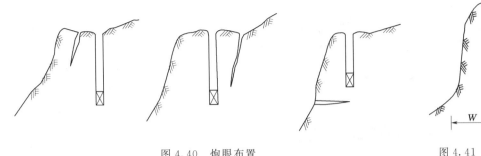

图 4.40 炮眼布置

图 4.41 药壶炮

由于炮眼底部容积增大，装药较多，爆破能量集中，从而可提高爆破效果。

此法适用于结构均匀致密的软土、次坚石、坚石。当炮眼深度小于 2.5m，或是节理发育的软石、岩层很薄，渗水或雨季施工时，不宜采用。

选择炮位应与阶梯高度相适应，遇到高阶梯时，宜用分层分排的炮群。炮眼深度一般以 5～7m 为宜。为避免起爆，药壶距边坡应预留一定的间隙。扩大药壶时应不致将附近岩层震垮。

（4）猫洞炮。猫洞炮是指炮眼直径为 0.2～0.5m、深度为 2～6m，炮眼成水平或略有倾斜，用集中药包进行爆破的方法，如图 4.42 所示。其特点是充分利用岩体本身的崩坍作用，可用较浅的炮眼爆破较高的岩体。其最佳使用条件是：岩石为 V～Ⅶ级，阶梯高度至少应大于炮眼深度的 2 倍，自然地面坡度在 70°左右。在有裂缝的软石和坚石中，阶梯高度大于 4m，采用此法可获得很好的爆破效果，对独岩包和特大孤石的爆破效果更佳。

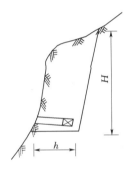

图 4.42 猫洞炮

图 4.43 利用分段微差爆破进行廖家渡大桥爆破拆除过程

（5）微差爆破。微差爆破是指两相邻药包或前后排药包以毫秒的时间间隔（一般为 15～75ms）依次起爆，也称毫秒爆破，见图 4.43。多发一次爆破时，最好选用毫秒雷管。其优点是当装药量相等时，可减震 1/3～2/3；前发药包为后发药包创造了临空面，加强了岩石的破碎效果；降低多排孔一次爆破的堆积高度，有利于挖掘机作业；由于是依次爆破，减少岩石挟制力，可节省炸药 20%，并可增大孔距，提高每米钻孔的爆落石方。多排孔微差爆破是浅孔、深孔爆破的发展方向。

（6）光面爆破和预裂爆破。光面爆破是在开挖限界的周边，适当排列一定间隔的炮孔，在有侧向临空面的情况下，用控制抵抗线和药量的方法进行爆破，使之形成一个光滑平整的边坡，如图 4.44 所示。

预裂爆破是在开挖限界处，按适当间隔排列炮孔，在没有侧向临空面和最小抵抗线的情况下，用控制药量的方法预先炸出一条裂缝，使拟爆体与山体分离开，作为隔震、减震带，起到保护开挖限界以外山体或建筑物的作用。

进行光面爆破和预裂爆破时，应严格保持炮孔在同一平面内，炮孔间距和抵抗线长度之

图 4.44　济南绕城高速公路高边坡采用
预裂光面爆破施工后效果

比应小于 0.8。装药量应控制恰当，并采用合理的药包结构，通常使炮孔直径大于药卷直径 1～2 倍；或采用间隔药包、间隔钻孔装药。预裂炮的起爆时间在主炮之前，光面炮在主炮之后，其间隔时间可取 25～50ms。同一排孔必须同时起爆，最好用传爆线起爆；否则会影响爆破质量。

（7）大爆破。大爆破施工是采用导洞和药室装药，用药量在 1000kg 以上的爆破，如图 4.45 和图 4.46 所示。采用大爆破施工要慎重，必须在爆破前做好技术设计，爆破后应做好技术总结。

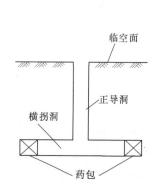

图 4.45　导洞与药室示意图

图 4.46　某道路拓宽工程硐室大爆破起爆瞬间

　　导洞和药室的开挖约占大爆破施工全部工作时间的 70%。因此，在施工中应该合理组织人力，充分发挥机械生产率，加快施工进度。为使药包集中，药室应做成近似立方体，药室断面应按设计规范开挖。导洞与药室之间以横洞连接，两者保持垂直，药室中心与导洞中心一般不小于 2.5m。

　　导洞分为竖井和平洞两种，竖井深度不宜大于 16m，如果超过或有地下水时，最好采用平洞，平洞总长度以 30m 为宜。选用竖井或平洞时，还应考虑爆破效果。

　　大爆破主要用于大量石方比较集中、地势险要或工期紧迫的石方开挖路段。

4.4.3.3　爆破作业的注意事项

1. 炮位选择

炮眼位置直接影响着爆破的效果。在选择炮位时，应注意以下事项。

（1）必须注意石层、石质、纹理、石穴，应在无裂纹、无水湿处为宜。在铁锤敲击石面发生空响处，应避免打眼。

（2）应避免选择在两种岩石硬度相差很大的交界处。

（3）炮位选择时，应尽量为下一炮创造更多的临空面。

（4）群炮炮眼的间距，应根据地形、岩石类别、炮型及炸药的种类计算确定。

（5）炮眼的方向应与岩石侧面平行，并应尽量与岩石走向垂直。一般按岩石外形、纹理、裂隙等实际情况，分别选择正眼、斜眼、平眼和吊眼等方位。

2. 钻眼

钻眼工作分为人工钻眼和机械钻眼两种。人工钻眼操作简便，但是效率低，适用于少量的石方爆破；机械钻眼所需机械设备较多，但是钻眼速度快、工效高，适合大量石方爆破。

人工钻眼使用的工具有钢钎、大锤、注水工具和陶石粉用的小勺。钢钎的长度须较炮眼深度超出 0.5m 为宜，常用直径 22mm 的"一"字形实心钢钎头，刃口可根据岩石软硬程度做成不同的形状。

机械钻眼的主要设备是凿岩机，有风动式和电动式两种。凿岩机的型号很多，应在施工前根据岩石的类别、钻孔的深度、工作环境与附属设备等实际情况选用。凿岩机的钢钎一般是直径为 22～38mm 的中空六角钢，常用碳素工具钢制作，在岩石坚硬时，可用合金工具钢。钎头的形式有"一"字形（单刃）、"十"字形和梅花形（星形）等 3 种。

炮眼打成后，应将炮眼中的石粉、泥浆清理干净。然后用稻草或塞子将孔口塞好，以防止石渣、泥块等杂物落入孔内。

3. 装药

装药是一项要求细致而危险性很大的工作，应由熟练的炮工担任。装药时，闲杂人员应该撤离危险区。装药与堵塞工作要求连续快速进行，以避免炸药受潮，降低威力。

散装的黑火药，装药时应用木片或竹片（不得使用铁器）将药灌入孔中，现场不得有任何火源。药装好后，将导火索插入药中，用木棍轻轻压实。

黄色炸药可以散装，也可将条状药包直接装入，待药装至一半时，将已插好导火索的雷管放入，再散装另一半药量，最后用木棍轻轻捣实。

4. 堵塞炮眼

炮眼的堵塞材料，一般采用干细砂土、砂、黏土等。最好用一份黏土，三份粗砂，在最佳含水量下混合而成的堵塞料。

在炸药装好后，先用干砂灌入捣实，再用堵塞料堵满炮眼并捣实，在捣实时应注意防止弄断导火索或导爆线，以免影响引爆工作。

在所有炮眼堵塞完毕后，应布置安全警戒，疏散危险区的人员、牲畜，封闭所有与爆破地点相连通的路径，做好点火引爆的准备工作。

5. 点火引爆

火雷管的引爆由指定的点火人员，按规定线路同时点火。点火时应用草绳、香火引燃导火索，防止用明火引爆。

电雷管的引爆用接通电源的方法引爆。

点火引爆后，应仔细记录爆炸的炮数，当爆炸的炮数与装药的炮数相等时，方可解除安全警戒。若炮数不相等时，应在最后一炮响过 30min 后，方可解除警戒。

6. 瞎炮处理

点火后未爆炸的炮称为瞎炮。瞎炮不仅费工费料、影响施工进度，而且给处理工作带来不少困难。在施工中，应注意防止产生瞎炮，一旦出现瞎炮，应立即查明原因，研究采取妥善处理的办法。

产生瞎炮的原因：雷管、导火索受潮失效；导火索与雷管接头脱开；堵塞炮眼时导火索被拉断；炮眼潮湿有水；点火时漏点等。

处理瞎炮时，先找出瞎炮位置，在其附近重新打眼，使瞎炮同新炮一起爆炸。如瞎炮为小炮且为一般炸药时，可用水冲洗处理。

7. 清理渣石

清理渣石可用人工或机械进行，应严格按照操作规程的要求进行，以避免炸松的山石坍塌，造成伤人毁物事件。

炸落的岩石体积过大时，可采用二次爆破进行处理，以便于清理、运输工作的进行。

4.4.3.4 爆炸药品的管理

爆破施工中为了确保安全，除了遵守有关规定外，对于工地的爆炸物品要妥善保管，其管理要点如下。

（1）所有爆破器材、雷管、炸药应分别存放在指定地点，相距不得小于 1km，距离施工现场不得小于 3km，并不得露天存放，绝不允许个人保存。

（2）存放地点应有牢靠的固定仓库，仓库内通风良好，库址四角应有正式的避雷设施，库址周围应有牢靠的围墙和门扉，并设有排水沟道以保证仓库干燥。

（3）仓库应有警卫人员日夜负责看守，并设有良好的消防设施。

（4）存放炸药、雷管的仓库周围 500m 半径内，不得安装有发电机、变压器、高压线和各类发电、导电、明火操作的电焊机、瓦斯机等机械。

（5）爆破器材应安排专人负责入库、发出，炸药、雷管的领用制度要严格、健全，库房内只允许使用绝缘手电。

（6）在雷雨、浓雾和黑夜等特殊天气时，不得办理爆炸物品的收领工作。

学习情境 4.5 路基构造物施工

【情境描述】 本情境是在基本熟悉道路路基填筑和开挖的基础上，介绍路基排水、防护及支挡工程的类型、构造以及施工方法和质量验收指标。

4.5.1 路基排水设施施工

水是造成路基病害的主要因素之一，路基强度和稳定性同水的关系十分密切。公路路基排水包括地表排水和地下排水两大部分，路基排水施工是路基施工技术的关键之一。

4.5.1.1 路基排水施工基本要求

（1）施工前，应校核全线排水设计是否完善、合理，必要时应提出补充和修改意见，使全线的沟渠、管道、桥涵组合成完整的排水系统。临时排水设施应尽量与永久排水设施相结合，排水方案应因地制宜、经济实用。

（2）施工前宜先完成临时排水设施。施工期间，应经常维护临时排水设施，保证水流畅通。

（3）路堤施工中，各施工作业层面应设 2%～4% 的排水横坡，层面上不得有积水，并采取措施防止水流冲刷边坡。

（4）路堑施工中，应及时将地表水排走。一是防止上边坡方向的水流入；二是开挖面积较大，在大雨时积水量很大；三是路堑边坡上方，如有泥沼、水塘、沟渠、水田等水源时，应做详细调查，确定其是否有渗水情况，并针对具体情况采取必要的防渗措施。各地的实际情况相差很大，应引起重视，不同的情况采取不同的措施将地表水排走。

（5）施工中应对地下水情况进行记录并及时反馈。

4.5.1.2　地表排水设施施工技术要求

公路路基地表排水主要任务是排出路基范围内的地表径流、地表积水、边坡雨水及公路邻近地带影响路基稳定的地表水。路基地表排水设施包括边沟、截水沟、排水沟、跌水与急流槽、蒸发池、油水分离池、排水泵站等，应结合地形和天然水系进行布设，并做好进出口的位置选择和处理，防止出现堵塞、溢流、渗漏、淤积、冲刷和冻结等现象。地表排水沟管排放的水流不得直接排入饮用水水源、养殖池。

1. 边沟

边沟分为路堑边沟和路堤边沟，一般设置在路堑、零填零挖路基的路肩外侧或矮路堤、陡坡路堤的路堤边缘外侧或坡脚外侧，用以汇集和排除路基范围内和流向路基的少量地面水，如图4.47所示。

边沟的排水量不大，一般不需要进行水文和水力计算，依据沿线具体条件，选用标准横断面形式。其他排水沟渠的水流通常不允许引入边沟，若不得已时，应计算该段边沟的总流量，必要时

图 4.47　边沟

扩大边沟断面尺寸和采用相应的防护加固措施，施工技术要求主要有以下几点。

（1）设计没有规定时，边沟深度不得小于400mm，底宽不得小于400mm。

（2）边沟沟底纵坡应衔接平顺。

（3）土质地段的边沟纵坡大于3%时应采取加固措施。

汇集于边沟的水应顺势排至低洼地段或天然河流，受地形的限制，为防止水流漫溢或冲刷，边沟不宜过长。一般边沟单向排水长度不宜超过300～500m，若超过此值则应添设排水沟或涵洞，将水引至路基范围之外或指定地点。在边沟出水口附近，水流冲刷比较严重，必须慎重布置和采取相应措施，具体有以下几种情况。

（1）在路堑和高路堤的衔接处，如边沟沟底到填土坡脚高差过大时，应设置排水沟（必要时可设置急流槽）将路堑边沟水沿出口的山坡引到路基范围之外，而不致冲刷路堤坡脚。

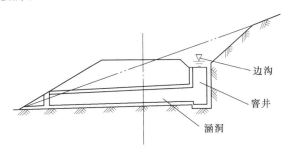

图 4.48　边沟水流流入涵洞的单级跌水

（2）边沟水流流向桥涵进水口时，为避免边沟流水产生冲刷，应做适当处理，在涵洞进水口处设置窨井、急流槽或跌水等构造物，将水流引入涵洞，如图4.48所示。此外，还应根据地形条件，在桥涵进口前或其他水流落差较大处，设置急流槽与跌水等结构物，将水流引入桥涵或其他指定地点。

（3）当边沟水流流至回头曲线处，一般边沟水较满且流速较大，此时宜顺着边沟方向沿山坡设置引水沟，将水引至路基范围以外的自然沟中，或设急流槽或涵洞等结构物，将水引下山坡或路基另一侧，以免对回头曲线路段产生冲刷。

图 4.49 路堑上边坡开挖截水沟

2. 截水沟

截水沟根据路基填挖情况和所处位置可以分为路堤截水沟、堑顶截水沟和平台截水沟，一般设置在挖方路基边坡坡顶以外，或山坡路堤坡脚上方的适当地点，主要用途是拦截并排除路基上方流向路基的地面水流，保护挖方边坡和填方坡脚不受流水冲刷，如图4.49和图4.50所示。

当雨水较少、坡面较低且土质坚硬时，可不设截水沟；反之，如果降水量较多，山坡覆盖层比较松软，植被较差，汇水面积较大，必要时可设置两道或多道截水沟。施工技术要求主要有以下几点。

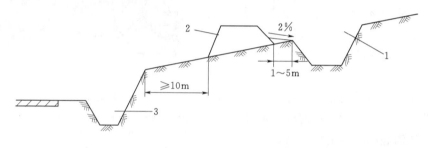

图 4.50 挖方路段弃土堆与截水沟的关系
1—截水沟；2—土台；3—边沟

（1）截水沟应先施工，沟底纵坡不应小于0.5%，与其他排水设施应衔接平顺，以免水流停滞。

（2）截水沟应按设计要求进行防渗及加固处理。地质不良地段、土质松软路段、透水性大或岩石裂隙较多地段，截水沟沟底、沟壁、出水口都应进行加固处理，防止水流渗漏和冲刷。

（3）截水沟内的水流应避免流入边沟，而是将水流排入截水沟所在山坡一侧的自然沟或直接引入到桥涵进口处，以防止在山坡上任其自流，造成冲刷。加固后的截水沟在山坡上方一侧的砌体与山坡土体连接处，容易产生渗漏水，应严格进行夯实和防渗处理，以防止顺山坡下来的水渗入而影响山坡稳定。

3. 排水沟

排水沟是将边沟、截水沟、取土坑等处积水引排到桥涵或路基以外的排水设施。有时排水沟与边沟也不能截然分开，同一水沟兼有汇水、引排两种功能。排水沟的位置，可根据需要并结合当地地形等条件而定，离路基应尽可能远些（一般距路基坡脚不宜小于3～4m），如图4.51所示。排水沟应尽量采用直线，需转弯时应做成圆弧形或与原水道有不大于45°交角，这样不致使原水道产生冲刷或淤积。排水沟的纵坡，一般情况下，可取0.1%～1.0%，不小于0.3%，也不宜大于3%。排水沟渠宜短不宜长，一般不超过500m。应充分利用有利地形和自然水系，做到及时疏散，就近分流，出水口应尽可能引至天然河沟。施工技术要求如下。

（1）排水沟线形要平顺，转弯处宜为弧线形。

（2）排水沟的出水口，应设置跌水和急流槽将水流引出路基或引入排水系统。

4. 急流槽

急流槽主要用于陡坡地段的排水，达到水流的消能和减缓流速，是山区公路普遍采用的排水结构物。急流槽的构造如图 4.52 所示。按水力计算特点分为进口、主槽（槽身）和出口 3 部分。急流槽各个部分的尺寸，依水力计算而定。一般地，急流槽的壁厚浆砌片石为 0.3～0.4m，

图 4.51　挖方路堑上边坡截水沟与排水沟衔接

混凝土为 0.2～0.3m，壁应高出计算水深至少 0.2m，槽底厚度为 0.2～0.4m，且宜砌成粗糙面或嵌坚硬小块，达到消能和减少流速的目的，如图 4.53 所示。为了基础稳固，应在其底部每隔 2.5～5.0m 设置 0.3～0.5m 深的耳墙。急流槽很长时应分段修筑，每隔 5～10m 设置伸缩缝，缝用防水材料填充。进水口与槽身连接处因断面不同需设过渡段，为使出水口水流流速与下游的允许流速相适应，槽底可采用几个坡度，上面较陡，向下逐渐放缓。

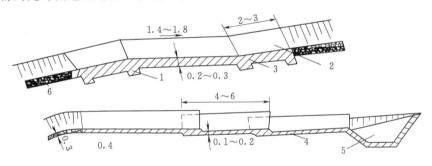

图 4.52　急流槽构造示意图（单位：m）

1—耳墙；2—消力池；3—混凝土槽底；4—钢筋混凝土槽底；5—横向沟渠；6—砌石护底

图 4.53　填方路基急流槽

施工技术要求主要有以下几点。

（1）片石砌缝应不大于 40mm，砂浆饱满，槽底表面粗糙。

（2）急流槽分节长度宜为 5～10m，接头处应用防水材料填缝。混凝土预制块急流槽，分节长度宜为 2.5～5.0m，接头采用榫接。

（3）如设计没有规定时，可采用断面尺寸为：槽底厚度为 200～400mm，槽壁厚度为 300～400mm，槽宽最小为 250mm。

5. 跌水

跌水的基本构造按水力计算特点，可分为进水口、消力池和出水口 3 个组成部分，如图 4.54 所示。跌水可分为单级跌水和多级跌水，对于在较长陡坡地段，为减缓水流速度和消

能，可采用多级跌水，如图4.55所示。多级跌水底宽和每级长度可以采用各自相等的对称形，也可根据实地需要相应确定。

跌水各个组成部分的尺寸，应通过水力计算确定。一般情况下，如果地质条件良好，地下水位较低，设计流量小于$1.0\sim2.0\text{m}^3/\text{s}$，跌水台阶（护墙）高度$P\leqslant2.0\text{m}$。常用的简易多级跌水，台高为$0.3\sim0.6\text{m}$，每阶高度与长度之比应大致等于地面坡度。护墙用石砌或混凝土浇筑，墙基埋置深度为水深a的$1.0\sim1.2$倍，并不小于1.0m，且应深入冰冻线以下。浆砌片石厚$0.25\sim0.40\text{m}$，混凝土为$0.25\sim0.3\text{m}$。消力池起消能作用，要求坚固耐用，底部应有$1\%\sim2\%$的纵坡，底厚$0.30\sim0.35\text{m}$，壁高应比计算水深至少大0.20m，壁厚与护墙厚度可相同。消力池末端设有消力槛，槛高c依计算而定，应低于池内水深，为护墙高度的$1/5\sim1/4$，一般取$c=15\sim20\text{cm}$。消力槛顶部宽不小于0.4m，底部预留孔径为$5\sim10\text{cm}$的泄水孔，间距为$1\sim2\text{m}$，以便水流中断时排除池内的积水。跌水两端的土质沟渠，应适当加固，避免产生水流冲刷或淤积。

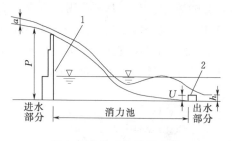

图4.54 跌水构造示意图
1—护墙；2—消力槛

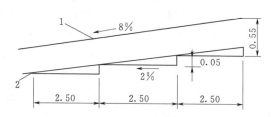

图4.55 多级跌水构造示意图（单位：m）
1—沟顶线；2—沟底线

6. 蒸发池

蒸发池仅适用于我国北方气候干旱、蒸发量大且排水困难的地段。平原地区排水较困难，挖成取土坑后其底部比地面低，排水更困难。以取土坑作为蒸发池，在雨水较少地区是一种较好的经济选择。施工技术要求有以下几点。

（1）蒸发池与路基之间的距离应满足路基稳定要求。湿陷性黄土地区，蒸发池与路基排水沟外缘的距离应大于湿陷半径。

（2）不得因设置蒸发池而使附近地基泥沼化或对周围生态环境产生不利影响。

（3）蒸发池池底宜设0.5%的横坡，入口处应与排水沟平顺连接。

（4）蒸发池四周应进行围护，防止行人落入池中。

7. 油水分离池

（1）污水进入油水分离池前应先通过格栅和沉砂池处理。

（2）不得由于设置油水分离池而污染当地生态环境。

（3）池底、池壁和隔板应采用砌浆片石或现浇混凝土进行加固。

8. 排水泵站

（1）路基汇水无法自流排出时，可设置排水泵站。排水泵站包括集水池和泵房。

（2）集水池的容积，应根据汇水量、水泵能力和水泵工作情况等因素确定。

（3）水泵抽出的水，应排至路界之外。

油水分离池和排水泵站这两种排水设施在已建和在建的公路工程中应用较少，这里只提出施工基本要求。

4.5.1.3 地表排水工程质量要求与检验评定

地表排水设施的技术要求和质量标准应符合《公路工程质量检验评定标准》（JTG F80/1—2004）的规定。其中对于跌水、急流槽、水簸箕等其他排水工程的质量标准可参照土沟或浆砌排水沟要求，不再单列项目。

按照评定标准，公路排水工程质量检验评定的内容包括基本要求、实测项目、外观鉴定和质量保证资料四大部分。地表排水工程各类设施分别进行质量检验和评定。

1. 土沟

土沟包括边沟、排水沟和截水沟。

（1）基本要求。土沟边坡必须平整、坚实、稳定，严禁贴坡。沟底应平顺整齐，不得有松散土和其他杂物，排水畅通。

（2）实测项目。土沟实测项目包括沟底纵坡、沟底高程、断面尺寸、边坡坡度和边棱顺直度 5 个检查项目，检查评定方法见表 4.19。

表 4.19　　　　　　　　　　　土 沟 实 测 项 目

项次	检查项目	规定值或允许偏差	检查方法和频率
1	沟底纵坡	符合设计要求	水准仪：200m 测 8 点
2	沟底高程/mm	+0，−30	水准仪：每 200m 测 8 处
3	断面尺寸	不小于设计要求	尺量：每 200m 测 8 处
4	边坡坡度	不陡于设计要求	尺量：每 50m 测 2 处
5	边棱顺直度/mm	50	尺量：20m 拉线，每 200m 测 4 处

（3）外观鉴定。沟底无明显凹凸不平和阻水现象。

2. 浆砌排水沟

浆砌排水沟质量检验评定内容，也适用于浆砌边沟、截水沟。

（1）基本要求。砌体砂浆配合比准确，砌缝内砂浆均匀饱满，勾缝密实；浆砌片（块）石、混凝土预制块的质量和规格应符合设计要求；基础中缩缝应与墙身缩缝对齐；砌体抹面应平整、压光、直顺，不得有裂缝、空鼓现象。

（2）实测项目。浆砌排水沟实测项目及检查评定方法见表 4.20。

表 4.20　　　　　　　　　　浆砌排水沟实测项目

项次	检查项目	规定值或允许偏差	检查方法和频率
1	砂浆强度/MPa	在合格标准内	同一配合比，每台班 2 组
2	轴线偏位/mm	50	经纬仪：每 200m 测 8 处
3	沟底高程/mm	±15	水准仪：每 200m 测 8 点
4	墙面直顺度或坡度/mm	30 或符合设计要求	20m 拉线坡度尺：每 200m 测 4 处
5	断面尺寸/mm	±30	尺量：每 200m 测 4 处
6	铺砌厚度/mm	不小于设计值	尺量：每 200m 测 4 处
7	基础垫层宽、厚度/mm	不小于设计值	尺量：每 200m 测 4 处

（3）外观鉴定。砌体内侧及沟底应平顺；沟底不得有杂物。

4.5.1.4 地下排水施工技术要求

路基地下排水主要是排出流向路基的地下水或降低地下水位。排水设施包括暗沟（管）、渗沟、渗井、仰斜式排水孔、检查疏通井等。地下排水设施的类型、位置及尺寸应根据工程地质和水文地质条件确定，并与地表排水设施相协调。

1. 暗沟（管）

暗沟是设在地面以下引导水流的沟道。暗沟横断面一般为矩形，井壁和沟底、沟壁用浆砌片石或水泥混凝土预制块砌筑，沟顶设置混凝土或石盖板，盖板顶面上的填土厚度不应小于 0.50m。近年来，采用暗管的形式也较多。一般情况下，暗沟主要用于把路基范围内的泉水或渗沟所拦截、汇集的水流引到路基范围之外，如图 4.56 所示。在高速公路、一级公路等有中间分隔带的道路、宽阔的广场市区街道中有雨水时，也可通过雨水口将地面水引入地下暗沟予以排除。

暗沟可以设置在一侧或两侧边沟下面，主要是为了拦截流向路基的层间水，降低地下水位，减少路基工作区的水分，避免路基强度降低。

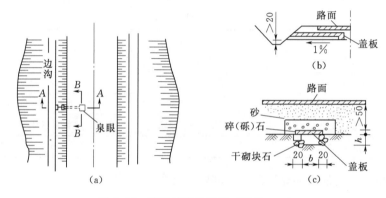

图 4.56 暗沟结构示意图（单位：cm）
(a) 平面；(b) A—A 剖面；(c) B—B 剖面

暗沟应在路基填土前或开挖后，按照泉眼的范围及流量的大小或渗沟汇集的水流情况，确定断面尺寸，如图 4.56 所示。其构造比较简单，可按需砌筑沟壁，上盖混凝土（或石）盖板，然后在盖板周围做反滤层，即将碎砾石按颗粒大小按自上而下、由外及里逐渐增大铺筑，每层厚不小于0.15m。反滤层顶部设双层反铺草皮，再用黏土夯实，以免地下水下渗和黏土颗粒落入反滤层。横断面可做成矩形，也可做成管状，底宽或管径 b 应按泉眼大小或流量而定，一般为 0.20~0.30m；净高约 0.20m。暗沟不宜过长，沟底应设有不小于1%的纵坡，出水口处加大纵坡并应高出地表排水沟常水位 0.20m 以上，以防水流倒灌。寒冷地区的暗沟应做防冻保温处理或将暗沟设在冻结深度以下。

暗沟（管）施工技术要求如下。

（1）沟底必须埋入不透水层内，沟壁最低一排渗水孔应高出沟底至少 200mm。

（2）暗沟设在路基旁侧时，宜沿路线方向布置；设在低洼地带或天然沟谷处时，宜顺山坡的沟谷走向布置。沟底纵坡应大于 0.5%，出水口处应加大纵坡，并高出地表排水沟常水位 200mm 以上。

（3）寒冷地区的暗沟应按照设计要求做好防冻保温处理，出口处也应进行防冻保温处理处理，坡度宜大于 5%。

（4）暗沟采用混凝土或浆砌片石砌筑时，在沟壁与含水层接触面以上高度，应设置一排或多排向沟中倾斜的渗水孔，沟壁外侧应填筑粗粒透水性材料或土工合成材料形成反滤层。沿沟槽底每隔 $10\sim15m$ 或在软硬岩层分界处应设置沉降缝和伸缩缝。

（5）暗沟顶面必须设置混凝土盖板或石料盖板，板顶上填土厚度应大于 500mm。

2. 渗沟

根据使用部位、结构形式，将渗沟分为填石渗沟、管式渗沟、洞式渗沟（图 4.57）、边坡渗沟、支撑渗沟、无砂混凝土渗沟等，各类渗沟均应设置排水层、反滤层和封闭层。一般采用渗透方式来汇集、拦截并排出流向路基的地下水，使路基不因地下水产生病害的地下排水设施统称为渗沟，它适用于地下水量大、分布广的路段，可设置在边沟、路肩、路中线以下或路基上侧山坡适当的位置，当地下水埋藏较浅或有固定含水层时宜采用渗沟。

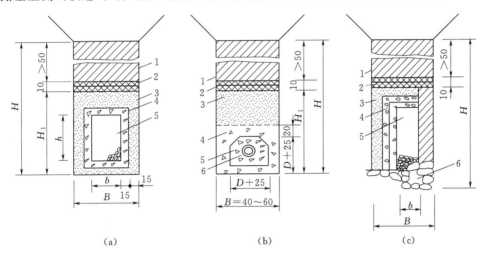

图 4.57　渗沟构造示意图（单位：cm）

（a）填石渗沟；（b）管式渗沟；（c）洞式渗沟

1—夯实黏土；2—双层反铺草皮；3—粗砂；4—石屑；5—碎石；6—浆砌片石

渗沟的结构构造主要有以下几种。

（1）排水层（石缝、管或洞）。填石渗沟的排水层可采用石质坚硬、颗粒较大的碎（砾）石填充，以保证有足够的排水能力；管式渗沟的泻水管是用陶土、混凝土、石棉、聚乙烯等材料制作而成的带孔管道，管壁应设泻水孔并呈梅花形交错布置，间距不应大于 0.20m；洞式渗沟的排水层采用浆砌片石砌筑，能排除较大的水流。

（2）反滤层。反滤层是用来汇集水流，防止细粒土石堵塞排水层而设。反滤层应尽可能选用颗粒均匀的砂石材料应按粒径由上而下，自外向内逐渐增大，分层填埋，相邻两层粒径之比不应小于 1∶4 每层厚度不小于 0.15m 或采用渗水土工织物作反滤层。

（3）封闭层。封闭层是为了避免土粒掉进填充石料的孔隙而堵塞渗沟，同时为了防止地面水渗入渗沟内而设。它可用双层反铺草皮、沥青材料或浆砌片石制作。

渗沟宜从下游向上游开挖，开挖作业面应根据土质选用合理的支撑形式，并应随挖随支撑，及时回填，不可暴露太久。支撑渗沟应分段间隔开挖。深而长的暗沟（管）、渗沟，在直线段每隔一定距离及平面转弯、纵坡变坡点等处，宜设置检查、疏通井。检查井内应设检查梯，井口应设井盖，兼起渗井作用的检查井的井壁应设置反滤层，下面分别介绍填石渗沟、管式渗沟和洞式渗沟等及相关配套结构的施工要点。

（1）填石渗沟。

1）石料应洁净、坚硬、不易风化。砂宜采用中砂，含泥量应小于2%，严禁用粉砂、细砂。

2）渗水材料的顶面（指封闭层以下）不得低于原地下水位。当用于排除层间水时，渗沟底部应埋置在最下面的不透水层。在冰冻地区，渗沟埋置深度不得小于当地最小冻结深度。

3）填石渗沟纵坡不宜小于1%。出水口底面标高应高出渗沟外最高水位200mm。

（2）管式渗沟。为拦截含水层的地下水或降低地下水位，可设置管式渗沟。

1）管式渗沟长度大于100m时，应在其末端设置疏通井，并设横向泄水管，分段排除地下水。

2）泄水孔应在管壁上交错布置，间距不宜大于200mm。渗沟顶标高应高于地下水位。管节宜用承插式柔性接头连接。

（3）洞式渗沟。在盛产石料地区，也可采用洞式渗沟在路基范围外拦截地下水。

1）洞式渗沟填料顶面宜高于地下水位。

2）洞式渗沟顶部必须设置封闭层，厚度应大于500mm。

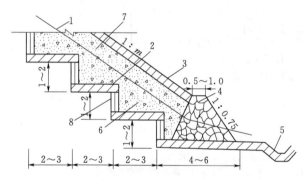

图4.58　边坡渗沟布置和构造示意图（尺寸单位：m）
1—干湿土层分界线；2—浆砌片石铺彻；3—干砌片石覆盖；
4—干砌片石；5—边沟；6—底部回填粗粒料；7—上部
回填细粒料；8—反滤织物或反滤层

（4）边坡渗沟。为疏干潮湿的土质路堑边坡坡体和引排边坡上局部出露的上层滞水或泉水，可采用边坡渗沟，如图4.58所示。

1）边坡渗沟的基底应设置在潮湿土层以下的干燥地层内，阶梯式泄水坡坡度宜为2%～4%，基底应铺砌防渗。

2）沟壁应设反滤层，其余部分用透水性材料填充。

（5）支撑渗沟。

1）支撑渗沟的基底宜埋入滑动面以下至少500mm，排水坡度宜为2%～4%。当滑动面较缓时，可做成台阶式支撑渗沟，台阶宽度宜大于2m。

2）渗沟侧壁及顶面宜设反滤层。寒冷地区，渗沟出口应进行防冻处理。

3）渗沟的出水口宜设置端墙。端墙内的出水口底标高，应高于地表排水沟常水位200mm以上，寒冷地区宜大于500mm。承接渗沟排水的排水沟应进行加固。

（6）反滤层。

1）在渗沟的迎水面设置粒料反滤层时，粒料反滤层应用颗粒大小均匀的碎石、砾石分层填筑。

2）土工布反滤层采用缝合法施工时，土工布的搭接宽度应大于100mm。铺设时应紧贴保护层，但不宜拉得过紧。土工布破损后应及时修补，修补面积应大于破坏面积的4～5倍。

3）坑壁土质为黏性土或粉细砂土，采用无砂混凝土板作反滤层时，在无砂混凝土板的外侧，应加设 100～150mm 厚的中粗砂或渗水土工织物反滤层。

渗沟基底应埋入不透水层，沟壁的一侧应设反滤层汇集水流，另一侧用黏土夯实或浆砌片石拦截水流。如渗沟沟底不能埋入不透水层时，两侧沟壁均应设置反滤层。

无砂混凝土既可作为反滤层，也可作为渗沟，是近几年在公路地下排水设施中应用的新型排水设施，用无砂混凝土作为透水的井壁和沟壁以替代施工较复杂的反滤层和渗水孔设备，并可承受适当的荷载，具有透水性和过滤性好、施工简便、省料等优点，值得推广应用。预制无砂混凝土板块作为反滤层，用在卵砾石、粗中砂含水层中效果良好；如用于细颗粒土地层，应在无砂混凝土板块外侧铺设土工织物作为反滤层，用以防止细颗粒土堵塞无砂混凝土块的孔隙。

（7）封闭层。渗沟顶部应设置封闭层，封闭层宜采用浆砌片石或干砌片石水泥砂浆勾缝，寒冷地区应设保温层，并加大出水口附近纵坡。保温层可采用炉渣、砂砾、碎石或草皮等。

3. 渗井

（1）填充料含泥量应小于 5%，按单一粒径分层填筑，不得将粗细材料混杂填塞。下层透水层范围内宜填碎石或卵石，上层不透水范围内宜填砂或砾石。井壁与填充料之间应设反滤层。

（2）渗井顶部四周用黏土填筑围护，井顶应加盖封闭。

（3）渗井开挖应根据土质选用合理的支撑形式，并应随挖随支撑、及时回填。

4. 隔离工程土工合成材料施工的规定

（1）采用搭接铺设，搭接长度宜为 1000mm。

（2）土工织物上填料为碎石、砂砾或矿渣时，其最大粒径宜小于 26.5mm，通过 19mm 筛孔的材料不得大于 10%，通过 0.075mm 筛孔的材料塑性指数不得大于 6。

（3）排水隔离层顶面应高出地下水位 300mm 以上。

5. 仰斜式排水孔施工的规定

仰斜式排水孔是采用小直径的排水管在边坡体内排除深层地下水的一种有效方法，它可以快速疏干地下水，提高岩土体抗剪强度，防止边坡失稳，并减少对岩（土）体的开挖，加快工程进度和降低造价，因而在国内外山区公路中得到广泛应用。

（1）钻孔成孔直径宜为 75～150mm，仰角不小于 6°。孔深应延伸至富水区。

（2）排水管直径宜为 50～100mm，渗水孔宜呈梅花形排列，渗水段裹 1～2 层无纺土工布，防止渗水孔堵塞。

6. 承压水的排除

（1）一般地区埋深较浅的承压水，宜采用在承压水出口处抛填片石或混凝土预制块等措施，使承压水消能为无压水流后再采用排水沟、渗沟等方式排走，也可用隔离层把承压水引入排水沟。

（2）一般地区层间重力水，可根据不同的含水情况和压力情况，采用渗沟、排水沟、渗井和暗沟（管）等措施排除。

（3）寒冷地区，埋藏于冻土层以下的承压水，宜采用渗沟、排水沟、渗井和暗沟（管）等方法排除；但如果因地形条件所限，排水设施不能埋设于当地冰冻深度以下时，上层填土宜采取保温措施，与排水设施出口处相连接的沟槽应做成保温沟，保温沟的保温覆盖层，其布设范围应在排水设施出口处向外延伸 2～5m，并应加大出水口处排水沟纵坡。

（4）在寒冷地区，山坡较平缓，含水量和覆盖层又较浅，且涌水量、动水压力不大的情况下，可在覆盖层中挖冻结沟。

4.5.1.5　地下排水工程质量要求与检验评定

1. 管道基础及管节安装

（1）基本要求。管材必须逐节检查，不得有裂缝、破损；基础混凝土强度达到 5MPa 以上时，方可进行管节铺设；管节铺设应平顺、稳固，管底坡度不得出现反坡，管节接头处流水面高差不得大于 5mm。管内不得有泥土、砖石、砂浆等杂物；管道内的管口缝，当管径大于 750mm 时，应在管内作整圈勾缝；管口内缝砂浆平整密实，不得有裂缝、空鼓现象。抹带前，管口必须洗刷干净，管口表面应平整密实，无裂缝现象，抹带后应及时覆盖养生。设计中要求防渗漏的排水管须做渗漏试验，渗漏量应符合要求。

（2）实测项目。管道基础及管节安装实测项目和标准见表 4.21。

表 4.21　　　　　　　　　　　管道基础及管节安装实测项目

项次	检查项目		规定值或允许偏差	检查方法和频率
1	混凝土抗压强度或砂浆强度/MPa		在合格标准内	同一配合比，每台班 2 组
2	管轴线偏位/mm		15	经纬仪或拉线：每两井间测 5 处
3	管内底高程/mm		±10	水准仪：每两井间测 4 处
4	基础厚度/mm		不小于设计	尺量：两井间测 5 处
5	管座	肩宽/mm	+10，−5	尺量、挂边线：每两井间测 4 处
		肩高/mm	±10	
6	抹带	宽度/mm	不小于设计	尺量：按 20% 抽查
		厚度/mm	不小于设计	

（3）外观鉴定。管道基础混凝土表面平整密实，侧面蜂窝不得超过该表面积的 1%，深度不超过 10mm。管节铺设直顺，管口缝带圈平整密实，无开裂脱皮现象。抹带接口表面应密实光洁，不得有间断和裂缝、空鼓。

2. 检查井、雨水井砌筑

（1）基本要求。井基混凝土强度达到 5MPa 时，方可砌筑井体；砌筑砂浆配合比准确，井壁砂浆饱满，灰缝平整。圆形检查井内壁应圆滑，抹面密实光洁，踏步安装牢固；井框、井盖安装必须平稳，井口周围不得有积水。

（2）实测项目。检查井、雨水井砌筑实测项目及标准见表 4.22。

表 4.22　　　　　　　　　　　检查井、雨水井砌筑实测项目

项次	检查项目		规定值或允许偏差		检查方法和频率
1	砂浆强度/MPa		符合设计要求		同一配合比，每台班 2 组
2	轴线偏位/mm		50		经纬仪：每个检查井检查
3	圆井井径或方井井宽/mm		±20		尺量：每个检查井检查
4	井底高程/mm		±15		水准仪：每个检查井检查
5	井盖与相邻路面高差/mm	雨水井		+0，−4	水准仪：每个检查井检查
		检查井		+4，−0	

（3）外观鉴定。井内砂浆抹面无裂缝。井内平整圆滑，收分均匀。

3. 盲沟

（1）基本要求。盲沟的设置及材料规格、质量等应符合设计要求和施工规范规定；反滤层应用筛选过的中砂、粗砂、砾石等渗水性材料分层填筑；排水层应采用石质坚硬的较大粒料填筑，以保证排水孔隙度。

（2）实测项目。盲沟实测项目及质量标准见表 4.23。

表 4.23 盲沟实测项目

项次	检查项目	规定值或允许偏差	检查方法和频率
1	沟底高程/mm	±15	水准仪：每 20m 测 4 处
2	断面尺寸/mm	不小于设计	尺量：每 20m 测 2 处

（3）外观鉴定。反滤层应层次分明，进、出水口应排水通畅。

4. 土工合成材料

（1）基本要求。土工合成材料质量应符合设计要求，无老化，外观无破损，无污染；土工合成材料应紧贴下承层，按设计和施工要求铺设、张拉、固定；土工合成材料的接缝搭接、黏结强度和长度应符合设计要求，上、下层土工合成材料搭接缝应交替错开。

（2）实测项目。隔离工程土工合成材料施工质量应符合表 4.24 的规定，过滤排水工程土工合成材料施工质量应符合表 4.25 的规定。

表 4.24 隔离工程土工合成材料实测项目

项次	检查项目	规定值或允许偏差	检查方法和频率
1	下承层平整度、拱度	符合设计要求	每 200m 检查 8 处
2	搭接宽度/mm	+50，−0	抽查 5%
3	搭接缝错开距离/mm	符合设计要求	抽查 5%
4	接缝处透水点	不多于 1 个	每缝

表 4.25 过滤排水工程土工合成材料实测项目

项次	检查项目	规定值或允许偏差	检查方法和频率
1	下承层平整度、拱度	符合设计要求	每 200m 检查 8 处
2	搭接宽度/mm	+50，−0	抽查 5%
3	搭接缝错开距离/mm	符合设计要求	抽查 5%

（3）外观鉴定。土工合成材料不重叠、皱折平顺；土工合成材料固定处不松动。

4.5.2 防护工程施工

坡面防护，主要是保护路基边坡表面，免受雨水冲刷，减缓温差及湿度变化影响，防止和延缓软弱岩土表面的风化、碎裂、剥蚀演变过程，从而保证路基稳定，防治路基病害，保证公路运行安全。常用的坡面防护包括植物防护，骨架植物防护，圬工防护，封面、捶面防护等方法。在设计过程中尽量采用边坡稳定下的植物防护或不设防护，认真考虑防护与周围环境景观协调，努力做到"畅洁绿美安"的效果。

4.5.2.1 植物防护

植物防护，可美化路容，协调环境，调节边坡土的湿度，起到固结和稳定边坡的作用。

它对于坡高不大，边坡比较平缓的土质坡面，是一种简易、有效的防护设施，它包括植被防护、三维植被网防护、湿法喷播、客土喷播等。

1. 植被防护

（1）种草。种草适用于边坡稳定、坡面冲刷轻微的路堤或路堑边坡。一般要求边坡坡度不陡于 1:1，边坡地面水径流速度不超过 0.6m/s。长期浸水的边坡不宜采用。

采用种草防护时，草种的选择应根据防护的目的、当地的土质、气候、施工季节，通常选用易成活、生长快、根系发达、叶茎矮或有葡萄茎的多年生草种。最好采用几种草种混合播种，使之生成一个良好的覆盖层。

播种的坡面应平整、密实、湿润。播种方法有撒播法、喷播法和行播法等。采用撒播法时，草籽应均匀撒布在已清理好的土质边坡上，同时做好保护措施。对于不利于草类生长的土质，应在坡面上先铺一层 5~10cm 的种植土。路堑边坡较陡或较高时，可通过试验采用草籽与含肥料的有机质泥浆混合，用喷播法将混合物喷射于坡面。采用行播法时，草籽埋入深度应不小于 5cm，且行距应均匀。

播种应在温度、湿度较大的季节进行。播种前应在路堤的路肩和路堑的堑顶边缘埋入与坡面齐平的宽 20~30cm 的带状草皮，播种后应适时进行洒水施肥、清除杂草等养护管理，直到植物覆盖坡面。

（2）铺草皮。铺草皮适用于需要快速绿化的项目，且坡面缓于 1:1 的土质边坡和严重风化的软质岩石边坡。铺草皮一般应在春季或秋季施工，气候干旱地区应在雨季施工。铺草皮的施工方式有平铺（平行于坡面）、水平叠置、垂直坡面或与坡面成一半坡角的倾斜叠置。

铺草皮需预先备料，草皮可就近培育，切成整齐块状，然后移铺在坡面上。铺时应自下而上，并用竹木尖桩将草皮钉在坡面上，使之稳定。草皮根部土应随草切割，坡面要预先整平，必要时还应加铺种植土，草皮应随挖随铺，注意相互贴紧，其具体要求及铺设方法见表 4.26 和表 4.27。

表 4.26 铺 草 皮 的 具 体 要 求

草皮种类	尺寸/cm	厚度/cm	小桩尺寸/cm	钉桩方法	每 1000 根尖木桩需木材数量/m³
方块状	20×25 25×40 30×50	6~10	2×2×（20~30）	四角钉桩	0.15（桩长 20cm）
带状	宽 25 长 200~300	6~10	2×2×（20~30）	梅花状， 间距 40cm	0.25（桩长 30cm）

注 用作冲刷防护时，最好使用新伐的柳木等易成活生长的木桩，木桩直径 4~6cm、长 75~100cm，排成梅花状，间距为 50~100cm。

表 4.27 铺草皮的方法及适用范围程度

铺设方法		坡 度	冲 刷
平铺		边坡<1:1.5	流速<1.2m/s
竖铺	平铺叠置	边坡>1:1	流速 1.2~1.8m/s
	垂直于坡面	边坡为 1:1~1:1.5	流速 1.2~1.8m/s
	斜交叠铺	边坡<1:1	流速 1.2~1.8m/s
网格式		边坡<1:1.5	—

路堑边坡铺草皮时，应铺过路堑顶部 1m 或铺至截水沟边。为提高防护效果，在铺草皮防护坡面上，尽可能植树造林，以形成一个良好的覆盖层。

　　（3）植树防护。适用于边坡坡面缓于 1∶1.5 的边坡，或在路基边坡以外的河岸及漫滩上植树，对于加固路基与防护河岸可收到良好的效果。它可以降低水流速度，种在河滩上可促使泥沙淤积，防止水流直接冲刷路堤。在风沙和积雪地区，林带可以防沙防雪，保护路基不受侵蚀。此外，还可以美化路容，调节气候，改善高等级公路的景观效果。防护林带的种植方法和种植间距与树的品种、植树目的与所在地区有关，可结合当地植树造林和公路路旁植树绿化情况综合考虑，也可参考图 4.59 及表 4.28 实施。

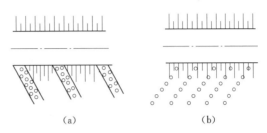

图 4.59　植树防护的形式
（a）带式植树防护；（b）连续式植树防护

表 4.28　　　　　　　　　　　防护林植树间距参考值

种植方法	树的种类	行距/m	株距/m
单株种植	柳树类	1.5	0.8
	杨树类	1.0	0.6
	灌木类	0.8	0.5
一窝一窝地种植	乔木类	1.0	1.0
	灌木类	0.8	0.5

　　植树防护宜选用适宜当地土壤与气候条件，生长迅速、根系发达、枝叶茂密的低矮灌木，用于冲刷防护时宜选用生长很快的杨柳类，或不怕水淹的灌木类，高等级公路边坡及公路弯道内侧边坡上严禁种植乔木。在树木未成长前，应防止流速大于 3m/s 的水流侵害。必要时应在树前方设置障碍物，加以保护；植树防护最好与种草结合使用，使坡面形成一个良好的覆盖层，才能更好地起到防护作用。

　　2. 三维植被网防护

　　三维植被网防护是土工织物复合植被防护坡面的一种典型形式，它以热塑料树脂为原料，采用科学配方及工艺制成。其结构分为上、下两层：下层为一个经双面拉伸的高模量基础层，强度足以防止植被网变形；上层具有一定弹性的、规则的、凹凸不平的网包组成，如图 4.60 所示。由于网包的作用，能降底雨滴的冲刷能力，并通过网包阻挡坡面雨水，同时网包能很好地固定充填物不被雨水冲走，为植物生长创造条件。三维植被网防护适用于沙性土、土夹石及风化岩石，且坡率缓于 1∶0.75 的

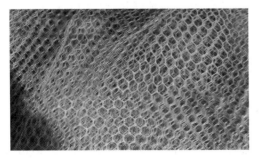

图 4.60　三维植被网实物

边坡，如图 4.61 所示。施工过程应注意的几个问题如下。

　　（1）三维植被网中的回填土应符合设计要求，宜采用客土，或土、肥料及腐殖质土的混合物。

（2）三维植被网应符合设计及有关标准。

（3）三维植被网的搭接宽度不宜小于 100mm。

3. 湿法喷播

湿法喷播是由欧美引进的一种机械化植被建植技术，即将植物种子、肥料、土壤稳定剂和水按一定比例混合均匀，用专门的设备（喷播机）喷射到边坡上，种子在较稳定的时间内萌芽、生长成株、覆盖坡面，达到迅速绿化、稳固边坡的目的，如图 4.62 所示。

图 4.61　三维植被防护施工现场　　　　　　图 4.62　边坡防护湿法喷播施工现场

用这种方法在人力不可及的陡峭高边坡和含石的边坡上种植植被非常优越。播种的时间一般在气候温和、湿度较大的春、秋为宜，不宜在干燥的风季和暴雨季节播种。播种前应在路堤的路肩和路堑顶边缘，埋入与坡面齐平的宽 200～300mm、厚 50～60mm 的带状草皮。播种后适时进行补种、洒水、施肥、清除杂草等养护管理，直至植被成长覆盖坡面。

湿法喷播适用于土质边坡、土夹石边坡、严重风化岩石，且坡率缓于 1：0.5 的路堑和路堤边坡及中央分隔带、立交区、服务区及弃土堆绿化防护。湿法喷播施工，喷播后应及时养护，成活率应达到 90% 以上。

4. 客土喷播

客土喷播是以日本为典型代表的一种喷播建植技术。客土喷播是将客土（提供植物生育的基盘材料）、纤维（基盘辅助材料）、侵蚀防止剂、缓效肥料和种子按一定比例，加入专门设备中充分混合后，喷射到坡面，使植物获得生长条件，达到快速绿化的目的。客土喷播主要用于风化岩、土壤较少的软质岩石、养分少的土壤、硬质土壤、植物立地条件差的高大陡坡面和受侵蚀显著的坡面，其主要目的是保护边坡的稳定、安全，同时又能最大限度地恢复自然生态。客土喷播技术，一般先打锚杆，挂镀锌钢筋网，然后再播客土。播种前应施一定基肥，草坪生长期应施以追肥，且适时浇水养护，浇水应使用无油、酸、碱、盐及任何有害于苗木生长的物质的水。当坡率陡于 1：1 时，宜设置挂网或混凝土框架。

客土喷播施工应符合以下规定：喷播植草混合料的配合比（植生土、土壤稳定剂、保水剂、肥料、混合草籽、水等）应根据边坡坡度、地质情况和当地气候条件确定，混合草籽用量每 1000m² 不宜少于 25kg。当气温低于 12℃ 时不宜喷播作业。

4.5.2.2　骨架植物防护

1. 浆砌片石或混凝土骨架植草护坡

浆砌片石（混凝土块）骨架植草防护适用于土质和强风化的岩石边坡，防止边坡受雨水侵蚀，避免土质坡面上产生沟槽，其形式多样，主要有拱形骨架、菱形（方格）骨架、人字形骨架（图 4.63）、多边形混凝土空心块（图 4.64）等。浆砌片石（混凝土块）骨架植草防护既稳定路基边坡，又能节省材料，造价较低，施工方便，造型美观，能与周围环境自然融合，是目前高速公路边坡防护的主要形式之一，值得推广应用。设计、施工时应注意以下问题。

图 4.63　人字形骨架植草护坡

图 4.64　多边形混凝土空心块护坡

（1）骨架植物防护适用于缓于 1：0.75 的土质和全风化岩石边坡，当坡面受雨水冲刷严重或潮湿时，坡面应缓于 1：1。

（2）应视边坡坡率、土质和当地情况确定骨架形式，并与周围景观相协调。框架内应采用植物或其他辅助防护措施。

（3）当降雨量较大且集中的地区，骨架宜做成截水沟型。截水沟断面尺寸由降雨强度计算确定。

（4）骨架内应采用植物或其他辅助防护设施。植草草皮下宜有 50～100mm 厚的种植土，草皮应与坡面和骨架密贴。

（5）应及时对草皮进行养护。

2. 多边形水泥混凝土空心块植物防护

（1）适用于坡度缓于 1：0.75 的土质边坡和全风化、强风化的岩石路堑边坡，并视需要设置浆砌片石或混凝土骨架，如图 4.65 所示。

（2）多边形空心预制块的混凝土的强度不应低于 C20，厚度不应小于 150mm。空心预制块内应填充种植土，喷播植草。

施工时应注意以下问题。

1）预制块铺置应在路堤沉降稳定后方可施工。

图 4.65　多边形水泥混凝土空心块植物防护

2）预制块铺置前应将坡面整平。

3）预制块经验收合格后方可使用。

4）预制块应与坡面紧贴，不得有空隙，并与相邻坡面平顺。

3. 锚杆混凝土框架植物防护

锚杆混凝土框架植草防护是近年来在总结锚杆挂网喷浆（混凝土）防护的经验教训后发

展起来的，它既保留了锚杆对风化破碎岩石边坡主动加固作用，防止岩石边坡经开挖卸荷和爆破松动而产生的局部破坏，又吸收了浆砌片石（混凝土块）骨架植草防护的造型美观、便于绿化的优点。

锚杆混凝土框架植草防护形式有多种组合：锚杆混凝土框架＋喷播植草、锚杆混凝土框架＋挂三维土工网＋喷播植草、锚杆混凝土框架＋土工格室＋喷播植草、锚杆混凝土框架＋混凝土空心砖＋喷播植草等。锚杆混凝土框架植草防护适用于土质边坡和坡体中无不良结构面、风化破碎的岩石路堑边坡。施工时应注意以下几个问题。

（1）锚杆采用非预应力的全长黏结型锚杆，锚杆间距、长度应根据边坡地质情况确定。锚杆保护层厚度不应小于 20mm。

（2）框架应采用钢筋混凝土，混凝土强度不应低于 C25，框架几何尺寸应根据边坡高度和地层的情况等确定，框架内宜植草。

4.5.2.3 圬工防护

圬工防护包括喷护、锚杆挂网喷浆、浆砌片石护坡和护面墙等结构形式，圬工防护存在的主要问题是与周围环境不协调，道路景观差，应尽量少用，尤其是不适宜采用锚杆挂网喷浆。若要采用圬工防护时，应加强其细部处理设计，注意与周围自然环境和当地人文环境的融合，并在边坡碎落台、平台上种植攀藤植物，如爬墙虎，或者采用客土喷播的岩面植生措施，以减少对周围环境的影响。

圬工防护用于路堑边坡防护时，应注意与边坡渗沟或仰斜排水孔等配合使用，防止边坡产生变形破坏；浆砌片石护坡高度较大时，应设置防滑耳墙，保证护坡稳定。

图 4.66 喷护混凝土施工现场

1. 喷护

喷浆（喷射混凝土）防护适用于坡率缓于 1∶0.5、边坡易风化、裂缝和节理发育、坡面不平整的岩石路堑边坡，且边坡较干燥，无流水侵入。对于高而陡的边坡，当需大面积防护时，采取此类型更为经济，如图 4.66 所示。

喷浆防护边坡常用机械喷护施工，将配制好的砂浆（混凝土）使用喷射机（或水泥枪）喷射于坡面上，由于喷射产生一定的压力，提高了保护层与坡面间的黏聚力及保护层的强度。喷射混凝土厚度不宜小于 80mm，强度不应低于 C15，应根据厚度分 2～3 层喷射。喷浆厚度不宜小于 50mm，砂浆强度不应低于 M10。施工作业前应通过试喷，选择合适的水灰比，以保证喷射坡面的质量。喷浆水灰比过小时，灰体表面颜色灰暗，出现干裂，回弹量大，粉尘飞扬；水灰比过大时，灰体表面起皱、拉毛、滑动，甚至流淌；水灰比合适时，灰体呈黏糊状，表面光滑平整，回弹量小。喷浆施工严禁在结冰季节或大雨中进行。

喷浆防护工程施工应注意以下问题。

（1）喷护前应采取措施对泉水、渗水等进行处治，并按设计要求设置泄水孔，排、防积水。

（2）喷射顺序应自下而上进行。

（3）砂浆初凝后，应立即开始养生，养护期一般为 5～7d。

（4）应及时对喷浆层顶部进行封闭处理。

喷射混凝土防护施工应注意以下问题。

（1）作业前应进行试喷，选择合适的水灰比和喷射压力。喷射混凝土宜自下而上进行。

（2）做好泄水孔和伸缩缝。

（3）喷射混凝土初凝后，应立即养生，养护期一般为 7～10d。

（4）喷射混凝土防护施工质量应满足设计和规范要求。

2. 锚杆挂网喷浆（混凝土）

当坡面岩体风化破碎严重时，为了加强边坡稳定性，则采用锚杆挂网喷射混凝土（喷浆），锚杆锚固深度及铁丝网孔密度视边坡岩石性质及风化程度而定。锚杆挂网喷射混凝土（喷浆）适用于坡面为碎裂结构的硬质岩石或层状结构的不连续地层以及坡面岩石与基岩分开并有可能下滑的挖方边坡。

锚杆挂网喷浆（混凝土）防护施工应注意以下问题。

（1）锚杆应嵌入稳固基岩内，锚固深度应根据岩体性质确定。锚杆孔深应大于锚固长度200mm。钢筋网喷射混凝土支护厚度不应小于 100mm，也不应大于 250mm。

（2）钢筋保护层厚度不小于 20mm。

（3）固定锚杆的砂浆应捣固密实，钢筋网应与锚杆连接牢固。

（4）铺设钢筋网前宜在岩面喷射一层混凝土，钢筋网与岩面的间隙宜为 30mm，然后再喷射混凝土至设计厚度。

（5）喷射混凝土的厚度要均匀，钢筋网及锚杆不得外露。

（6）做好泄、排水孔和伸缩缝。

（7）锚杆挂网喷射混凝土（砂浆）防护施工质量应满足设计和规范要求。

3. 护坡

石砌护坡有干砌和浆砌两种，可用于土质或风化岩质路堑或土质路堤边坡的坡面防护，也可用于浸水路堤及排水沟渠，作为冲刷防护。

干砌片石虽有一定的支撑能力，但主要作用是防止水流冲刷边坡，故要求被防护的边坡自身应基本稳定（坡度一般为缓于 1∶1.25）。对严重潮湿或有冻害的路段，一般不宜使用。干砌片石防护有单层铺砌（图 4.67）、双层铺砌（图 4.68）和编格内铺石（图 4.69）等几种形式，可根据具体情况选用。用于冲刷防护时，如允许流速大于单层或双层时，则宜采用编格内铺石护坡。

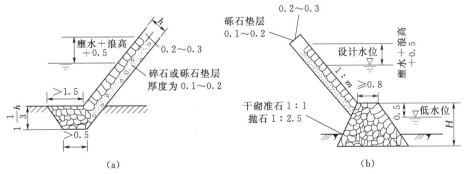

图 4.67　单层铺砌片石护坡（尺寸单位：m）

(a) 墁石铺砌基础；(b) 干砌抛石、堆石垛基础

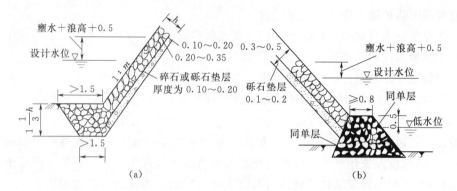

图 4.68 双层铺砌片石护坡（尺寸单位：m）
(a) 墁石铺砌基础；(b) 干砌抛石、堆石垛基础

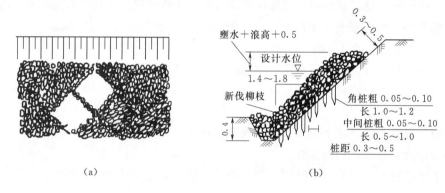

图 4.69 编格内铺石（尺寸单位：m）
(a) 正面；(b) 剖面

采用干砌片石防护时，为防止水流将铺石下面边坡上的细颗粒土带出来冲走，施工时，应在铺砌层的底面设不小于 100m 的碎石、砾石或砂砾混合物垫层，以增加整个铺石防护的弹性，使其不易损坏。同时，干砌片石最好用砂浆勾缝，防止水分侵入过多，以提高其整体强度。

浆砌片石护坡，适用于坡度缓于 1∶1 的易风化的岩石边坡或采用干砌片石不适宜或效果不理想的其他路基坡面防护。尤其是与浸水挡土墙或护面墙等综合使用，防护不同岩层和不同位置的边坡，可收到较好的效果。但对严重潮湿或严重冻害的土质边坡，在未设置排水措施以前，则不宜采用。

浆砌片（卵）石护坡宜用符合规范要求的块（片）石砌筑，其厚度一般为 200～500mm，冲刷防护时，最小厚度一般不小于 350mm，护坡底面应设 100～150mm 厚的碎石或砂砾垫层（严禁用石块抛填）。基础要求坚固，底面宜采用 1∶5 向内倾斜的坡度，如遇坚石可挖成台阶式，在近河地段基础则应埋置于冲刷线以下 500mm。浆砌片石护坡每长 10～15m，应留宽约 20mm 的伸缩缝。护坡的中、下部应设 100cm×100cm 的矩形或直径为 100cm 的圆形泄水孔（间距一般为 2～3m），泄水孔后 500mm 的范围内应设置反滤层。路堤边坡上的浆砌片石护坡，应在路堤沉实或夯实后施工，以免因路堤沉降而引起护坡的破坏。

干砌片石护坡施工时应注意以下问题。

（1）边坡为粉质土、松散的砂或粉砂土等易被冲蚀的土时，碎石或砂砾垫层厚度不得小于 100mm。

（2）基础应选用大石块砌筑，如基础与排水沟相连，其基础应设在沟底以下，并按设计要求砌筑浆砌片石。

（3）砌筑应彼此镶紧，接缝要错开，缝隙间用小石块填满塞紧。

浆砌片（卵）石护坡施工应注意以下问题。

（1）砂浆终凝前，砌体应覆盖，砂浆初凝后，立即进行养生。

（2）路堤边坡采用浆砌片（卵）石护坡，宜在路堤沉降稳定后施工。

（3）在冻胀变化较大的土质边坡，护坡底面应铺设 100～150mm 厚的碎石或砂砾垫层。

（4）浆砌片（卵）石护坡每 10～15m 应留一伸缩缝，缝宽 20～30mm。在基底地质有变化处，应设沉降缝，可将伸缩缝与沉降缝合并设置。

（5）泄水孔的位置和反滤层的设置应符合设计要求。

4. 护面墙

护面墙是一种浆砌片石的覆盖物。多用在易风化的云母片岩、绿片岩、泥质页岩、千枚岩及其他风化严重的软质岩层和较破碎的岩石地段，以防止其继续风化，边坡不宜陡于 1∶0.5，如图 4.70 所示。

护面墙类型应根据边坡地质条件确定，窗孔式护面墙防护的边坡不应陡于 1∶0.75；拱式护面墙适用于边坡下部岩石层较完整而上部需防护的路段，边坡应缓于 1∶0.5。护面墙仅能承受侧压力，故要求被防护的边坡自身必须

图 4.70　挖方路堑护面墙

稳定，且必须大致平整。墙的厚度见表 4.29。沿墙身长度每 10m 应设置 20mm 宽的伸缩缝。墙身横、纵方向每隔 2～3m 设置孔口 60mm×60mm 或 100mm×100mm 的方形泄水孔，泄水孔的后面应用碎石和砂砾做反滤层，伸缩缝及泄水孔的布置如图 4.71 所示。

表 4.29　　护面墙厚度参考值

护墙高度 H/m	路堑边坡	护墙厚度/m	
		顶宽 b	底宽 d
$H \leq 2$	1∶0.5	0.4	0.4
$2 < H \leq 6$	1∶0.5	0.4	$0.4 + H/10$
$6 < H \leq 10$	1∶0.5～1∶0.75	0.4	$0.4 + H/20$
$10 < H < 15$	1∶0.75～1∶1	0.4	$0.4 + H/20$

护面墙的基础应置于坚固地基上，并应深入冰冻线以下至少 250mm，如果地基承载力不足，则应进行加固，对个别地基的软弱段落，可用拱形或搭板的形式跨过。

为了提高护面墙的稳定性，视断面上基岩好坏，每 6～10m 高为一级，设宽度不小于 1m 的平台，墙背每 4～6m 高设一宽度不小于 0.5m 的错台（或称耳墙）。对于防护松散的护面墙，最好在夹层的底部土层中，留出宽大于 1.0m 的边坡平台，并进行加固，以增

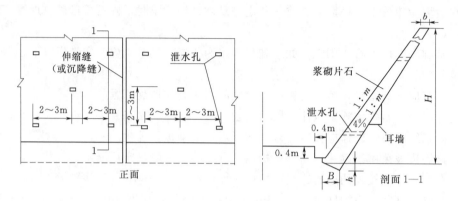

图 4.71 护面墙示意图 (尺寸单位：m)

加护面墙的稳定性。在边坡开挖时，如岩石中形成凹陷，应以石砌圬工填塞，以支托突出的岩石，或防止岩石继续破损碎落，保证整个边坡稳定，这种墙称为支补墙（或称嵌补防护）。

单级护面墙的高度不宜超过 10m，并应设置伸缩缝和泄水孔。

浆砌片石护面墙施工应注意以下问题。

（1）修筑护面墙前，应清除边坡风化层至新鲜岩面。对风化迅速的岩层，清挖到新鲜岩面后立即修筑护面墙。

（2）护面墙的基础应设置在稳定的地基上，地基承载能力不够时，应采取加固措施。基础埋置深度应根据地质条件确定，冰冻地区应埋置在冰冻深度以下至少 250mm。

（3）护面墙背必须与路基坡面密贴，边坡局部凹陷处，应挖成台阶后用与墙身相同的圬工砌补，不得回填土石或干砌片石。坡顶护面墙与坡面之间应按设计要求做好防渗处理。

（4）应按设计要求做好伸缩缝。当护面墙基础修筑在不同岩层上时，应在变化处设置沉降缝。

（5）泄水孔的位置和反滤层的设置应符合设计要求。

4.5.2.4 封面、捶面

对于不适宜草木生长的较陡的岩石边坡，可以采用抹面、捶面等方法进行工程防护。

1. 封面

封面防护，适用于易风化而表面比较完整，尚未严重风化剥落的岩石边坡，但对由煤系岩层及成岩作用很差的红色黏土岩组成的边坡不适用。边坡坡度不受限制，但坡面应较干燥。常用的封面材料及其配合比与用量可参考表 4.30 选用。

封面作业前，应对被处治的边坡加以清理，去掉风化层、浮土、松动石块并填坑补洞，洒水湿润，以利牢固耐久。抹面厚度为 30～70mm，分两次进行，底层抹全厚的 2/3，面层抹全厚的 1/3，封面厚度要均匀，表面光滑，应设置伸缩缝，其间距不宜超过 10m。在封面护坡的周边与防护坡面衔接处应严格封闭，其措施为：弯槽嵌入岩石内，其深度不小于 10cm，并和相衔接的坡平顺；坡脚宜设 1～2m 高的浆砌片石护坡。为防止灰体表面开裂，增强抗冲蚀能力，可在表面涂沥青保护层，其沥青软化点宜稍高于当地最高气温，用量为 1.5kg/m^2 左右。

表 4.30　　　　　　　　　　　封面混合材料的配合比及用量

材料名称	石灰、炉渣混合浆（两层共厚 3～4cm）体积比			石灰、炉渣三合土（厚 6～7cm）		四合土（厚 8～10cm）		水泥、石灰、砂浆（厚 3cm）	
	表层（1.5～2.0cm）	底层（1.5～2.5cm）	每平方米用量	质量比	每平方米用量	体积比	每平方米用量	体积比	每平方米用量
水泥	—	—	—	—	—	—	—	1	3.5kg
石灰	1	1	7.5kg	1	13.8kg	1	12kg	2	3.0kg
炉渣	2～2.5	3～4	29.8kg	5	56.1kg	9	118kg	—	—
黏土	—	—	—	—	3.3kg	3	36kg	—	—
砂	—	—	—	—	—	6	72kg	9	3.6kg
纸（竹）筋	—	—	0.5kg	—	—	—	—	—	—
卤水	—	—	0.14kg	—	—	—	—	—	—

封面防护施工应注意以下问题。

（1）封面防护不宜在严寒冬季和雨天施工。

（2）封面前岩体表面要冲洗干净，土体表面要平整、密实、湿润。

（3）封面厚度应符合设计要求，封面与坡面应密贴稳固。

（4）大面积封面宜每隔 5～10m 设伸缩缝，缝宽 10～20mm。

（5）封面初凝后应立即进行养生。

（6）按设计要求做好边坡封顶和排水设施。

2. 捶面

捶面适用于易受冲刷的土质边坡或易风化剥落的岩石边坡，边坡坡度不大于 1∶0.5。捶面厚度为 10～15cm，一般采用等厚截面，当边坡较高时，采用上薄下厚截面。捶面护坡与未防护坡面衔接处应封闭，其措施与抹面相同。坡脚设 1～2m 高的浆砌片石护坡。捶面材料常用石灰土、二灰土等。

捶面前应清除坡面浮石松土，填补坑凹，有裂缝时应勾缝。在土质边坡上，为使坡面贴牢，可挖成小台阶或锯齿。坡面应先洒石灰水湿润，捶面时夯拍要均匀，提浆要及时，表面要光滑，提浆后 2～3h 进行洒水养生 3～5d。寒冬地区不宜在冬季施工。养护时如发现开裂和脱落应及时修补。在较大面积捶面时，应设置伸缩缝，其间距不宜超过 10m。

4.5.3　加固工程施工

支挡构筑物即路基加固工程，其作用是支挡路基体，以保证路基在自重及各种自然因素作用下保持稳定。常用的支挡构筑物主要是挡土墙。

挡土墙是支承路基填土或山坡土体，以防止其变形失稳的结构物。同时，也是高等级公路重要的结构物。可以利用石料修建干砌或浆砌石料挡土墙，也可以利用水泥及钢筋、砂石材料修建毛石混凝土挡墙或钢筋混凝土挡墙。挡土墙的基本构造及各部分名称如图 4.72 所示。

4.5.3.1　挡土墙的种类及适用范围

挡土墙按位置和作用不同，可分为路堑式、山坡式、路肩式、路堤式等，其图式和使用场合见表 4.31。

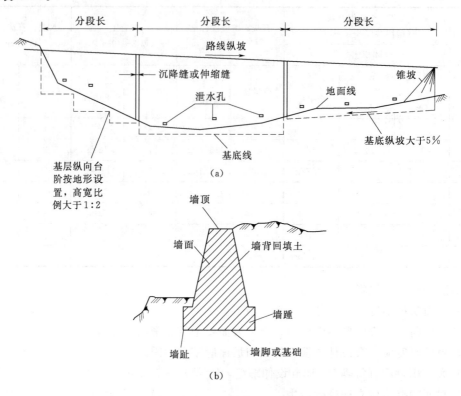

图 4.72　挡土墙各部分名称

（a）正面；（b）侧面

表 4.31　　　　　　　　　　　挡 土 墙 的 使 用 场 合

名　称	示 意 图	使 用 场 合
路堑挡土墙		（1）山坡陡峻，用以降低边坡高度，减少山坡开挖，避免破坏山体平衡 （2）地质条件不良，用以支挡可能坍滑的山坡主体
山坡挡土墙		用以支挡山坡上有可能坍滑的覆盖层土体或破碎岩层（需要时可分设数道），并兼有拦石的作用

名　称	示　意　图	使　用　场　合
路肩挡土墙		（1）山坡上，为保证路堤稳定，收缩坡脚 （2）为避免干扰其他建筑物（如房屋、铁路、水渠等）或防止多占农田 （3）为防止沿河滨及水库路堤受水冲刷和淘刷
路堤（坡脚）挡土墙		（1）受地形限制或因为其他建筑物干扰，必须约束坡脚 （2）防止陡坡路堤下滑

按其结构特点，挡土墙又可分为石砌重力式、石砌衡重式、钢筋混凝土悬臂式和扶壁式、柱板式、锚杆式、锚碇板式及垛式等类型，其图式、特点及适用范围见表 4.32。

表 4.32　　　　　挡土墙的特点及适用范围

类型	特　　点	结构示意图	适　用　范　围
石砌重力式	（1）依靠墙身自重抵御土压力作用 （2）形式简单，取材容易，施工简便		产石料地区。 墙高 6m 以下，地基良好，非地震和河滨、水库受水冲刷地区，可采用干砌，其他情况宜采用浆砌
石砌衡重式	（1）利用衡重台上部填土的下压力作用和全墙重心的后移，增加墙身稳定，节约断面尺寸 （2）墙面陡直，下墙墙背仰斜，可降低墙高，减少基础开挖		山区。 地面横坡陡峻的路肩墙，也可用于路堑墙（兼有拦挡坠石作用）或路堤墙
钢筋混凝土悬壁式	（1）由立壁、墙踵板、3 个悬臂梁组成，断面尺寸较小 （2）墙高时，立壁下部的弯矩较大，耗钢筋多，不经济		缺乏石料地区。 一般高度的路肩墙，地基情况可较差
钢筋混凝土扶壁式	沿悬臂式墙的墙长，隔一定距离加一道扶壁，把立壁与墙踵板连接起来		在高墙时，较悬臂式经济，其余同悬臂式

续表

类型	特点	结构示意图	适用范围
柱板式	（1）由钢筋混凝土立柱、挡板底梁、底板、基座和钢筋拉杆组成，借底板上部土体的自重作用平衡全墙 （2）因板底位置升高，基础开挖量较悬臂式和扶壁式少 （3）构件轻便，可预制拼装，快速施工	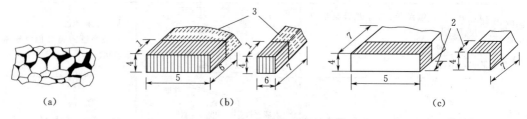	高墙。 适用于支挡土质路堑高边坡或处治边坡坍滑，也可用于路堤墙
锚杆式	（1）由钢筋混凝土墙面（整体板壁或立柱及挡板）和锚杆组成，依靠锚固在岩层（或土层）内的锚杆的水平枕力承受土压力，维持全墙平衡 （2）属轻型结构，节省材料 （3）基底受力甚小，基础要求不高		石料缺乏或挖基困难地区。 备有钻机、压浆泵等设备，较宜于路堑高墙，也可用于路肩墙
锚碇板式	（1）由钢筋混凝土墙面（立柱及挡板）、钢拉杆和锚碇板组成，借埋置在破裂面后稳定土层内的锚碇板和锚碇拉住墙面，以保持墙身稳定 （2）拼装简易，施工快 （3）结构轻便，柔性大		缺乏石料地区。 高路肩墙或路堤墙，特别是地基不良时，不适用于路堑挡土墙
垛式	（1）用钢筋混凝土预制杆件纵横交错拼装成框架，内填土或石，借其自重抵御土体的推力 （2）施工简便、迅速 （3）允许地基产生一定的变形 （4）损坏后，修复较易		缺乏石料地区。 高路肩墙、路堤墙

4.5.3.2 重力式挡土墙施工

1. 材料要求

（1）石料。石砌挡土墙石料按开采方法与清凿加工程度分为片石、料石和块石3种，如图4.73所示。

图 4.73 各种常见石料

(a) 片石；(b) 料石；(c) 镶面块石

1—修凿进深不小于 10cm；2—修凿进深不小于 7cm；3—尾部大致凿平；

4—料石厚度；5—料石长度；6—丁石宽度；7—长度

1）石料应经过挑选，质地均匀，无裂缝，不易风化。在冰冻地区，还应具有耐冻性。

2）石料的抗压强度不低于 25MPa。在地震区及严寒地区，应不低于 30MPa。

3）尽量选用较大的石料砌筑。块石应大致方正，其厚度不小于 20cm，宽度和长度相应为厚度的 1.5～2.0 倍和 1.5～3.0 倍较合适。片石应具有两个大致平行的面，其厚度不宜小于 15cm，其中一条边长不小于 30cm。

（2）砂。砂浆用砂一般为中砂、粗砂。拌和砂浆砌筑片石砌体时，砂的粒径不应超过 5mm；块石、料石砌体不应超过 2.5mm。砂浆用石灰应纯净，燃烧均匀，熟化透彻，一般采用石灰膏和熟石粉。

2. 施工工艺

砌筑工艺分浆砌、干砌两种。浆砌多用于排水、导流构筑物及挡土墙；干砌多用于河床铺砌、护坡等。

（1）浆砌施工方法。浆砌原理是利用砂浆胶结砌体材料，使之成为整体而组成人工构筑物，一般有坐浆法、抹浆法、挤浆法和灌浆法多种。

1）坐浆法。又叫铺浆法。砌筑时先在下层砌体面上铺一层厚薄均匀的砂浆，压下砌石，借石料自重将砂浆压紧，并在灰缝上加以必要的插捣和用力敲击，使砌石完全稳定在砂浆层上，直至灰缝表面出现水膜。

2）抹浆法。用抹灰板在砌石面上用力涂上一层砂浆，尽量使之贴紧，然后将砌石压上，辅助以人工插捣或用力敲击，使浆挤后灰缝平实。

3）挤浆法。综合坐浆法与抹浆法的砌筑方法。除基底为土质的第一层砌体外，每砌一块石料，均应先铺底浆，再放石块，经左右轻轻揉动几下后，再轻击石块，使灰缝砂浆被压实。在已砌筑好的石块侧面安砌时，应在相邻侧面先抹砂浆，后砌石，并向下及侧面用力挤压砂浆，使灰缝挤实，砌体被贴紧。砂浆的铺砌见图 4.74。

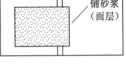

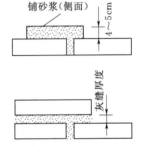

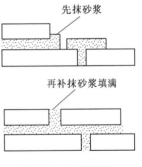

图 4.74 砂浆铺砌

4）灌浆法。把砌石分层水平铺放，每层高度均匀，空隙间填塞碎石，在其中灌以流动性较大的砂浆，边灌边捣实至砂浆不能渗入砌体空隙为止。

（2）浆砌砌体。浆砌前应做好一切准备工作。包括：工具配备；按设计图纸检查和处理基底；放线；安放脚手架、跳板等施工设施；清除砌石上的尘土、泥垢等。

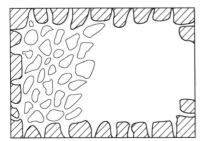

图 4.75 砌筑顺序

砌筑顺序以分层进行为原则。底层极为重要，它是以上各层的基石，若底层质量不符合要求，则要影响以上各层。较长的砌体除分层外，还应分段砌筑，两相邻段的砌筑高差不应超过 1.2m，分段处宜设置沉降缝或伸缩缝的位置。分层砌筑时，应先角石，后边石或面石，最后才填腹石（图 4.75）。角石安好后，向两边的中心进行，然后由边向中。

（3）浆砌片石。可用灌浆法、坐浆法和挤浆法，常以挤浆法为主。如图 4.76（a）所示，砌体外圈定位行列与转角石应选择表面较平、尺寸较大的石块，浆砌时，长短相同并与里层石块咬紧，上下层竖缝错开，缝宽不大于 4cm，分层砌筑应将大块石料用于下层，每处石块形状及尺寸应合适。竖缝较宽者可塞以小石子，但不能在石下用高于砂浆层的小石块支垫。排列时，应将石块交错，坐实挤紧，尖锐凸出部分应敲除。

（4）浆砌块石。多用坐浆法和挤浆法。先铺底层砂浆并打湿石块，安砌底层。分层平砌大面向下，先角石，再面石，后腹石，上下竖缝错开，错缝距离应不小于 10cm，镶面石的垂直缝应用砂浆填实饱满，不能用稀浆灌注。厚大砌体，若不易按石料厚度砌成水平时，可设法搭配成较平的水平层。块石镶面如图 4.76（b）所示，为使面石与腹石连接紧密，可采用丁顺相间，一丁一顺或两丁一顺的排列。

（5）浆砌料石。先将砌筑层数计算清楚，选择石料，严格控制平面位置和空间高度。按每块石料厚度分层，层间灰缝应成直线，块间和层间的灰缝应垂直，厚石砌在下面，薄石砌在上面，面石铺筑应符合图 4.76（b）所示原则，砌缝横平竖直，缝宽不超过 2cm，错缝距离大于 10cm，里层可用片石砌筑。图 4.76（c）所示为料石砌筑主要工程，如要求修饰整齐美观的挡土墙及路缘、拦河坝等。

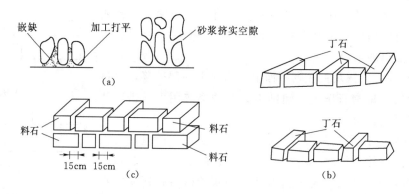

图 4.76 浆砌砌体
(a) 片石砌筑；(b) 块石砌筑；(c) 料石砌筑

（6）砌缝。

1）错缝。砌体在段间、层间的垂直灰缝应互相交错，压叠成不规则的灰缝，如图 4.77（a）、（b）所示，这种用箭头所指的灰缝叫错缝，它们相互间距离，对于片石和块石，每段上、下层及段间的垂直距离不小于 8cm；对粗料石不小于 10cm；在转角处不小于 15cm；并严禁出现图 4.77（c）、（d）所示的错缝。

2）通缝。通缝指砌体的水平灰缝。这是砌体受力的薄弱环节，其承压能力较好，受剪、抗拉、受扭的能力极差，最容易在此被损坏。砌体对通缝要求较高，不仅要求砂浆饱满密实，成缝时还不允许有干缝、瞎缝和大缝，对通缝的宽度要求也有一定的要求。

3）勾缝。有平缝、凹缝和凸缝等。勾缝具有防止有害气体和风、雨、雪等侵蚀砌体内部，延长构筑物使用年限及装饰外形美观等作用。在设计无特殊要求时，勾缝宜采用凸缝或平缝，勾缝宜采用 1∶1.5～1∶2 的水泥砂浆，并应嵌入砌体内约 2cm。勾缝前，应先清理缝槽，用水冲洗湿润，勾缝应横平竖直，深浅一致，不应有瞎缝、丢缝、裂纹和黏结不牢等现象，片石砌体的勾缝应保持砌后的自然缝。

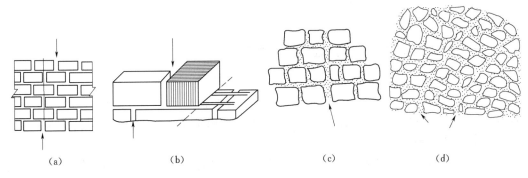

图 4.77 错缝示意图

(a)、(b) 正常错缝；(c)、(d) 不符合要求的错缝

(注：图中箭头表示错缝的位置)

（7）干砌石料。干砌是不用胶凝材料仅靠石块间的摩擦力和挤压力相互作用使砌体的砌石互相咬紧的施工方法。由于它不用砂浆胶凝，坚固性和整体性差，操作比浆砌困难。在施工中应注意以下几点。

1）选择的片石要尽量大，铺砌时大面向下。

2）错缝要间错咬接，不得有松动的石块。接触面积要尽可能多，空隙及松动石块间必须用小石块嵌填紧密，但不得在一处集中填塞小碎石块。

3）要考虑上、下、左、右间的接砌，应将面石的角棱修整，以利砌筑和美观。

4）干砌顺序应先中后边，先外后里，并要求外高内低，以防石块下滑。

5）分层干砌应于同一层的每平方米面积内干砌一块直石，以便上下层咬接。

3. 施工注意事项

施工应与符合设计要求，并严格按施工规范的规定执行。同时还应注意以下事项。

（1）施工前应做好地面排水和安全生产的准备工作。滨河及水库地段挡土墙宜在枯水季节施工。

（2）在松软地层或坡积层地段，基坑不宜全段开挖，以免在挡土墙完工以前发生土体坍滑，而宜采用跳槽开挖的方法。

（3）基坑开挖后，若发现地基与设计情况有出入，应按实际情况修改设计。若发现岩基有裂缝，应以水泥砂浆或小石子混凝土灌注至饱满。若基底岩层有外露的软弱夹层，宜于墙趾前对此夹层作封面保护，以防风化剥落后基础折裂而使墙身外倾。

（4）墙趾部分基坑，在基础施工完成后应及时回填夯实，并做成外倾斜坡，以免积水下渗，影响墙身的稳定。

（5）挡土墙的外墙应用规格块、料石砌筑，并采用丁顺相间的方法，同时还应保证砂浆饱满，防止出现"墙体里外两层皮"的现象。

（6）注意泄水孔和排水层（即反滤层）的施工操作，保证排水通畅。

（7）浆砌挡土墙需待砂浆强度达到 70% 以上时，方可回填墙背填料，且墙背填料应符合设计要求，避免采用膨胀性土和高塑性土，并做到逐层填筑，逐层夯实。不允许向着墙背斜坡填筑，夯实时应注意勿使墙身受较大冲击影响。墙后地面横坡陡于 1:3 时，应做基底处理（如挖台阶），然后再回填。

（8）浆砌挡土墙的墙顶，可用 M5 砂浆抹平，厚 2cm，干砌挡土墙墙顶 50cm 厚度内，用 M2.5 砂浆砌筑，以利稳定。

4.5.4 挡土墙、防护及其他砌筑工程质量验收标准

4.5.4.1 一般规定

（1）对砌体挡土墙，当平均墙高小于 6m 或墙身面积小于 1200m² 时，每处可作为分项工程进行评定；当平均墙高达到或超过 6m 且墙身面积不小于 1200m² 时，为大型挡土墙，每处应作为分部工程进行评定。

（2）悬臂式和扶壁式挡土墙，桩板式、锚杆、锚碇板和加筋土挡土墙应作为分部工程进行评定。

（3）丁坝、护岸可参照挡土墙的标准进行评定。

（4）钢筋混凝土结构或构件，均应包含钢筋加工及安装分项工程。

4.5.4.2 砌体挡土墙

1. 基本要求

（1）石料或混凝土预制块的强度、规格和质量应符合有关规范和设计要求。

（2）砂浆所用的水泥、砂、水的质量应符合有关规范的要求，按规定的配合比施工。

（3）地基承载力必须满足设计要求，基础埋置深度应满足施工规范要求。

（4）砌筑应分层错缝。浆砌时坐浆挤紧，嵌填饱满密实，不得有空洞；干砌时不得松动、叠砌和浮塞。

（5）沉降缝、泄水孔、反滤层的设置位置、质量和数量应符合设计要求。

2. 实测项目

实测项目见表 4.33 和表 4.34。

表 4.33　　　　　　　　　　　　砌体挡土墙实测项目

项次	检查项目	规定值或允许偏差		检查方法和频率	权值
1	砂浆强度/MPa	在合格标准内		按规范要求检查	3
2	平面位置/mm	50		经纬仪：每 20m 检查墙顶外边线 3 点	1
3	顶面高程/mm	±20		水准仪：每 20m 检查 1 点	1
4	竖直度或坡度/%	0.5		吊垂线：每 20m 检查 2 点	1
5	断面尺寸/mm	不小于设计		尺量：每 20m 量 2 个断面	3
6	底面高程/mm	±50		水准仪：每 20m 检查 1 点	1
7	表面平整度/mm	块石	20	2m 直尺：每 20m 检查 3 处，每处检查竖直和墙长两个方向	1
		片石	30		
		混凝土块、料石	10		

表 4.34　　　　　　　　　　　　干砌挡土墙实测项目

项次	检查项目	规定值或允许偏差	检查方法和频率	权值
1	平面位置/mm	50	经纬仪：每 20m 检查 3 点	2
2	顶面高程/mm	±30	水准仪：每 20m 测 3 点	2
3	竖直度或坡度/%	0.5	尺量：每 20m 吊垂线检查 3 点	1

续表

项次	检查项目	规定值或允许偏差	检查方法和频率	权值
4	断面尺寸/mm	不小于设计	尺量：每20m检查2处	2
5	底面高程/mm	±50	水准仪：每20m测1点	2
6	表面平整度/mm	50	2m直尺：每20m检查3处，每处检查竖直和墙长两个方向	1

3. 外观鉴定

(1) 砌体表面平整，砌缝完好、无开裂现象，勾缝平顺，无脱落现象。不符合要求时减1～3分。

(2) 泄水孔坡度向外，无堵塞现象。不符合要求时必须进行处理，并减1～3分。

(3) 沉降缝整齐垂直，上下贯通。不符合要求时必须进行处理，并减1～3分。

4.5.5 混凝土挡土墙施工

混凝土挡土墙应用较多的是薄壁式挡土墙，属轻型挡土墙，主要包括悬臂式和扶壁式两种形式。悬臂式和扶壁式挡土墙的结构稳定性是依靠墙身自重和踵板上方填土的重力来保证，而且墙趾板也显著地增大了抗倾覆稳定性，并大大减小了基底应力。它们的主要特点是构造简单、施工方便，墙身断面较小，自身质量轻，可以较好地发挥材料的强度性能，能适应承载力较低的地基。但需耗用一定数量的钢材和水泥，特别是墙高较大时，钢材用量急剧增加，影响其经济性能。一般情况下，墙高6m以内采用悬臂式，6m以上则采用扶壁式。它们适用于缺乏石料及地震地区。由于墙踵板的施工条件，一般用于填方路段作路肩墙或路堤墙使用。悬臂式和扶壁式挡土墙在国外已广泛使用，近年来，在国内也开始大量应用。

混凝土挡土墙施工工艺为：基底处理→基础浇筑→墙身浇筑→伸缩缝处理→养生。现分述如下。

1. 基底处理

基底土要求反复碾压达到95%的密实度。如因基底土质不良无法满足密实度要求，则必须进行换填处理。一般是在基底铺20cm厚碎石垫层，并用打夯机夯入地基土，以便增加基底摩擦系数提高承载力。

2. 基础浇筑

按挡土墙分段，整段进行一次性浇灌。按照测量放线的位置安装基础钢筋（预埋筋）、基础横板，在基础内侧，根据基础顶面标高划出墨线，按此墨线钉上塑料三角条，现浇混凝土时，用此三角条控制基顶标高。基础浇筑完成后应及时抹面，定浆后再二次抹面，使表面平整。抹面后，应及时洒水养护，养护时间最少不得小于7d。

3. 现浇墙身混凝土

现浇钢筋混凝土挡土墙与基础的结合面，应按施工缝处理，即先进行凿毛，将松散部分的混凝土及浮浆凿除，并用水清洗干净，然后架立墙身模板，混凝土开始浇灌时，先在结合面上刷一层水泥浆或垫一层2～3cm厚的1:2水泥砂浆，再浇灌墙身混凝土。

墙身模板采用专用钢（木）模板。模板要求有足够的刚度和强度，几何尺寸误差应控制在0～−2mm之间，组装拆模方便，并具有一模多用的特点。预制时要求配合比准确，振捣密实，无裂纹，墙板外侧平整（或花纹要清晰），墙板内侧要粗糙。墙身模板视高度情况分一次立模到顶和二次立模的办法，一般 4m 高之内为一次立模，超过 4m 高的可分二次立模，也可一次立模。当混凝土落高大于 2.0m 时，要采用串筒输送混凝土入仓，或采用人工分灰，避免混凝土产生离析。混凝土浇灌从低处开始分层均匀进行，分层厚度一般为 30cm，采用插入式振捣器振捣时，振捣棒移动距离不应超过其作用半径的 1.5 倍，并与侧模保持 5～10cm 的距离，切勿漏振或过振。在混凝土浇灌过程中，如表面泌水过多，应及时将水排走或采取逐层减水措施，以免产生松顶，浇灌到顶面后，应及时抹面，定浆后再二次抹面，使表面平整。

混凝土浇灌过程中应派出木工、钢筋工、电工及试验工在现场值班，发现问题及时处理。

混凝土强度件制作应在现场拌和地点或浇灌地点随机制取，每工作班应制作不少于 2 组试件（每组 3 块）。

混凝土浇灌完进行收浆后，应及时洒水养护，养护时间最少不得小于 7d，在常温下一般 24h 即可拆除墙身侧模板，拆模时，必须特别小心，切莫损坏墙面。

4. 伸缩缝、沉降缝及泄水孔的处理

悬臂式挡土墙分段长度一般不应大于 15m；扶壁式挡土墙分段长度不应大于 20m。段间设置沉降缝和伸缩缝。一般现浇灌钢筋混凝土挡土墙的伸缩缝和沉降缝宽 2cm（施工时缝内夹 2cm 厚的泡沫板或木板，施工完后抽出木板或泡沫板）从墙顶到基底沿墙的内、外、顶三侧填塞沥青麻丝，深 15cm。

挡土墙泄水孔为 φ100mm 的硬质空心管，泄水孔进口周围铺设 50cm×50cm×50cm 碎石，碎石外包土工布，下排泄水孔进口的底部铺设 30cm 厚的黏土层并夯实。

【工程实例 4.8】 某公路 K137+720～K137+880 左上边坡长约 160m，坡高 25～35m。地貌上属低山丘陵地带，地形起伏较大。本路段属深挖路堑，左上边坡设计开挖台阶放坡坡度自下而上分别为 1:0.5、1:1、1:1.5 共 3 级，每级台高均为 10m。在施工过程中，由于当地连降大雨，边坡的上部出现了裂缝，已用片石砌好的坡面发生鼓起开裂现象，随着时间的推移，裂缝加大，第一级边坡已大面积塌落并有局部出现崩坍，严重威胁到了边坡的稳定和安全。

【案例解析】

1. 问题分析

根据现场勘测和近期监测结果，结合以往相似边坡治理经验，经综合分析认为，边坡坡体的岩性特征、特殊的坡顶地貌和大气降雨的共同作用，影响本边坡失稳的主要原因有以下几个。

（1）边坡坡体的地层岩性以碎石土为主，碎石土裂隙、孔隙发育，雨水易于往土体中下渗，致使边坡土体含水量增高，容重变大，而强度和摩擦力降低，从而使边坡失稳。

（2）在边坡的上部，存在一宽 10～15m 的平台，平台向内倾斜，紧靠平台内侧为一灰岩陡壁，这样边坡的上部平台就形成了一个自然的汇水体，在下大雨时山顶和平台的水便汇集在边支的上部平台处，沿着岩土体的裂隙、孔隙往坡体内渗流，由于水的作用造成边坡失稳。

（3）断层破碎带及其顺倾裂隙的存在破坏坡体下部岩石的整体稳定性，降低其支撑能力，使边坡失稳。

2. 解决方案

从上述边坡的地质条件和地形地貌分析，造成本边坡失稳的主要原因是边坡特殊的岩性组合和水的作用，所以整治加固方案针对坡体加固及治水方面考虑，拟定了两个处治方案。

方案一：锚杆、锚索加固方案

（1）清理修整坡面。根据边坡破坏情况，把坡面上已松动的岩土体清除出坡体。第二级平台以上 10m 设第三级平台，第三级平台以上进行削坡处理，坡比 1：2，并植草绿化。

（2）锚杆喷射混凝土加固。第一级边坡按 3m×3m 呈梅花状布置 4 排锚杆，锚杆孔径 100mm，孔深 12m，倾角 30°。设计抗拔力 50kN。第一级边坡坡面采用挂网喷射混凝土加固，钢筋 ϕ6.5 Ⅰ 级圆钢，按 200mm×200mm 布置。

（3）锚索加固。在第一边坡平台以上 5m，呈梅花状布置 4 排锚索，并用混凝土锁梁连接，锚索设计抗拔力 450kN，排距 5m，孔距 4m，锚索孔径 110mm，倾角 30°，孔深 20～35m，设计锚固段 6m（施工中应保证进入完整基岩 6m）。

（4）灌浆加固。在边坡顶部平台，已施工了 5 个钻孔，已经达到灌浆加固和勘探的目的，该边坡不再进行钻孔灌浆。

（5）路基以上 3m 及边坡第一级平台各布置一排泄水孔，孔距 10.0m，孔深 8～10m。

（6）绿化方案。在边坡第一级平台及各排锚索位置设置种植槽，种植迎春花、爬山虎等草本植物进行坡面绿化。

按本方案处治，建筑安装工程费为 33 万元。

方案二：挡土墙加抗滑桩方案

本方案采用坡脚设置挡土墙，另在第二级平台设置一排抗滑桩，抗滑桩采用 1.6 m×2.0m 矩形桩，间距 5m，桩长 16m，共设 18 根，挡土墙长 110m，高 8m，另在第一级平台以上采用满铺草皮。

按本方案处治，建筑安装工程费为 38 万元。

经过上述两个方案的对比，两个方案都比较合理，但方案一费用最省，决定采用方案一。工程于 2002 年 10 月完工，经过两年多来的观察，该边坡无任何开裂、滑移现象，这说明对该边坡采取的上述方案与措施是成功的，达到了对边坡防护整治的目的。

学习情境 4.6 路基施工质量评定与验收

【情境描述】 在完成路基工程的各项施工工序的基础上，介绍路基施工质量评定的方法和标准，同时分别从土方路基施工和石方路基施工的验收指标加以介绍。

现行的《公路路基施工技术规范》（JTG F10—2006）、《公路工程质量检验评定标准》（JTG F80/1—2012）是对公路路基工程质量进行管理、监控和检验评定的法规性技术文件，适用于四级及四级以上公路新建、改建工程。

4.6.1 项目划分

根据建设任务、施工管理和质量检验评定需要，应在施工准备阶段将建设项目划分为单位工程、分部工程和分项工程。

（1）单位工程。在建设项目中，根据签订的合同，具有独立施工条件的工程。

（2）分部工程。在单位工程中，应按结构部位、路段长度及施工任务划分为若干个分部工程。

（3）分项工程。在分部工程中，应按不同的施工方法、材料、工序及路段长度等划分为若干个分项工程。

4.6.2　土质路基质量控制

4.6.2.1　土质路基工程质量检测的内容

在实际工程中，土质路基中期验收和交工阶段检测应按照《公路工程质量检验评定标准》（JTG F80/1—2004）的要求进行工作，其内容包括基本要求、实测项目、外观鉴定和质量保证资料 4 个部分。

1. 基本要求

（1）在路基用地和取土坑范围内，应清除地表植被、杂物、积水、淤泥和表土，处理坑塘，并按规范和设计要求对基底进行压实。

（2）路基填料应符合规范和设计的规定，经认真调查、试验后合理选用。

（3）填方路基需分层填筑压实，每层表面平整，路拱合适，排水良好。

（4）施工临时排水系统应与设计排水系统结合，避免冲刷边坡，勿使路基附近积水。

（5）在设定取土区内合理取土，不得滥开滥挖。完工后应按要求对取土坑和弃土场进行修整，保持合理的几何外形。

2. 实测项目

土方路基包括压实度、弯沉、纵断面高程、中线偏位、宽度等实测项目，其要求应符合表 4.35 的规定。

表 4.35　　　　　　　　　　　　　　土 方 路 基 实 测 项 目

项次	检 查 项 目		规定或允许偏差			检查方法和频率	权值
			高速公路、一级公路	其他公路			
				二级公路	三、四级公路		
1△	压实度/%	零填及挖方/m　0～0.30	—	—	94	按照施工规范要求压实频率检查，按照土基压实度评定方法评定	3
		0～0.80	≥96	≥95	—		
		填方/m　0～0.80	≥96	≥95	≥94		
		0.80～1.50	≥94	≥94	≥93		
		＞1.50	≥93	≥92	≥90		
2△	弯沉（0.01mm）		不大于设计要求值			按照《公路工程质量检验评定标准》（JTG F80/1—2004）附录Ⅰ规定的方法检查	3
3	纵断面高程/mm		+10，−15	+10，−20		水准仪：每 200m 测 4 断面	2
4	中线偏位/mm		50	100		经纬仪：每 200m 测 4 点，弯道加 HY、YH 两点	2
5	宽度/mm		不小于设计值			米尺：每 200m 测 4 处	2
6	平整度/mm		15	20		3m 直尺：每 200m 测 2 处×10 尺	2
7	横坡/%		±0.3	±0.5		水准仪：每 200m 测 4 断面	1
8	边坡坡度		不陡于设计坡度			每 200m 抽查 4 处	1

注　带 △ 的检查项目为关键项目。

3. 外观鉴定

(1) 路基表面平整，边线直顺，曲线圆滑。

(2) 路基边坡坡面平顺，稳定，不得亏坡，曲线圆滑。

(3) 取土坑、弃土堆、护坡道、碎落台的位置适当，外形整齐、美观，防止水土流失。

4. 质量保证资料

施工单位应有完整的施工原始记录、试验数据、分项工程自查数据等质量保证资料，并进行分析整理，负责提交齐全、真实和系统的施工资料和图表。工程监理单位负责提交齐全、真实和系统的监理资料。

4.6.2.2　土方路基分项工程质量评定的方法

以土方路基分项工程阐述公路工程路基的各个分项工程的质量评定方法。

分项工程质量检验内容包括基本要求、实测项目、外观鉴定和质量保证资料 4 个部分。只有在其使用的原材料、半成品、成品及施工工艺符合基本要求的规定，且无严重外观缺陷和质量保证资料真实并基本齐全时，才能对分项工程质量进行检验评定。

分项工程的评分值满分为 100 分，按实测项目采用加权平均法计算。存在外观缺陷或资料不全时，须予以减分。

$$分项工程得分 = \frac{\sum[检查项目得分 \times 权值]}{\sum 检查项目权值} \tag{4.5}$$

$$分项工程评分值 = 分项工程得分 - 外观缺陷减分 - 资料不全减分$$

具体包括以下 4 个方面。

1. 基本要求检查

分项工程所列基本要求，对施工质量优劣具有关键作用，应按基本要求对工程进行认真检查。经检查不符合基本要求规定时，不得进行工程质量的检验和评定。填土路基分项工程规定了 5 条基本要求内容。

2. 实测项目计分

检查项目除按数理统计方法评定的项目以外，均应按单点（组）测定值是否符合标准要求进行评定，并按合格率计分。填土路基分项工程实测项目 8 个，压实度、弯沉 2 个关键项目用数理统计方法计分，其他 6 个检测项目均用合格率计分，即

$$检查项目合格率（\%） = \frac{检查合格的点（组）数}{该检查项目的全部检查点（组）数} \tag{4.6}$$

$$检查项目得分 = 检查项目合格率 \times 100$$

3. 外观缺陷减分

对工程外表状况应逐项进行全面检查，如发现外观缺陷，应进行减分。对于较严重的外观缺陷，施工单位须采取措施进行整修处理。土方路基分项工程有 3 条外观鉴定要求。

4. 资料不全减分

分项工程的施工资料和图表残缺，缺乏最基本的数据，或有伪造涂改者，不予检验和评定。资料不全者应予以减分，减分幅度可按标准，视资料不全情况，每款减 1～3 分。土方路基技术资料主要包括填料的各类试验、地基处理、隐蔽工程施工记录、施工中遇到的非正常情况记录及对工程的影响分析，以及施工压实度检测、弯沉测试、纵断面高程测量等表 4.35 中所列的 8 个检测指标的检查试验记录等资料，也包括施工中对事故采取处理补救措

施后的达到设计要求的认可证明文件。

分项工程评分值不小于 75 分者为合格；小于 75 分者为不合格；机电工程、属于工厂加工制造的桥梁金属构件不小于 90 分者为合格，小于 90 分者为不合格。评定为不合格的分项工程，经加固、补强或返工、调测，满足设计要求后，可以重新评定其质量等级，但计算分部工程评分值时按其复评分值的 90% 计算。

【工程实例 4.9】 某填土路堤工程的一个评定单元，经质量检验和初步计算，基本情况如下。

基本项目检查符合标准规定；各实测项目的合格率分别为：压实度 95.20%，弯沉 100%，纵断面高程 97.20%，中线偏位 100%，宽度 100%，平整度 96%，横坡 95%，边坡各检测处均符合要求；经检查取土坑外观不太整齐、美观。提交的检查资料，宽度指标检查记录不完整，其他资料完善齐全。试对该路堤分项工程进行质量等级评定。

解： 根据题意进行计算评定如下。

(1) 因为本评定项基本项目检查符合标准规定，可以进行质量等级评定。

(2) 实测项目得分：

各分项的得分值计算如下：

压实度得分值 = 95.20% × 100 = 95.2 分。

弯沉得分值 = 100% × 100 = 100 分。

纵断面高程得分值 = 97.20% × 100 = 97.2 分。

用同样的方法可计算得到其余几个检查项目得分值为：中线偏位 100 分，宽度 100 分，平整度 96 分，横坡 95 分，边坡 100 分 (各检测处均符合要求合格率 100%)。

按照表 4.35 规定的权值，计算路堤分项工程得分值为

分项工程实测得分 = (95.20 × 3 + 100 × 3 + 97.20 × 2 + 100 × 2 + 100 × 2 + 96 × 2 + 95 × 1 + 100 × 1) ÷ (3 + 3 + 2 + 2 + 2 + 2 + 1 + 1) = 97.94 分

(3) 外观缺陷减分：取土坑外观不太整齐、美观，一项减 1~2 分，根据情况减 2 分。

(4) 资料不全减分：宽度指标检查记录不完整，根据情况减 1 分。

路堤土方工程评分值 = 分项工程得分 − 外观缺陷减分 − 资料不全减分 = 97.94 − 2 − 1 = 94.94 分。该分项工程评定质量等级为合格。

4.6.3 填石路基、土石混填路基质量控制

4.6.3.1 填石路基质量控制

1. 基本要求

(1) 石方路堑的开挖宜采用光面爆破法。爆破后应及时清理险石、松石，确保边坡安全、稳定。

(2) 修筑填石路堤时应进行地表清理，逐层水平填筑石块，摆放平稳，码砌边部。填筑层厚度及石块尺寸应符合设计和施工规范规定，填石空隙用石碴、石屑嵌压稳定。上、下路床填料和石料最大尺寸应符合规范规定。采用振动压路机分层碾压，压至填筑层顶面石块稳定，18t 以上压路机振压两遍无明显标高差异。

(3) 路基表面应整修平整。

2. 实测项目

填石路堤填筑至设计标高并整修完成后，其施工质量应符合表 4.36 的规定。

表 4.36　　　　　　　　　　　　　　石 方 路 基 实 测 项 目

项次	检查项目		规定值或允许偏差		检查方法和频率	权值
			高速公路、一级公路	其他公路		
1	压实度		层厚和碾压遍数符合要求		查施工记录	3
2	纵断高程/mm		+10，−20	+10，−30	水准仪：每200m测4断面	2
3	中线偏位/mm		50	100	经纬仪：每200m测4点，弯道加 HY、YH两点	2
4	宽度/mm		符合设计要求		米尺：每200m测4处	2
5	平整度/mm		20	30	3m直尺：每200m测2处×10尺	2
6	横坡/%		±0.3	±0.5	水准仪：每200m测4断面	1
7	边坡	坡度	符合设计要求		每200m抽查4处	1
		平顺度	符合设计要求			

注　土石混填路基压实度或固体体积率可根据实际可能进行检验，其他检测项目与石方路基相同。

3. 外观鉴定

填石路堤成型后，表面无明显孔洞，大粒径石料不松动，铁锹挖动困难。边坡码砌紧贴、密实，无明显孔洞、松动，砌块间承接面向内倾斜，坡面平顺。具体要求有以下几个。

（1）上边坡不得有松石。

（2）路基边线直顺，曲线圆滑。

4.6.3.2　土石混填路基质量控制

（1）中硬、硬质石料土石混填路堤。其压实作业接近填石路堤，应按填石路堤的压实方法施工，并按填石路堤有关规定进行质量控制。施工过程中的每一压实层，可用试验路段确定的工艺流程和工艺参数控制压实过程；用试验路段确定的沉降差指标，检测压实质量。路基成型后质量应符合表4.36的规定。

（2）软质石料填筑的土石混填路堤。软质石料填筑的土石路堤，其施工方法和质量控制与土质路堤施工基本相同，应按照土质路堤有关规定以及表4.35的实测项目进行质量控制。

（3）土石路堤的外观质量标准。路基表面无明显孔洞；大粒径填石无松动，铁锹挖动困难；中硬、硬质石料土石路基边坡码砌紧贴、密实，无明显孔洞、松动，砌块间承接面应向内倾斜，坡面平顺。

4.6.4　路基土石方工程交验程序

4.6.4.1　一般规定

路基1～3km作为一个分部工程（具体验收长度另行规定），每1～3km作为一分项工程并为一工程编号，由承包人和高驻办应分别建立分项工程技术档案。以每一层为一工序，由现场监理对压实度、宽度等进行抽查和监督；在同一压实度区内每5层应填写检验申请批复单；不同区内应办理检验申请批复单和中间交工证书。本节表格填写内容对于不可能发生的项目可以空缺。

4.6.4.2 路堤填筑

1. 路基试验段施工

道路监理工程师必须全过程监理，并要求承包人严格按高级驻地办公室批准的施工方案进行施工，在施工过程中应详细记录各种已定填料的压实工序操作情况、采用压实设备的型号、松铺厚度、碾压遍数、填料含水量及压实度检测结果，以确定松铺厚度和表层控制压实度（作为施工压实度控制的依据），高级驻地签认试验段申请报告并审批成果报告，报代表处备案。

2. 测量放样

测量监理工程师对施工放样进行检查，并签认施工放样报验单。

3. 审批开工报告

高级驻地负责组织监理人员对承包人的现场人员和机具设备进场情况进行核实，审查承包人的施工组织计划，检查承包人的质量自保体系、取土坑与弃土区范围、土料的试验情况等，收集好所有应收集的资料并给予签证后，批准分部、分项工程开工报告。

4. 现场清除

道路监理工程师负责组织检查清除宽度、长度、深度及原地面压实度，并检查清淤、砍伐挖除灌木及其他合同中有报价的项目，及时核实工程量。对于低填或填挖结合部位，因地质不良需加深换土处理等情况按本项目技术规范处理。高级驻地或其授权的监理工程师签认检验申请批复单。

5. 分层填筑

填筑应根据规范规定的或试验路段完成后监理批准的松铺厚度进行分层填筑，每层填筑结束后，旁站监理根据规定的检测频度进行压实度抽检；对每一层土（砂）的含水量、宽度（保证每侧超宽填筑填土不小于30cm，填砂不小于50cm）、松铺厚度、压实遍数，旁站监理应全面检查控制。每5层要进行一次中、边线及高程检测并办理检验申请批复单；各压实分区或分项工程完工后应办理检验申请批复单；高级驻地或其授权的监理工程师签批检验申请批复单。由高级驻地办公室组织中间交工验收和评定，并对计量证书进行签证。

4.6.4.3 挖方路基

道路监理工程师负责组织检查路基开挖宽度、深度及截水沟、排水沟的开挖与排水状况，确保边坡稳定。

当土质与设计不符时，应及时采取措施进行处理；对需要变更的按变更程序办理。

土石方路段应按规范的要求进行处理。

4.6.4.4 填石路堤

道路监理工程师负责组织监理人员进行全过程监督，确定碾压机具吨位、遍数、厚度等，确保石方路堤的施工按照《公路路基施工技术规范》（JTG F10—2006）的要求得到实施。驻地或其授权的监理工程师签认每层检验申请批复单。

4.6.4.5 桥、涵、结构物台背回填

每座桥梁台背的回填、涵洞通道及挡土墙回填作为一个隐蔽工程的重要工序，必须办理工序报验手续，以加强该项工程的质量控制。

1. 开工准备

回填工作必须在桥涵砌体的砂浆或混凝土强度达到设计强度的75%，并在隐蔽工程验收合格后才能进行。高级驻地负责组织监理人员检查场地、机械设备、材料、施工组织计划、质量保证体系及措施；确定回填范围，对标准试验按 100％的频率进行复检，签认开工申请报告中的资料。

对于填料，除业主另有指定外，严格按施工图设计实施，填料的最大粒径不应超过50mm，塑性指数应小于 12；填料的 CBR 值应大于 8；不得采用开挖的泥质页岩、砂岩石渣和粉质黏土等强度低、水稳性差的填料进行台背回填。

必须配备满足压实工艺要求的压实机具。

2．审批台背回填开工

结构工程师应组织监理人员核实施工组织情况，提出注意事项。

涵洞、通道的临土面应按技术规范的要求涂刷沥青。

对桥涵、通道及挡土墙的回填则必须逐道（处）编制回填施工方案，经结构工程师签字同意后附入相应构造物的分项开工计划申请及审批单。

3．分层填筑

填筑前，结构工程师应组织监理人员对基底进行检查（应确保基底无非适用性材料、无积水）；在施工过程中应严格控制分层松铺厚度及压实度（应大于 95％）。

承包人应在桥涵的临土面上逐层标注松铺厚度，分层松铺厚度不能大于 15cm。应使用经监理工程师确认合格的填料进行分层填筑。现场监理应进行检查。

（1）回填范围。根据规范规定，台背填土顺路线方向长度：桥梁顶部为距翼墙尾端不小于台高加 2m，底部距基础内缘不小于 2m；拱桥台背填土长度不应小于台高的 3～4 倍；涵洞填土长度每侧不应小于 2 倍孔径长度。宽度为全路幅，包括锥坡。

（2）填筑高度。桥台和明涵台背至路床顶面，暗涵应回填至涵顶 100cm 以上或至路床标高。涵顶面填土压实厚度必须大于 100cm，方可让重型机械和汽车通行。与路基接头处，应以不小于 1∶1 的坡度用台阶进行衔接。

（3）填土顺序。台背填土的顺序应符合设计要求。管涵应在两侧对称、平衡地进行；盖板通道（涵）应在盖板浇筑完成以后并达到设计强度的 75％时才能两侧对称回填；拱桥台背填土宜在主拱圈安装或砌筑以前完成；梁式桥的 U 形桥台背填土，应在梁体安装完成以后，在两侧平衡地进行；柱式或肋式桥台台背填土，应在柱侧对称、平衡地进行，在盖梁、台帽浇筑之前一定要回填至台帽底面，台帽底模直接在回填层用砂浆硬化。回填时桥涵的临土面都应刷沥青防水层，减少填料与墙体间的夯实阻力，提高压实度。桥涵背后填土应与锥坡填土同时进行，并按设计宽度一次填足。

（4）碾压。现场监理同意后方可开始碾压，当采用大型压实机械时，应与桥涵砌体保持一定的距离，以免破坏成型的砌体。压路机达不到的地方，应使用小型机动夯具压实。如对结构物有损坏，承包人应自费进行修复，直到监理工程师验收合格为止。

4．分层检测

桥涵（通道）回填压实度从桥涵构造物基础底面或填方基底至路床顶面要求达到 95％。检查频率每 50m² 检验 1 点，不足 50m² 时至少检验 1 点，代表处抽查。

分层填筑过程中，现场监理检查填料质量、回填范围、松铺厚度，试验监理检查填料含水量和压实度。

5. 验收、中间交工

回填完成后，高级驻地负责组织监理人员验收，并签批中间交工证书；涵洞、通道及挡土墙回填必须填报检验申请批复单。

复习思考题

1. 何为软土？软土有哪些类型？软土地基会带来哪些工程问题？

2. 关于软土地基处理的一般规定有哪些？

3. 试述换填土层法的施工工艺及其要求。

4. 深层拌和法处理软土地基的方法主要有哪些？控制要点有什么？

5. 爆破作业应遵循哪些施工程序？各程序应注意哪些问题？

6. 地面排水设施有哪些？它们各适用于哪种情况？

7. 地表排水设施检验的内容是什么？

8. 试说明土沟的实测项目和检验方法和频率是什么？

9. 地下排水设施有哪些？各有哪些施工技术要求？

10. 渗沟有哪些类型？反滤层、封闭层的施工技术要求有哪些？

11. 盲沟的质量检验评定实测项目有哪些？检测方法和频率各是什么？

12. 植草防护有哪几种常见方法？其适用范围及施工注意事项是什么？

13. 骨架植物防护有哪几种常见方法？其适用范围及施工注意事项是什么？

14. 锚杆挂网喷浆施工应注意哪些事项？

15. 浆砌片石护面墙施工应注意哪些事项？

16. 挡土墙的分类及适用范围是什么？

17. 分析土石混填路堤质量控制的过程和方法是什么？

18. 土质路基质量检验评定的内容是什么？说明其各项实测项目各指标的检验方法。

19. 分项工程质量等级评定有哪几个方面？如何计算分项工程的评分值？

20. 某填土路堤工程的一个评定单元，经质量检验和初步计算，基本情况如下：基本项目检查符合标准规定；各实测项目的合格率分别为：压实度96.8%，弯沉100%，纵断面高程95.5%，中线偏位97.2%，宽度98.2%，平整度93.2%，横坡95%，边坡95.2%；经检查取土坑个别部位外观不整齐。个别指标的检查记录不完整，其他资料完善齐全。试计算该路堤分项工程得分值，并进行质量等级评定。

学习项目 5　路面基层（垫层）施工

学习目标：通过本项目的学习，能够了解掌握路面基层的混合料的类型及其组成设计；掌握路面基层的混合料对材料的要求；掌握路面基层施工的方法；掌握路面基层养护的方法；掌握路面基层的质量检查与验收标准。

项目描述：以某高速公路基层施工为项目载体，简单介绍基层（垫层）混合料组成设计要点，重点介绍道路基层（垫层）混合料生产、摊铺、碾压等施工工艺注意事项及质量控制要点。

学习情境 5.1　路面基层（垫层）混合料组成设计

【情境描述】　本情境是在完成道路路基施工的基础上，介绍了公路基层混合料的类型，各种类型混合料的适用范围，各种类型混合料对材料的要求。掌握混合料配合比设计和调整的基本方法。

5.1.1　路面基层（垫层）对材料的要求

5.1.1.1　路面基层（底基层）的类型

路面基层（底基层）按材料组成可划分为有结合料稳定类（有机结合料、无机结合料）和无结合料的粒料类（嵌锁类、级配类）。底基层可分为无机结合料稳定类和无结合料的粒料类。

（1）粒料类主要包括类型有以下几种。

1）嵌锁型，包括泥结碎石、泥灰结碎石、填隙碎石等。

2）级配型，包括级配碎石、级配砾石、符合级配的天然砂砾、部分砾石经轧制掺配而成的级配砾、碎石等。

（2）沥青稳定类包括热拌沥青碎石、沥青贯入碎石、乳化沥青碎石混合料等。

（3）无机结合料稳定类（也称半刚性类型），包括水泥稳定类、石灰稳定类、工业废渣稳定类、石灰粉煤灰类、水泥粉煤灰类、石灰煤渣类。

（4）水泥混凝土类，包括贫混凝土、碾压式混凝土。

5.1.1.2　水泥稳定土的材料要求

（1）用于高速公路和一级公路的粗粒土和中粒土应满足的要求。

1）用水泥稳定土做底基层时，单个颗粒的最大粒径不应超过37.5mm。水泥稳定土的颗粒组成应在表5.1中1号级配范围内，土的均匀系数应大于5。细粒土的液限不应超过40%，塑性指数不应超过17。对于中粒土和粗粒土，如土中小于0.6mm的颗粒含量在30%以下，塑性指数可稍大。实际工作中，宜选用均匀系数大于10、塑性指数小于12的土。塑性指数大于17的土，宜采用石灰稳定，或用水泥和石灰综合稳定。对于中粒土和粗粒土，宜采用表5.1中的2号级配，但小于0.075mm的颗粒含量和塑性指数可不受限制。

表 5.1　　　　　　　　　　　　　　　　水泥稳定土的颗粒组成范围

通过质量百分比/% 编号 项目		1	2	3
筛孔尺寸/mm	37.5	100	100	
	31.5		90～100	100
	26.5			90～100
	19.0		67～90	72～89
	9.5		45～68	47～67
	4.75	50～100	29～50	29～49
	2.36		18～38	17～35
	0.6	17～100	8～22	8～22
	0.075	0～30	0～7①	0～7①
液限/%				<28
塑性指数				<9

① 集料中 0.5mm 以下细粒土有塑性指数时，小于 0.075mm 的颗粒含量不应超过 5%；细粒土无塑性指数时，小于 0.075mm 的颗粒含量不应超过 7%。

2）用水泥稳定土做基层时，单个颗粒的最大粒径不应超过 31.5mm。水泥稳定土的颗粒组成在表 5.1 中的 3 号级配范围内。

3）用水泥稳定土做基层时，对所用的碎石或砾石，应预先筛分成 3～4 个不同粒级，然后配合，使颗粒组成符合表 5.1 中的 3 号级配范围内。

（2）对于二级和二级以下公路，所用的粗粒土、中粒土、细粒土应满足的要求。

1）用水泥稳定土做底基层时，土单个颗粒的最大粒径不应超过 53mm（指方孔筛，下同）。

水泥稳定土的颗粒组成应在表 5.2 的范围内，土的均匀系数应大于 5。细粒土的液限不应超过 40%，塑性指数不应超过 17。对于中粒土和粗粒土，如土中小于 0.6mm 的颗粒含量在 30% 以下，塑性指数可稍大。实际工作中，宜选用均匀系数大于 10、塑性指数小于 12 的土。塑性指数大于 17 的土，宜采用石灰稳定，或用水泥和石灰综合稳定。

表 5.2　　　　　　　　　　　用作底基层时水泥稳定土的颗粒组成范围

筛孔尺寸/mm	53	47.5	0.6	0.075	0.002
通过质量百分比/%	100	50～100	17～100	0～50	0～30

2）水泥稳定土做基层时，单个颗粒的最大粒径不应超过 37.5mm。其颗粒组成应在表 5.3 的范围内。集料中不宜含有塑性指数的土。对于二级公路宜按接近级配范围的下限组配混合料，或采用表 5.1 中的 2 号级配。

3）级配碎石、未筛分碎石、砂砾、碎石土、煤矸石和各种粒状矿渣均适宜用水泥稳定。碎石包括岩石碎石、矿渣碎石、破碎砾石等。

（3）水泥稳定粒径较均匀的砂时，宜在砂中添加少部分塑性指数小于 10 的黏性土或石灰土，也可添加部分粉煤灰，加入比例可按使混合料的标准干密度接近最大值确定，一般为

$20\%\sim40\%$。

表 5.3　　　　　　　　用作基层时水泥稳定土的颗粒组成范围

筛孔尺寸/mm	通过质量百分比/%	筛孔尺寸/mm	通过质量百分比/%
37.5	90~100	2.36	20~70
26.5	60~100	1.18	14~57
19	54~100	0.6	8~47
9.5	39~100	0.075	0~30
4.75	28~84		

（4）水泥稳定土中碎石或砾石的压碎值应符合表 5.4 的要求。

表 5.4　　　　　　　　　碎石或砾石的压碎值

层别 路别	高速公路和一级公路	二级和二级以下公路
基层	≤30%	≤35%
底基层	≤30%	≤40%

（5）有机质含量超过 2%的土，必须先用石灰进行处理，闷料一夜后再用水泥稳定。

（6）硫酸盐含量超过 0.25%的土，不应用水泥稳定。

（7）普通硅酸盐水泥、矿渣硅酸盐水泥和火山灰质硅酸盐水泥都可用于稳定土，但应选用初凝时间在 3h 以上和终凝时间较长（宜在 6h 以上）的水泥，不应使用快硬水泥、早强水泥以及已受潮变质的水泥，宜采用 32.5 级或 42.5 级的水泥。

（8）凡是饮用水（含牲畜饮用水）均可用于水泥稳定土施工。

5.1.1.3　石灰稳定土的材料要求

（1）对土的要求。塑性指数为 15~20 的黏性土以及含有一定数量黏性土的中粒土和粗粒土均适宜于用石灰稳定。塑性指数在 15 以上的黏性土更适宜于用石灰和水泥综合稳定。无塑性指数的级配砂砾、级配碎石和未筛分碎石，应在添加 15%左右的黏性土后才能用石灰稳定。塑性指数在 10 以下的亚砂土和砂土用石灰稳定时，应采取适当的措施或采用水泥稳定。

塑性指数偏大的黏性土，施工中应加强粉碎，其土块最大尺寸不应大于 15mm。

相关规定：

1）石灰稳定土用作高速公路和一级公路的底基层时，颗粒的最大粒径不应超过 37.5mm，用作其他等级公路的底基层时，颗粒的最大粒径不应超过 53mm。

2）石灰稳定土用作基层时，颗粒的最大粒径不应超过 37.5mm。

3）级配碎石、未筛分碎石、砂砾、碎石土、砂砾土、煤矸石和各种粒状矿渣等均适宜用作石灰稳定土的材料。

4）石灰稳定土中碎石、砂砾或其他粒状材料的含量应在 80%以上，并应具有良好的级配。

5）硫酸盐含量超过 0.8%的土和有机质含量超过 10%的土不宜用石灰稳定。

石灰稳定土中的碎石或砾石的压碎值应符合表 5.5 的要求。

表 5.5 　　　　　　　　　　　　　　　　碎石或砾石的压碎值

层别 ＼ 路别	高速公路、一级公路	二级公路	二级以下公路
基层		≤30%	≤35%
底基层	≤35%	≤40%	

（2）对石灰的要求。对石灰，其技术指标应符合表 5.6 的规定，并注意以下两点。

表 5.6 　　　　　　　　　　　　　　　　石 灰 的 技 术 指 标

项 目		类 别 等 级	钙质生石灰			镁质生石灰			钙质消石灰			镁质消石灰		
			Ⅰ	Ⅱ	Ⅲ	Ⅰ	Ⅱ	Ⅲ	Ⅰ	Ⅱ	Ⅲ	Ⅰ	Ⅱ	Ⅲ
有效钙加氧化镁含量/%			≥85	≥80	≥70	≥80	≥75	≥65	≥65	≥60	≥55	≥60	≥55	≥50
未消化残渣含量（5mm 圆孔筛的筛余）/%			≤7	≤11	≤17	≤10	≤14	≤20						
含水量/%									≤4	≤4	≤4	≤4	≤4	≤4
细度	0.71mm 方孔筛的筛余/%								0	≤1	≤1	0	≤1	≤1
	0.125mm 方孔筛的累计筛余/%								≤13	≤20	—	≤13	≤20	—
钙镁石灰的分类界限，氧化镁含量/%			≤5			>5			≤4			≤4		

注 硅、铝、镁氧化物含量之和大于 5% 的生石灰，有效钙加氧化镁含量指标，Ⅰ 等 ≥75%，Ⅱ 等 ≥70%，Ⅲ 等 ≥60%；未消化残渣含量指标与镁质生石灰指标相同。

1）应尽量缩短石灰的存放时间，如在野外堆放时间较长时应覆盖防潮。

2）使用等外石灰、贝壳石灰、珊瑚石灰等，应进行试验，如混合料的强度符合标准，即可使用。

（3）对水的要求。凡是饮用水（含牲畜饮用水）均可用于石灰稳定土施工。

5.1.1.4　石灰粉煤灰稳定土材料要求

1．石灰

石灰工业废渣稳定土所用石灰质量应符合表 5.6 规定的 Ⅲ 级消石灰或 Ⅲ 级生石灰的技术指标，应尽量缩短石灰的存放时间。如存放时间较长，应采取覆盖封存措施，妥善保管。

有效钙含量在 20% 以上的等外石灰、贝壳石灰、珊瑚石灰、电石渣等，当其混合料的强度通过试验符合标准时，可以应用。

2．粉煤灰

（1）粉煤灰中 SiO_2、Al_2O_3 和 Fe_2O_3 的总含量应大于 70%，粉煤灰的烧失量不应超过 20%；粉煤灰的比表面积宜大于 $2500mm^2/g$（或 90% 通过 0.3mm 筛孔，70% 通过 0.075mm 筛孔）。

（2）干粉煤灰和湿粉煤灰都可以应用。湿粉煤灰的含水量不宜超过 35%。

（3）煤渣的最大粒径不应大于 30mm，颗粒组成宜有一定级配，且不宜含杂质。

3．土

（1）宜采用塑性指数 12～20 的黏性土（亚黏土），土块的最大粒径不应大于 15mm。有机质含量超过 10% 的土不宜选用。

（2）二灰稳定的中粒土和粗粒土不宜含有塑性指数的土。

（3）用于二级及二级以下公路的二灰稳定土应符合的要求。

1）二灰稳定土用作底基层时，石料颗粒的最大粒径不应超过 53mm。

2）二灰稳定土用作基层时，石粒颗粒的最大粒径不应超过 37.5mm；碎石、砾石或其他粒状材料的质量宜占 80% 以上，并符合规定的级配范围。

（4）用于高速公路和一级公路的二灰稳定土应符合的要求。

1）二灰稳定土用作底基层时，土中碎石、砾石颗粒的最大粒径不应超过 37.5mm。各种细粒土、中粒土和粗粒土都可在二灰稳定后用作底基层。

2）二灰稳定土用作基层时，二灰的质量应占 15%，最多不超过 20%，石料颗粒的最大粒径不应超过 31.5mm，其颗粒组成宜符合规定的级配范围，粒径小于 0.075mm 的颗粒含量宜接近 0。

3）对所用的砾石或碎石，应预先筛分成 3～4 个不同粒级，然后再配合成颗粒组成符合表 5.7 或表 5.8 的级配范围的混合料。

表 5.7　　　　　　　　　二灰级配砂砾中集料的颗粒组成范围

通过质量百分比/%　编号　筛孔尺寸/mm	1	2	通过质量百分比/%　编号　筛孔尺寸/mm	1	2
37.5	100		2.36	25～45	27～47
31.5	85～100	100	1.18	17～35	17～35
19.0	65～85	85～100	0.60	10～27	10～25
9.50	50～70	55～75	0.075	0～15	0～10
4.75	35～55	39～59			

表 5.8　　　　　　　　　二灰级配碎石中集料的颗粒组成范围

通过质量百分比/%　编号　筛孔尺寸/mm	1	2	通过质量百分比/%　编号　筛孔尺寸/mm	1	2
37.5	100		2.36	18～38	18～38
31.5	90～100	100	1.18	10～27	10～27
19.0	72～90	81～98	0.60	6～20	6～20
9.50	48～68	52～70	0.075	0～7	0～7
4.75	30～50	30～50			

4．水

凡饮用水（含牲畜饮用水）均可使用。

5．碎石或砾石的压碎值

应符合表 5.9 的要求。

表 5.9　　　　　　　　　碎石或砾石的压碎值

路别　层别	高速公路和一级公路	二级和二级以下公路
基层	≤30%	≤35%
底基层	≤35%	≤40%

5.1.1.5　填隙碎石的材料要求

（1）做基层时，碎石的最大粒径不应超过 53mm，用作底基层时，碎石的最大粒径不应超过 63mm。

（2）粗碎石可以用具有一定强度的岩石或漂石轧制而成，所用的漂石，其粒径应为粗碎石最大粒径的 3 倍以上。

（3）粗碎石可以用稳定的矿渣轧制，矿渣的干密度和质量应均匀，且干密度不小于 960kg/m³。

（4）扁平、长条和软弱颗粒的含量不超过 15%。

（5）填隙碎石、粗碎石的颗粒组成应符合表 5.10 的规定。

表 5.10　　　　　　　　　　　　　　填隙碎石、粗碎石的颗粒组成

编号	标称尺寸 /mm	通过下列筛孔（mm）的质量百分比/%							
		63	53	37.5	31.5	26.5	19	16	9.5
1	30～60	100	25～60		0～15		0～5		
2	25～50		100		25～50	0～15		0～5	
3	20～40			100	35～70		0～15		0～5

（6）填隙料的颗粒组成满足表 5.11 的要求。

表 5.11　　　　　　　　　　　　　　　填 隙 料 的 颗 粒 组 成

筛孔尺寸/mm	9.5	4.75	2.36	0.6	0.075	塑性指数
通过质量百分比/%	100	85～100	50～70	30～50	0～10	<6

（7）粗碎石的压碎值，用作基层时不大于 26%，用作底基层时不大于 30%。

5.1.1.6　级配砾石的材料要求

（1）级配砾石用作基层时，砾石的最大粒径不超过 37.5mm；用作底基层时，砾石的最大粒径不超过 53mm。

（2）砾石中细长及扁平颗粒的含量不超过 20%。

（3）级配砾石的颗粒组成应满足表 5.12 的要求，同时级配曲线应为圆滑曲线。

表 5.12　　　　　　　　　　　　　　　级配砾石基层的颗粒组成范围

编号	通过下列筛孔（mm）的质量百分比/%									液限 /%	塑性指数
	53	37.5	31.5	19.0	9.5	4.75	2.36	0.6	0.075		
1	100	90～100	81～94	63～81	45～66	27～51	16～35	8～20	0～7②	<28	<6（或 9①）
2		100	90～100	73～88	49～69	29～54	17～37	8～20	0～7②	<28	<6（或 9①）
3			100	85～100	52～74	29～54	17～37	8～20	0～7②	<28	<6（或 9①）

① 潮湿多雨地区塑性指数宜小于 6，其他地区宜小于 9。

② 对于无塑性的混合料，小于 0.075mm 的颗粒含量应接近高限。

（4）当用于基层的在最佳含水量下制备的级配砾石试件的干密度与工地规定达到的压实干密度相同时，浸水 4d 的承载比值应不小于 60%。

（5）用作底基层的砂砾、砂砾土或其他粒状材料的级配，应位于表 5.13 的范围之内。液限应小于 28%，塑性指数应小于 9。

表 5.13　　　　　　　　　　　　　　砂砾底基层的级配范围

筛孔尺寸/mm	53	37.5	9.5	4.75	0.6	0.075
通过质量百分比/%	100	80～100	40～100	25～85	8～45	0～15

（6）用作底基层的在最佳含水量下制备的级配砾石试件的干密度与工地规定的压实干密度相同时，浸水 4d 的承载比值在轻交通道路上应不小于 40%，在中等交通道路上应不小于 60%。

（7）级配砾石用作基层时，石料的集料压碎值，用作二级公路的基层时不大于 30%，用作三、四级公路的基层时不大于 35%；用作高速公路和一级公路的底基层时不大于 30%，用作二级公路的底基层时不大于 35%，用作二级以下公路的底基层时不大于 40%。

5.1.1.7　级配碎石的材料要求

（1）各种类型的岩石（软质岩石除外）、圆石或矿渣均可作为轧制碎石的材料。圆石的粒径应是碎石最大粒径的 3 倍以上，矿渣应是已崩解稳定的，其干密度不小于 960kg/m³，且干密度和质量比较均匀。碎石中针片状颗粒的总含量应不超过 20%，且不含黏土块、植物等有害物质。

（2）石屑或其他细集料可以使用一般碎石场的细筛余料，也可以利用轧制沥青表面处治和贯入式用石料时的细筛余料，或专门轧制的细碎石集料。也可用天然砂砾或粗砂代替石屑，但其颗粒尺寸应合适，必要时应筛除其中的超尺寸颗粒。天然砂砾或粗砂应有较好的级配。

（3）碎石中针片状颗粒含量应不超过 20%，碎石中不应有黏土块、植物等有害物质。

（4）级配碎石或级配碎砾石用作二级或二级以下公路的基层时，其颗粒组成和塑性指数应满足表 5.14 中的 1 号级配，用作高速公路和一级公路的基层时，其颗粒组成和塑性指数应满足表 5.14 中的 2 号级配。

表 5.14　　　　　　　　　　级配碎石或级配碎砾石的颗粒组成范围

通过质量百分比/%　　编号 项目		1	2	通过质量百分比/%　　编号 项目		1	2
筛孔尺寸/mm	37.5	100		筛孔尺寸/mm	2.36	17～37	17～37
	31.5	90～100	100		0.6	8～20	8～20
	19.0	73～88	85～100		0.075	0～7[1]	0～7[2]
	9.5	49～69	52～74	液限/%		<28	<28
	4.75	29～54	29～54	塑性指数		<6(或 9[1])	<6(或 9[1])

① 潮湿多雨地区塑性指数宜小于 6，其他地区塑性指数宜小于 9。

② 对于无塑性的混合料，小于 0.075mm 的颗粒含量应接近高限。

（5）压碎值要求。级配碎砾石所用石料的压碎值应满足表5.15的规定。

表5.15　　　　　　　　　　压 碎 值 要 求

层位 ＼ 公路等级	高速公路、一级公路	二级公路	二级以下公路
基层	≤26％	≤30％	≤35％
底基层	≤30％	≤35％	≤40％

（6）未筛分碎石用作底基层时，其颗粒组成和塑性指数应满足表5.16的要求。

表5.16　　　　　　　　未筛分碎石底基层颗粒组成范围

项目 ＼ 通过质量百分比/％ 编号		1	2	项目 ＼ 通过质量百分比/％ 编号		1	2
筛孔尺寸/mm	53	100		筛孔尺寸/mm	2.36	8～25	11～35
	37.5	85～100	100		0.6	6～18	6～21
	31.5	69～88	83～100		0.075	0～10	0～10
	19.0	40～65	54～84	液限/％		＜28	＜28
	9.5	19～43	29～59	塑性指数		＜6（或9①）	＜6（或9①）
	4.75	10～30	17～45				

① 在潮湿多雨地区，塑性指数宜小于6，其他地区塑性指数宜小于9。

注　1号级配用作高速公路和一级公路，2号级配用作二级和二级以下公路。

（7）材料的应用要求。

1）在塑性指数偏大的情况下，塑性指数与0.5mm以下细土含量的乘积应符合下述规定。

a. 在年降雨量小于600mm的地区，地下水位对土基没有影响时，乘积不应大于120。

b. 在潮湿多雨地区，乘积不应大于100。

2）级配碎石用作中间层时，其颗粒组成和塑性指数应符合表5.16中2号级配要求。

5.1.1.8　沥青稳定碎石的材料要求

（1）碎石应洁净干燥，颗粒接近同粒径，形状接近同粒径，有棱角。

（2）压碎值应小于30％，磨耗率小于40％。

（3）扁平长条颗粒含量不大于20％，含泥量不大于1％。

（4）石料与沥青有良好的吸附性，剥落度小于30％。

（5）主层碎石采用30～70mm，嵌缝石采用15～25mm。

（6）沥青品种用煤沥青T-7、RT-10、RT-11、RT-12，石油沥青用AH-70、AH-90、A-100、A-140和乳化沥青PC-1等。

（7）沥青表面活化剂应能完全溶解于沥青中，并有耐长时间的加热性，有效掺量根据试验确定。

（8）材料规格和用量。沥青稳定碎石层材料规格和用量见表5.17。

表 5.17 沥青稳定碎石层材料规格和用量

材料种类	材料规格 /mm	用量单位	材料用量					
			8cm 厚		12cm 厚		15cm 厚	
			石料	沥青	石料	沥青	石料	沥青
主层石料	30～70	m³/1000m²	100		150		190	
主层沥青		kg/m²		3.6		5.0		6.0
防黏石屑	15～25	m³/1000m²	25		30		35	

5.1.1.9　垫层对材料的要求

1. 砂垫层对材料的要求

砂垫层的材料中宜用中砂、粗砂，不得掺有细砂和粉砂，砂的等级与含泥量应满足规范要求。

2. 石灰垫层对材料的要求

,石灰垫层用在不大于 3m 厚的软弱土层上，效果较好。

（1）石灰。现场使用的石灰一般为熟石灰，过筛后粒径不大于 5mm，且不得夹有未熟化的生石灰块，含水量也不宜过大，氧化钙与氧化镁的含量不低于 50%，拌制强度较高的石灰土，宜先用 Ⅰ 级或 Ⅱ 级石灰，石灰储存时间不宜超过 3 个月。

（2）土。作为填料和胶结料，土的颗粒不得大于 50mm，其中细颗粒（小于 0.005mm）的含量宜多些，一般采用塑性指数大于 4 的黏性土。

（3）石灰剂量。石灰土中的石灰剂量应在合适的范围之内，一般情况下采用 2：8 或 3：7。

3. 二灰垫层对材料的要求

当采用石灰、粉煤灰作为二灰垫层时，与石灰土相似，但强度较石灰土垫层高，施工最佳含水量为 50% 左右，石灰与粉煤灰的配合比为 20：80 或 15：85。

5.1.2　半刚性基层、底基层的组成设计

5.1.2.1　组成设计的方法和步骤

1. 组成设计的目的和原则

通过材料组成设计，使所设计的混合料，在强度上必须满足设计要求，保证实际使用的材料符合规定的技术要求，使修筑的路面在技术上是可靠的，在经济上是合理的。所谓组成设计指的是根据对某种材料规定的技术要求，去选择适合的原材料；或者是对某种原材料用不同规格的材料进行掺配；确定结合料的种类、数量或混合料的最佳含水量等。

组成设计的原则：①在保证质量的前提下，因地制宜，就地取材，结合工地实际进行合理组合，只在万不得已时才远运材料；②对材料的剂量，应通过试验优化，求得最合理的用量；③对集料要求应有尽可能好的级配，能做到集料数量满足只靠拢而不坚密，其间隙由结合料填充，形成各自发挥特点的稳定结构。

2. 组成设计的方法

半刚性基层、底基层混合料组成设计的重要内容包括：根据《公路路面基层施工技术细则》（JTJ/T F20—2015）或合同条款要求的强度标准，结合当地材料通过试验选取最适宜于稳定的材料，确定必需的或最佳的结合料剂量，确定材料的配合比、最大干密度和最佳含水量，对某些材料如需要改善混合料的性质时，还包括确定掺加料的比例。

3. 组成设计步骤

（1）对可提供选用的土类和原材料进行试验。

无论是水泥稳定类土、石灰稳定类土、水泥石灰综合稳定类土还是石灰粉煤灰稳定类土都应对沿线可能提供选择材料场的材料或计划远运的材料，取有代性的样品进行试验。

1）对土类的试验项目主要有以下几个方面。

a. 颗粒分析。

b. 液限和塑性指数。

c. 相对密度。

d. 击实试验。

e. 碎石、砾石的压碎值试验。

f. 有机质含量（必要时）。

g. 硫酸盐含量（必要时）。

以上试验可根据工地具体要求情况进行取舍。

2）水泥试验。水泥的各项技术指标中对稳定土较重要的指标必须做试验检测。试验项目包括以下几个方面。

a. 安定性试验。

b. 细度试验、稠度试验。

c. 初凝、终凝时间。

3）石灰试验。石灰的试验，主要应对石灰进行钙镁含量的检测试验，确定石灰属于钙质石灰还是镁质石灰，确定它的等级。试验项目主要包括以下几个方面。

a. 钙含量试验。

b. 含水量试验。

4）粉煤灰试验项目。

a. 化学成分试验。

b. 细度试验。

c. 烧失量试验。

d. 含水量试验。

5）钢渣、铁渣试验项目。

a. 化学成分试验。

b. 压碎值试验。

（2）混合料的制备。制备同一种试样、不同结合料剂量的混合料。水泥稳定、石灰稳定剂量参考表5.18。

表 5.18 　　　　　　　　　　　水泥稳定、石灰稳定剂量参考表

土类	层位	水泥剂量/%					石灰剂量/%				
中粒土、粗粒土	基层	3	4	5	6	7					
	底基层	3	4	5	6	7					
砾石土、碎石土	基层						3	4	5	6	7
塑性指数小于 12 的土	基层	5	7	8	9	11	10	12	13	14	16
	底基层	4	5	6	7	9	8	10	11	12	14
塑性指数大于 12 的土	基层						5	7	9	11	13
	底基层						5	7	8	9	11
其他系列土	基层	8	10	12	14	16					
	底基层	6	8	9	10	12					

如果是采用综合稳定土设计混合料组成时，水泥用量占结合料总量的 30% 以上时，按水泥稳定土进行组成设计；反之，应按石灰稳定土设计。

二灰稳定类土可根据具体情况分别对待，对钙镁含量较低的硅铝类粉煤灰，作二灰稳定土基层、底基层时，石灰与粉煤灰的比可以是 1∶2～1∶9。如果采用的是高钙粉煤灰，其石灰用量可更少。采用石灰粉煤灰稳定土作基层、底基层时，石灰与粉煤灰的比例常为 1∶2～1∶4，但采用粉土时以 1∶2 为宜。石灰粉煤灰与细粒土的比例可以是 3∶7～9∶1。采用石灰粉煤灰集料作基层时，石灰与粉煤灰的比例常用 1∶2～1∶4，石灰粉煤灰与级配集料（中、粗粒土）的比应为 2∶8～1∶7。

（3）确定各种混合料的最佳含水量和最大干密度。至少做 3 组不同结合料剂量的混合料的击实试验，即最小剂量、中间剂量和最大剂量。其他剂量的混合料的最佳含水量、最大干密度用内插法求取。

（4）试件制备。按最佳含水量和现场规定的压实度计算干密度制备试件。进行强度试验时，做平行试验的试件数量应满足规范《公路路面基层施工技术细则》的要求。

如果试验偏差系数大于《公路路面基层施工技术细则》中规定的值，则应重做试验，并找出原因加以解决；如不能降低偏差系数，则应增加试验数量。

（5）试件养生。试件在规定的温度下，保湿养生 6d，浸水 24h，然后进行无侧限抗压强度试验。养生温度：冰冻地区为 20℃±2℃，非冰冻地区为 25℃±2℃。

（6）强度评定。根据强度标准，选定合适的结合料剂量。此剂量试件的室内试验结果的抗压强度平均值 $\overline{R}$，应符合式（5.1）的要求，即

$$\overline{R} \geqslant \frac{R_d}{1 - z_a C_v} \tag{5.1}$$

式中　R_d——设计抗压强度，MPa；

　　　C_v——试验结果的偏差系数（以小数计）；

　　　Z_a——标准正态分布表中随保证率（或置信度 α）而变化的系数，高等级公路上应取保证率 95%，此时 $Z_a = 1.645$；其他等级的公路应取保证率 90%，此时 $Z_a = 1.282$。考虑室内与现场条件的差别，工地实际使用的结合料控制剂量应比室内试验确定的剂量多，厂拌应增加 0.5%，路拌应增加 1%。

5.1.2.2　水泥稳定土结构组成设计

1. 配合比设计内容

根据规定的强度标准，通过调查、试验、论证选取适宜于稳定的土（广义名称），确定必需的水泥剂混合料的最佳含水量，在需要改善土的颗粒组成时，还包括掺加料的比例。

2. 确定强度标准

根据工程资料和规范要求确定强度标准，《公路路面基层施工技术细则》规定的强度标准见表 5.19。

表 5.19　　　　　　　　　　水泥稳定材料的 7d 龄期无侧限抗压强度标准 R_d　　　　　　　　单位：MPa

结构层	公路等级	极重、特重交通	重交通	中、轻交通
基层	高速公路和一级公路	5.0～7.0	4.0～6.0	3.0～5.0
	二级及二级以下公路	4.0～6.0	3.0～5.0	2.0～4.0
底基层	高速公路和一级公路	3.0～5.0	2.5～4.5	2.0～4.0
	二级及二级以下公路	2.5～4.5	2.0～4.0	1.0～3.0

3. 水泥稳定土的制备

（1）根据表 5.18 中的 5 种水泥剂量配制同一种土样、不同水泥剂量的水泥稳定土混合料。

（2）确定水泥稳定土混合料的最佳含水量和干密度。

1）确定各种水泥稳定土混合料的最佳含水量和最大干密度，至少应做 3 个不同水泥剂量混合料的击实试验，即最小剂量、中间剂量和最大剂量。其他剂量的混合料的最佳含水量、最大干密度用内插法求取。

水泥最小剂量应符合表 5.20 的规定。

表 5.20　　　　　　　　　　　　　水 泥 最 小 剂 量

土类 ＼ 拌和方法	路拌法	集中（厂）拌和法	说明
中粒土和粗粒土	4%	3%	表中最小剂量根据
细粒土	5%	4%	拌和均匀性确定

2）根据规定的压实度分别计算不同水泥剂量的试件应有的干密度。

水泥稳定土基层、底基层压实度（基层或底基层工地实测干容重/重型击实试验确定的最大干容重）要求见表 5.21。

表 5.21　　　　　　　　　　　　最 低 要 求 的 压 实 度

公 路 等 级		基层	底基层
高速公路和一级公路	水泥稳定中粒土和粗粒土	98%	97%
	水泥稳定细粒土	—	95%
二级和二级以下公路	水泥稳定中粒土和粗粒土	97%	95%
	水泥稳定细粒土	95%	93%

（3）拌制试件做强度试验。按最佳含水量和计算得的干密度制备试件。进行强度试验

时，作为平行试验的最少试件数量应不小于表 5.22 的规定。如试验结果的偏差系数大于表中规定的值，则应重做试验，并找出原因，加以解决。如不能降低偏差系数，则应增加试件数量。

表 5.22　　　　　　　　　　　最 少 试 件 数 量

偏差系数 土类	<10%	10%～15%	15%～20%
粗粒土	6	9	
中粒土	6	9	13
细粒土		9	13

（4）选择合适的水泥剂量。根据上述要求的强度标准，选定合适的水泥剂量。此剂量试件室内试验结果的平均抗压强度 $\overline{R}$ 应符合式（5.1）的要求。

工地实际采用的水泥剂量，考虑工地实施情况与实验室条件的差别，路拌法施工时可比室内试验确定的剂量多 1%，用集中（厂）拌法施工时多 0.5%，同时水泥的剂量必须符合前述水泥最小剂量的规定。

水泥稳定中粒、粗粒土用作基层时，一般宜控制水泥剂量不超过 6%，必要时应先改善集料的级配，然后用水泥稳定。

根据以上步骤进行水泥稳定土的结构组成设计，水泥石灰综合稳定土的配合比设计与水泥稳定土相同，水泥和石灰的比例通常可取 60∶40、50∶50、40∶60。

5.1.2.3　石灰稳定土结构组成设计

1. 配合比设计内容

根据规定的强度标准，通过调查、试验、论证选取适宜于稳定的土（广义名称），确定必需的或最佳的石灰剂量。在需要改善混合料的物理力学性质时，还包括掺加料的比例。

2. 确定强度标准

根据工程资料和规范要求确定强度标准，《公路路面基层施工技术细则》规定的石灰稳定土的抗压强度标准见表 5.23。

表 5.23　　　　　　　　石灰稳定土的抗压强度标准　　　　　　　　　单位：MPa

公路等级 层位	高速公路、一级公路	二级及二级以下公路	备注
基层	—	≥0.8①	
底基层	≥0.8	0.5～0.7②	

① 在低塑性土（塑性指数小于 7）地区，石灰稳定砂砾土和碎石土的 7d 浸水抗压强度应大于 0.5MPa（100g 平衡锥测液限）。

② 低限用于塑性指数小于 7 的黏性土，且低限值仅用于二级以下公路。高限用于塑性指数大于 7 的黏性土。

注　7d 浸水抗压强度指保持养生 6d、浸水 24h 后无侧限抗压试验。

3. 石灰稳定土的制备

（1）根据表 5.18 中的 5 种石灰剂量配制同一种土样、不同石灰剂量的石灰稳定土混合料。

（2）确定石灰稳定土混合料的最佳含水量和干密度。

1）确定混合料的最佳含水量和最大干（压实）密度，至少应做 3 个不同石灰剂量混合料的击实试验，即最小剂量、中间剂量和最大剂量，其余两个混合料的最佳含水量和最大干密度用内插法确定。

2）根据规定的压实度分别计算不同石灰剂量的试件应有的干密度。

石灰稳定土基层、底基层压实度要求见表 5.24。

表 5.24　　　　　　　　最 低 要 求 的 压 实 度

公 路 等 级		基层	底基层
高速公路和一级公路	石灰稳定中粒土和粗粒土	—	97％
	石灰稳定细粒土	—	95％
二级和二级以下公路	石灰稳定中粒土和粗粒土	97％	95％
	石灰稳定细粒土	95％	93％

（3）拌制试件做强度试验。按最佳含水量和计算得的干密度制备试件。进行强度试验时，作为平行试验的最少试件数量应不小于表 5.21 的规定。如试验结果的偏差系数大于表中规定的值，则应重做试验，并找出原因，加以解决。如不能降低偏差系数，则应增加试件数量。

（4）选择合适的石灰剂量。根据上述要求的强度标准，选定合适的石灰剂量。此剂量试件室内试验结果的平均抗压强度 $\overline{R}$ 应符合式（5.1）要求。

工地实际采用的石灰剂量，考虑工地实施情况与实验室条件的差别，路拌法施工时可比室内试验确定的剂量多 1％，用集中厂拌法施工时多 0.5％。

5.1.2.4　石灰工业废渣稳定土结构组成设计

1. 配合比设计内容

根据规定的强度标准，通过调查、试验、论证选取适宜于稳定的土（广义名称），确定石灰、工业废渣与土的比例，确定石灰工业废渣稳定土混合料的最佳水量。

2. 确定强度标准

根据工程资料和规范要求确定强度标准，《公路路面基层施工技术细则》规定的石灰稳定土的抗压强度标准见表 5.25。

表 5.25　　　　石灰粉煤灰稳定材料的 7d 龄期无侧限抗压强度标准 R_d　　　　单位：MPa

结构层	公路等级	极重、特重交通	重交通	中、轻交通
基层	高速公路和一级公路	≥1.1	≥1.0	≥0.9
	二级及二级以下公路	≥0.9	≥0.8	≥0.7
底基层	高速公路和一级公路	≥0.8	≥0.7	≥0.6
	二级及二级以下公路	≥0.7	≥0.6	≥0.5

注 石灰粉煤灰稳定材料强度不满足表 5.25 的要求时，可外加混合料质量 1％～2％的水泥。

3. 石灰工业废渣稳定土的制备

（1）制备不同比例的石灰粉煤灰混合料（如 10：90、15：85、20：80、25：75、30：70、35：65、40：60、45：55 和 50：50），确定其各自的最佳含水量和最大干密度，确定同一龄期和同一压实度试件的抗压强度，选用强度最大时的石灰粉煤灰比例。

（2）根据上款所得的二灰比例，制备同一种土样的 4～5 种不同配合比的二灰土或二灰级配集料。采用二灰土作基层或底基层时，石灰与粉煤灰的比例可用 1：2～1：4（对于粉土，以 1：2 为宜），石灰粉煤灰与细粒土的比例可以是 30：70～90：10。采用二灰级配集料作基层时，石灰与粉煤灰的比例可用 1：2～1：4，石灰粉煤灰与集料的比应是 20：80～15：85。

（3）确定二灰土或二灰级配集料的最佳含水量和干密度。

1）用重型试验法确定各种二灰土或二灰级配集料的最佳含水量和最大干密度。

2）按规定达到的压实度，分别计算不同配合比时二灰土、二灰级配集料试件应有的干密度。

（4）拌制试件做强度试验。按最佳含水量和计算得的干密度制备试件。进行强度试验时，作为平行试验的最少试件数量应不小于表 5.21 的规定。如试验结果的偏差系数大于表中规定的值，则应重做试验，并找出原因，加以解决。如不能降低偏差系数，则应增加试件数量。

（5）选择合适的混合料的配比。根据规定的强度标准，选定混合料的配合比。在此配合比下试件室内试验结果的平均抗压强度 $\overline{R}$ 应符合式（5.1）的要求。

学习情境 5.2　路面基层（垫层）混合料的摊铺与成型

【情境描述】 本情境是在了解了路面基层（垫层）混合料组成设计的基础上，介绍了路面基层混合料的摊铺机械、摊铺程序方法和施工注意事项。

5.2.1　路拌法摊铺和成型

5.2.1.1　路拌法摊铺程序

1．摊铺土

将土按松高摊铺均匀，应事先通过试验确定土的松铺系数。松铺厚度＝压实厚度×松铺系数，其参考值见表 5.26。

表 5.26　　　　　　　　　　人工摊铺混合料松铺系数参考值

材料名称	松铺系数	备　　注
石灰沙砾	1.53～1.58	现场摊铺土和石灰，机械拌和，人工整平
	1.65～1.70	路外集中拌和，运至现场人工摊铺
石灰土	1.52～1.56	路外集中拌和，运至现场人工摊铺

2．洒水闷料

如土过干应事先洒水闷料，使集料的含水量接近最佳值。细粒土应闷料一夜，中粒土和粗粒土视细土含量多少可适当缩短闷料时间。

3．整平轻压

在人工摊铺的集料层（含粉碎的老路面）上，整平后用 6～8t 两轮压路机碾压 1～2 遍，使其表面平整。

4．卸料和摊铺石灰

根据石灰稳定土层的厚度和预定的干容重及石灰剂量计算每平方米石灰稳土所需的石灰

用量，并计算每车石灰的摊铺面积；如使用袋装生石灰粉，则计算每袋生石灰的摊铺面积。然后再据以计算出每车石灰的卸放位置，即纵向和横向间距；使用袋装生石灰则计算生石灰袋与袋之间的纵向、横向间距。用石灰或生石灰粉在集料层做出标记，同时画出摊铺石灰的边线。

用刮板将石灰均匀摊开，石灰摊铺完后表面应无空白。量测石灰的松铺厚度，根据石灰的松密度和含水量，校核石灰用量是否正确。

图5.1　稳定土拌和机现场施工

5. 干拌

宜用专用的稳定土拌和机进行拌和（见图5.1，也可用多铧犁和平地机代替），拌和深度应达到稳定层底。严禁拌和层底部残留素土夹层，应略破坏（1cm左右，不宜过多）下承层表面，以利上下层间黏结。如果使用生石灰粉，宜先用平地机或多铧犁将生石灰粉翻到集料层中间，但应注意不能翻到底部。然后再用专用拌和机械拌和，直到稳定层底部。应设专人跟随拌和机随时进行检查。

（1）对二级及二级以上公路，应采用专用稳定土拌和机进行拌和并设专人跟随拌和机，随时检查拌和深度并配合拌和机操作员调整拌和深度。拌和深度应达稳定层底并应侵入下承层下10mm，方便上下层黏结。严禁在拌和层底部留有素土夹层。通常应拌和两遍以上，在最后一遍拌和之前，必要时可先用多铧犁紧贴底面翻拌一遍。直接铺在土基上的拌和层也应避免素土夹层。

（2）对于三、四级公路的石灰稳定细粒土和中粒土，在没有专用拌和机械的情况下，可用农用旋转耕作与多铧犁或平地机相配合拌和4遍。先用旋转耕作机拌和两遍，后用多铧犁或平地机将底部素土翻起再用旋转耕作机拌和两遍，多铧犁或平地机将底部料再翻起，并随时检查调整翻犁的深度，使稳定土层全部翻透。严禁在稳定土层与下承层之间残留一层素土，但也应防止翻犁过深，过多破坏下承层的表面。

（3）对于三、四级公路，在没有专用拌和机械的情况下，也可以用缺口圆盘耙和与多铧犁或平地机相配合拌和石灰稳定细粒土、中粒土和粗粒土，但应注意拌和效果，拌和时间不可过长。用平地机或多铧犁在前面翻拌，用圆盘耙跟在后面拌和。圆盘耙的速度应尽量快，使石灰与土拌和均匀。应翻拌4遍，开始一遍不应翻犁到底，以防石灰落到底部；后面的两遍应翻犁到底，随时检查调整翻犁的深度，要求同上述。

（4）如为石灰稳定级配碎石或砂砾时，应先将石灰和需要添加的黏质土拌和均匀，然后均匀地摊铺在缓碎石或砂砾层上，再一起进行拌和。

（5）用石灰稳定塑性指数大的黏土时，应采用两次拌和。第一次加70%～100%预定剂量的石灰进行拌和，闷放1～2d，此后补足需用的石灰，再进行第二次拌和。

6. 加水湿拌

在拌和过程中应及时检查含水量。用喷管式洒水车补充洒水，使混合料含水量等于或略大于最佳含水量（视土类而定可大1%左右，稳定细粒土大些，中粒土、粗粒土小些）。

如为石灰稳定加黏质土的碎石或砂砾，则应先将石灰和黏质土拌和均匀，然后均匀地摊铺在碎石或砾层上，再一起进行拌和。

混合料拌和均匀的最终标志是色泽均匀，没有灰条、灰团，没有粗细集料成"窝"，且水分合适均匀。

7. 整型碾压

（1）整型。

1）混合料拌匀符合要求后，应立即用平地机初步整型：在直线段，平地机由两侧向路中心进行刮平，在平曲线段，则由内倾向外侧进行刮平。必要时，再返回刮一遍，见图5.2。

2）用拖拉机、平地机或轮胎压路机立即在初平的路段上快速碾压一遍，以暴露潜在的不平整。

3）用平地机再次进行整形，整形前先用

图5.2 平地机整形施工现场

齿耙将轮迹低洼处表层5cm以上耙松，再碾压一遍。

4）对于局部低洼处，应用齿耙将其表层5cm以上耙松，再用新拌料进行找平。

5）再用平地机整形一次。应将高处料直接刮出路外，不应形成薄层贴补现象。

6）每次整形均应达到规定的坡度和路拱，并应特别注意接缝顺适平整。

7）当用人工整形时，应用锹和耙先将混合料摊平，用路拱板进行初步整形。用拖拉机初压1～2遍后，根据实测的松铺系数，确定纵、横断面的高程，并设置标记和挂线。利用锹和耙按线整型，再用路拱板校正成型。如为水泥土，在拖拉机初压后，可用重型框式路拱板（拖拉机牵引）进行整形。

8）在整形过程中，严禁任何车辆通行，并保持无明显的粗细集料离析现象。

（2）碾压。整形后，应在混合料的含水量为最佳含水量（＋1%～＋2%）时立即用轻型压路机并配合12t以上压路机在结构层全宽内进行碾压。直线和不设超高的平曲线段，由两侧路肩向路中心碾压；设超高的平曲线段，由内侧路肩向外侧路肩进行碾压，且应重叠1/2轮宽。后轮必须超过两段的接缝处，后轮压完路面全宽时即为一遍。一般需碾压6～8遍。头两遍压速以采用1.5～1.7km/h为宜，其后宜采用2.0～2.5km/h。采用人工摊铺和整形的稳定土层，宜先用拖拉机或6～8t两轮压路机或轮胎压路机碾压1～2遍，然后再用重型压路机碾压。

严禁压路机在已完成的或正在碾压的路段上掉头或急制动，保证稳定土表层不受破坏。

碾压过程中，稳定土的表面应始终保持湿润，如水分蒸发过快，应及时均匀补洒少量的水，但严禁洒大量水碾压，见图5.3。

碾压过程中，如有"弹簧"、松散、起皮等现象，应及时翻开重新拌和（加适量的水泥）或用其他处置方法，使其达到质量要求。

经过拌和、整形的稳定土宜在水泥初凝前并应在试验确定的延迟时间内完成碾压，并达

图5.3 基层碾压施工（远处为洒水车补洒水）

到要求的密实度，同时没有明显的轮迹。

在碾压结束前，用平地机再终平一次，使其纵向顺适，路拱和超高符合设计要求。对局部低洼处，可不再进行找补，留待铺筑沥青面层时处理。

拌和机与摊铺机的生产能力相匹配，对于高速公路，摊铺机应用连续摊铺机，拌和机的产量应大于 $400m^3/h$。如拌和机的生产能力较小，在用摊铺机摊铺混合料时，应用最低速度摊铺，减少摊铺机停机待料的情况。

其他混合料的摊铺成型与石灰稳定土相似。

5.2.1.2　摊铺整形机械

混合料摊铺整形机械有摊铺机、推土机、平地机、路拌稳定土拌和机。下面介绍几种主要机械。

1. 摊铺机

20 世纪 60 年代，中国开始研制沥青混合料摊铺机产品，在 1986—1993 年期间分别引进日本 NIIGATA、德国戴纳派克、福格勒和 ABG 公司的制造技术，同时也进口了大量的德国摊铺机产品。截至目前，已经形成了可生产制造全系列摊铺机产品的能力，并得到广泛应用，可满足各种工况需求。

采用自行研制的性价比较为合理的国产稳定土摊铺机进行道路基层稳定材料的摊铺，替代平地机摊铺方式，由于摊铺平整度较好及路边缘整齐，可减少 10％～15％材料浪费，减少压实遍数，提高生产效率等。尤其可以保证公路基层良好的施工质量。

图 5.4　WTLY6500 稳定土摊铺机

摊铺机有履带式和轮胎式两种。履带式摊铺机履带接地面积大，具有摊铺作业过程中附着牵引力性能良好、不易打滑，同时可起到更好的摊铺滤浪作用，提高摊铺平整度、平稳性。公路大规模的连续摊铺作业很少转移工地，故履带式摊铺机更适合公路施工，而城市道路施工，如果转移过多，则选用轮胎式更适宜。

WTLY6500、7000、7500、8000 稳定土摊铺机系列（图 5.4）是摊铺道路基层、底基层稳定材料 RCC 材料及其他各类无机结合料的专用机械。适用于高速公路、城市道路、机场等建设施工。

CLG509 多功能摊铺机（图 5.5）是一种适用高速公路以及中、低等级公路基层和面层的各种材料（如水泥稳定土、二灰土、沥青）摊铺作业的施工机械。整机具有自动化程度高、操作和日常维护简单方便、施工质量好及作业效率高的优点。

2. 平地机

利用刮刀平整地面的土方机械。刮刀装在机械前后轮轴之间，能升降、倾斜、回转和外伸。动作灵活准确，操纵方便，平整场地有较高的精度，适用于构筑路基和路面、修筑边坡、开挖边沟，也可搅拌路面混合料、扫除积雪、推送散粒物料以及进行土路和碎石路的养护工作。

平地机是土方工程中用于整形和平整作业的主要机械，广泛用于公路、机场等大面积的地面平整作业。平地机之所以有广泛的辅助作业能力，是由于它的刮土板能在空间完成 6 度运动。它们可以单独进行，也可以组合进行。平地机在路基施工中，能为路基提供足够的强度和稳定性。它在路基施工中的主要方法有平地作业、刷坡作业、填筑路堤。

SG18 平地机是路面施工中的常用机械（图 5.6）。该产品在原设计基础上根据施工的实际需要调整部分结构，提高工作效能。SG18 平地机是公路施工中的理想产品。

3. 推土机

推土机是由拖拉机驱动的机器，有一宽而钝的水平推铲用以清除土地、道路构筑物或类似的工作，如图 5.7 所示。

图 5.5　CLG509 多功能摊铺机

图 5.6　SG18 平地机

图 5.7　推土机

推土机的分类如下。

（1）按行走方式，推土机可分为履带式和轮胎式两种。履带式推土机附着牵引力大，接地比压小（0.04～0.13MPa），爬坡能力强，但行驶速度低。轮胎式推土机行驶速度高，机动灵活，作业循环时间短，运输转移方便，但牵引力小，适用于需经常变换工地和野外工作的情况。

（2）按用途，推土机可分为通用型及专用型两种。通用型是按标准进行生产的机型，广泛用于土石方工程中。专用型用于特定的工况下，有采用三角形宽履带板以降低接地比压的湿地推土机和沼泽地推土机、水陆两用推土机、水下推土机、船舱推土机、无人驾驶推土机、高原型和高湿工况下作业的推土机等。

5.2.1.3　摊铺注意事项

（1）摊铺必须在监理工程师批准下进行，使混合料按要求的松铺厚度，均匀地摊铺在要求的宽度上。

（2）摊铺时混合料的含水量高于最佳含水量 0.5%～1.0%，以补偿碾压过程中的水分损失。

（3）当压实层厚度超过 20cm 时，应分层摊铺，最小压实厚度为 10cm。先摊铺的一层应经过整形和压实，经监理工程师批准后，将先摊铺的一层表面翻松后再继续摊铺上层，并按规定的路拱进行整形。

（4）运料应不间断地卸进摊铺机，并立即进行摊铺，不得延误。向摊铺机输送材料的速度与摊铺机不断工作的吞吐能力相一致，并尽可能使摊铺机连续作业。

（5）摊铺机的行驶速度和操作方法应根据情况及时调整，以保证混合料平整而均匀地铺在整个摊铺宽度上并不产生断层、离析等现象。铺表面不平整则用人工找平，混合料有离析的现象时，查明是原材料不合格，还是装车粗料落入车底或摊铺等其他原因并更换不合格的混合料，用新的混合料填补。

（6）基层摊铺时，高程控制采取固定找平装置，即在摊铺机两侧挂钢丝进行控制，采取这种方法时，应注意拉紧钢丝，减小钢丝挠度而造成高程的不准确。

（7）基层的平整度除与压路机碾压有关外，还与摊铺机的摊铺密切相关。摊铺机停机待料一次，下次起步前行时，就会在熨平板落放的位置出现路线横向的波浪，造成局部不平整。因此，施工过程中应尽量减少摊铺机中途停机的次数，同时，每次停机起步时，摊铺速度应从零开始逐渐增加，慢慢起步有助于保证摊铺的平整度。在半幅摊铺时，要注意控制好中线和边线，以保证路面宽度。

（8）摊铺过程中，当混合料从摊铺机传送带到螺旋输送机往两侧送料的过程中，容易发生粗细料的离析现象，因此摊铺机后安排专人跟在后面，当发生严重的离析时，人工将粗料铲除，换以新料。同时配一名技术人员根据混合料的松铺系数，检测每个断面的纵横高程，以此及时调整摊铺厚度，使纵横面高程符合标准。在摊铺过程中，现场及时取样，做 7d 无侧限抗压强度试验。

5.2.2　厂拌法摊铺和成型

以水泥稳定土混合料的摊铺成型为例加以说明。

（1）水泥稳定土可以在中心站用厂拌设备进行集中拌和，对于高速公路和一级公路，应采用专用稳定土集中厂拌机械拌制混合料（图 5.8 和图 5.9）。集中拌和时，应符合下列要求。

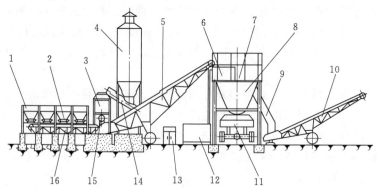

图 5.8　WBC200 型稳定土厂拌设备总布置

1—配料料斗；2—皮带给料机；3—小粉料仓；4—粉料筒仓；5—斜置集料皮带输送饥；6—搅拌机；

7—平台；8—混合料储仓；9—溢料管；10—堆料皮带输送机；11—自卸汽车；12—供水系统；

13—控制柜；14—螺旋输送机；15—叶轮给料机；16—水平集料皮带输送机

1）土块应粉碎，最大尺寸不得大于 15mm。

2）配料应准确，拌和应均匀。

3）含水量宜略大于最佳值，使混合料运到现场摊铺后碾压时的含水量不小于最佳值。

4）不同粒级的碎石或砾石以及细集料（如石屑和砂）应隔离，分别堆放。

（2）当采用连续式的稳定土厂拌设备拌和时，应保证集料的最大粒径和级配符合要求。

（3）在正式拌制混合料之前，必须先调试所用的设备，使混合料的颗粒组成和含水量都

图 5.9　稳定土拌和厂

达到规定的要求。原集料的颗粒组成发生变化时，应重新调试设备。

（4）在潮湿多雨地区或其他地区的雨季施工时，应采取措施，保护集料，特别是细集料（如石屑和砂等）应有覆盖，防止雨淋。

（5）应根据集料和混合料含水量的大小，及时调整加水量。

（6）应尽快将拌成的混合料运送到铺筑现场。车上的混合料应该覆盖，减少水分损失。

图 5.10　水泥稳定土摊铺

（7）应采用沥青混凝土摊铺机或稳定土摊铺机摊铺混合料（图 5.10）。如下承层是稳定细粒土，应先将下承层顶面拉毛，再摊铺混合料。

（8）拌和机与摊铺机的生产能力应互相匹配。对于高速公路和一级公路，摊铺机宜连续摊铺，拌和机的产量宜大于 400t/h。如拌和机的生产能力较小，在用摊铺机摊铺混合料时，应采用最低速度摊铺，减少摊铺机停机待料的情况。

（9）在摊铺机后面应设专人消除粗细集料离析现象，特别应该铲除局部粗集料"窝"，并用新拌混合料填补。

（10）宜先用轻型两轮压路机跟在摊铺机后及时进行碾压，后用重型振动压路机、三轮压路机或轮胎压路机继续碾压密实。

（11）在二、三、四级公路上，没有摊铺机时，可采用摊铺箱摊铺混合料，也可以用自动平地机按以下步骤摊铺混合料。

1）根据铺筑层的厚度和要求达到的压实干密度，计算每车混合料的摊铺面积。

2）将混合料均匀地卸在路幅中央，路幅宽时也可将混合料卸成两行。

3）用平地机将混合料按松铺厚度摊铺均匀。

设一个 3~5 人的小组，携带一辆装有新拌混合料的小车，跟在平地机后面，及时铲除粗集料"窝"和粗集料"带"，补以新拌的均匀混合料，或补撒拌和均匀的细混合料，并与粗集料拌和均匀。

（12）用平地机摊铺混合料后的整形和碾压均与路拌法相同。

其他混合料的厂拌法摊铺成型与水泥稳定土相似。图 5.11 是二灰土的摊铺现场。

图 5.11　二灰土的摊铺现场

【工程实例 5.1】　某高速公路的路面基层摊铺施工方案如下。

1. 一般要求

（1）清除作业面表面的浮土、积水等，并将作业表面洒水润湿。

（2）开始摊铺的前一天要进行测量放样，用消石灰标出摊铺宽度；根据基层标高和松铺系数架好摊铺厚度控制线，用于控制摊铺机摊铺厚度控制线的钢丝拉力应不小于 800N，钢丝架在金属支架上，支架间距直线段为 10m，曲线为 5m。

（3）石灰粉煤灰稳定碎石基层的施工，淮安以南应在 10 月 30 日前结束，淮安以北应在 10 月 20 日前结束。

（4）基层下层碾压完毕后，在两天内可立即铺筑基层上层，不需专门的养生期，如不能立即铺筑，仍应按规定养生。

2. 混合料的拌和

（1）开始拌和前，拌和场的备料应能满足 3～5d 的摊铺用料。

（2）每天开始搅拌前，应检查场内各处集料的含水量，计算当天的配合比，外加水与天然含水量的总和要比最佳含水量略高。

（3）石灰应在使用前一周充分消解，并全部通过 1cm 的筛孔。

（4）水泥添加装置应配有高精度电子自动计量器，电子动态计量器应经有资质的计量部门进行标定后方可使用。

（5）每天开始搅拌之后，出料时要在拌和机投料运输带上取样检查是否符合给定的配合比，进行正式生产后，每天上、下午各检查一次拌和情况，检验配比、集料级配、含水量是否变化。高温作业时，早晚与中午的含水量要有区别，要按温度变化及时调整。

（6）拌和机出料不允许采取自由式的落地成堆、装载机装料运输的办法，一定要配备带活动漏斗的料仓，由漏斗出料直接装车运输，装料时运输车辆必须前后移动，最少分 3 次装料，避免混合料离析。

3. 混合料的运输

（1）运输车辆在每天开工前，要检查其完好情况，装料前应将车厢清洗干净。运输车数量一定要满足拌和出料与摊铺速度，并略有富余。

（2）应尽快将拌成的混合料运送到铺筑现场。车上的混合料应覆盖，减少水分损失，如运输车辆中途出现故障，必须立即排除，当有困难时，车内混合料必须转车。

4. 混合料的摊铺

（1）摊铺前应检查摊铺机各部分运转情况，而且每天坚持重复此项工作。

（2）调整好传感器臂与导向控制线的关系；严格控制基层厚度和高程，保证横坡度满足设计要求。

（3）摊铺机宜连续摊铺。如拌和机生产能力较小，在用摊铺机摊铺混合料时，应采用最低速度摊铺，禁止摊铺机停机待料。摊铺速度宜在 1m/min 左右。

（4）基层混合料摊铺应采用两台摊铺机梯队作业，一前一后应保证速度一致、摊铺厚度一致、松铺系数一致、横坡度一致、摊铺平整度一致、振动频率一致等，两机摊铺接缝平整。

（5）摊铺机的螺旋布料器应有 2/3 埋入混合料中。

（6）摊铺机后面应设专人消除细集料离析现象，特别应该铲除局部粗集料"窝"，并用新拌混合料填补。

学习情境 5.3　路面基层（垫层）混合料的碾压与养生

【情境描述】　在完成了路面基层（垫层）混合料的生产和摊铺的基础上，介绍了混合料碾压的方法，碾压机械的选择，路面基层的养生与交通管制等内容。使学生掌握应该如何进行混合料的碾压机械的选择，碾压控制要点有哪些，如何进行养生，何时开放交通。

5.3.1　混合料的碾压施工

5.3.1.1　碾压要点

（1）制订碾压方案。根据路宽、压路机的轮宽和轮距的不同，制订碾压方案，应使各部分碾压到的次数尽量相同，路面的两侧应多压 2～3 遍。

（2）掌握碾压方法，控制碾压质量。整形后，应在混合料的含水量为最佳含水量（+1%～+2%）时立即用轻型压路机并配合 12t 以上压路机在结构层全宽内进行碾压。直线和不设超高的平曲线段，由两侧路肩向路中心碾压；设超高的平曲线段，由内侧路肩向外侧路肩进行碾压，且应重叠 1/2 轮宽。后轮必须超过两段的接缝处，后轮压完路面全宽时即为一遍。一般需碾压 6～8 遍。头两遍压速以采用 1.5～1.7km/h 为宜，其后宜采用 2.0～2.5km/h。采用人工摊铺和整形的稳定土层，宜先用拖拉机或 6～8t 两轮压路机或轮胎压路机碾压 1～2 遍，然后再用重型压路机碾压。

严禁压路机在已完成的或正在碾压的路段上掉头或紧急制动，保证稳定土表层不受破坏。

碾压过程中，稳定土的表面应始终保持湿润，如水分蒸发过快，应及时均匀补洒少量的水，但严禁洒大水碾压。

碾压过程中，如有"弹簧"、松散、起皮等现象，应及时翻开重新拌和（加适量的水泥）或用其他处置方法，使其达到质量要求。

经过拌和、整形的稳定土宜在水泥初凝前并应在试验确定的延迟时间内完成碾压，并达到要求的密实度，同时没有明显的轮迹。

在碾压结束前，用平地机再终平一次，使其纵向顺适，路拱和超高符合设计要求。对局部低洼处，可不再进行找补，留待铺筑沥青面层时处理。

（3）接缝和掉头处的处理要点主要有以下几个方面。

1）同日施工的两工作段的衔接处，应采用搭接。前一段拌和整形后，留 5～8m 不进行碾压，后一段施工时，前段留下未压部分应再加部分水泥重新拌和，并与后一段一起碾压。

2）经过拌和、整形的水泥稳定土，应在试验确定的延迟时间内完成碾压。

3）应注意每天最后一段末端缝（即工作缝）的处理。工作缝和掉头处可按下述方法处理。

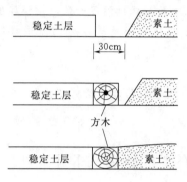

图 5.12 横向接缝处理示意

a. 在已碾压完成的水泥稳定土层末端，沿稳定土挖一条横贯铺筑层全宽的宽约 30cm 的槽，直挖到下承层顶面。此槽应与路的中心线垂直，靠稳定土的一面应切成垂直面，并放两根与压实厚度等厚、长为全宽一半的方木紧贴其垂直面（图 5.12）。

b. 用原挖出的素土回填槽内其余部分。

c. 如拌和机械或其他机械必须到已压成的水泥稳定土层上掉头，应采取措施保护掉头作业段。一般可在准备用于掉头的 8～10m 长的稳定土层上先覆盖一张厚塑料布或油毡纸，然后铺上约 10cm 厚的土、砂或砂砾。

d. 第二天，邻接作业段拌和后，除去方木，用混合料回填。靠近方木未能拌和的一小段，应人工进行补充拌和。整平时，接缝处的水泥稳定土应较已完成断面高出约 5cm，以利形成一个半顺的接缝。

e. 整平后，用平地机将塑料布上大部分土除去（注意勿刮破塑料布），然后人工除去余下的土，并收起塑料布。

在新混合料碾压过程中，应将接缝修整平顺。

4）纵缝的处理。水泥稳定土层的施工应该避免纵向接缝，必须分两幅施工时，纵缝必须垂直相接，不应斜接。

纵缝应按下述方法处理。

a. 在前一幅施工时，靠中央一侧用方木或钢模板作支撑，方木或钢模板的高度与稳定土层的压实厚度相同。

b. 混合料拌和结束后，靠近支撑木（或板）的一部分，应人工进行补充拌和，然后整形和碾压。

c. 养生结束后，在铺筑另一幅之前，拆除支撑木（或板）。

d. 第二幅混合料拌和结束后，靠近第一幅的部分，应人工进行补充拌和，然后进行整形和碾压。

5.3.1.2 碾压机械

依靠自身重量的静力作用或结合激振力的共同作用将土、石压密的机械，称为碾压机械。目前国内有的碾压机械类型有平碾、羊足碾、气胎碾、振动碾和振动夯等。

填土的压实方法有碾压、夯实和振动压实等几种。

碾压适用于大面积填土工程。羊足碾需要较大的牵引力，而且只能用于压实黏性土，因在砂土中碾压时，土的颗粒受到"羊足"较大的单位压力后会向四面移动，而使土的结构破坏。气胎碾在工作时是弹性体，给土的压力较均匀，填土质量较好。应用最普遍的是刚性平碾。利用运土工具碾压土壤也可取得较大的密实度，但必须很好地组织土方施工，利用运土过程进行碾压。如果单独使用运土工具进行土壤压实工作，在经济上是不合理的，它的压实费用要比用平碾压实贵一倍左右。

夯实主要用于小面积填土，可以夯实黏性土或非黏性土。夯实的优点是可以压实较厚的土层。夯实机械有夯锤、内燃夯土机（图 5.13）和蛙式打夯机（图 5.14）等。夯锤借助起重机提起并落下，其重量大于 1.5t，落距为 2.5～4.5m，夯土影响深度可超过 1m，常用于夯实湿陷性黄土、杂填土以及含有石块的填土。内燃夯土机作用深度为 0.4～0.7m，它和蛙式打夯机都是应用较广泛的夯实机械。

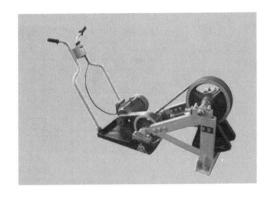

图 5.13 内燃夯土机　　　　　　　图 5.14 蛙式打夯机

振动压实主要用于压实非黏性土，采用的机械主要是振动压路机、平板振动器等。

1. 羊脚碾

羊脚碾的外形如图 5.15 所示，它与平碾不同，在碾压滚筒表面设有交错排列的截头圆锥体，状如羊脚。钢铁空心滚筒侧面设有加载孔，加载大小根据设计需要确定。加载物料有铸铁块和砂砾石等。碾滚的轴由框架支撑，与牵引的拖拉机用杠辕相连。羊脚的长度随碾滚的重量增加而增加，一般为碾滚直径的 1/7～1/6。羊脚过长，其表面面积过大，压实阻力增加，羊脚端部的接触应力减小，影响压实效果。重型羊脚碾碾重可达 30t，羊脚相应长40cm。拖拉机的牵引力随碾重增加而增加。

图 5.15 羊脚碾　　　　　　　　　图 5.16 振动碾

2. 振动碾

这是一种振动和碾压相结合的压实机械，如图 5.16 所示。它是由柴油机带动与机身相连的附有偏心块的轴旋转，迫使碾滚产生高频震动。震动功能以压力波的形式传到土体内。

非黏性土料在震动作用下，土粒间的内摩擦力迅速降低，同时由于颗粒大小不均匀、质量有差异，导致惯性力存在差异，从而产生相对位移，使细颗粒填入粗颗粒间的空隙而达到密实。然而，黏性土颗粒间的黏结力是主要的，且土粒相对比较均匀，在震动作用下，不能取得像非黏性土那样的压实效果。

3. 气胎碾

气胎碾（图 5.17 和图 5.18）有单轴和双轴之分。单轴的主要构造是由装载荷重的金属车厢和装在轴上的 4～6 个气胎组成。碾压时在金属车厢内加载，并同时将气胎充气至设计压力。为防止气胎损坏，停工时用千斤顶将金属箱支托起来，并把胎内的气放掉。

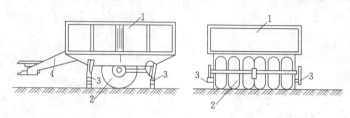

图 5.17　气胎碾工作示意图
1—金属车厢；2—充气轮胎；3—千斤顶；4—牵挂杠辕

4. 夯板

夯板（图 5.19）可以吊装在去掉土斗的挖掘机的臂杆上，借助卷扬机操纵绳索系统使夯板上升。夯击土料时将索具放松，使夯板自由下落，夯实土料，其压实铺土厚度可达 1m，生产效率较高。对于大颗粒填料可用夯板夯实，其破碎率比用碾压机械压实大得多。

图 5.18　气胎压路机

图 5.19　夯板

5. 平碾

平碾（图 5.20）用来压实路基、路面和其他各类工程的地基等。其工作过程是沿工作面前进与后退反复地滚动，使被压实材料达到足够的承载力和平整的表面。

5.3.1.3　压实机械的选择

选择压实机械通常需考虑以下一些原则。

（1）与压实土料的物理力学性质相适应。

（2）能够满足设计压实标准。

（3）可能取得的设备类型。

（4）满足施工强度要求。

（5）设备类型、规格与工作面的大小、压实部位相适应。

（6）施工队伍现有装备和施工经验等。

（7）根据基层的类型和设计要求选择合适的碾压机械。

图 5.20　平碾

5.3.2　混合料养生

5.3.2.1　水泥稳定土养生

（1）水泥稳定土底基层分层施工时，下层水泥稳定土碾压完后，在采用重型振动压路机碾压时，宜养生 7d 后铺筑上层水泥稳定土。在铺筑上层稳定土之前，应始终保持下层表面湿润，在铺筑上层稳定土时，宜在下层表面撒少量水泥或水泥浆。底基层养生 7d 后，方可铺筑基层。

水泥稳定级配碎石（或碎石）基层分两层用摊铺机铺筑时，下层分段摊铺和碾压密实后，在不采用重型振动压路机碾压时，宜立即摊铺上层；否则在下层顶面应撒少量水泥或水泥浆。

（2）每一段碾压完成并经压实度检查合格后，应立即开始养生。

一般宜采用湿砂进行养生，砂层厚宜为 7～10cm。砂铺匀后，应立即洒水，并在整个养生期间保持砂的潮湿状态；不得用湿黏性土覆盖。养生结束后，必须将覆盖物清除干净。

图 5.21　底基层施工养生

（3）对于基层，也可用沥青乳液进行养生。沥青乳液的用量按 0.8～1.0kg/m² （指沥青用量）选用，宜分两次喷洒：第一次喷洒沥青含量约 35% 的慢裂沥青乳液，使其能稍透入基层表层。第二次喷洒浓度较大的沥青乳液。如不能避免施工车辆在养生层上通行，应在乳液分裂后撒布 3～8mm 的小碎（砾）石，做成下封层。

（4）无上述条件时，也可用洒水车经常洒水进行养生。每天洒水的次数应视气候而定。整个养生期间应始终保持稳定土层表面潮湿，必要时可采用薄膜覆盖，见图 5.21。

（5）对于高速公路和一级公路，基层的养生期不宜少于 7d。对于二级和二级以下的公路，如养生期少于 7d 即铺筑沥青面层则应限制重型车辆通行。

（6）对于二级和二级以下公路，如基层上为水泥混凝土面板，且面板是用小型机械施工的，则基层完成后可较早铺筑混凝土面层。

（7）在养生期间未采用覆盖措施的水泥稳定土层上，除洒水车外，应封闭交通。在采用覆盖措施的水泥稳定土层上，不能封闭交通时，应限制重车通行，其他车辆的车速不应超过

30km/h。

（8）养生期结束后，如其上为沥青面层，应先清扫基层，并立即喷洒透层沥青。在喷洒透层或黏层沥青后，宜在上均匀撒布 5～10mm 的小碎（砾）石（如喷洒的透层沥青能透入基层，且运料车和面层混合料摊铺机在上行驶不会破坏沥青膜时，可以不撒小碎（砾）石），用量为全铺一层用量的 60%～70%。

在清扫干净的基层上，也可先铺下封层，以防止基层干缩开裂，同时保护基层免遭施工车辆破坏。宜在铺设下封层后的 10～30d 内开始铺筑沥青面层的底面层。如为水泥混凝土面层，也不宜让基层长期暴晒，以免开裂。

5.3.2.2　石灰稳定土养生

（1）石灰稳定土在养生期间应保持一定的湿度，不应过湿或忽干忽湿。养生期不宜少于7d。每次洒水后，应用两轮压路机将表层压实。石灰稳定土基层碾压结束后 1～2d，当其表层较干燥（如石灰土的含水量不大于 10%，石灰粒料土的含水量为 5%～6%）时，可以立即喷洒透层沥青，然后做下封层或铺筑面层，但初期应禁止重型车辆通行。

（2）在养生期间未采用覆盖措施的石灰稳定土层上，除洒水车外，应封闭交通。在采用覆盖措施的石灰稳定土层上，不能封闭交通时，应限制车速不得超过 30km/h，禁止重型卡车通行。

图 5.22　透层沥青撒布

（3）养生期结束后，在铺筑沥青面层前，应清扫基层并喷洒透层沥青或做下封层，见图5.22。如面层是沥青混凝土，在喷洒透层沥青后，应撒布 5～10mm 的小碎（砾）石，小碎（砾）石应均匀撒布约 60% 的面积。如喷洒的透层沥青能透入基层，其上作业车辆不会破坏沥青膜时，可以不撒小碎（砾）石。

在喷洒沥青时，石灰稳定土层的上层应比较湿润。

（4）石灰稳定土分层施工时，下层石灰稳定土碾压完成后，可以立即铺筑上一层石灰稳定土，不需专门的养生期。

5.3.2.3　石灰工业废渣稳定土养生

（1）石灰工业废渣稳定土层碾压完成后的第二天或第三天开始养生，每天洒水的次数视气候条件而定，应始终保持表面潮湿，也可用泡水养生法。对于二灰稳定粗、中粒土的基层，也可用沥青乳液和沥青下封层进行养生，养生期一般为 7d。

（2）二灰层宜采用泡水养生法，养生期应为 14d。

（3）在养生期间，除洒水车外，应封闭交通。

（4）对于二灰集料基层，养生期结束后，宜先让施工车辆慢速通行 7～10d，磨去表面的二灰薄层，或用带钢丝刷的机械扫刷去表面的二灰薄层。清扫和冲洗干净后再喷洒透层或黏层沥青。在喷洒透层或黏层沥青后，宜撒布 5～10mm 的小碎（砾）石，小碎（砾）石均匀撒布 60%～70% 的面积。如喷洒的透层沥青能透入基层，当运料车辆和面层混合料摊铺机在上行驶不会破坏沥青膜时，可以不撒小碎（砾）石，然后应尽早铺筑沥青面层的底面层。

在清扫干净的基层上，也可先做下封层，防止基层干缩开裂，同时保护基层免遭施工车辆破坏。宜在铺设下封层后的 10～30d 内开始铺筑沥青面层的底面层。如为水泥混凝土面层，也不宜让基层长期暴晒，以免开裂。

(5) 石灰工业废渣底基层分层施工时，下层碾压完毕后，可以立即铺筑上一层，不需专门的养生期。也可以养生 7d 后再铺筑另一层。

【工程实例 5.2】 某高速公路路面基层混合料的碾压与养生方案如下。

1. 混合料的碾压

(1) 每台摊铺机后面，应配有振动压路机、三轮或双钢轮压路机和胶轮压路机进行碾压，一次碾压长度一般为 50～80m。碾压段落必须层次分明，设置明显的分界标志，有监理旁站。

(2) 碾压应遵循生产试验路段确定的程序与工艺。注意碾压要充分，振压不起浪、不推移。压实时，可以先稳压（遍数适中，压实度达到 90%），再开始轻振动碾压，再重振动碾压，最后胶轮稳压。可用核子仪初检压实度，不合格时，重复再压。

(3) 压路机碾压时应重叠 1/2 轮宽。

(4) 压路机倒车换挡要轻且平顺，不要拉动基层，在第一遍初步稳压时，倒车后尽量原路返回，换挡位置应在已压好的段落上，在未碾压的一头换倒挡位置错开，要成齿状，出现个别拥抱时，应有专人进行铲平处理。

(5) 压路机碾压时建议碾压速度，第 1～2 遍为 1.5～1.7km/h，以后各遍应为 1.8～2.2km/h。

(6) 压路机停车要错开，而且相距不小于 3m，应停在已碾压好的路段上，以免破坏基层结构。

(7) 严禁压路机在已完成的或正在碾压的路段上调头和急刹车，以保证稳定碎石层表面不受破坏。

(8) 严格控制碾压含水量，在最佳含水量±1% 时及时碾压。

(9) 拌和好的混合料要及时摊铺碾压，一般应在 24h 内完成。

(10) 为保证二灰碎石基层边缘的压实度，基层摊铺应有一定的超宽。

2. 横缝设置

(1) 石灰粉煤灰稳定类混合料摊铺每天收工之后，第二天开工的接头断面要设置横缝；每当通过桥涵，特别是明涵、明通，在其两边需要设置横缝，基层的横缝最好与桥头搭板尾端吻合。要特别注意的是桥头搭板前二灰碎石的碾压。

(2) 横缝应与路面车道中心线垂直设置，其设置方法如下。

1) 人工将末端含水量合适的混合料整理整齐，紧靠混合料放两根方木，方木的高度应与混合料的压实厚度相同，整平紧靠方木的混合料。

2) 方木的另一侧用砂砾或砾石回填约 3m 长，其高度应略高出方木。

3) 将混合料碾压密实。

4) 在重新开始摊铺混合料之前，将砂砾或碎石和方木撤除，并将作业面顶面清扫干净。

5) 摊铺机返回到已压实层的末端，重新开始摊铺混合料。

6) 用钢轮压路机在压实的基层上跨缝横向碾压，并逐渐推向新铺基层上，直至碾压密实，再进行纵向碾压。

3. 养生及交通管制

（1）每一段碾压完成并经压实度检查合格后，应立即开始养生。

（2）碾压完毕即进入养生阶段，在此阶段内要求基层表面用洒水车洒水养生，每天洒水次数应视气候而定，但要求在整个养生期间保持二灰碎石表面湿润状态。不得用湿黏土覆盖。养生期间禁止料车在上行驶。

（3）用洒水车洒水养生时，洒水车的喷头要用喷雾式，不得用高压式喷管，以免破坏基层结构。

（4）基层养生期不应少于 7d。养生期内洒水车必须在另一侧车道上行驶。

（5）在养生期间应封闭交通。

学习情境 5.4　路面基层（垫层）施工质量检查及验收

【情境描述】　本情境是在完成路面基层（垫层）施工的基础上，介绍了路面基层（垫层）施工的质量控制点以及检测的内容与验收标准。要求掌握该分项工程的质量控制点有哪些，验收标准是什么。

5.4.1　水泥稳定类混合料质量控制要点及验收标准

5.4.1.1　水泥稳定土（粒料）质量控制要点

水泥可以稳定任何一种土，把它加入塑性土中，能大大降低土的塑性指数，随着龄期的增长，塑性指数就逐渐减小。

水泥稳定土的强度是最重要的指标，因它受多种因素的影响，在施工中要严格控制这些响因素，确保工程质量。

1. 选择符合要求的土

水泥稳定土作基层对集料的粒径要求为：最大颗粒尺寸不超过 37.5mm（高等级公路不超过 31.5mm）并符合规范规定的级配范围。作高等级道路基层时，应尽可能采用不含塑性细料的级配料，限制 0.075mm 颗粒含量有塑性时不超过 5%，无塑性时不超过 7%。由于施工中颗粒越粗，在拌和、运输、摊铺或整平过程中就越容易产生离析，不易整平。所以在实际施工中，应尽可能减少最大粒径，使用均匀系数大于 10 的粒料。重视土的颗粒组成，把级配调整到最佳，可以用小的水泥剂量获得高的强度，且收缩裂缝会大大减少，适当地加入或限量使用 0.075mm 的无塑性粉料对提高稳定土强度大有用处。黏性土粉碎越细对水泥稳定土的强度和耐久性就越有利。使用黏性土，一定要粉碎到符合要求为止。

2. 选择符合施工要求的水泥

水泥稳定土通常使用硅酸盐水泥。由于施工从拌和到压实成型，通常需 2~3h，所以一般应选择初凝大于 3h、终凝大于 6h 的水泥。从拌和到压实成型，时间越长，水泥稳定土的干密度、抗压强度就越小。快硬水泥、早强水泥绝对不能使用。

3. 水泥剂量

在通常的水泥剂量范围时，水泥稳定土的抗压强度随水泥剂量的增加而增加。但在进行配合比设计时，应在满足强度要求的条件下尽量少用水泥，为了减少开裂，水泥剂量不应超过 6%；为了使拌和均匀，保证水泥稳定土的质量，水泥剂量不宜少于 4%。因此，应将水泥剂量控制在 4％～6％之间，如果使用 6％剂量仍满足不了强度要求，应从土的级配上加以调整。

4. 含水量控制

水泥稳定土混合料需要有足够的水，以满足水泥水化的需要和压实的需要。如果混合料中含水量小了，水泥水化时与土争水，如果是黏性土，与水的亲和力大，水泥就可能不会完全水化而降低强度。通常在适合压实的含水量情况下压实，养生过程中保证不损失水分，水泥也同样可水化。如压实时水分少，养生又得不到保证，则稳定土的强度是会受到很大影响的。因此，在施工中对水泥稳定中粒土和粗粒土，碾压时混合料含水量应高出最佳含水量 0.5％～1.0％，对于稳定细粒黏性土时，碾压时应比最佳含水量大 1％～2％，这样既可满足水泥水化需要，也可弥补碾压过程中水分的损失。

5. 拌和均匀的控制

水泥必须均匀地分布在土中，才能充分发挥水泥的作用；否则将出现水泥多的地方出现裂缝，水泥少的地方强度不够。无论是路拌还是厂拌，都必须使拌和料均匀。

6. 严格控制从加水拌和到成型的时间

水泥遇水就要水化，因此水泥稳定土混合料一旦加水拌和，应尽快碾压成型。将厂拌料运输到现场摊铺及压实成型，均不能拖延时间，如果拖延时间，水泥就会产生部分硬化作用。碾压时，就会破坏已经形成的硬结，就要花费额外的压实功能，从而影响水泥稳定土的压实度，使稳定土的强度下降。在施工中一定配足机械设备，合理地组织施工把成型时间控制在 2～3h 以内。

7. 控制交通、重视养生

对已完成的路面结构层，应及时养生，使水泥在养生的情况下得到充分水化。同时养生使结构处于潮湿状态，可以减少稳定土收缩裂缝。在养生期不开放交通，只准许洒水车控速通行洒水。

5.4.1.2　水泥土基层和底基层质量验收标准

1. 基本要求

（1）土的性能应符合设计要求，土块要经粉碎。

（2）水泥用量按设计要求控制准确。

（3）路拌深度要达到层底。

（4）混合料处于最佳含水量状况下，用重型压路机碾压至要求的压实度。从加水拌和到碾压终了的时间不应超过 3～4h，并应短于水泥的终凝时间。

（5）碾压检查合格后，立即覆盖或洒水养生，养生期要符合规范要求。

2. 实测项目

实测项目见表 5.27。

3. 外观鉴定

（1）表面平整密实、无坑洼。不符合要求时，每处减 1～2 分。

（2）施工接茬平整、稳定。不符合要求时，每处减 1～2 分。

5.4.1.3　水泥稳定粒料（碎石、砂砾或矿渣等）基层和底基层质量验收标准

1. 基本要求

（1）粒料应符合设计和施工规范要求，并应根据当地料源选择质坚干净的粒料，矿渣应

表 5.27　　　　　　　　　　　　　　水泥土基层和底基层实测项目

项次	检查项目		规定值或允许偏差				检查方法和频率	权值
			基层		底基层			
			高速公路、一级公路	其他公路	高速公路、一级公路	其他公路		
1△	压实度 /%	代表值	—	95	95	93	按规范要求检查，每200m 每车道 2 处	3
		极值	—	91	91	89		
2	平整度/mm		—	12	12	15	3m 直尺：每 200m 测 2 处×10 尺	2
3	纵断面高程/mm		—	+5，−15	+5，−15	+5，−20	水准仪：每 200m 测 4 个断面	1
4	宽度/mm		不小于设计		不小于设计		尺量：每 200m 测 4 个断面	1
5△	厚度 /mm	代表值	—	−10	−10	−12	按规范要求检查，每200m 每车道 1 点	2
		合格值	—	−20	−25	−30		
6	横坡/%		—	±0.5	±0.3	±0.5	水准仪：每 200m 测 4 个断面	1
7△	强度/MPa		符合设计要求		符合设计要求		按规范要求检查	3

注　带△的检查项目为关键项目。

分解稳定，未分解渣块应予以剔除。

（2）物质。水泥用量和矿料级配按设计控制准确。

（3）路拌深度要达到层底。

（4）摊铺时要注意消除离析现象。

（5）混合料处于最佳含水量状况下，用重型压路机碾压至要求的压实度，从加水拌和到碾压终了的时间不应超过 3～4h，并应短于水泥的终凝时间。

（6）碾压检查合格后立即覆盖或洒水养生，养生期要符合规范要求。

2．实测项目

实测项目见表 5.28。

表 5.28　　　　　　　　　　　　水泥稳定粒料基层和底基层实测项目

项次	检查项目		规定值或允许偏差				检查方法和频率	权值
			基层		底基层			
			高速公路、一级公路	其他公路	高速公路、一级公路	其他公路		
1△	压实度 /%	代表值	98	97	96	95	按规范要求检查，每200m 每车道 2 处	3
		极值	94	93	92	91		
2	平整度/mm		8	12	12	15	3m 直尺：每 200m 测 2 处×10 尺	2
3	纵断高程/mm		+5，−10	+5，−15	+5，−15	+5，−20	水准仪：每 200m 测 4 个断面	1

续表

项次	检查项目		规定值或允许偏差				检查方法和频率	权值
			基层		底基层			
			高速公路、一级公路	其他公路	高速公路、一级公路	其他公路		
4	宽度/mm		不小于设计		不小于设计		尺量：每 200m 测4 处	1
5△	厚度/mm	代表值	−8	−10	−10	−12	按规范要求检查，每200m 每车道 1 点	3
		合格值	−15	−20	−25	−30		
6	横坡/%		±0.3	±0.5	±0.3	±0.5	水准仪：每 200m 测4 个断面	1
7△	强度/MPa		符合设计要求		符合设计要求		按规范要求检查	3

注　带△的检查项目为关键项目。

3. 外观鉴定

（1）表面平整密实、无坑洼、无明显离析。不符合要求时，每处减 1～2 分。

（2）施工接茬平整、稳定。不符合要求时，每处减 1～2 分。

5.4.2　石灰稳定类混合料质量控制要点及验收标准

5.4.2.1　石灰稳定土（粒料）质量控制要点

石灰稳定土多用于高等级公路的底基层或一般公路的基层。在施工中，常出现一些开裂、起皮、松散、夹层、灰条、弹簧等通病，在施工中应严加控制，避免发生。石灰稳定土施工过程中主要的质量控制要点如下。

1. 石灰的消解

石灰应选用标准规定的Ⅲ级以上的生石灰和消石灰。石灰在消解时应注意 4 点。

（1）消解时用水量为石灰重量的 60%～80%，要充分消解，以不能过湿成团为度，消解后要保持一定湿度，以不飞扬为度。

（2）生石灰中有过火生石灰或欠火生石灰，过火生石灰消解很慢，在石灰土已硬化后，过火的石灰颗粒才能逐渐消解，体积膨胀会引起灰土隆起开裂，为消除这一危害，一定要提前 7d 消解；欠火生石灰不能全部消解，在石灰使用前一定要过 1cm 的筛把未消解的筛除。

（3）如果是镁质石灰，不易消解，一定要延长消解时间，加水速度应缓慢，陆续加入，以润湿为主，一定不可用水浸泡，消解时宜提前 10d。

（4）如使用磨细生石灰粉，使用时不用消解，但拌入土中后，需闷 3～4h，等生石灰粉消解时水化热得到释放后进行碾压成型，才能取得最佳效果。

2. 土的选择

石灰稳定各种类型的土，在技术方面和经济方面都是合理的。石灰稳定细粒土宜选择塑性指数在 12～15 的土；如果是稳定砂砾土，则砂砾土中应有约 15% 为黏性土。对于不含黏性土的碎石、矿渣等也宜用石灰土稳定。对于塑性指数高的土或塑性指数过低的土都宜采用综合稳定土或二灰稳定土。所以在进行配合比组成设计时，一定要根据工程的实际情况对土进行试验并选择，才会达到经济合理的目的。

3. 石灰的品质和剂量

规范规定用于高速公路的石灰等级要达Ⅲ级以上。但石灰存放会使钙镁含量随着时间的延长降低，在使用时一定要测定有效钙＋氧化镁含量是否达到配合比设计时要求的有效钙＋氧化镁含量，以确定稳定土施工时，是否增加剂量。

对同一种土而言，随石灰剂量的增加强度不断提高，但石灰剂量达某一数值时，强度增加就不明显了。塑性指数高的土，在同样剂量的情况下强度也就越高。所以，一定要通过试验来确定石灰剂量并选择土质。

4. 石灰土拌和要均匀

石灰土无论是路拌还是厂拌，都得把土块破碎到规定的粒径范围，只有充分得到破碎才能拌和均匀。尤其是对一些塑性指数高的黏土，一般含水量都较大，不易破碎，难以达到要求的粒径范围。可采用先加入4％～6％的石灰进行拌和闷料使之"砂化"，2～3d摊开加入剩余的石灰，进行第二次拌和，通过两次加灰拌和就可以使土的破碎满足要求，拌和均匀，含水量也能得到调整和控制。拌和中如果没有控制好，出现素土夹层，即使只有几毫米的素土层，也将影响灰土的整体性，特别是在受到水的浸泡作用时，会软化下沉导致路面破坏，造成质量事故。

5. 预防石灰土的开裂与龟裂

用塑性指数高的土做灰土最容易干裂。这种土的含水量高，用它做灰土时，如果含水量超过最佳含水量，成型的路段开裂现象就会增加。塑性指数高的土在施工中难以破碎，大土块掺杂在灰土中成型后会出现泥饼，而这些泥饼的含水量较高，水分蒸发就容易形成龟裂。灰土无覆盖或覆盖较薄，经过冬季也会引起开裂。如果这些开裂不控制，路面使用寿命就会受到影响。所以在施工中应加以防治，其主要措施有以下几种。

（1）选择塑性指数较低的土。

（2）一定要使用高塑性土时，采用两次掺灰法进行施工，使土通过"砂化"得到充分破碎。

（3）严格控制含水量，一定要在最佳含水量以下，在接近最佳含水量时压实成型。

（4）加强前期的养护，别让灰土失水过快，可能的情况下尽早进行上层覆盖施工。

6. 石灰土坑洼、起皮、弹簧的防治

坑洼、起皮、弹簧是常见的灰土通病，引起的原因有以下几个方面。

（1）灰土标高控制不严格，有缺料薄层找补现象，尤其是5cm以下的灰土贴补。

（2）压路机碾压次数过多，时间过长，灰土上下层含水量程度不同，剪切破坏形成两层皮。

（3）表面过湿，碾压过早造成黏轮，将灰土表层带起。

（4）灰土中夹有土块、石块，平地机刮平时带成沟槽。

（5）灰土的弹簧是由于含水量控制不严造成的，含水量过大造成湿弹，过小造成干弹。

针对上述原因，在施工中应采取以下措施进行防治。

（1）灰土粗平时，标高控制应高于设计5～10mm，尽可能不用带料找平，必须找平时，应将需找平的局部翻松，达到上下松铺系数均匀一致，精平时以刮料削平为好。

（2）灰土使用的石灰一定要过筛，筛除未能消解的石灰块。

（3）灰土最后一次拌和前，试验人员及检测人员及时检测含水量，根据施工季节、施工气温及气象情况控制好含水量，在春、夏季由于风大、气温高，含水量一般控制在高出最佳含水量 1～3 个百分点，在雨季控制在最佳含水量下 1 个百分点，碾压时含水量一定要控制在适合值范围内。

（4）碾压应按试验规定的机械组合压实程序和遍数进行，不能少压，也不要过压。

7. 控制好压实度和强度

石灰土的压实度和强度是决定石灰土质量好坏的两个重要指标，控制好这两个指标，就抓住了石灰土质量的关键。

（1）石灰土的压实度取决于压实机具、压实工艺及灰土混合料的均匀性。要控制好压实度应注意以下几点。

1）同一种土不同层次或不同土场的土，其土质差别随时变化，而土的最大干密度也随着变化。因此，在同一施工段落最好选择同一种土质，否则将导致局部地段很容易达到压实度，而有的却很难达到压实度。遇到这种情况时，如果排除了含水量方面的因素，石灰剂量和压实工艺都正常，那么，其原因就是土质发生了变化，标准干密度随着变化。如果标准干密度不能代表该路段的土质真实干密度，测出的压实度是不会合格的。应对原土样重新取样做标准击实试验，采用新的有代表性的标准干密度来重新作判断。

2）石灰剂量的变化对压实度也有较大影响。由试验得知，石灰剂量每增加 1%，干密度可能降低 0.5%～1%，如果施工布灰出现随意性，将导致压实度出问题。因此，控制布灰均匀性、拌和均匀性非常重要。

3）一定要控制好碾压时的含水量。

4）碾压设备一定要配套，控制好压实工艺。

（2）石灰土强度控制应注意以下几点。

1）选择合格的、尽可能好的土，塑性指数在 12～18 之间较为理想。如果塑性指数较低或较高时，施工都比较困难，在施工中要做一些特殊处理。

2）选择符合质量要求的石灰，并充分消解过筛，其钙含量应达到Ⅲ级以上。

3）施工中把好拌和均匀关，控制好碾压含水量和碾压程序与工艺，保证压实度达到要求。压实度越高，强度才能越高。

4）石灰土强度的增长与施工环境温度、湿度有关，尽可能安排在 4—10 月施工，尽量避免低温不利季节施工。石灰土是气硬性材料，养生能暴露在外，但保湿养生不能少于 7d。

5.4.2.2　石灰土基层和底基层质量验收标准

1. 基本要求

（1）土质应符合设计要求，土块要经粉碎。

（2）石灰质量应符合设计要求，块灰须经充分消解才能使用。

（3）石灰和土的用量按设计要求控制准确，未消解生石灰块必须剔除。

（4）路拌深度要达到层底。

（5）混合料处于最佳含水量状况下，用重型压路机碾压至要求的压实度。

（6）保湿养生，养生期要符合规范要求。

2. 实测项目

实测项目见表 5.29。

表 5.29　　　　　　　　　　　　　石灰土基层和底基层实测项目

项次	检查项目		规定值或允许偏差				检查方法和频率	权值
			基层		底基层			
			高速公路、一级公路	其他公路	高速公路、一级公路	其他公路		
1△	压实度/%	代表值	—	95	95	93	按规范要求检查，每200m每车道2处	3
		极值	—	91	91	89		
2	平整度/mm		—	12	12	15	3m 直尺：每 200m 测 2 处×10 尺	2
3	纵断面高程/mm		—	+5，−15	+5，−15	+5，−20	水准仪：每 200m 测 4 个断面	1
4	宽度/mm		不小于设计		不小于设计		尺量：每 200m 测 4 处	1
5△	厚度/mm	代表值	—	−10	−10	−12	按规范要求检查，每200m每车道1点	2
		合格值	—	−20	−25	−30		
6	横坡/%		—	±0.5	±0.3	±0.5	水准仪：每 200m 测 4 个断面	1
7△	强度/MPa		符合设计要求		符合设计要求		按规范要求检查	3

注　带△的检查项目为关键项目。

3. 外观鉴定

（1）表面平整密实、无坑洼。不符合要求时，每处减 1～2 分。

（2）施工接茬平整、稳定。不符合要求时，每处减 1～2 分。

5.4.2.3　石灰稳定粒料（碎石、砂砾或矿渣等）基层和底基层质量验收标准

1. 基本要求

（1）粒料应符合设计和施工规范要求，矿渣应分解稳定后才能使用。

（2）石灰质量应符合设计要求，块灰须经充分消解才能使用。

（3）石灰的用量按设计要求控制准确，未消解生石灰块必须剔除。

（4）路拌深度要达到层底。

（5）混合料处于最佳含水量状况下，用重型压路机碾压至要求的压实度。

（6）保湿养生，养生期要符合规范要求。

2. 实测项目

实测项目见表 5.30。

表 5.30　　　　　　　　　　　石灰稳定粒料基层和底基层实测项目

项次	检查项目		规定值或允许偏差				检查方法和频率	权值
			基层		底基层			
			高速公路、一级公路	其他公路	高速公路、一级公路	其他公路		
1△	压实度/%	代表值	—	97	96	95	按规范要求检查，每200m每车道2处	3
		极值	—	93	92	91		

续表

项次	检查项目		规定值或允许偏差				检查方法和频率	权值
			基层		底基层			
			高速公路、一级公路	其他公路	高速公路、一级公路	其他公路		
2	平整度/mm		—	12	12	15	3m 直尺：每 200m 测 2 处×10 尺	2
3	纵断面高程/mm		—	+5，−15	+5，−15	+5，−20	水准仪：每 200m 测 4 个断面	1
4	宽度/mm		不小于设计		不小于设计		尺量：每 200m 测 4 处	1
5△	厚度/mm	代表值	—	−10	−10	−12	按规范要求检查，每 200m 每车道 1 点	2
		合格值	—	−20	−25	−30		
6	横坡/%		—	±0.5	±0.3	±0.5	水准仪：每 200m 测 4 个断面	1
7△	强度/MPa		符合设计要求		符合设计要求		按规范要求检查	3

注　带△的检查项目为关键项目。

3. 外观鉴定

（1）表面平整密实、无坑洼。不符合要求时，每处减 1～2 分。

（2）施工接茬平整、稳定。不符合要求时，每处减 1～2 分。

5.4.3　石灰工业废渣类混合料质量控制要点及验收标准

5.4.3.1　石灰粉煤灰稳定土（粒料）质量控制要点

石灰、粉煤灰有着良好的使用性能，同时成本低。使用石灰、粉煤灰混合料做路面结构层，施工工艺简单，不需要严格控制从加水拌和到完成压实成型的时间，完全可以利用传统施工设备，进行拌和、摊铺，压实成型到需要的厚度与密度，一旦碾压结束后，就不必担心雨水浸湿，可以较早地在上面通行施工车辆。为了保证石灰粉煤灰稳定土的施工质量，在施工中应注重以下控制措施。

1. 材料质量控制

二灰稳定土的质量取决于石灰、粉煤灰粒料和土的性质。因此，在选材时一定要把好材料关。

（1）石灰应符合Ⅲ级以上要求，使用前应经过充分消解，过 10mm 的筛。

（2）粉煤灰的各项技术指标应符合《公路路面基层施工技术细则》的要求。在有条件的情况下选用含 CaO 高、比表面大的粉煤灰，保证结构层强度。

（3）石灰粉煤灰稳定土的工程质量很大程度上取决于被稳定的材料，石灰、粉煤灰适宜于稳定碎石、砾石、矿渣及各种粒状废渣等集料，也能用于稳定粉土，但不适宜于用来稳定高黏性的细粒土。同时，注意控制和调整集料的级配也是非常重要的。

2. 配合比设计

设计配合比时必须考虑混合料具有适合的强度与耐久性，收缩性要小，抗冲刷的能力要强，便于摊铺和压实及工程成本低。由于材质的不同，采用的配合比也就不同。二灰土混合料的性质主要取决于石灰、粉煤灰和小于 4.75mm 的颗粒这部分基体材料的质量。在混合料中，必须有足够的基体材料，才能保证结构层有足够的强度和耐久性。通常采用的比例是石灰：粉煤灰为 1：3～1：4，多用为 1：3。二灰碎石或二灰砾石中二灰与集料的比为 2：8或者更小一些。这种混合料中，集料应具有良好的级配，二灰在混合料中既起填充集料间孔隙的作用，还应起将个别大料、小料黏结成整体的作用。另一种混合料为二灰和集料各占一半的悬浮式结构，粒料的规格可随意，但这种混合料结构的收缩较前种结构大，同时也易产生冲刷明浆现象。在施工中对已确定的配合比还应作适当的调整，以补偿施工中的变异性。根据经验，应将石灰粉煤灰的用量提高 2%～3%，石灰含量增加 0.5%。

3. 施工控制要点

（1）无论是路拌还是厂拌，都应充分使全部材料拌和均匀，才能达到最大的稳定效果。

（2）一定配合比的混合料，如果压实不到要求的密度，会影响强度和耐久性，在施工中一定要配备足够的压实设备，保证压到规定密度。压实时，必须严格控制混合料含水量，避免含水量过大出现"弹簧"反之表面松散。

（3）压实成型后，应及时养生，二灰土的养生不怕湿、不怕水浸。因为石灰粉煤灰要进行火灰反应需要水，如果没有水，让它暴露在空气中逐渐变干，是会影响强度的。另外，养生的时间越长，强度越高，养生的温度越高，强度增长越快。快速测定强度就是通过提高温度条件实现的。

5.4.3.2　石灰、粉煤灰土基层和底基层质量验收标准

1. 基本要求

（1）土质应符合设计要求，土块要经粉碎。

（2）石灰和粉煤灰质量应符合设计要求，石灰须经充分消解才能使用。

（3）混合料配合比应准确，不得含有灰团和生石灰块。

（4）碾压时应先用轻型压路机稳压，后用重型压路机碾压至要求的压实度。

（5）保湿养生，养生期要符合规范要求。

2. 实测项目

实测项目见表 5.31。

表 5.31　　　　　　　　　　**石灰、粉煤灰土基层和底基层实测项目**

项次	检查项目		规定值或允许偏差				检查方法和频率	权值
			基层		底基层			
			高速公路、一级公路	其他公路	高速公路、一级公路	其他公路		
1△	压实度/%	代表值	—	95	95	93	按规范要求检查，每 200m 每车道 2 处	3
		极值	—	91	91	89		
2	平整度/mm			12	12	15	3m 直尺：每 200m 测 2 处×10 尺	2
3	纵断高程/mm			+5，−15	+5，−15	+5，−20	水准仪：每 200m 测 4 个断面	1
4	宽度/mm		不小于设计		不小于设计		尺量：每 200m 测 4 处	1

续表

项次	检查项目		规定值或允许偏差				检查方法和频率	权值
			基层		底基层			
			高速公路、一级公路	其他公路	高速公路、一级公路	其他公路		
5△	厚度/mm	代表值	—	−10	−10	−12	按规范要求检查，每200m每车道1点	2
		合格值	—	−20	−25	−30		
6	横坡/%		—	±0.5	±0.3	±0.5	水准仪：每200m测4个断面	1
7△	强度/MPa		符合设计要求		符合设计要求		按规范要求检查	3

注　带△的检查项目为关键项目。

3. 外观鉴定

（1）表面平整密实、无坑洼。不符合要求时，每处减1～2分。

（2）施工接茬平整、稳定。不符合要求时，每处减1～2分。

5.4.3.3 石灰、粉煤灰稳定粒料（碎石、砂砾或矿渣等）基层和底基层

1. 基本要求

（1）粒料应符合设计和施工规范要求，并应根据当地料源选择质坚干净的粒料。矿渣应分解稳定，未分解渣块应予以剔除。

（2）石灰和粉煤灰质量应符合设计要求，石灰须经充分消解才能使用。

（3）混合料配合比应准确，不得含有灰团和生石灰块。

（4）摊铺时要注意消除离析现象。

（5）碾压时应先用轻型压路机稳压，后用重型压路机碾压至要求的压实度。

（6）保湿养生，养生期要符合规范要求。

2. 实测项目

实测项目见表5.32。

表 5.32　　　　石灰、粉煤灰稳定粒料基层和底基层实测项目

项次	检查项目		规定值或允许偏差				检查方法和频率	权值
			基层		底基层			
			高速公路、一级公路	其他公路	高速公路、一级公路	其他公路		
1△	压实度/%	代表值	98	97	96	95	按规范要求检查，每200m每车道2处	3
		极值	94	93	92	91		
2	平整度/mm		8	12	12	15	3m直尺：每200m测2处×10尺	2
3	纵断高程/mm		+5，−10	+5，−15	+5，−15	+5，−20	水准仪：每200m测4个断面	1
4	宽度/mm		不小于设计		不小于设计		尺量：每200m测4处	1

续表

项次	检查项目		规定值或允许偏差				检查方法和频率	权值
			基层		底基层			
			高速公路、一级公路	其他公路	高速公路、一级公路	其他公路		
5△	厚度/mm	代表值	−8	−10	−10	−12	按规范要求检查，每200m每车道1点	2
		合格值	−15	−20	−25	−30		
6	横坡/%		±0.3	±0.5	±0.3	±0.5	水准仪：每200m测4个断面	1
7△	强度/MPa		符合设计要求		符合设计要求		按规范要求检查	3

注 带△的检查项目为关键项目。

3. 外观鉴定

（1）表面平整密实、无坑洼、无明显离析。不符合要求时，每处减1～2分。

（2）施工接茬平整、稳定。不符合要求时，每处减1～2分。

5.4.4 碎（砾）石基层和底基层质量控制标准

5.4.4.1 级配碎（砾）石基层和底基层质量控制标准

1. 基本要求

（1）选用质地坚韧、无杂质碎石、砂砾、石屑或砂，级配应符合要求。

（2）配料必须准确，塑性指数必须符合规定。

（3）混合料拌和均匀，无明显离析现象。

（4）碾压应遵循先轻后重的原则，洒水碾压至要求的密实度。

2. 实测项目

实测项目见表5.33。

表5.33　　　　　　　　**级配碎（砾）石基层和底基层实测项目**

项次	检查项目		规定值或允许偏差				检查方法和频率	权值
			基层		底基层			
			高速公路、一级公路	其他公路	高速公路、一级公路	其他公路		
1△	压实度/%	代表值	98	98	96	96	按规范要求检查，每200m每车道2处	3
		极值	94	94	92	92		
2	弯沉值/0.01mm		符合设计要求		符合设计要求		按规范要求检查	3
3	平整度/mm		8	12	12	15	3m直尺：每200m测处×10尺	2
4	纵断高程/mm		+5，−10	+5，−15	+5，−15	+5，−20	水准仪：每200m测4个断面	1
5	宽度/mm		不小于设计		不小于设计		尺量：每200m测4处	1
6△	厚度/mm	代表值	−8	−10	−10	−12	按规范要求检查，每200m每车道1点	2
		合格值	−15	−20	−25	−30		
7	横坡/%		±0.3	±0.5	±0.3	±0.5	水准仪：每200m测4个断面	1

注 带△的检查项目为关键项目。

3. 外观鉴定

表面平整密实，边线整齐，无松散。不符合要求时，每处减 1~2 分。

5.4.4.2 填隙碎石（矿渣）基层和底基层

1. 基本要求

（1）粗粒料应为质坚、无杂质的轧制石料或分解稳定的轧制矿渣，填缝料为 5mm 以下的轧制细料或粗砂。

（2）应用振动压路机碾压，使填缝料填满粗粒料空隙。

2. 实测项目

实测项目见表 5.34。

表 5.34　填隙碎石（矿渣）基层和底基层实测项目

项次	检查项目		规定值或允许偏差				检查方法和频率	权值
			基层		底基层			
			高速公路、一级公路	其他公路	高速公路、一级公路	其他公路		
1△	压实度/%	代表值	—	85	83	83	按规范要求检查，每200m每车道2处	3
		极值	—	82	80	80		
2	弯沉值/0.01mm		符合设计要求		符合设计要求		按规范要求检查	3
3	平整度/mm		—	12	12	15	3m 直尺：每200m测处×10尺	2
4	纵断高程/mm		—	+5，−15	+5，−15	+5，−20	水准仪：每200m测4个断面	1
5	宽度/mm		不小于设计		不小于设计		尺量：每200m测4处	1
6△	厚度/mm	代表值	—	−10	−10	−12	按规范要求检查，每200m每车道1点	2
		合格值	—	−20	−25	−30		
7	横坡/%		±0.5	±0.3	±0.5		水准仪：每200m测4个断面	1

注　带△的检查项目为关键项目。

3. 外观鉴定

表面平整密实，边线整齐，无松散现象。不符合要求时，每处减 1~2 分。

复 习 思 考 题

1. 路面基层的类型有哪些？各适用什么范围？
2. 什么叫水泥稳定土？混合料设计时应遵循哪些基本规定？
3. 什么叫石灰稳定土？混合料设计时应遵循哪些基本规定？
4. 什么叫石灰粉煤灰稳定土？混合料设计时应遵循哪些基本规定？
5. 总结稳定土混合料组成设计的步骤。

6. 根据石灰稳定土混合料路拌法的摊铺整形程序，参考其他资料写出水泥稳定土混合料路拌法的摊铺整形程序。

7. 总结路拌法摊铺混合料的要点。

8. 如何选择摊铺机械？

9. 混合料碾压的施工要点有哪些？

10. 路面基层开放交通的时间一样吗？

11. 各基层混合料的质量控制要点有哪些？

学习项目6 沥青混凝土路面施工

学习目标：通过本项目的学习，能够了解并掌握沥青混凝土路面的分类和特点，熟悉沥青路面结构设计的基本原理和方法，掌握沥青混合料原材料的检测及质量标准，掌握沥青混合料的生产、运输和摊铺、压实的方法和程序，掌握沥青混合料的质量控制要点验收标准。

项目描述：以平原区一级公路沥青混凝土路面施工为项目载体，介绍道路沥青混凝土配合比设计基本方法，重点介绍沥青混合料的生产、运输、摊铺、碾压等施工工艺及注意事项，要求掌握沥青混合料路面的质量检测与验收。

学习情境6.1 沥青混合料配合比设计

【情境描述】 本情境是在熟悉沥青路面施工图的基础上，介绍沥青路面的类型和特点，简要介绍沥青混合料的配合比设计要点。沥青混合料的配合比的设计，关系到路面的质量好坏和路面等级的高低，对于交通运输的影响较大。

随着我国公路等级的不断提高，沥青路面已成为高等级道路路面中占主要地位的路面结构之一。沥青混合料是修筑沥青路面的主要材料，沥青及其集合料的组成与沥青路面的好坏有密切的关系，它直接影响到沥青路面的使用寿命。为了提高沥青路面的质量水平，修筑优质的沥青路面，在施工过程中应对沥青结合料的配合比进行良好的设计和准确地控制。

6.1.1 沥青路面的分类及特点

沥青路面是用沥青材料作结合料黏结矿料修筑面层与各类基层和垫层所组成的路面结构。与普通水泥路面相比，沥青路面的优、缺点如下。

(1) 表面平整无接缝、行车较舒适。

(2) 结构较柔，振动小，行车稳定性好。

(3) 车辆与路面的吸着感明显（但损耗能量多）。

(4) 施工期短、施工成型快。

(5) 易于维修，可再利用，能够迅速交付使用（在机场跑道、高速公路上尤其需要）。

(6) 强度和稳定性受基层、土基影响较大。

(7) 沥青混合料力学性能受温度影响大。

(8) 沥青会老化，沥青结构层易出现老化破坏。

6.1.1.1 沥青路面的基本特性

(1) 足够的力学强度，能承受车辆荷载施加到路面上的各种作用力。

(2) 一定的弹性和塑性变形能力，能承受应变（应力）而不破坏。

(3) 与汽车轮胎的附着力较好，可保证行车安全。

(4) 有较好的减振性，可使汽车快速行驶时有很好的平稳性。

(5) 噪声低、不扬尘，比较容易清扫和冲洗。

（6）维修养护简单，沥青材料可以再生利用。

6.1.1.2　沥青路面的分类及特点

1. **按强度构成原理分类**

（1）密实类。按最大密实原则设计矿料级配，其强度和稳定性主要取决于黏聚力和内摩阻力，按孔隙率大小，分闭式（小于 6%）和开式（大于 6%），主要区别是 0.6～0.074mm 之间颗粒含量不同，闭式多而开式少，前者热稳定性比后者稍差，但水稳性好、耐久性好。

主要为悬浮式密实结构，按连续级配原理组成的沥青混合料，理论上认为粗集料的间隙被小一级的集料填充，同一级颗粒应有相互接触，而实际上小一级集料必然较多，已经把上一级集料间隙挤开，使上一级集料颗粒处于悬浮状态。常规的 AC（Asphalt Concrete）即为此类结构。

（2）嵌挤类。采用粒径较单一的矿料，强度主要来源是内摩阻力，黏聚力次要。分为骨架空隙结构和骨架密实结构两种，按嵌挤原理依靠集料嵌挤作用形成混合料的强度。我国以前常用的贯入式沥青碎石、沥青表面处治、拌和式沥青碎石混合料即属于前者。

各自优缺点：密实类，耐久性好，热稳定性差；嵌挤类，热稳定性好。

2. **按施工工艺分类**

（1）层铺法。沥青表面处置式和沥青贯入式，分层洒布沥青，分层铺撒矿料和碾压的方法修筑面层。

优点：工艺设备简便、功效较高、施工进度快、造价较低。

缺点：路面成型期较长，需要经过炎热季节行车碾压才能成型。

（2）路拌法。路拌沥青碎石和路拌再生沥青混凝土，在路上用机械将矿料和沥青材料就地拌和摊铺和碾压密实而成的沥青面层。

优点：沥青材料分布相对均匀，成型期短。

缺点：冷料拌和强度低。

（3）厂拌法。沥青碎石和沥青混凝土，一定级配的矿料和沥青材料在工厂用专用设备加热拌和，送到工地摊铺碾压成型。分热拌热铺、热拌冷铺，区别在于摊铺时混合料温度。

优点：矿料精选、除水彻底、沥青稳定、热拌均匀、混合料质量高。

3. **按沥青路面材料的技术特点分类**

（1）沥青混凝土路面（Asphalt Concrete，AC）。

（2）热拌沥青碎石路面（Asphalt Macadam，AM）。

（3）乳化沥青碎石路面（Emulsion Asphalt Macadam，EAM）。

（4）沥青贯入式路面（Asphalt penetration）。

（5）沥青表面处治路面（Asphalt surface treatment）。

（6）沥青玛碲脂碎石路面（Stone Mastic Asphalt，SMA）。

（7）开级配排水式抗滑磨耗层路面（Open - graded Friction Courses，OGFC）。

6.1.2　沥青路面结构设计

6.1.2.1　沥青路面结构设计的原则

沥青路面通常由沥青面层、基层、底基层、垫层等多层结构组成。路面结构组合设计根据道路的交通等级与气象、水文等自然因素，合理选择与安排路面结构各个层次，确保在设计使用期内，承受行车荷载与自然因素的共同作用，充分发挥各结构层的最大效能，使整个路面结构满足技术经济合理的要求。沥青路面结构组合设计应遵循以下原则。

（1）保证路面表面使用品质长期稳定。在整个设计使用期内，表面抗滑安全性能、平整性、抗车辙性能等各项功能指标均稳定在允许范围之内。

（2）路面各结构层的强度、抗变形能力与各层次的力学响应相匹配。由于车轮荷载与温度、湿度变化产生的各项应力与变形均集中在路面结构上部，逐渐向下扩散、消失。因此，通常要求面层、基层具有较高的强度、模量和抗变形能力。

（3）直接经受温度、湿度等自然因素变化而造成强度、稳定性下降的结构层次应提高其抵御能力。

（4）充分利用当地材料，节约外运材料，做好优化选择，降低建设与养护费用。

6.1.2.2　沥青路面结构设计

各个层次结构的选定应充分吸取过去成功的建设经验，遵循以上原则，认真考虑以下一些问题。

1. 沥青面层结构

沥青面层直接经受车轮荷载反复作用和各种自然因素影响，并将荷载传递到基层以下的结构层。因此，沥青面层应满足功能性和结构性的使用性能要求。沥青面层可为单层、双层、三层。双层结构分为表面层、下面层；三层结构分为表面层、中面层、下面层。

表面层应具有平整密实、抗滑耐磨、稳定耐久的服务功能，同时应具有高温抗车辙、低温抗开裂、抗老化等品质。中、下面层应具有一定的密水性、抗剥离性，高温或重载条件下，沥青混合料具有较高的抗剪强度。下面层应具有良好的抗疲劳裂缝的性能和兼顾其他性能要求。

高速公路、一级公路一般选用三层沥青面层结构。为满足上述要求，应精心选择沥青面层混合料。通常认为密实型中粒式或细粒式沥青混凝土混合料（如 DAC - 13、DAC - 16）宜用于表面层，它的孔隙率一般为 3%～6%。在这个范围内，可以防止水害及冻害。又由于它保留一定的孔隙率，热季不会泛油，表面层切忌使用孔隙率大于 6% 的半密实型混合料。此外，密实型级配沥青混合料的抗裂性、疲劳强度和耐久性均较优越。对于重交通（D型）和特重交通（E型）等级，普通热拌和沥青混凝土混合料不能满足使用要求时，可以采用 SMA - 10、SMA - 13 沥青混合料，必要时可以采用改性沥青结合料。

沥青中面层和下面层经受着与沥青上面层相同的不利工作环境，只有平整性和抗滑性方面的要求略低一些，因此对沥青混合料的选择同样有较高的要求，特别是在密实防水和抗剪切变形等方面的要求也很高，通常选用密实型中粒式和粗粒式混合料（如 DAC - 20，DAC - 25），有时对于 E 级交通也有采用 SMA - 20 沥青混合料修筑中面层并采用改性沥青结合料。

二级、三级公路一般采用双层式沥青面层，即上面层与下面层，沥青混合料的选型，除了沥青混凝土之外，也可选用热拌沥青碎石（ATB）或沥青贯入式结构，再加上表面封层。三级、四级公路一般可采用双层沥青表面处治结构。

2. 沥青路面基层结构

沥青路面的基层承担着沥青面层向下传递的全部负荷，支承着面层结构，确保面层发挥各项重要的路面性能。同时，基层结构还承受着由于土基水温状况多变，而发生的地基支承能力变化的敏感性，使之不致影响沥青面层的正常工作。基层结构是承上启下保证路面结构耐久、稳定的承重结构层。因此，要求基层具有较高的强度、稳定性和耐久性。与沥青面层相比，由于基层不直接与车轮和大气接触，相对于路面表面性能有关的材料性能指标（如抗滑性能、抗剪切变形等）可以略为放宽。

沥青路面的基层按材料和力学特性的不同，可以分为柔性基层（有机结合料稳定碎石，或无结合料稳定碎石）、半刚性基层（水泥、石灰、工业废渣等无机结合料稳定碎石）和刚性基层（低强度等级混凝土）3种。各种基层有不同的特点，各有适用的场合。

（1）柔性基层。柔性基层主要采用沥青处治的级配碎石和无结合料的级配碎石修筑基层。通常沥青碎石适用于C级及C级以上交通等级的柔性基层；无结合料的级配碎石适用于交通等级较低的C级以下的沥青路面基层。由于柔性基层的力学特性与沥青面层一样，都属于柔性结构。因此，在应力、应变传递的协调过渡方面比较顺利。同时，由于结构材料均为颗粒状材料级配成型，所以，结构排水畅通，路面结构不易受水损害。柔性基层的缺点在于，基层本身刚度较低。因此，沥青面层将承受较多的荷载弯矩。在同样交通荷载作用下，沥青面层应采用较厚的结构层。

（2）半刚性基层。半刚性基层主要采用水泥、石灰或工业废渣等无机结合料，对级配集料做稳定处理的基层结构。半刚性基层对集料的品质要求不是很高，且经过适当养生结合料硬化之后，整个基层有板体效应，大大提高了路面结构的整体刚度。半刚性基层沥青路面整体刚度较强。因此，沥青面层的厚度可以适当减薄。由于半刚性基层承受了荷载弯矩的主要部分，沥青面层因荷载引起的裂缝破坏较少。半刚性基层的主要缺点是它本身的收缩裂缝难以避免，如沥青面层没有足够的厚度（通常认为沥青面层厚度小于20cm），基层的横向收缩裂缝在使用初期即会反射至沥青面层，形成较多的横向开裂。此外，在多雨地区，半刚性基层直接铺筑在沥青面层之下，雨水不易向下渗透，造成沥青路面水损害等病害。因此，在选用时应全面权衡利弊。

（3）刚性基层。刚性基层采用低强度等级混凝土修筑基层混凝土板，板上铺筑沥青面层。刚性基层沥青路面的基层混凝土板承受了绝大部分车轮荷载，沥青面层的弯拉应力很小，主要考虑表面的功能效应，即满足路面平整性、抗车辙、防水、抗渗等要求。刚性基层沥青路面同样存在基层收缩裂缝向上反射而形成沥青面层横向裂缝等病害的可能性。

基层结构一般较沥青面层厚，通常需要200～400mm甚至更厚，为了节省原材料、降低造价，可将基层分为上基层、下基层（也称为底基层）。虽然都属基层结构，下基层的工作环境没有上基层严峻。因此，下基层可以采用不同的材料，或采用性能略低的结合料。基层材料以集料为主，应尽量利用当地材料，以降低工程造价。

基层类型的选择，直接关系到路面结构的耐久性和长期使用性能。首先应根据路面结构所承受的交通等级进行比选。同时，应考虑地基支承的可靠性，以及当地水温状况和路基排水与路基稳定的可靠程度，作不同方案比较后择优选定。

在交通环境各方面工作条件都十分恶劣的情况下，可以考虑各种基层组合使用。如地基承载力不佳，交通特别繁重，雨水集中，路基排水不良，可以考虑半刚性基层和柔性基层组合应用，用半刚性下基层，柔性上基层。一方面提高结构承载力，减轻沥青面层荷载应力；同时发挥柔性基层变形协调，利于渗水排水的优势，使路面始终保持良好工作状态，还可避免横向裂缝反射到面层。对于严重超载的沥青路面，除了采用组合基层之外，也可以采用配筋的混凝土板或连续配筋混凝土板作基层的沥青路面。

基层结构的厚度主要应满足强度与刚度的设计要求，在厚度设计时，逐层进行验算。此外，应考虑施工实施的可行性和材料规格对厚度的影响。一般情况下，基层的厚度应大于混合料最大粒径的 4 倍。同时还应考虑压实机具的功能，通常取能一次压密的最佳厚度。若基层厚度超过最佳厚度，可分几层铺筑，每层厚度接近最佳厚度。各种基层的最小压实厚度和适宜的压实厚度参见规范规定。

3. 沥青路面垫层结构

沥青路面垫层结构位于基层以下，主要用于路基状况不良的路段，以确保路面结构不受路基中滞留的自由水的侵蚀以及冻融的危害。通常认为路基处于以下状况，应专门设置垫层。

（1）地下水位高，排水不良，路基经常处于潮湿、过湿状态的路段。

（2）排水不良的土质路堑，有裂隙水、泉眼等水文不良的岩石挖方路段。

（3）季节性冰冻地区的中潮、潮湿路段，可能产生冻胀需设防冻垫层的路段。

（4）基层或底基层可能受污染以及路基软弱的路段。

从垫层的设置目的与功能出发，垫层可分为防水垫层、排水垫层、防污垫层、防冻垫层。

当路基处于潮湿、过湿状态，土质不良，粉性土的含量高，在毛细水作用下水分将自下而上渗入底基层和基层结构的情况下，为隔断地下水源而设置防水垫层。防水垫层应不含粉性土、黏性土的成分，主要采用粗砂、砂砾、矿渣等粗粒材料铺筑。在垫层以下应铺设不透水层（如渗透系数低的黏土层及土工织物反滤层），防止自下而上的渗透和污染。

排水垫层的功能主要是排除通过路基顶面渗入的潜水、泉水和毛细上升水。排水垫层的材料规格、要求以及排水能力、结构层厚度均应满足路面结构排水设计的规定与要求，通过设计计算确定。排水垫层与路基路面排水系统的衔接、出口的设置等都应按照设计要求选定。排水垫层以下应设置土工织物反滤层，严防地下水携带路基土侵入排水垫层，污染排水垫层结构，使排水垫层的排水功能降低。若排水垫层同时也承担着排除地面渗入路面结构的雨水的功能，则排水层与底基层交界面上也应设置反滤层，以防止基层材料的有害成分污染排水层，影响其排水功能的发挥。

对于地处软土地带的潮湿路段，为了防止路基土侵入路面污染结构，可设置防污垫层作为隔离层，以保护路面结构。通常采用土工合成材料与粒料分多层间隔铺筑，即可达到防污的效果。有时将防污垫层设置在防水垫层或排水垫层以下，两种垫层同时使用，可取得良好效果。

在季节性冰冻地区，当冻深较大、路基土为易冻胀土时，常常发生冻胀和翻浆。在这种路段应设置防冻垫层，以保护路面结构不受冻胀和翻浆的危害。防冻垫层应采用隔温性能良好、热导率低的材料，如煤渣、矿渣、石灰煤渣稳定粒料等。防冻垫层厚度的确定，除了路面结构总厚度应满足力学强度和弯沉等设计控制指标应达到规范要求外，主要应满足防止冻胀的要求，以确保路基路面在冻深范围内不会出现聚冰层。防冻层的厚度与路基干湿类型、路基土类、道路冻深、路面材料的热物理性能有关。

4. 沥青路面层间结合

沥青路面各结构层之间应紧密结合，不因层间滑动或松散而丧失结构的整体效应。

（1）沥青面层与基层之间应设置透层沥青或黏层沥青。当采用半刚性基层时，为防止粒料松散和雨水下渗，宜采用单层层铺法表面处治或稀浆封层表面处治进行封闭。当采用水泥混凝土刚性基层时，也应设黏层沥青。

（2）沥青面层由两层或三层组成又不能连续摊铺时，则在铺上层之前彻底清扫下层表面的灰尘、泥土、油污等有可能破坏层间结合的有害物质，然后设黏层沥青。

（3）透层沥青、黏层沥青，单层表面处治下封层，稀浆封层下封层的材料规格、用量应根据地区气候特点、施工季节和结构类型的不同，按《公路沥青路面设计规范》（JTGD 50—2006）的规定选定。

【工程实例6.1】　工程概况：某市一路位于规划新市区中部，北起南环路，南至石河南路。全长1243m，是贯穿城市东西的一条一级主干道，它是该市新城市规划"五纵七横"干道网中的重要组成部分。

本期实施的该城市道路共分两个标段，本次参加投标的标段为Ⅰ标段，该标段工程起讫桩号为K0＋020～K0＋340，全长320m，道路红线宽度为50m。路幅标准横断面规划设计为：快车道宽度22m、慢车道宽度为5.5m×2m、人行道宽度为5.0m×2m、两侧绿化带宽度为3.5m×2m。

1. 道路路面结构

（1）快车道6cm厚粗粒式沥青混凝土面层、4cm厚中粒式沥青混凝土面层、39cm厚二灰碎石基层。

（2）慢车道路面结构为：3cm厚细粒式沥青混凝土、5cm厚中粒式沥青混凝土面层；20cm厚二灰碎石基层。

（3）人行道路面结构为：5cm厚人行彩色道板铺设，2cm厚1∶4水泥砂浆卧层；15cm厚二灰（石灰∶粉煤灰＝20∶80）。

2. 配合比设计

（1）沥青为宁波SK宝盈普通沥青，标号AH-70，其技术要求满足《沥青路面施工技术规范》（JTJ 032—94）的有关规定。

（2）粗集料应采用石质坚硬、清洁、不含风化颗粒、近立方体颗粒的碎石，粒径大于2.36mm。粗集料每500m³检验一次。其技术规格应满足《沥青路面施工技术规范》（JTJ 032—94）的有关规定。

（3）细集料采用坚硬、洁净、干燥、无风化、无杂质并有适当级配的石灰岩轧制的机制砂，其视密度应不小于2.5t/m³，通过0.5mm筛孔以下颗粒应无塑性指数。细集料每200m³检验一次。其规格技术要求应满足《沥青路面施工技术规范》（JTJ 032—94）的有关规定。

（4）填料宜采用石灰岩碱性石料经磨细得到的矿粉。矿粉必须干燥、清洁，并不含泥土、杂物和结块的颗粒。矿粉质量技术要求应满足《沥青路面施工技术规范》（JTJ 032—94）的有关规定。矿粉每50t检验一次。

1）试验检测。实验室是保证工程质量的重要质检部门，已配备先进的检测仪器并做好实验室的仪器安装、调试、计量认证、建立制度等工作，同时配备施工经验丰富、业务能力强的试验检测人员，投入原材料的检验及各种配合比设计工作中。为保证沥青混合料质量，将配备性能良好、精度符合规定的质量检测仪器，并配备足够的易损部件。

2）沥青混合料配合比设计。沥青混合料均按两阶段进行配合比设计。即目标配合比阶段、生产配合比设计阶段、生产配合比验证阶段。通过配合比设计决定沥青混合料的材料品种的可用性以及矿料级配和最佳沥青用量。

a. 下面层目标配合比设计。

沥青用量：3.9%，集料配合比：1 号：2 号：3 号：4 号：矿粉＝29：34：11：23：3，密度：2.437g/cm³，饱和度：65.5%，孔隙率：4.4%，粒料间隙率：12.8%，稳定度：10.23kN。

材料物理、力学性质均符合规范要求。

b. 上面层目标配合比设计。

沥青用量：4.8%，集料配合比：1 号：2 号：3 号：矿粉＝45：19.5：32：3.5，密度：2.412g/cm³，孔隙率：4.3%，饱和度：69.6%，稳定度：10.86kN，粒料间隙率：14.1%。

材料物理、力学性质均符合规范要求。

c. 生产配合比设计。从间歇式拌和机二次筛分进入各热料仓的材料中取样进行筛分，以确定各热料仓中的材料用量比例，供拌和机控制室使用。同时反复调整冷料仓的进料比例以达到进料均衡，并取目标配合比设计的最佳沥青用量、最佳沥青用量±0.3%、最佳沥青用量－0.1%等几个沥青用量进行马歇尔试验，确定生产配合比的最佳沥青用量，确定下面层生产配合比以确定生产配合比为 1 号：2 号：3 号：4 号：5 号：矿粉＝25：20：17：10：25：3，沥青含量 3.9%；确定上面层生产配合比以确定生产配合比为 1 号：2 号：3 号：4 号：矿粉＝22：25：15.5：34：3.5，沥青含量 4.8%。将试验资料上报监理工程师审查后，再通过试铺验证生产配合比。

d. 生产配合比验证阶段。拌和设备用生产配合比及最佳沥青用量进行拌料，取拌制的沥青混合料进行马歇尔试验，各项技术指标应符合要求，以确定生产用的标准配合比，以标准配合比作为生产上的控制依据和质量检验的标准。

学习情境 6.2 沥青混合料生产及运输

【情境描述】 在了解沥青路面施工图和混合料组成设计的基础上，主要介绍沥青混合料的生产和运输问题，并着重分析了沥青混合料原材料的检验和混合料的质量检验问题，这是保证沥青混合料面层质量的重要措施之一。

6.2.1 沥青路面常用材料要求

沥青路面的原材料包括沥青、粗集料、细集料、填料等。施工前，选用符合质量标准的原材料，是生产出质量优良且符合设计要求的沥青混合料的基础。

6.2.1.1 材料进场要求及存贮

1. 施工前加必须检查各种原材料的来源和质量

对经过招标程序购进的沥青、集料等重要材料，供货单位必须提交最新检测的正式试验报告，从国外进口的材料应提供该批材料的船运单、对首次使用的集料，应检查生产单位的生产条件、加工机械、覆盖层的清理情况。所有材料都应按有关规定取样检测，经质量认可后方可订货。

2. 材料运至现场后必须取样进行质量检验

各种材料都必须在施工前或施工过程中以"批"为单位进行质量检验，经评定合格后方可使用，不得以供应商提供的检测报告或商检报告代替现场检测。不符合现行《公路沥青路面施工技术规范》（JTG F40－2004）技术要求的材料不得进场。

对各种矿料是以同一料源、同一次购入并运至生产现场的相同规格材料为一批，对沥青是指从同一来源、同一次购入且贮入同一沥青罐的同一规格的沥青为一批。材料试样的取样数量与频度按现行试验规程的规定进行。

3.沥青必须按品种、标号分开存放

除长期不使用的沥青可放在自然温度下存贮外，沥青在贮罐中的贮存温度不宜低于130℃，并不得高于170℃。桶装沥青应直立堆放，加盖苫布。

使用成品改性沥青的工程，应要求供应商提供所使用的改性剂型号、基质沥青的质量检测报告。使用现场改性沥青的工程，应对试生产的改性沥青进行检测。质量不合格的不可使用。

4.不同料源、品种、规格的集料不得混杂堆放

工程开始前或施工过程中，必须对集料的存放场地、防雨和排水措施进行确认。采取适当的措施防止对集料的污染。

6.2.1.2　沥青材料

沥青路面使用的沥青包括道路石油沥青、乳化沥青、液体石油沥青、煤沥青、改性沥青、改性乳化沥青等其技术要求及适用范围应符合现行的《公路沥青路面施工技术规范》（JTG F40—2004）的规定。

道路石油沥青使用广泛，它的标号分为 160 号、130 号、110 号、90 号、70 号、50 号、30 号共 7 个标号，每个标号的道路石油沥青又分为 A，B，C 3 个等级，各个沥青等级的适用范围应符合表 6.1 的规定。

表 6.1　　　　　　　　　　　道路石油沥青的适用范围

沥青等级	适　用　范　围
A 级沥青	各个等级的公路，适用于任何场合和层次
B 级沥青	1. 高速公路、一级公路沥青下面层及以下层次，二级及二级以下公路的各个层次 2. 用作改性沥青、乳化沥青、改性乳化沥青、稀释沥青的基质沥青
C 级沥青	三级及三级以下公路的各个层次

道路石油沥青的质量检测指标、技术要求及试验方法见现行《公路沥青路面施工技术规范》（JTG F40—2004）在进行道路石油沥青质量检测评定时需注意以下事项：

（1）试验方法按照现行《公路工程沥青及沥青混合料试验规程》（JTG E20—2011）规定的方法执行用于仲裁试验求取针入度指数 PI 时的 5 个温度的针入度关系的相关系数不得小于 0.997。

（2）经建设单位同意，沥青的 PI 值、60℃动力黏度、10℃延度可作为选择性指标，也可不作为施工质量检验指标。

（3）70 号沥青可根据需要要求供应商提供针入度范围 60～70 或 70～80 的沥青，50 号沥青可要求提供针入度范围为 40～50 或 50～60 的沥青。

（4）30 号沥青仅适用于沥青稳定基层。130 号和 160 号沥青除寒冷地区可直接在中低级公路上直接应用外，通常用作乳化沥青、稀释沥青、改性沥青的基质沥青。

（5）老化试验以 TFOT 为准，也可以 RTFOT 代替。

（6）气候分区可参考《公路沥青路面施工技术规范》（JTG F40—2004）相关规定。

沥青路面采用的沥青标号，宜按照公路等级、气候条件、交通条件、路面类型及在结构层中的层位及受力特点、施工方法等，结合当地的使用经验，经技术论证后确定。

对高速公路、一级公路，夏季温度高、高温持续时间长、重载交通、山区及丘陵区上坡路段、服务区、停车场等行车速度慢的路段，尤其是汽车荷载剪应力大的层次，宜采用稠度大、黏度大的沥青，也可提高高温气候分区的温度水平选用沥青等级；对冬季寒冷的地区或交通量小的公路、旅游公路宜选用稠度小、低温延度大的沥青；对温度日温差、年温差大的地区宜注意选用针入度指数大的沥青。当高温要求与低温要求发生矛盾时应优先考虑满足高温性能的要求。

道路石油沥青在储运、使用及存放过程中应有良好的防水措施，避免雨水或加热管道蒸气进入沥青中。煤沥青不宜在沥青面层使用，一般仅做透层沥青使用。选用乳化沥青时，对于酸性石料、潮湿的石料，以及低温季节施工宜选用阳离子乳化沥青；对于碱性石料或与掺入水泥、石灰、粉煤灰共同使用时，宜选用阴离子乳化沥青。

6.2.1.3　粗集料

沥青路面选用的粗集料包括碎石、破碎砾石、筛选砾石、钢渣、矿渣等。高速公路和一级公路不得使用筛选砾石和矿渣。粗集料必须由具有生产许可证的采石场生产或施工单位自行加工。

粗集料应该洁净、干燥、表面粗糙，其质量检测项目、技术要求及试验方法见《公路沥青路面施工技术规范》（JTG F40—2004）的规定当单一规格集料的质量指标达不到有关规定要求，而按照集料配合比计算的质量指标符合要求时，工程上允许使用。对受热易变质的集料，宜采用经拌和机烘干后的集料进行检验。

在进行沥青层用粗集料质量检测评定时，需注意以下事项：

（1）坚固性试验可根据需要进行。

（2）用于高速公路、一级公路时，多孔玄武岩的视密度可放宽至 $2.45t/m^3$，吸水率可放宽至 3%，但必须得到建设单位的批准，且不得用于 SMA 路面。

（3）对 S14 即公称粒径 3～5mm 规格的粗集料，针片状颗粒含量可不予要求，小于 0.075mm 的颗粒含量可放宽到 3%。

高速公路、一级公路沥青路面表面层（或磨耗层）粗集料的磨光值应符合《公路沥青路面施工技术规范》（JTG F40—2004）的有关要求。除 SMA、OGFC 路面外，允许在硬质粗集料中掺加部分较小粒径的磨光值达不到要求的粗集料，其最大掺加比例由磨光值试验确定。

粗集料与沥青的黏附性应符合《公路沥青路面施工技术规范》（JTG F40—2004）的有关要求当使用不符合要求的粗集料时，宜掺加消石灰、水泥或用饱和石灰水处理后使用，必要时可同时在沥青中掺加耐热、耐水、长期性能好的抗剥落剂，也可采取改性沥青的措施，使沥青混合料的水稳定性检验达到要求掺加外加剂的剂量由沥青混合料的水稳定性检验确定。

6.2.1.4　细集料

沥青路面的细集料包括天然砂、机制砂、石屑。细集料必须由具有生产许可证的采石场、采砂场生产。细集料应洁净、干燥、无风化、无杂质，并有适当的颗粒级配，其质量检测项目、技术要求及试验方法见《公路沥青路面施工技术规范》（JTG F40—2004）的规定。

细集料的洁净程度，天然砂以粒径小于 0.075mm 含量的百分数表示，石屑和机制砂以砂当量（适用于 0～4.75mm）或亚甲蓝值（适用于 0～2.36mm 或 0～4.75mm）表示。

天然砂可采用河砂或海砂，通常宜采用粗、中砂，规格应符合《公路沥青路面施工技术规范》（JTG F40—2004）的规定砂的含泥量超过规定时应水洗后使用，海砂中的贝壳类材料必须筛除。热拌密级配沥青混合料中天然砂的用量不宜超过集料总量的 20%，SMA 和 OGFC 混合料不宜使用天然砂。

石屑是指采石场破碎石料时通过筛孔 4.75mm 或 2.36mm 的筛下部分，其规格应符合《公路沥青路面施工技术规范》（JTG F40—2004）的要求。高速公路和一级公路的沥青混合料，宜将 S14（公称粒径 3～5mm）与 S16（公称粒径 0～3mm）组合使用，S15（公称粒径 0～5mm）可在沥青稳定碎石基层或其他等级公路中使用厂机制砂宜采用专用的制砂机制造，并选用优质石料生产，其级配应符合 S16 的要求。

6.2.1.5 填料

沥青混合料的填料必须采用石灰岩或岩浆岩中的强基性岩石等憎水性石料经磨细得到的矿粉，原石料中的泥土杂质应除净。矿粉应干燥、洁净，能自由地从矿粉仓流出，其质量检测项目、技术要求及试验方法见《公路沥青路面施工技术规范》（JTG F40—2004）的规定。

拌和机的粉尘可作为矿粉的一部分回收使用，但每盘用量不得超过填料总量的 25%，掺有粉尘填料的塑性指数不得大于 4%。

粉煤灰作为填料使用时，用量不得超过填料总量的 50%，粉煤灰的烧失量应小于 12%与矿粉混合后的塑性指数应小于 4%，其余质量要求与矿粉相同。高速公路、一级公路的沥青面层不宜采用粉煤灰做填料。

6.2.1.6 纤维稳定剂

在沥青混合料中掺加的纤维稳定剂宜选用木质素纤维、矿物纤维等。木质素纤维的质量检测项目、技术要求及试验方法见《公路沥青路面施工技术规范》（JTG F40—2004）的规定。

纤维应在 250℃的干拌温度不变质、不发脆，使用纤维必须符合环保要求，不危害身体健康。矿物纤维宜采用玄武岩等矿石制造，易影响环境及造成人体伤害的石棉纤维不宜直接使用。纤维必须在混合料拌和过程中能充分分散均匀。纤维应存放在室内或有棚盖的地方，松散纤维在运输及使用过程中应避免受潮，不结团。

纤维稳定剂的掺加比例以沥青混合料总量的质量百分率计算，通常情况下，用于 SMA 路面的木质素纤维不宜低于 0.3%，矿物纤维不宜低于 0.4%，必要时可适当增加纤维用量。纤维掺加量的允许误差宜不超过±5%。

6.2.1.7 施工过程中对原材料的检验

沥青混合料在生产过程中，应按照表 6.2 所列的检查项目与频度，对各种原材料进行抽样试验，质量应符合现行施工技术规范规定的技术要求，每个检查项目的平行试验数或一次试验的试样数必须按相关试验规程的规定进行，并以平均值评价是否合格。

表 6.2 施工过程中材料质量检查的项目与频度

材料	检查项目	检查频度		试验规程规定的平行试验次数或一次试验的试样数
		高速公路、一级公路	其他等级公路	
粗集料	外观（石料品种、含泥量等）	随时	随时	—
	针片状颗粒含量	随时	随时	2～3
	颗粒组成（筛分）	随时	必要时	2
	压碎值	必要时	必要时	2
	磨光值	必要时	必要时	4
	洛杉矶磨耗值	必要时	必要时	2
	含水量	必要时	必要时	2
细集料	颗粒组成（筛分）	随时	必要时	2
	砂当量	必要时	必要时	2
	含水量	必要时	必要时	2
	松方单位量	必要时	必要时	2
矿粉	外观	随时	随时	—
	<0.075mm 含量	必要时	必要时	2
	含水量	必要时	必要时	2
石油沥青	针入度	每2～3d一次	每周1次	3
	软化点	每2～3d一次	每周1次	2
	延度	每2～3d一次	每周1次	2
	含蜡量	必要时	必要时	2～3
改性沥青	针入度	每天1次	每天1次	3
	软化点	每天1次	每天1次	2
	离析试验（对成品改性沥青）	每周1次	每周1次	2
	低温延度	必要时	必要时	3
	弹性恢复	必要时	必随时	3
	显微镜观察（对现场改性沥青）	随时	随时	—
乳化沥青	蒸发残留物含量	每2～3d一次	每周1次	2
	蒸发残留物含量针入度	每2～3d一次	每周1次	2
改性乳化沥青	蒸发残留物含量	每2～3d一次	每周1次	2
	蒸发残留物含量针入度	每2～3d一次	每周1次	3
	蒸发残留物含量软化点	每2～3d一次	每周1次	2
	蒸发残留物含量延度	必要时	必要时	3

注　1. 表列内容是材料进场时已按"批"进行了全面检查的基础上，日常施工过程中质量检查的项目与要求。
　　2. "随时"是指需要经常检查的项目，其检查频度可根据材料来源及质量波动情况由业主及监理确定；"必要时"是指施工各方任何一个部门对其质量发生怀疑，提出需要检查时，或是根据需要商定的检查频度。

6.2.2　沥青混合料生产工艺

　　沥青混合料包括沥青混凝土、沥青碎石、抗滑表层等几种类型，其施工工艺流程为施工前的准备工作、沥青混合料的拌和与运输、摊铺、压实等过程。

6.2.2.1 施工前的准备工作

施工前的准备工作主要有料源的确定及进场材料的质量检验、机械选型与配套、拌和厂选择、修筑试验路段等项工作。

1. 确定料源及进场材料的质量检验

应从质量和经济两方面综合考虑，选用国外进口沥青或国产沥青，对进场的沥青材料应抽样检测其技术指标。目前，高等级公路路面所用的沥青大部分为进口沥青。

在考虑经济性、开采条件、运输条件的情况下，选择质量满足技术标准的料场，并对料场内的石料、砂、石屑、矿粉等做必要的试验检测。

2. 拌和设备的选型及场地布置

应根据工程量和工期选择拌和设备的生产能力和移动方式（固定式、半固定式和移动式）。目前使用较多的是生产率在300t/h以下的拌和设备。

固定式沥青混合料拌和厂，应根据设备的数量、工作时产生的粉尘与噪声、供电与供水以及施工运输等条件选择厂址和确定场地面积，见图6.1。半固定式和移动式沥青混合料拌和设备可安装在特制的平板挂车上，便于拆装、转移和使用，见图6.2。

图6.1　间歇式微机全自动控制环保节能式　　　　图6.2　移动滚筒式沥青混合料拌和机
　　　　沥青混合料搅拌设备

近年来随着工程的需要，各施工单位购置不少进口设备与国产设备，如巴布格林（Babgeen，德制）150t/h、博拉蒂（Burladi，意制）180t/h、帕克（Parker，英制）2000t/d以及我国西安生产的LB-1000型沥青拌和站（仿Parker）50t/h等。这些现代化的生产设备具有电子自动控制装置，称量灵敏准确，还附有布袋法装置或湿式除尘装置，除尘效果好，对环境损害降到最低限度。由于沥青路面属于大规模生产，每天要求生产沥青混合料在1000t以上甚至到达3000t。有时需要多台沥青拌和设备同时生产方能满足需要。所有设备的喂料仓均为4个，有时遇到0～5mm材料需要两种材料混合（如石屑与砂），如将料仓增至5个，使用就方便多了。

3. 施工机械

主要对拌和与运输设备、沥青洒布车（图6.3）、沥青碎石同步封层车（图6.4）、沥青混合料摊铺机（图6.5）和沥青混合料压路机（图6.6）的规格、性能和运转、液压系统进行检测与检查。

图 6.3　智能沥青洒布车

图 6.4　沥青碎石同步封层车

图 6.5　沥青混合料摊铺机

图 6.6　沥青混合料轮胎压路机

4. 修筑试验路段

正式开工前，应根据计划使用的机械设备和设计的混合料配合比铺筑试验路段，以确定合适的拌和时间和温度；摊铺温度和速度；压实机械的合理组合，压实温度及压实方法；松铺系数；合适的作业段长度。并在试验段中抽样检测沥青混合料的沥青含量、矿料级配、稳定度、流值、孔隙率、饱和度、密实度等，最终提出混合料的生产配合比、机械的优化组合及标准施工方法。

6.2.2.2　沥青混合料的拌和

1. 试拌

根据室内配合比进行试拌，通过试拌及抽样试验确定施工质量控制指标。

（1）对间歇式拌和设备，应确定每盘热料仓的配合比。对连续式拌和设备，应确定各种矿料送料口的大小及沥青、矿料的进料速度。

（2）沥青混合料应按设计沥青用量进行试拌，取样做马歇尔试验，以验证设计沥青用量的合理性，或做适当的调整。

（3）确定适宜的拌和时间。

（4）确定适宜的拌和与出厂温度。石油沥青的加热温度宜为 130～160℃，不宜超过 6h。沥青混合料的出厂温度宜控制在 130～160℃内。

2. 沥青混合料的拌制

根据配料单进料，严格控制各种材料用量及其加热温度。拌和后的混合料应均匀一致，

227

无花白、无离析和结团成块等现象。每班抽样做沥青混合料性能、矿料级配组成和沥青用量检验。

【工程实例6.2】 某高速公路主线长50.25km，采用沥青混合料路面。沥青面层结构为三层，总厚度16cm，上面层为AC-16B（厚4cm），中面层为AC-25Ⅰ（厚6cm），下面层为AC-25Ⅱ（厚6cm）。沥青混凝土面层于1998年3月初正式铺筑，至1999年1月底基本结束。为提高工程质量，施工企业根据施工场地情况，做好总平面布置，施工用水、用电等各项准备工作，并根据监理单位和业主批准的施工组织设计和施工方案，组织施工机械、人员进场，并按总进度计划，编制月、周计划，明确分工，责任到人。同时严把材料关，对原材料进行严格检查、检验，在满足使用要求的前提下，采用意大利产博拉蒂MPA220型间歇式沥青拌和楼集中拌制沥青混合料。质量检验合格后，由自卸车运至现场。

1. 面层材料控制

根据招标文件要求，沥青材料由业主提供，但项目部要认真进行取样试验，确保合乎标准要求并令业主及监理工程师满意的材料进场。各种路面材料按以下的质量标准控制。

（1）根据招标文件要求，沥青由业主统一供应，采用AH-70石油沥青，其技术指标见表6.3。运到现场的每批沥青都应附有制造厂的证明和出厂试验报告，并说明装运数量、装运日期、订货数量等。

表6.3 AH-70沥青技术指标

试 验 项 目		指标
针入度（25℃，100g，5s）	（0.1mm）	60~80
延度（5cm/min，15℃）	不小于（cm）	100
软化点（环球法）	（℃）	44~54
闪点（COC）	不小于	230
含蜡量（蒸馏法）	不大于（%）	3
密度（15℃）	（g/cm³）	实测记录
溶解度（三氯乙烯）	不小于（%）	99.0
薄膜加热试验 163℃，5h	质量损失 不大于（%）	0.8
	针入度比 不小于（%）	55
	延度（25℃） 不小于（%）	50
	延度（15℃） cm	实测记录

（2）面层沥青混合料用粗集料，混合料中均添加抗剥落剂，抗剥落剂的品种及掺量由试验同业主另行确定。面层粗集料质量要求见表6.4。

表6.4 沥青面层骨料质量要求

路面结构层主要指标	上面层沥青混凝土	中、下面层沥青混凝土
洛杉矶磨耗率/%	≤30	≤30
石料压碎值/%	≤28	≤28
石料磨光值/BPN	≥42	<42
细长扁平轻料含量/%	≤15	<15

路面结构层主要指标	上面层沥青混凝土	中、下面层沥青混凝土
软石含量/%	≤5	≤5
石料坚固性/%	≤12	≤12

（3）细集料。细集料可采用天然砂、人工砂及石屑，或天然砂和石屑两者的混合料。集料应干净、坚硬、干燥、无风化、无杂质或其他有害物质，并有适当的级配。

（4）填料。填料宜采用石灰岩或岩浆中的强基性岩石等憎水性石料经磨制的矿粉，不应含泥土杂质和团粒，要求干燥、洁净，其质量应符合《公路沥青路面施工技术规范》（JTJ 032—94）中表 C.12 的技术要求。经监理工程师批准，采用水泥、石灰等作为填料时，其用量不宜超过集料总量的 2%。天然砂、石屑的规格和细集料质量技术要求，应符合《公路沥青路面施工技术规范》（JTJ 032—94）的要求规定。

根据确定的沥青混凝土路面各种规格的材料用量，及各种结构层的施工进度计划安排，进行组织备料。

进场材料的堆放的料场底部采用 20cm 的 C20 混凝土铺筑，砌 7.5 号浆砌片石挡墙分隔不同规格的材料，以保证集料的质量；玄武岩采用水洗的方法提高沥青的握裹力；为了减少集料的含水量，还在料场设置 2% 的坡度，并在坡度较低的一侧设置足够的排水沟，以保证雨水或地表水排出料场。

2. 混合料的拌制

（1）本工程采用 MPA220 型间歇式拌和设备，每天拌料前应对拌和设备及配套设备进行检查，使各动态仪表处于正常的工作状态。定期对计量装置进行校核，保证混合料中沥青用量及集料的允许偏差符合《公路沥青路面施工技术规范》（JTJ 032—94）要求。

（2）拌和厂生产设备安置于空旷干燥、运输条件较好的地方，并做好场地内的临时防水设施及防雨、防火等安全措施。

（3）各种矿料按规格分别堆放，插牌标识，矿粉与填料装入储料仓，防止受潮。

（4）沥青储油设施同沥青拌和楼的沥青存储连通。采用导热油加热，将沥青、矿粉的加油温度调节到能使沥青混合料的出厂温度达到 125～160℃。集料温度一般比沥青高 10～20℃。

（5）沥青的加热温度、石料的加热温度、混合料的出厂温度，保证运到现场的温度均符合《公路沥青路面施工技术规范》（JTJ 032—94）的要求。

（6）沥青混合料的拌和时间，应以混合料拌和均匀、所有矿料颗粒全部裹住沥青为度。正常拌和时间由试验段技术总结中提出。

（7）拌和厂拌出的拌和料，应使混合料均匀一致，无花白料，无结块成团或严重离析现象，发现异常应及时调整。所有过度加热的混合料，或已经炭化、起泡和含水的混合料都应废弃。

（8）本拌和设备设成品料仓，并有保温设备，其温度下降不超过 10～20℃，但储料时间不宜超过 72h。

（9）拌和厂应在试验室的监控下工作，沥青混合料的出厂温度不得低于《公路沥青路面施工技术规范》（JTJ 032—94）中的规定，高于正常出厂温度 30℃ 的沥青混合料应予以废弃。

（10）材料的规格或配合比发生改变时，都应根据试验资料进行试拌。试拌时必须抽查混合料的沥青含量、级配组成和有关力学性能，并报请工程师批准。每天上午、下午各取一组混合料试样做马歇尔试验和抽提筛分试验，检验油石比、矿粉级配和沥青混凝土的物理性质。

6.2.3　沥青混合料运输

热拌沥青混合料应采用较大吨位的自卸汽车运输。运输时应防止沥青与车厢板黏结。车厢应清扫干净，车厢侧板和底板可涂一薄层油水（柴油：水为 1:3）混合液，并不得有余液积聚在车厢底部。

从拌和机向运料车上装料时应防止粗细集料离析，每卸一斗混合料应挪动一下汽车位置。

运料车应采取覆盖篷布等保温、防雨、防污染的措施，夏季运输时间短于 0.5h 时也可不加覆盖。运至摊铺地点时的沥青混合料温度不宜低于 130℃。

沥青混合料运输车的运量应比拌和能力或摊铺速度有所富余，施工过程中摊铺机前方应有运料车在等候卸料。对高速公路、一级公路和城市快速路、主干路，开始摊铺时在施工现场等候卸料的运料车不宜少于 5 辆。

连续摊铺过程中运料车应停在摊铺机前 10~30cm 处，并不得撞击摊铺机。卸料过程中运料车应挂空挡，靠摊铺机推动前进。

沥青混合料运至摊铺地点后应凭运料单接收，并检查拌和质量。不符合本规范表的温度要求或已经结成团块、已被雨淋湿的混合料不得用于铺筑。

学习情境 6.3　沥青混合料的摊铺及压实

【情境描述】　在沥青混合料生产和运输的基础上，主要介绍沥青混合料的摊铺和压实的问题，并着重分析了沥青混合料的摊铺机械、摊铺方法和沥青混合料压实的基本方法和操作程序，搞好沥青混合料的摊铺和压实工作，对于沥青路面的质量至关重要。

6.3.1　沥青混合料摊铺机械

沥青混合料摊铺机械是沥青路面专用施工机械。它的作用是将拌制好的沥青混合料按一定的技术要求均匀地摊铺在路面基层上，构成沥青混凝土基层或面层。摊铺机铺筑的路面能准确地保证摊铺层厚度、宽度、拱度、平整度、密实度，既可降低成本、增加铺路速度，又可提高路面质量。

通常使用的近代摊铺机，尽管出自不同厂家，有着不同外形和各自的特点，但其基本结构和工作原理却大同小异。

1. 摊铺机械生产能力及数量确定

为保证运到摊铺现场的沥青混合料能够及时摊铺完毕，在选择沥青混凝土摊铺机械时应考虑其实际摊铺能力应略大于拌和设备的实际拌和能力，或者在摊铺机械选定的前提下，再去确定拌和设备的实际生产能力。摊铺机的实际摊铺能力应以实际摊铺宽度、厚度，在一定的摊铺速度下能够摊铺符合工程质量要求的生产能力，可用式（6.1）计算，即

$$Q_t = 60K_tBhv_t\rho \tag{6.1}$$

式中　Q_t——摊铺机实际生产能力，t/h；

　　　K_t——时间利用系数；

　　　B——摊铺机作业宽度，m；

　　　h——混合料压实厚度，m；

　　　v_t——摊铺机摊铺速度，m/min；

　　　ρ——结构层压实密度，t/m³。

在式（6.1）中，时间利用系数同样与施工组织具有密切关系，一般取值在 0.75～0.95 之间，施工组织越严密，管理越规范，施工连续性越好，取值越大；反之，越小。摊铺机需求数量可以通过式（6.2）确定，即

$$n = \frac{KQ_b}{Q_t} \tag{6.2}$$

式中　Q_b——拌和设备的单位生产能力，t/h；

　　　K——拌和机与摊铺机的机械匹配系数，取值在 1.2～1.3 内；

　　　Q_t——摊铺机实际生产能力，t/h。

2. 摊铺机械组合方式确定

在沥青混凝土摊铺施工过程中，摊铺机械的组合方式有两种，一种是一台摊铺机在全宽范围内一次性摊铺成型，这种摊铺方式要求拌和生产能力较大、运输能力较大，而且该方式摊铺施工有效减小了施工纵向接缝，施工平整度、施工质量较高，由于采用单一摊铺机摊铺作业，可以有效降低施工成本，提高经济效益。但该种摊铺机械一次性投入或租用费用较高，一般适用于大型施工企业。另一种摊铺作

图 6.7　沥青混合料摊铺机和压路机
联合作业施工

业方式为两台或两台以上摊铺机以台阶式联合作业，前后距离约 10m 左右，如图 6.7 所示。该施工方法工艺控制简单，但施工过程中容易产生纵向接缝、厚度不均匀、横坡不平等问题。一般适用于中小型施工企业或低等级公路建设。在实际选择摊铺方式过程中，应充分考虑施工进度、施工质量、经济效益要求来确定采用何种摊铺方式。

3. 摊铺机的作业速度

摊铺机的作业速度对摊铺机的作业效率和摊铺质量影响很大，正确选择摊铺作业速度，是加快施工进度、提高摊铺质量的重要手段，选择的原则是保证摊铺机作业的连续性。混合料的供应能力即沥青混合料拌和设备的生产能力和运输车辆的运输能力，应使摊铺设备在某种速度下连续作业。合理的摊铺速度可根据混合料供给能力、摊铺速度和厚度确定，计算公式为

$$v = \frac{100Q}{bhr} \tag{6.3}$$

式中　Q——混合料的实际供给能力，t/h；

　　　h——压实后的摊铺厚度，m；

b——摊铺宽度，m；

　　r——沥青混合料压实后的密度，t/m³。

　　在实际施工过程中，摊铺速度还因混合料的种类、温度及铺筑的层次有所区别，一般下层的摊铺较快，约为 10m/min，上面层的摊铺速度较慢，在 6m/min 以下。

6.3.2　沥青混合料摊铺施工

　　沥青混合料的摊铺，包括下承层准备、施工放样、摊铺机各种参数的调整与选择、摊铺机摊铺等内容。

6.3.2.1　下承层准备

　　摊铺沥青混合料时，其下承层可能是基层、路面下面层或中面层。基层完工后，一般浇洒透层油进行养生保护。因通车、下雨使表面发生破坏，出现松散、浮尘、下沉、泥泞等，在摊铺沥青混合料前，应进行维修、重新分层填筑并压实、清洗干净。对下承层表面缺陷进行处理后，即可洒透层油或黏层油。

6.3.2.2　施工放样

　　用测量仪器定出摊铺路面的边线位置，并在边线桩上标出路面面层顶的设计高程位置，以控制沥青混合料面层的厚度。对无自控装置的摊铺机，应根据下承层的实测高程和面层的设计高程确定实铺厚度。

　　当下承层的表面高程变化较多，使得沥青路面的总厚度与路面顶面设计高程允许范围相矛盾时，应以保证厚度为主。

6.3.2.3　摊铺机各种系数的调整与选择

　　摊铺前，需调整与选择摊铺机的参数主要有熨平板宽度与拱度、摊铺厚度与熨平板的初始工作迎角、摊铺速度。

　　(1) 熨平板宽度与拱度的调整。为减少摊铺次数，每条摊铺带的宽度应按该型号摊铺机的最大摊铺宽度来考虑。宽度为 B 的路面所需横向摊铺的次数 n 按式（6.4）计算，即

$$n=\frac{B-x}{b-x} \tag{6.4}$$

式中　B——路面宽度，m；

　　　b——摊铺机熨平板的总宽度，m；

　　　x——相邻摊铺带的重叠量，m，一般为 0.025～0.08m。

　　式（6.4）的含义是，路面的宽度应为摊铺机总摊铺宽度减去重叠后的整倍数。如 n 不能满足整数时，尽可能在减少摊铺次数的前提下，使所剩的最后一条摊铺带宽度不小于该摊铺机的标准摊铺宽度。实在不足时，采用切割装置（截断滑靴）来切窄摊铺带。

　　确定摊铺带宽度时，上下铺层的纵向接茬应错开 30cm 以上；摊铺下层时，熨平板的侧面与路缘石或边沟间应留有 10cm 以上的间距；纵向接茬处应有一定的重叠量（平均为 2.5～5m）；接宽熨平板时必须同时相应地接长螺旋摊铺器和振动梁，同时检查接长后熨平板底板的平直度和整体刚度。

　　熨平板宽度调整后，再调整其拱度，可在标尺上直接读出拱度的绝对数（mm）值或横坡百分数。拱度调整后要进行试铺校验，必要时再次调整。对大型摊铺机，有前后两副调拱机构，其前拱的调节量略大于后拱。

　　(2) 摊铺厚度与熨平板的初始工作迎角。摊铺工作开始前，准备两块长方垫木，作为摊

铺厚度的基准。垫木宽 5～10cm，与熨平纵向尺寸相同或稍长，厚度为松铺厚度。将摊铺机停置于摊铺带起点的平整处后，抬起熨平板，把两块垫木分别置于熨平板两端的下面。如果熨平板加宽，垫木则放在加宽部分的近侧边处。

垫木放好后，放下熨平板，让其提升油缸处于浮动状态。然后转动左右两只厚度调节螺杆，使它们处于微量间隙的中立位置。此时，熨平板以其自重落在垫木上。熨平板放置妥当后，利用手动调整机构，调整初始工作迎角。每调整一次，须在 5m 范围内做多点厚度检验，取平均值与设计值比较。实际施工中，根据刮板输送器的生产能力和最大摊铺宽度，可方便地调整摊铺厚度。

6.3.2.4　摊铺机的摊铺

（1）熨平板的加热。每次开始工作时，应对熨平板进行加热，以防混合料冷黏在板底上，拉裂铺层表面，形成沟槽和裂纹。加热后的熨平板对铺层起到熨烫作用，使路表面平整无痕。但过热，除会使板变形和加速磨损外，还会使铺层表面烫出沥青胶浆和拉沟。

连续摊铺中，熨平板充分受热后，可暂停加热。对摊铺低温混合料和沥青砂，熨平板应连续加热，以使底板对材料经常起熨烫作用。

（2）摊铺机供料机构操作。供料机构的刮板输送器和向两侧布料的螺旋摊铺器的工作，应密切配合，速度匹配。刮板输送器的运转速度一般确定后应保持稳定，供料量基本依靠闸门的开启高度来调整。摊铺室内合适的混合料量为料堆的高度平齐于或略高于螺旋摊铺器的轴心线，以稍微看见螺旋叶片或刚盖住叶片为度。

闸门的最佳开度，应在保证摊铺室内混合料处于正确料堆高度状态下，使刮板输送器和螺旋摊铺器在全部工作时间内都能不停歇地持续工作。为了保持摊铺室内混合料高度常处于标准状态，最好是采用闸门自控系统。

（3）摊铺方式。先按前述方法确定摊铺宽度，各条摊铺带的宽度最好相同，以节省重新接宽熨平板的时间。摊铺时，应先从横坡较低处开铺。使用单机进行不同宽度的多次摊铺时，应尽可能先摊铺较窄的那一条，以减少拆接宽次数。

若为多机摊铺，应在尽量减少摊铺次数的前提下，各条摊铺带的宽度可按梯队方式作业，梯队间距宜在 5～10m，以便形成热接茬。若为单机非全幅作业，每幅铺筑应在 100～150m 后调头完成另一幅，并须接好接茬，如图 6.8 所示。

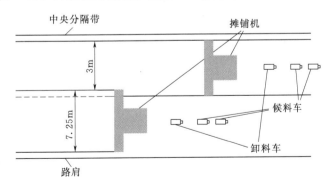

图 6.8　面层摊铺示意图

6.3.2.5　沥青路面的最低摊铺温度

根据铺筑层厚度、气温、风速及下卧层表面温度，其最低摊铺温度按表 6.5 执行，且不得低于表6.5的要求。每天施工开始阶段宜采用较高温度的混合料。图6.9所示现场技术人员正在检测沥青混合料摊铺温度。

表6.5　　　　　　　　　　　　沥青混合料的最低摊铺温度

下卧层的表面温度/℃	相应于下列不同摊铺层厚度的最低摊铺温度/℃					
	普通沥青混合料			改性沥青混合料或SMA沥青混合料		
	<50mm	50～80mm	>80mm	<50mm	50～80mm	>80mm
<5	不允许	不允许	140	不允许	不允许	不允许
5～10	不允许	140	135	不允许	不允许	不允许
10～15	145	138	132	165	155	150
15～20	140	135	130	158	150	145
20～25	138	132	128	153	147	143
25～30	132	130	126	147	145	141
>30	130	128	124	145	140	139

6.3.2.6　接茬处理

两条摊铺带相搭接处的纵向接茬可采用冷接茬和热接茬两种方法。冷接茬是指新铺层与经过压实后的已铺层进行搭接。摊铺新铺层时，重叠搭接宽度为3～5cm，且与前一次摊铺带的松铺厚度应相同，同时，对已摊铺带接茬处边缘应铲齐、铲修垂直。

热接茬是在使用两台以上摊铺机梯队作业时采用，两条相邻摊铺带的混合料还处于压实前的热状态，较易处理，且连接强度较好。一般搭接宽度为2～5cm。摊铺带的边缘应齐整，

图6.9　沥青混合料摊铺现场摊铺温度测定

并在一侧设置导向线，作为摊铺机行驶时的标定方向。

前后两条摊铺带的横向接茬处理时，应将第一条摊铺带的尽头边缘锯成垂直面，并与纵向边缘成直角。

6.3.3　沥青混合料碾压施工

沥青混合料的压实包括碾压机械的选型与组合、压实温度、速度、遍数、压实方式的确定及特殊路段的压实（陡坡与弯道）。

1. 碾压机械的选型与组合

（1）目前，常用的压路机有三轮式静力光轮压路机、轮胎压路机和振动压路机。

三轮式静力光轮压路机，其质量为2.5～16t，主要用于沥青混合料的初压。轮胎压路机一般为5～25t，可用来进行接缝处的预压、坡道预压、消除裂纹、薄摊铺层的压实作业。振动压路机中的自行式单轮压路机，一般质量为4～12t，常用于平整度要求不高的路面压实。压实度要求较高时，可采用串联振动压路机。在沥青混合料压实中，铰接转向和前后轮偏移铰接转向的串联振动压路机在边缘碾压时，能减少转弯中对路边缘的损坏，因此，使用较为广泛。

结合工程实际，选择压路机种类、大小和数量，应考虑摊铺机的生产率、混合料特性、摊铺厚度、施工现场的具体条件等因素。一般地，摊铺层厚度小于 6cm 宜使用振幅 0.35～0.6mm 的中小型振动压路机（2～6t）；压实较厚的摊铺层（大于 10cm），宜使用高振幅（可达 1.00mm）的大、中型振动压路机（6～10t）。

　　（2）为使混合料达到最大密实度与压实质量，需选择合理的压路机组合及碾压温度、速度、遍数、碾压方式。沥青混合料的压实宜采用钢筒静态压路机、轮胎式压路机和振动压路机组合的方式。压路机的数量依据其生产能力来确定。

　　1）轮胎（静态钢轮）压路机的生产能力为

$$Q = \frac{3600(b-c)LhK_y}{\left(\dfrac{L}{v}+t\right)n} \tag{6.5}$$

　　2）振动压路机的生产能力为

$$Q = \frac{1000WHC}{n} \tag{6.6}$$

以上式中　　Q——压路机生产能力，m^3/h；

　　　　　　b——碾压带宽度，m；

　　　　　　c——碾压带重叠宽度，m；

　　　　　　L——碾压作业带长度，m；

　　　　　　H——铺层压实后厚度，m；

　　　　　　t——转弯调头或换挡（向）时间，s；

　　　　　　n——碾压遍数；

　　　　　　K_y——时间利用率，取 0.75～0.95；

　　　　　　v——压路机运行速度，m/h；

　　　　　　W——振动轮宽度，m；

　　　　　　C——机械效率系数。

　　3）压路机数量为

$$n = \frac{Q^T}{Q} \tag{6.7}$$

　　压路机数量确定以后，根据施工要求，对碾压作业的初压、复压、终压 3 个阶段进行压路机的配置和组合。

　　2. 压实程序

　　（1）压实程序分为初压、复压、终压 3 道工序，压路机应以慢而均匀的速度碾压。

　　初压时用 6～8t 双轮压路机或 6～10t 振动压路机（关闭振动装置即静压）压两遍，温度为 110～130℃。初压后检查平整度和路拱，必要时应予以修整。若碾压时出现推移、横向裂纹等，应检查原因并进行处理。

　　复压宜采用重型的轮胎压路机，见图 6.10，也可采用振动压路机或钢筒式压路机。当采用 10～12t 三轮压路机、10t 振动压路机或相应的轮胎压路机碾压遍数应经试压确定，并不宜少于 4～6 遍，直至稳定和无明显轮迹。复压温度为 90～110℃。

　　终压应紧接在复压后进行。终压可选用双轮钢筒式压路机或关闭振动的振动压路机碾压。一般终压用6～8t振动压路机（关闭振动装置）压2～4遍，终压温度为70～90℃。

（2）碾压时，应由路外侧向路中心，三轮压路机每次重叠宜为后轮宽的1/2，双轮压路机每次重叠宜为30cm，如图6.11所示，压实速度可参考表6.6。

（3）碾压过程中，每完成一遍重叠碾压，压路机应向摊铺机靠近些，以保证正常的碾压温度。

图6.10　重型轮胎压路机碾压施工

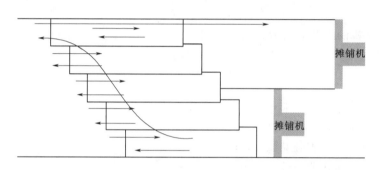

图6.11　碾压方式

表6.6　　　　　　　　　　　碾　压　速　度

压路机类型	最大碾压速度 初压/(km/h)	复压/(km/h)	终压/(km/h)
光轮压路机	1.5～2.0	2.5～3.5	2.5～3.5
轮胎压路机		3.5～4.5	
振动压路机	静压1.5～2.0	振动5～6	静压2～3

在平缓路段，驱动轮靠近摊铺机，以减少波纹或热裂缝。碾压中，要确保滚轮湿润，可间歇喷水，但不可使混合料表面冷却。

每碾压一遍的尾端，宜稍微转向，以减小压痕。压路机不得在新铺混合料上转向、调头、移位或刹车，碾压后的路面在冷却前不得停放任何机械，并防止矿料、杂物、油料洒落在新铺路面上，直至路面冷却后才能开放交通。

3. 接茬处的碾压

接茬处的碾压应先压横向接茬后压纵向接茬。

（1）横向接茬。可使用较小型压路机对横向接茬进行横向碾压或纵向碾压。开始时，将轮宽的10～20cm置于新铺的沥青混合料上进行碾压，然后逐步横移直至整个滚轮在新铺层上。有时，也可先用压路机静压，再用振动碾压。

（2）纵向接茬。当热料层与冷料层相接时，可将压路机位于热沥青混合料上，进行振动碾压，或碾压开始时，将轮宽的10～20cm压在热料层上碾压。碾压时速度应在2km/h左右。

当采用梯队作业时（热料层相接），应先压实离热接茬中心约 20cm 以外区域，最后压实剩下的窄条混合料。

4．特殊路段的碾压

特殊路段的碾压指弯道、交叉口、路边、陡坡等处的压实。

（1）弯道或交叉口的碾压。应选用铰接转向式振动压路机，先内侧后外侧，急弯处可采用直线（缺角）式换道碾压，缺角处用小型机具压实。

（2）路边碾压。可离边缘 30～40cm 处开始碾压，留下部分碾压时，压路机每次只能向自由边缘方向推进 10cm。

（3）陡坡碾压。先用轻型压路机（不宜采用轮胎压路机）预压，压路机的从动轮应朝着摊铺方向。采用振动压路机时，应先静碾，待混合料稳定后，方可采用低振幅的振动碾压。

【工程实例 6.3】

1．工程概况

某市政工程公司承建某省一"十五"重点建设项目高速公路施工任务，该路段起点桩号为 K34＋020，终点 K42＋295，全长 18.275km。路面结构层从上往下依次为：4cm 改性沥青 AK-13 抗滑表层＋5cmAC-20Ⅰ型中面层＋6cmAC-25Ⅰ型下面层＋改性乳化沥青稀释封层＋透层＋32cm5％水泥稳定碎石基层＋18cm4％水泥稳定碎石基层。抗滑表层与中面层之间、中面层与下面层之间洒布快裂的阳离子乳化沥青做黏层。在进行路面沥青混合料结构层摊铺及压实的过程中，主要进行以下工作。

2．沥青混合料的摊铺

在摊铺前应配有和各层虚铺厚度一样厚及虚铺厚减去压实厚相匹配的长木块，供起铺或横缝施工时垫撑摊铺机熨平板，摊铺机调到自动找平挡位。

（1）试验段铺筑。根据批准的施工方案、下层检查确认质量符合要求的条件下进行试验段铺筑。不同层均设铺试验段，试验段不小于 200m，邀请监理工程师现场检验、监测并对沥青混合料、摊铺及压实技术做出评价。试验段必须使用和实际施工相同的施工技术，在相同的混合料温度下摊铺压实，得出相应的摊铺、压实工艺以及各项系数为正常施工服务。试验段按自检频率得 2～3 倍或监理工程师要求频率进行试验。路面平整度用 4m 自制铝合金直尺检测，表面平整度偏差应小于 3mm。用水准仪测各点高程，是否达到规范要求。厚度由现场钻孔取芯量测。压实度可采用核子密度仪量测或在现场取芯由实验室用排水法测定，实测度应达到最佳密实度的 95％以上。现场取芯进行抽提试验，沥青含量误差为 0.3％，同时级配均应合格。

（2）正常摊铺。设专人验收沥青混合料和指挥自卸车往摊铺机料斗内卸料，连续摊铺过程中，运料车应在摊铺机前 10～30cm 处停止，不得撞击摊铺机，卸料车应挂空挡，靠摊铺机推动前进。现场设由专人测试混合料温度、摊铺温度、虚铺厚度，仔细观察混合料的外观质量，如"油多发亮""油多结块、粘车""油少枯焦""级配是否良好"等，并做相应完整的记录。自卸车的排放间距可根据装料量、摊铺宽度、摊铺厚度详细计算确定，在施工中可设置停位牌，以便司机正确停位。

摊铺机应提前半小时预热后才开始卸料摊铺，待螺旋输送器向送料槽中储存的混合料达到输送轴高度的 2/3 以上时才能开始前进摊铺。摊铺机速度应和拌和站生产能力相匹配，但拌和站必须保证供料有富余。正常情况下摊铺机必须匀速、连续地进行摊铺作业，在摊铺过程中不得随意变换速度或中途停顿。

改性沥青混合料铺筑前应检查其下层的质量，按规定喷洒透层油或黏层油。正常摊铺温度不低于 140～155℃，不超过 165℃。

（3）人工找补。当横断面不符合要求、构造物接头缺料、摊铺带边缘局部缺料、表面明显不平整、局部混合料出现明显离析、摊铺机后有明显拖痕等需要人工找补后更换混合料、人工找补完成后在找补面后离析面筛撒一些细混合料填补。

3. 沥青混合料的碾压

沥青混合料采用 4 台压路机半幅一次碾压成型的方法。根据以往的经验，来确定试验段需要配备的压实机具，选择压实组合方式及碾压速度遍数等。试验段从开始复压即检查压实度，然后每碾压一遍即检测一次。

沥青混合料压实分为初压、复压、终压 3 个阶段，分别采用不同型号的压路机。碾压应慢速、均匀进行。

（1）初压。

1）初压主要提高沥青混合料的初始密度，起稳定作用。根据实践证明，采用较高温度，碾压能收到较好的压实效果。

2）初压拟采用 PY16 型压路机，一直紧跟着摊铺段进行碾压。

3）初压的顺序，压路机由低侧向高侧碾压，后轮应重叠 1/2 轮宽。

4）初压应尽量减少喷水，防止沥青混合料降温过快。

5）初压温度：135～145℃，不低于 130℃。

（2）复压。

1）复压主要解决密实度问题。应保证沥青混合料温度不低于 130℃开始碾压，并应紧跟初压之后进行。

2）复压拟采用一台 PY260 型轮胎压路机和两台 DD-110 双钢轮压路机进行碾压，轮胎气压应不小于 0.7MPa，后轮应重叠 1/2 机身。两台 DD-110 双钢轮压路机开微振进行碾压。

3）复压时先用 DD-110 压路机碾压一次，然后轮胎压路机和 DD-110 压路机再同时碾压。

4）复压的顺序与初压相同，复压遍数由试验段提供，一般为 6～8 遍。

5）复压温度：115～135℃，不低于 110℃。

（3）终压。

1）终压主要是消除轮迹，改善铺筑层的平整度。

2）终压拟采用英格索兰 DD-110 双钢轮振动压路机，一般不用振动，碾压至无明显轨迹为止，一般为 2～3 遍；终压速度可采用 3km/h 左右。

3）终压的顺序与初压相同，碾压终了温度不应低于 80℃。

4）终压温度：110～135℃，不低于 100℃。

4. 碾压注意事项

（1）沥青混合料的压实是保证沥青面层质量的重要环节，应选择合理的压路机组合方式及碾压步骤。为保证压实度和平整度，初压应在混合料不产生推移、发裂等情况下尽量在摊铺后较高温度下进行。

（2）压路机应以缓慢而均匀的速度碾压，压路机的适宜碾压速度随初压、复压、终压及压路机的类型而不同。

（3）为避免碾压时混合料推挤产生壅包，碾压时应将驱动轮朝向摊铺机；碾压路线及方向不应突然改变；压路机起动、停止必须减速缓行。压路机折回不应处在同一横断面上。

（4）轮胎压路机在开始碾压时，可能会出现黏轮现象，此时可喷洒少量油水混合物，当轮胎温度升高时，黏轮现象会减少。

（5）在当天碾压的尚未冷却的沥青混凝土层面上，不得停放压路机或其他车辆，并防止矿料、油料和杂物散落在沥青层面上。

（6）要对初压、复压、终压段落设置明显标志，便于司机辨认。对松铺厚度、碾压顺序、碾压遍数、碾压速度及碾压温度应设专岗检查。

（7）路面未冷却到 50℃ 以下，不得允许施工车辆通行。

5. 路面摊铺质量控制

路面摊铺质量控制指标有以下几个：路面高程和中心位置、面层平整度、压实度及铺层厚度。平整度采用 5m 长直尺在摊铺沥青混合料上面层过程中进行量测。路面混凝土压实采用核子密度仪在成品保护状态下进行压实检测，并以取芯的马歇尔试验作为最终判断标准。

学习情境 6.4　沥青路面质量检查及验收

【情境描述】　在完成沥青混凝土路面施工的基础上，主要介绍沥青混合料路面的施工质量控制的要点以及质量控制标准。通过本情境内容的讲述，要求了解并掌握沥青混凝土路面的质量检查和验收工作程序。

6.4.1　沥青路面质量控制要点

质量控制就是为了确保合同和有关技术规范所规定的质量标准而采取的一系列监控措施、手段和方法。沥青路面施工应根据全面质量管理的要求，建立健全有效的质量保证体系，实行严格的目标管理、工序管理与岗位责任制，对施工各阶段的质量进行检查、控制、评定，达到所规定的质量标准，确保施工质量的稳定性。

沥青路面施工质量控制包括施工前、施工过程中的质量管理与质量控制，以及各施工工序间的检查及工程交工后的质量检查验收。

6.4.1.1　施工准备阶段质量控制内容

1. 基层质量控制及检查

沥青路面面层施工之前，应对基层或旧路面的厚度、密实度、平整度、路拱进行检查。对已经修建的基层达到规定的标准要求之后，方可在其上修筑面层。基层质量标准和检查方法见表 6.7。

2. 材料质量控制及检查

质量好的原材料是保证路面质量的关键因素。

施工单位在开工前，应根据设计要求确定原材料的来源、材料数量、供应计划、料场堆

表 6.7　　　　　　　　　　　　　　　基层质量标准和检查方法

检查项目	允许偏差	检查频率		检查方法
		范围	点数	
厚度	±10%且不大于±20mm	1000m²	路中及两侧各一处	用尺量
宽度	不大于设计规定	100m	3	用尺量
平整度	不大于10mm	100m	10	3m 直尺
中线高程	±20mm	100m	3	水准仪
横坡度	±0.5%	100m	3	水准仪
压实度	根据不同基层类型要求	1000m²	距路面边缘1m处	取样或灌砂法
外观要求	平整密实，无坑洞，不松散，无显著起伏，无粗细集料集中现象			

放及储存条件等。对于沥青，需检查材料的各项技术指标，对于矿料，需检查砂石的材料规格、形状、等级、级配组成、含水量、与沥青材料的黏附性等，矿粉应检查其颗粒组成、相对密度、含水量及亲水系数。

为了保证沥青路面的集料质量，由建设单位组织统一开采加工，统一石料破碎机的型号和规格，按设计要求统一筛分设备的筛孔尺寸，这样能较好地保证所采用的碎石颗粒组成的均匀性、一致性，从而保证混合料各项技术指标的稳定性。在料场采取硬化指标措施，将不同规格的集料全部隔开，杜绝混堆，碎石、石屑、砂要全部覆盖，以防雨淋结块和粉尘的侵入导致级配变化。施工前材料的质量检查应以同一料源、同一次购入并运至生产现场（或储入同一沥青罐、池）的相同规格品种的集料、沥青为一"批"进行检查。材料试样的取样数量与频率按现行有关试验规程的规定进行，每批材料的质量应符合规范的要求。对沥青等很重要试样，每批都应在试验后留样，封存备查，并记录沥青使用的路段，留存的数量不宜少于4kg。

在沥青路面开工前，施工单位对所选用的原材料进行试验，并报监理工程师审核。特别是沥青等主要材料，为杜绝工程使用伪劣产品或弄虚作假，施工单位除必须十分重视进行材料试验外，还应经监理工程师、质量监督站或工程质量检测中心试验室认可。

3. 设备检查

机械设备是保证路面施工质量的另一个重要因素。我国国产机械型号复杂，质量好坏差别很大。因此，在施工前必须对沥青洒布机、摊铺机、压路机等施工机械和设备进行调试、检查，其结果需得到监理的认可。

严禁采用不符合规定要求的施工机械和设备。

特别提示：对实行监理制度的工程项目，材料试验结果及据此进行的配合比设计的结果、施工机械和设备的检查结果，都应在使用前规定的期限内向监理工程师或工程质量监督部门提出正式报告，待取得正式认可后方可使用。

4. 铺筑试验路段

铺筑试验路段应由有关各方共同参加，施工单位应认真做好记录分析，监理工程师或工程质量监督部门应监督、检查试验段的施工质量，及时商定有关事宜，明确试验结果的采用。铺筑结束后，施工单位应就各项试验内容提出试验路总结报告，并取得主管部门的批复。

6.4.1.2　施工过程中的质量检查及控制标准

1. 施工过程中的材料检查内容及要求

施工中的材料检查是在每批材料进场时已进行过检查及批准的基础上，施工过程中再抽查其质量稳定性（变异性）。施工单位在施工过程中必须经常对各种施工材料进行抽样试验，材料质量应符合质量指标的要求。检查内容见表6.2。

材料检查的另一项重要内容是矿料级配精度和油石比计量精度，目前较好的搅和设备，可使集料的累加计量精度和矿粉的计量精度达到±0.5%以上，沥青的计量精度达到±0.3%以上，足以满足任何配合比的沥青混合料的质量要求，但对称量系统装置要经常进行检查标定。

2. 施工过程中质量检查及控制标准

施工过程中的质量检查包括工程质量及外形尺寸两部分。其检查内容、频度、质量标准应符合规定要求。公路热拌沥青混合料路面施工过程中质量检查及控制标准见表6.9。当检查结果达不到规定要求时，应追加检测数量，查找原因，作出处理。对沥青混凝土和沥青碎石混合料，尤其应注意以下几点（参照表6.8）。

表 6.8　　　　　　　　　　　　　热拌沥青混合料的频度与质量要求

项　目		检查频度及单点检验评价方法	质量要求与允许偏差		试验方法
			高速公路、一级公路	其他等级公路	
混合料外观		随时	观察集料粗细、均匀性、离析、油石比、色泽、冒烟、有无花白料、油团等各种现象		目测
拌和温度	沥青、集料的加热温度	逐盘检测评定	符合《公路工程沥青及沥青混合料试验规程》（JTG E20—2011）规定		传感器自动检测、显示并打印
	混合料出厂温度	逐车检测评定	符合《公路工程沥青及沥青混合料试验规程》（JTG E20—2011）规定		传感器自动检测、显示并打印，出厂时主车按T0981人工检测
		逐盘测定记录，每天取平均值评定	符合本规范规定		传感器自动检测、显示并打印
矿料级配（筛孔）	0.075mm	逐盘在线检测	±2%	—	计算机采集数据计算
	≤2.36mm		±5%（4%）	—	
	≥4.75mm		±6%（5%）	—	
	0.075mm	逐盘检测，每天汇总1次取平均值评定	±1%	—	《公路工程沥青及沥青混合料试验规程》（JTG E20—2011）附录G总量检验
	≤2.36mm		±2%	—	
	≥4.75mm		±2%	—	
	0.075mm	每台拌和机每天1～2次，以两个试样的平均值评定	±2%（2%）	±2%	T0725抽提筛分与标准级配比较的差
	≤2.36mm		±5%（3%）	±6%	
	≥4.75mm		±6%（4%）	±7%	

续表

项　目	检查频度及单点检验评价方法	质量要求与允许偏差		试验方法
		高速公路、一级公路	其他等级公路	
沥青用量（油石比）	逐盘在线监测	±0.3%	—	计算机采集数据计算
	逐盘检测，每天汇总 1 次取平均值评定	±0.1%	—	《公路工程沥青及沥青混合料试验规程》（JTG E20—2011）附录 F 总量检验
	每台拌和机每天 1～2 次，以 2 个试样的平均值评定	±0.3%	±0.4%	抽提 T0722 T0721
马歇尔试验：孔隙率、稳定度、流值	每台拌和机每天 1～2 次，以 4～6 个试样的平均值评定	符合本规范规定		T0702、T0709《公路工程沥青及沥青混合料试验规程》（JTG E20—2011）附录 B、C
浸水马歇尔试验	必要时（试件数同马歇尔试验）	符合本规范规定		T0702 T0709
车辙试验	必要时（以 3 个试样的平均值评定）	符合本规范规定		T0719

注 1. 单点检验是指试验结果以一组试验结果的报告值为一个测点的评价依据，一组试验（如马歇尔试验、车辙试验）有多个试验时，报告值的取用按《公路工程沥青与沥青混合料试验规程》（JTJ 052—2000）的规定执行。
    2. 对高速公路和一级公路，矿料级配和石油比必须进行总量检验和抽提筛分的双重检验控制，互相校核，表中括号内的数字是 SMA 的要求。石油比抽提试验应事先进行空白试验标定，提高测试数据的准确度。

表 6.9　公路热拌沥青混合料路面施工过程中工程质量的控制标准

项　目		检查频度及单点检验评价方法	质量要求与允许偏差		试验方法
			高速公路、一级公路	其他等级公路	
外观		随时	表面平整密实，不得有明显轨迹、裂缝、推挤、油汀、油包等缺陷，且无明显离析		目测
接缝		随时	紧密平整、顺直、无跳车		目测
		逐条缝检测评定	3mm	5mm	T0931
施工温度	摊铺温度	逐车检测评定	符合《公路路基路面现场测试规程》（JTG E60—2008）规定		T0981
	碾压温度	随时	符合《公路路基路面现场测试规程》（JTG E60—2008）规定		插入式温度计实测
厚度①	每一层次	随时，厚度 50mm 以下厚度 50mm 以上	设计值的 5%设计值的 8%	设计值的 8%设计值的 10%	施工时插入法测量松铺厚度迹压实厚度
	每一层次	1 个台班区段的平均值厚度 50mm 以下厚度 50mm 以上	−3mm−5mm		《公路路基路面现场测试规程》（JTG E60—2008）附录 G 总量检测
	总厚度	每 2000m² 一点单点评定	设计值的 −5%	设计值的 −8%	T0912
	上面层	每 2000m² 一点单点评定	设计值的 −10%	设计值的 −10%	

续表

项　目		检查频度及单点 检验评价方法	质量要求与允许偏差		试验方法
			高速公路、一级公路	其他等级公路	
压实度②		每 2000m² 检查 1 组逐个 试件评定并计算平均值	实验室标准密度的 97%（98%） 最大理论密度的 93%（94%） 试验段密度的 99%（99%）		T0924、T0922《公 路路基路面现场测试 规程》（JTG E60— 2008）附录 E
平整度 （最大间隙）	上面层	随时，接缝处单杆评定	3mm	5mm	T0931
	中下面层	随时，接缝处单杆评定	5mm	7mm	T0931
平整度 （标准差）	上面层	连续测定	1.2	2.5	T0932
	中面层	连续测定	1.5	2.8	
	下面层	连续测定	1.8	3.0	
	基层	连续测定	2.4	3.5	
宽度	有侧石	检测每个断面	±20mm	±20mm	T0911
	无侧石	检测每个断面	不小于设计宽度	不小于设计宽度	
纵断面高程		检测每个断面	±10mm	±15mm	T0911
横坡度		检测每个断面	±0.3%	±0.5%	T0911
沥青层层面上的渗水 系数③，≤		每 1km 不少于 5 点， 每点 3 处取平均值	300mL/min（普通密级配沥青混合料） 200mL/min（SMA 混合料）		T0971

① 表中厚度检测频度指高速公路和一级公路的钻坑频度，其他等级公路可酌情减少情况，且通常采用压实度钻孔试件测定。上面层的允许误差不适用于磨耗层。

② 压实度检测按 JTG E60—2008 附录 E 的规定执行。括号中的数值是对 SMA 路面的要求，对马歇尔成型试件采用 50 次或 35 次击实的混合料，压实度应当提高要求。进行核子仪等无破损检测时，每 13 个测点的平均数作为一个测点进行评定是否符合要求。实验室密度是指与配合比设计相同方法成型的试件密度。以最大理论密度做标准密度时，对普通沥青混合料通过真空法实测确定，对改性沥青和 SMA 混合料，由每天的矿料级配和油石比计算得到。

③ 渗水系数适用于公称最大粒径不大于 19mm 的沥青混合料，应在铺筑成型后未遭行车污染的情况下测定，且仅适用于要求密水的密级配沥青混合料、SMA 混合料。不适用于 OGFC 混合料。表中渗水系数以平均值评定，计算的合格率不得小于 90%。

④ 3m 直尺主要用于接缝检测，对正常生产路段，采用连续式平整度仪测定。

（1）在沥青混合料拌和厂必须对拌和均匀性、拌和温度、出厂温度及各个料仓的用量进行检查，取样进行马歇尔试验，检测混合料的矿料级配和沥青用量。

（2）混合料铺筑现场必须对混合料质量及施工温度进行观测，随时检查厚度、压实度和平整度，并逐个断面测定成型尺寸。

（3）施工厚度的质量控制，除应在摊铺及压实时量取，并测量钻孔试件厚度外，还应校检由每一天的沥青混合料总量与实际铺筑的面积计算出的平均厚度。

（4）施工压实度的检查以钻孔法为准。用核子密度仪检查时应通过与钻孔密度的标定关系进行换算，并增加检测次数。施工过程中钻孔的试件应编号，贴上标签予以保存，以备工程交工验收时使用。

（5）高速公路和一级公路沥青路面的施工宜利用计算机实行动态质量管理。

6.4.2　沥青混凝土面层和沥青碎（砾）石面层质量验收标准

1. 基本要求

（1）沥青混合料的矿料质量及矿料级配应符合设计要求和施工规范的规定。

（2）严格控制各种矿料和沥青用量及各种材料和沥青混合料的加热温度，沥青材料及混合料的各项指标应符合设计和施工规范要求。沥青混合料的生产，每日应做抽提试验、马歇尔稳定度试验。矿料级配、沥青含量、马歇尔稳定度等结果的合格率应不小于90%。

（3）拌和后的沥青混合料应均匀一致，无花白，无粗细料分离和结团成块现象。

（4）基层必须碾压密实，表面干燥、清洁、无浮土，其平整度和路拱度应符合要求。

（5）摊铺时应严格控制摊铺厚度和平整度，避免离析。注意控制摊铺和碾压温度，碾压至要求的密实度。

2. 实测项目

实测项目见表6.10。

表 6.10　　　　　　　　**沥青混凝土面层和沥青碎（砾）石面层实测项目**

项次	检查项目		规定值或允许偏差		检查方法和频率	权值
			高速公路、一级公路	其他公路		
1△	压实度/%		实验室标准密度的96%（*98%）；最大理论密度的92%（*94%）；试验段密度的98%（*99%）		按《公路工程质量检验评定标准》（JTG F80—2004）检查，每200m测1处	3
2	平整度	σ/mm	1.2	2.5	平整度仪：全线每车道连续按每100m计算IRI或σ	2
		IRI/（m/km）	2.0	4.2		
		最大间隙 h/mm	—	5	3m直尺：每200m测两处×10尺	
3	弯沉值/0.01mm		符合设计要求		按《公路工程质量检验评定标准》（JTG F80—2004）检查	2
4	渗水系数		SMA路面 200mL/min；其他沥青混凝土路面300mL/min	—	渗水试验仪：每200m测1处	2
5	抗滑	摩擦系数	符合设计要求	—	摆式仪：每200m测1处；摩擦系数测定车：全线连续	2
		构造深度			铺砂法：每200m测1处	
6△	厚度/mm	代表值	总厚度：设计值的−5%H 上面层：设计值的−10%h	−8%H	按《公路工程质量检验评定标准》（JTG F80—2004）检查，双车道每200m测1处	3
		合格值	总厚度：设计值的−10%H 上面层：设计值的−20%h	−15%H		
7	中线平面偏位/mm		20	30	经纬仪：每200m测4点	1
8	纵断面高程/mm		±15	±20	水准仪：每200m测4断面	1
9	宽度/mm	有侧石	±20	±30	尺量：每200m测4断面	1
		无侧石	不小于设计值			
10	横坡/%		±0.3	±0.5	水准仪：每200m测4处	1

注　1. 表内压实度可选用其中的1个或2个标准，并以合格率低的作为评定结果。带*号者是指SMA路面，其他为普通沥青混凝土路面。

2. 表列厚度仅规定负允许偏差。其他公路的厚度代表值和极值允许偏差按总厚度计，当总厚度不大于60mm时，允许偏差分别为−5mm和−10mm；总厚度大于60mm时，允许偏差分别为−8%和−15%的总厚度。H为总厚度（mm）。

3. 带△的检查项目为关键项目。

3. 外观鉴定

（1）表面应平整密实，不应有泛油、松散、裂缝和明显离析等现象，对于高速公路和一级公路，有上述缺陷的面积（凡属单条的裂缝，则按其实际长度乘以 0.2m 宽度，折算成面积）之和不得超过受检面积的 0.03%，其他公路不得超过 0.05%。不符合要求时每超过 0.03% 或 0.05% 减 2 分。半刚性基层的反射裂缝可不计作施工缺陷，但应及时进行灌缝处理。

（2）搭接处应紧密、平顺，烫缝不应枯焦。不符合要求时，累计每 10m 长减 1 分。

（3）面层与路缘石及其他构筑物应密贴接顺，不得有积水或漏水现象。不符合要求时，每一处减 1~2 分。

6.4.3　沥青贯入式面层（或上拌下贯式面层）质量验收标准

1. 基本要求

（1）沥青材料的各项指标应符合设计要求和施工规范。

（2）各种材料的规格和用量应符合设计要求和施工规范，上拌沥青混凝土混合料每日应做抽提试验和马歇尔稳定度试验。

（3）碎石层必须平整坚实，嵌挤稳定，沥青贯入应深透，浇洒应均匀，不得污染其他构筑物。

（4）嵌缝料必须趁热撒铺，扫料均匀，不应有重叠现象。

（5）上层采用拌和料时，混合料应均匀一致，无花白和粗细分离现象，摊铺平整，接茬平顺，及时碾压密实。

（6）沥青贯入式面层施工前，应先做好路面结构层与路肩的排水。

2. 实测项目

实测项目见表 6.11。

表 6.11　　　　沥青贯入式面层（或上拌下贯式面层）实测项目

项次	检查项目		规定值或允许偏差	检查方法和频率	权值
1△	平整度	σ/mm	3.5	平整度仪：全线每车道连续按每 100m 计算 IRI 或 σ	3
		IRI/(m/km)	5.8		
		最大间隙 h/mm	8	3m 直尺：每 200m 测两处×10 尺	
2	弯沉值/0.01mm		符合设计要求	按《公路工程质量检验评定标准》（JTG F80—2004）检查	2
3△	厚度 /mm	代表值	−8%H 或 −5mm	按《公路工程质量检验评定标准》（JTG F80—2004）检查 每 200m 每年道 1 点	3
		合格值	−15%H 或 −10mm		
4	沥青总用量/(kg/m²)		±0.5%	每工作日每层洒布查 1 次	3
5	中线平面偏位/mm		30	经纬仪：每 200m 测 4 点	1
6	纵断面高程/mm		±20	水准仪：每 200m 测 4 断面	2
7	宽度 /mm	有侧石	±30	尺量：每 200m 测 4 断面	2
		无侧石	不小于设计值		
8	横坡/%		±0.5	水准仪：每 200m 测 4 断面	2

注　1. 当设计厚度不小于 60mm 时，按厚度百分率控制；当设计厚度小于 60mm 时，按厚度不足的毫米数控制。H 为厚度（mm）。

　　2. 沥青总用量按《公路工程质量检验评定标准》（JTG F80—2004）中 T0892 的方法，每工作日每层洒布沥青检查一次，并计算同一路段的单位面积的总沥青用量。

　　3. 带△的检查项目为关键项目。

3．外观鉴定

（1）表面应平整密实，不应有松散、裂缝、油包、油丁、波浪、泛油等现象，有上述缺陷的面积之和不超过受检面积的 0.2%。不符合要求时每超过 0.2% 减 2 分。

（2）表面无明显碾压轮迹。不符合要求时，每处减 1～2 分。

（3）面层与路缘石及其他构筑物应密贴接顺，无积水现象。不符合要求时，每一处减 1～2 分。

6.4.4　沥青表面处治面层质量验收标准

1．基本要求

（1）在新建或旧路的表层进行表面处治时，应将表面的泥砂及一切杂物清除干净，底层必须坚实、稳定、平整，保持干燥后才可施工。

（2）沥青材料的各项指标和石料的质量、规格、用量应符合设计要求和施工规范的规定。

（3）沥青浇洒应均匀，无露白，不得污染其他构筑物。

（4）嵌缝料必须趁热撒铺，扫布均匀，不得有重叠现象，压实平整。

2．实测项目

实测项目见表 6.12。

表 6.12　　　　　　　　　　　　　沥青表面处治面层实测项目

项次	检查项目		规定值或允许偏差	检查方法和频率	权值
1△	平整度	σ/mm	4.5	平整度仪：全线每车道连续按每 100m 计算 IRI 或 σ	3
		IRI/(m/km)	7.8		
		最大间隙 h/mm	10	3m 直尺：每 200m 测两处×10 尺	
2	弯沉值/0.01mm		符合设计要求	按《公路工程质量检验评定标准》（JTG F80—2004）检查	2
3△	厚度 /mm	代表值	−5	按《公路工程质量检验评定标准》（JTG F80—2004）检查；每 200m 每车道 1 点	3
		合格值	−10		
4	沥青用量/(kg/m²)		±10%	每工作日每层洒布查 1 次	3
5	中线平面偏位/mm		30	经纬仪：每 200m 测 4 点	1
6	纵断面高程/mm		±20	水准仪：每 200m 测 4 断面	1
7	宽度 /mm	有侧石	±30	尺量：每 200m 测 4 处	2
		无侧石	不小于设计值		
8	横坡/%		±0.5	水准仪：每 200m 测 4 断面	1

注　带△的检查项目为关键项目。

3．外观鉴定

（1）表面平整密实，不应有松散、油包，油丁、波浪、泛油、封面料明显散失等现象，有上述缺陷的面积之和不超过受检面积的 0.2%。不符合要求时每超过 0.2% 减 2 分。

（2）无明显碾压轮迹。不符合要求时，每处减 1～2 分。

（3）面层与路缘石及其他构筑物应密贴接须，不得有积水现象。不符合要求时，每处减 1～2 分。

复 习 思 考 题

1. 沥青路面设计的内容与原则是什么？

2. 沥青路面有哪些优点和缺点？

3. 沥青路面是如何分类的？如何选择沥青路面的类型？

4. 如何选择路面结构类型？

5. 为什么要控制结构层最小施工厚度？

6. 沥青类路面按照施工工艺分哪几种类型？各有何优、缺点？

7. 何为 AC、AM、EAM、SMA 路面？

8. 什么是刚性基层、半刚性基层和柔性基层？

9. 简述沥青路面垫层的特点、类型和作用。

10. 简述沥青混合料的生产工艺和检验方法。

11. 简述沥青混合料的运输方法和基本规定。

12. 简述沥青混合料的摊铺机械和摊铺的方法。

13. 简述沥青混料的压实工艺和压实方法。

14. 简述沥青混合料路面的质量控制要点是什么。

15. 简述公路热拌沥青混合料路面施工过程中的质量控制标准有哪些。

学习项目 7　水泥混凝土路面施工

学习目标：通过项目的学习，能够了解水泥混凝土路面的配合比设计；理解水泥混凝土路面的分类及特点、混凝土路面的各种施工方法；掌握水泥混凝土面层材料要求、混凝土路面的施工要领及质量控制要求。

项目描述：以某山区二级公路水泥混凝土路面施工为项目载体，简要介绍水泥混凝土路面的配合比设计；主要介绍水泥混凝土路面的分类及特点、混凝土路面的各种施工方法；并要求掌握水泥混凝土面层材料要求、混凝土路面的施工要领及质量控制要求等。

学习情境 7.1　水泥混凝土配合比设计

【情境描述】　本情境是在读懂道路水泥混凝土路面施工图的基础上，讲述了混凝土路面材料的选择和配合比的流程，使读者掌握水泥混凝土路面的分类及特点以及构造特点。

7.1.1　水泥混凝土路面的分类及特点

1. 水泥混凝土路面的分类

水泥混凝土路面是以水泥与水合成的水泥浆为结合料，以碎（砾）石、砂为集料，加适当的掺和料及外加剂，拌和成水泥混凝土混合料铺筑而成。经过一段时间的养护，能达到很高的强度与耐久性的高等级路面。根据材料的要求、组成及施工工艺的不同，水泥混凝土路面包括普通混凝土、碾压混凝土、钢筋混凝土、连续配筋混凝土、钢纤维混凝土等。

（1）普通混凝土路面又称有接缝素混凝土路面，是指仅在接缝处和一些局部范围（如角隅、边缘）内配置钢筋的水泥混凝土面层，为了防止温度变化引起温缩裂缝，所以面层由纵向和横向接缝划分为矩形板块，它是目前采用最广泛一种混凝土路面。

（2）钢筋混凝土路面是指为防止混凝土面层板产生的裂缝缝隙张开而在板内配置纵向和横向钢筋的混凝土面层。配置钢筋网的目的主要是控制混凝土路面板在产生裂缝后保持裂缝紧密接触，裂缝宽度不会进一步扩展，并非为了增强板体的抗弯拉强度而减薄面板的厚度。因此，钢筋混凝土路面主要适用于各种容易引起路面板裂缝的情况。

（3）连续配筋混凝土路面是指为了克服水泥混凝土路面由于横向胀缩设置变形缝等薄弱环节而引起的各种病害及改善路用性能采用的一种路面结构形式。这种路面由于纵向配有足够数量的钢筋，以控制混凝土面板纵向收缩而产生的横向裂缝。因此，连续混凝土路面现在施工时完全不设胀缩缝（施工缝及构造所需胀缝除外），成一条完整而平坦的行车表面，保证了汽车行驶的平稳性。这类面层由于钢筋用量大，造价高，一般仅用于高速公路及一级公路或交通繁重的道路。

（4）碾压混凝土路面采用低水灰比混合料，用摊铺机在路基上摊铺成型，用压路机（钢轮与轮胎压路机）碾压成型的水泥混凝土路面。碾压混凝土路面由于含水率低，并通过强烈振动碾压成型，因而强度高，节省水泥，节约用水，施工速度快，养生时间短，有良好的应用前景。但是碾压混凝土因表面平整度难以达到理想的效果，所以不宜用作高速公路、一级公路的面层，一般只用于二级以下的公路。

（5）钢纤维混凝土路面是指在混凝土中掺入一些低碳钢、不锈钢纤维或其他纤维（如塑料纤维、纤维网等），即成为一种均匀而多向配筋的混凝土路面。在混凝土中掺拌钢纤维，可以提高混凝土的韧度和强度，减少其收缩量，相应减少了道路病害，既提高了道路使用寿命，又保证了行车舒适性。我国近年来已逐步推广应用，特别适用于地面标高受限制地段的路面，如桥面铺装、城市道路旧混凝土路面的加铺层。

2. 水泥混凝土路面的特点

与其他类型路面相比，水泥混凝土路面具有以下优点。

（1）强度高。混凝土路面具有很高的抗压强度和较高的抗弯拉强度以及抗磨耗能力。

（2）稳定性好。混凝土路面的水稳性、热稳性均较好，特别是它的强度能随着时间的延长而逐渐提高，不存在沥青路面的那种"老化"现象。

（3）耐久性好。由于混凝土路面的强度和稳定性好，所以它经久耐用，一般能使用 20～40 年，而且它能通行包括履带式车辆等在内的各种运输工具。

（4）有利于夜间行车。混凝土路面色泽鲜明，能见度好，对夜间行车有利。但是，混凝土路面也存在一些缺点，主要有以下几个方面。

1）对水泥和水的需要量大。每立方米混凝土需水泥 300～400kg、水 160～180kg，另外还需要大量养生用水。

2）有接缝。由于材料的特性，一般混凝土路面要设置许多接缝，这些接缝不但增加施工和养护的复杂性，而且容易引起行车跳动，影响行车的舒适性，接缝又是路面的薄弱点，如处理不当，将导致路面板边和板角处破坏。

3）开放交通较迟。一般混凝土路面完工后，要经过 28d 的潮湿养生，才能开放交通，如需提早开放交通，则需采取特殊措施。

4）修复困难。混凝土路面损坏后，开挖很困难，修补工作量大且影响交通。

7.1.2　水泥混凝土路面的构造

1. 土基

理论分析表明，通过刚性面层和基层传到土基上的压力很小，一般不超过 0.05MPa。因此，混凝土板下似不需要有坚强的土基支承。然而，如果土基的稳定性不足，在水温变化的影响下出现较大的变形，特别是不均匀沉陷，则仍将给混凝土面板带来很不利的影响。实践证明，由于土基不均匀支承，使面板在受荷时底部产生过大的弯拉应力，将导致混凝土路面产生破坏。因此，混凝土路面下的路基必须密实、稳定和均匀。土基强度应不小于 20MPa，一般要求路基处于干燥或中湿状态，过湿状态或强度与稳定性不符合要求的潮湿状态的路基必须经过处理。

路基的不均匀支承，可能由下列因素造成。

（1）不均匀沉陷。湿软地基未达充分固结，土质不均匀，压实不充分、填挖结合部以及新老路基交接处处理不当。

（2）不均匀冻胀。季节性冰冻地区，土质不均匀（对冰冻敏感性不同），路基潮湿条件变化。

（3）膨胀土。在过干或过湿时压实，排水设施不良等。

控制路基不均匀支承最经济有效的方法是：把不均匀的土掺配成均匀的土；控制压实时的含水量接近最佳含水量，并保证压实度达到要求；加强路基排水设施，对于湿软地基，则应采取加固措施；加设垫层，以缓和可能产生的不均匀变形对面层的不利影响。

2. 基层

由于水泥混凝土面层的刚度大，路面结构的承载力主要由混凝土面层提供，因此对基层的强度要求不高。混凝土面层下设置基层的目的主要有以下几种。

（1）防唧泥。混凝土面层如直接设置在路基上，会由于路基土塑性变形量大、细料含量多和抗冲刷能力低而极易产生唧泥现象。铺设基层后，可减轻以至消除唧泥的产生。但未经处置的砂砾基层，其细料含量和塑性指数不能太高；否则仍会产生唧泥。

（2）防冰冻。在季节性冰冻地区，用对冰冻不敏感的粒状多孔材料铺筑基层，可以减少路基的冰冻深度，从而减轻冰冻的危害作用。

（3）减小路基顶面的压应力，并缓和路基不均匀变形对面层的影响。

（4）防水。在湿软土基上，铺筑开级配粒料基层，可以排除从路表面渗入面层板下的水分及隔断地下毛细水上升。

（5）为面层施工（如支立侧模、运送混凝土混合料等）提供方便。

（6）提高路面结构承载能力，延长路面的使用寿命。

因此，除非土基本身就是有良好级配的砂砾类土，而且是良好排水条件的轻交通公路之外，都应设置基层。同时，基层应具有足够的强度和稳定性，且断面正确、表面平整。理论计算和实践都已证明，采用整体性好（具有较高的弹性模量，如贫混凝土、沥青混凝土、水泥稳定碎石、石灰粉煤灰稳定碎石、级配碎石等）的材料修筑基层，可以确保混凝土路面良好的使用特性和延长路面的使用寿命。因此，基层材料的技术要求必须符合《公路路面基层施工技术细则》的要求。因为如果基层出现较大的塑性变形累积（主要在接缝附近），面层板将与之脱空，支承条件恶化，从而增加板的应力。同时，若基层材料中含有过多的细料，还将促使唧泥和错台等病害产生。

基层厚度以 20cm 左右为宜。研究资料表明，用厚基层来提高土基的支承力，或者说借以降低面层应力或减薄面层厚度一般是不经济的。但是随着稳定类基层厚度的减小，基层底面的弯拉应力随之增大，因此基层厚度不宜太薄。

基层宽度应比混凝土路面板每侧各宽出 25～35cm（采用小型机具或轨道式摊铺机施工）或 50～60cm（采用滑模摊铺机施工），或与路基同宽，以供施工时安装模板，并防止路面边缘渗水至土基而导致路面破坏。

在冰冻深度大于 0.5m 的季节性冰冻地区，为防止路基可能产生的不均匀冻胀对混凝土面层的不利影响，路面结构应有足够的总厚度，以便将路基的冰冻深度约束在有限的范围内。路面结构的最小总厚度，随冰冻线深度、路基的潮湿状态和土质而异，其数值可参照表 7.1 选定。超出面层和基层厚度的总厚度部分可用基层下的垫层（防冻层）来补足。

3. 混凝土面板

水泥混凝土面层直接承受行车荷载和环境（如温度和湿度）等因素的作用，因此水泥混凝土面层应具有足够的强度、耐久性、表面抗滑和耐磨能力、平整度。

根据理论分析，轮载作用于板中部时，板所产生的最大应力约为轮载作用于板边部时的 2/3。因此，面层板的横断面应采用中间薄两边厚的形式，以适应荷载应力的变化，一般边部厚度较中部约大 25%，是从路面最外两侧板的边部，在 0.6～1.0m 宽度范围内逐渐加厚。但是厚边式路面对土基和基层的施工带来不便；而且使用经验也表明，在厚度变化转折处，易引起板的折裂。因此，目前国内外常采用等厚式断面。

表 7.1　　　　　　　　　　水泥混凝土路面最小抗冻层厚度

干湿条件	土　质	冰冻深度/cm			
		50～100	100～150	150～200	>200
中湿路段	黏性土、细亚砂土	30～40	40～60	60～70	70～95
	粉性土	40～50	50～70	70～80	80～110
潮湿路段	黏性土、细亚砂土	40～50	50～70	70～90	90～120
	粉性土	50～65	65～80	80～100	100～130

注　1. 抗冻层厚度为水泥混凝土板加基层、垫层的总厚度。

　　2. 在冻深大或挖方及地下水位高的路段，应采用高限；冻深小或填方路段，可采用低限。

　　3. 对于冻深小于 50cm 的地区，一般可不设防冻胀垫层，但对水文、地质条件恶劣的路段，路面抗冻层厚度可等于当地最大冻深。

　　4. 表中垫层部分所用材料以砂石料为准。如果采用隔温性能良好的材料（炉渣等），其垫层厚度可减小约 30%。

4. 接缝的类型与构造

混凝土面层是由一定厚度的混凝土板组成，它具有热胀冷缩的性质。由于一年四季气温的变化，混凝土板会产生不同程度的膨胀和收缩。而在一昼夜中，白天气温升高，混凝土板顶面温度较底面高，这种温度坡差会形成板的中部隆起的趋势。夜间气温降低，板顶面温度较底面低，会使板的周边和角隅发生翘起的趋势。这些变形会受到板与基础之间的摩阻力、黏结力以及板的自重、车轮荷载等的约束，致使板内产生过大的应力，造成板的断裂或拱胀等破坏，如图 7.1 所示。

为避免这些缺陷，混凝土路面不得不在纵横两个方向设置许多接缝，把整个路面分割成许多板块，按接缝与行车方向之间的关系可将接缝分为纵缝与横缝两大类，如图 7.2 所示。在任何形式的接缝处，板体都不可能是连续的，其传递荷载的能力总不如非接缝处。而且任何形式的接缝都不免要漏水。因此，对各种形式的接缝，都应设置相应的传荷与防水设施。

图 7.1　水泥混凝土路面横向裂缝

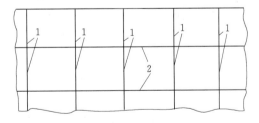

图 7.2　路面接缝设置

1—横缝；2—纵缝

（1）横向接缝的构造。横向接缝是垂直于行车方向的接缝，共有 3 种，即横向缩缝、胀缝和施工缝。缩缝保证板因温度和湿度的降低而收缩时沿该薄弱断面缩裂，从而避免产生不规则的裂缝。胀缝保证板在温度升高时能部分伸张，从而避免产生路面板在热天的拱胀和折断破坏，同时胀缝也能起到缩缝的作用。另外，混凝土路面每天施工结束以及因雨天或其他原因不能继续施工时，必须设置横向施工缝。

1）横向缩缝可等间距或变间距布置，采用假缝形式。特重和重交通公路、收费广场以及邻近胀缝或自由端部的 3 条缩缝，应采用设传力杆假缝形式，其构造见图 7.3（b）。其他情况可采用不设传力杆假缝形式，其构造见图 7.3（a）。

设置在板厚中央的传力杆应采用光圆钢筋，其半段锚固在混凝土中，另半段涂沥青或润滑油，有利于板间传递荷载。传力杆直径、长度和间距可参照规范选用，横向缩缝顶部应锯切槽口，槽内填塞填缝料。

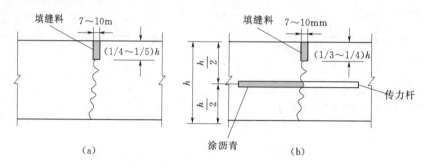

图 7.3 横向缩缝构造示意图

（a）不设传力杆假缝；（b）设传力杆假缝

2）我国现行规范规定，普通混凝土路面、钢筋混凝土路面和钢纤维混凝土路面的胀缝设置视集料的温度膨胀性大小、当地年温差和施工季节综合确定；高温施工，可不设胀缝；常温施工，集料温缩系数和年温差较小时，可不设胀缝；胀缝应尽量少设或不设；但在邻近桥梁或固定建筑物处，或与其他类型路面相连接处、板厚变化处、隧道口、小半径曲线和纵坡变换处，均应设置胀缝。

胀缝构造如图 7.4 所示。胀缝缝隙宽 20～25mm。如施工时气温较高，或胀缝间距较短，应采用低限；反之用高限。缝隙上部 3～4cm 深度内浇灌填缝料，下部则设置富有弹性的嵌缝板。为保证混凝土板之间能有效地传递荷载，防止形成错台，应在胀缝处板厚中央设置传力杆。传力杆应采用光面钢筋，其直径、长度和间距可参照规范选用，最外侧传力杆距纵向接缝或自由边的距离为 150～250mm。传力杆的半段固定在混凝土内，另半段涂以沥青、套上长约 100mm 的铁皮或塑料套筒，筒底与杆端之间留出宽约 30mm 的空隙，并用弹性材料填充，以利板的自由伸缩。在同一条胀缝上的传力杆，设有套筒的活动端最好在缝的两边交错布置。

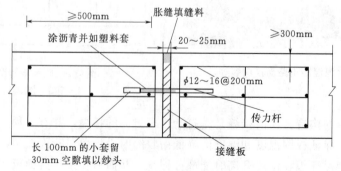

图 7.4 胀缝构造示意图

3）施工缝应尽量做到胀缝处。如不可能，也应做到缩缝处。设在缩缝处的施工缝，应采用设传力杆的平缝型式，其构造如图7.5（a）所示；设在胀缝处的施工缝，其构造与胀缝相同。遇有困难需设在缩缝之间时，施工缝宜采用设拉杆的企口缝型式，其构造如图7.5（b）所示。

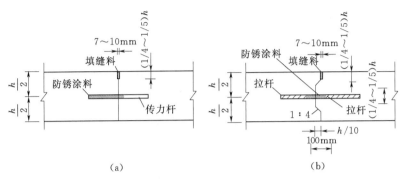

图7.5 横向施工缝构造示意图
（a）设传力杆平缝型；（b）设拉杆企口型

4）接缝填缝材料包括胀缝接缝板和接缝填料。胀缝接缝板应选用能适应混凝土板膨胀收缩、施工时不变形、复原率高和耐久性好的材料，如高速公路和一级公路宜选用泡沫橡胶板、沥青纤维板，其他等级公路也可选用木材类或纤维类板；接缝填料应选用与混凝土接缝槽壁黏结力强、回弹性好、适应混凝土板收缩、不溶于水、不渗水、高温时不流淌、低温时不脆裂、耐老化的材料。常用的填缝材料有聚氨酯焦油类、氯丁橡胶类、乳化沥青类、聚氯乙烯胶泥、沥青橡胶类、沥青玛蹄脂及橡胶嵌缝条等。

（2）纵向接缝的构造。纵向接缝是指平行于混凝土路面行车方向的接缝。纵缝包括纵向施工缝和纵向缩缝。当一次铺筑宽度小于路面宽度时，应设置纵向施工缝。纵向施工缝采用平缝加拉杆的形式，上部应锯切槽口，槽口深度为30～40mm、宽度为7～10mm，槽内灌塞填缝料，构造如图7.6（a）所示；当一次铺筑宽度大于4.5m时，应设置纵向缩缝。纵向缩缝采用假缝加拉杆的形式，锯切的槽口深度应大于施工缝的槽口深度。采用粒料基层时，槽口深度应为板厚的1/3；采用半刚性基层时，槽口深度为板厚的2/5。其构造如图7.6（b）所示。

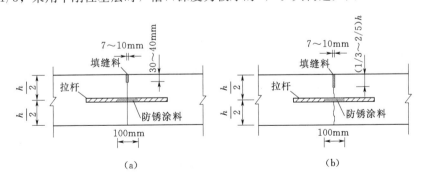

图7.6 纵缝构造示意图
（a）纵向施工缝；（b）纵向缩缝

拉杆应采用螺纹钢筋，设在板后中央，并应对拉杆中部100mm范围内进行防锈处理。拉杆的直径、长度和间距可参照规范选用。拉杆锚固在混凝土内，以保证两侧板不致被拉开而失掉缝下部的颗粒嵌锁作用，施工布设时，拉杆间距应按横向接缝的实际位置予以调整，最外侧的拉杆距横向接缝的距离不得小于 100mm。连续配筋混凝土面层的纵缝拉杆可由板内横向钢筋延伸穿过接缝代替。

纵缝应与路线中缝平行。在路面等宽的路段内或路面变宽路段的等宽部分，纵缝的间距和形式应保持一致。路面变宽段的加宽部分与等宽部分之间，以纵向施工缝隔开。加宽板在变宽段起终点处的宽度不应小于 1m。

应当指出，目前国外流行一种新的混凝土路面接缝布置形式，即胀缝甚少，缩缝间距不等，按 4m、4.5m、5m、5.5m 和 6m 的顺序设置，而且横缝与纵缝交成 80°左右的斜角，如设传力杆，则传力杆与路中线平行，其目的是使一辆车只有一个后轮横越接缝，减轻由于共振作用所引起的行车跳动的幅度，同时也可缓和板伸张时的顶推作用。

另外，当采用板中计算厚度的等厚式混凝土板时，或混凝土板纵、横自由边缘下的基础有可能产生较大的塑性变形时，应在其自由边缘和角隅处设置补强钢筋。

混凝土路面与桥梁相接处，桥头设有搭板时，应在搭板与混凝土面层板之间设置长 6～10m 的钢筋混凝土面层过渡板。后者与搭板间的横缝采用设拉杆平缝形式，与混凝土面层间的横缝采用设传力杆胀缝形式。水泥混凝土路面与柔性路面相接处，为避免出现沉陷或错台，防止柔性路面受顶推而拥起，其间应设置至少 3m 长的过渡段。

7.1.3　水泥混凝土路面材料的要求

7.1.3.1　水泥混凝土路面材料的要求

修筑路面用的混凝土材料比其他结构物所用混合料要有更高的要求，因为它受到动荷载的冲击、摩擦和反复弯曲作用，同时还受到温度和湿度反复变化的影响。面层混合料必须具有较高的弯拉强度和耐磨性，良好的耐冻性以及尽可能低的膨胀系数和弹性模量。此外，湿混合料还应具有适当的施工和易性，一般规定其坍落度为 0～30mm，工作度约 30s。在施工时应力求混凝土强度满足设计要求，通常要求面层混凝土 28d 抗弯拉强度达到 4.0～5.0MPa，28d 抗压强度达到 30～35MPa。

水泥混凝土路面材料主要有水泥、粗集料、细集料、水、外加剂等。为保证混合料拌制质量及混凝土路面的使用品质，应对混凝土的组成材料提出一定的要求。

1. 水泥

各交通等级路面所使用水泥的化学成分、物理性能等路用品质要求应符合《公路水泥混凝土路面施工技术细则》（JTG/T F30—2014）的规定。当采用机械化铺筑路面时，宜选用散装水泥。特重交通、重交通路面宜采用旋窑道路硅酸盐水泥，也可采用旋窑硅酸盐水泥或普通硅酸盐水泥；中等及轻交通路面可采用矿渣硅酸盐水泥；低温天气施工或有快通要求的路段可采用 R 型水泥。此外，宜采用普通型水泥。各交通等级路面水泥抗折强度、抗压强度应满足表 7.2 的规定。

表 7.2　　　　　　　　　　　面层水泥混凝土用水泥各龄期的实测强度值

混凝土设计弯拉强度标准值/MPa	5.5*		5.0		4.5		4.0		试验方法
龄期/d	3	28	3	28	3	28	3	28	—
水泥实测抗折强度/MPa，≥	5.0	8.0	4.5	7.5	4.0	7.0	3.0	6.5	GB/T 17671
水泥实测抗压强度/MPa，≥	23.0	52.5	17.0	42.5	17.0	42.5	10.0	32.5	GB/T 17671

＊　本栏也适用于设计弯拉强度为 6.0MPa 的纤维混凝土。

水泥进场时,应有产品合格证及化验单,并应对品种、标号、包装、数量、出厂日期等进行检查验收。不同标号、厂牌、品种、出厂日期的水泥,不得混合堆放,严禁混合使用。出厂期超过 3 个月或受潮的水泥,必须经过试验,按其试验结果决定正常使用或降级使用,已经结块变质的水泥不得使用。

2. 粗集料

粗集料是混凝土中分量最大的组成材料,粒径在 5mm 以上者称为粗集料;粒径在 5mm 以下者称为细集料。粗集料在混凝土中占有 4/5 的比例,可见其重要性。粗集料应使用质地坚硬、耐久、洁净的碎石、碎卵石和卵石,其技术指标应满足《公路水泥混凝土路面施工技术规范》(JTG F30—2015)的规定,宜选用岩浆岩或未风化的沉积岩碎石。

高速公路、一级公路、二级公路及有抗(盐)冻要求的三、四级公路混凝土路面使用的粗集料级别应不低于Ⅱ级,无抗(盐)冻要求的三、四级公路混凝土路面可使用Ⅲ级粗集料。有抗(盐)冻要求时,Ⅰ级集料吸水率不应大于 1.0%;Ⅱ级集料吸水率不应大于 2.0%。

路面混凝土的粗集料不得使用不分级的统料,应按最大公称粒径的不同采用 2~4 个粒级的集料进行掺配,并应符合《公路水泥混凝土路面施工技术规范》(JTG F30—2015)中粗集料级配范围的规定要求。卵石最大公称粒径不宜大于 19.0mm;碎卵石最大公称粒径不宜大于 26.5mm;碎石最大公称粒径不宜大于 31.5mm。碎卵石或碎石中粒径小于 $75\mu m$ 的石粉含量不宜大于 1%。

3. 细集料

细集料应采用质地坚硬、耐久、洁净的天然砂、机制砂或混合砂,要求颗粒坚硬耐磨,具有良好的级配,表面粗糙有棱角,有害杂质含量少。

高速公路、一级公路、二级公路及有抗(盐)冻要求的三、四级公路混凝土路面使用的砂级别应不低于Ⅱ级,无抗(盐)冻要求的三、四级公路混凝土路面可使用Ⅲ级砂。特重交通、重交通混凝土路面宜采用河砂,砂的硅含量不应低于 25%。

路面混凝土用天然砂宜为中砂,也可使用细度模数为 2.0~3.5 的砂。同一配合比用砂的细度模数变化范围不应超过 0.3;否则,应分别堆放,并调整配合比中的砂率后使用。路面混凝土用机制砂还应检验砂浆磨光值,其值宜大于 35,不宜使用抗磨性较差的泥岩、页岩、板岩等水成岩类母岩品种生产机制砂。配制机制砂混凝土应同时掺引气高效减水剂。

细集料的技术指标与级配范围要求应满足《公路水泥混凝土路面施工技术规范》(JTG F30—2015)的规定。

4. 水

饮用水可直接作为混凝土搅拌和养护用水。对硫酸盐含量超过 0.0027mg/mm³(按 SO_4^{2-} 计)、含盐量超过 0.005mg/mm³、pH<4 的酸性水和含有油污、泥和其他有害杂质的水,均不允许使用。

5. 外加剂

在对道路水泥混凝土有特殊性能要求或施工要求时,可以在混凝土拌和时添加外加剂,如为提早开放交通,路面混凝土宜选用减水率大、坍落度损失小、可调控凝结时间的复合型减水剂;高温施工宜使用引气缓凝(保塑)(高效)减水剂;低温施工宜使用引气早强(高效)减水剂;为了提高混凝土的和易性和抗冻性,可选用表面张力降低值大、水泥稀浆中起泡容量多而细密、泡沫稳定时间长、不溶渣少的产品。有抗（盐）冻要求的地区，各交通等级路面混凝土必须使用引气剂；无抗（盐）冻要求地区，二级及二级以上公路路面混凝土应使用引气剂。

在混凝土制备时掺加外加剂时，各外加剂产品的技术性能指标应满足《公路水泥混凝土路面施工技术细则》（JTG/T F30—2014）的规定。

6. 其他材料

路面混凝土中的粉煤灰掺和料、填缝材料、钢筋、钢纤维等，其技术指标应满足《公路水泥混凝土路面施工技术细则》（JTG/T F30—2014）的相关规定。

【工程实例7.1】 工程概况：国道108线改建工程，公路等级为二级公路，起点位于灵丘县三楼村，终点位于繁峙县下茹越，全长80.25km（其中水泥混凝土路面70km），共分10个标段（其2～10标均为水泥混凝土路面），水泥混凝土路面设计抗弯拉强度为5.0MPa，国道108线繁峙分公司中心实验室在满足弯拉强度、工作性、耐久性要求的前提下，结合施工的实际情况进行了水泥混凝土路面的配合比设计。

1. 原材料技术要求

（1）水泥。规范中规定特重、重交通水泥混凝土路面采用旋窑道路硅酸盐水泥，也可采用旋窑硅酸盐水泥或普通硅酸盐水泥，水泥强度等级不低于42.5MPa。水泥混凝土路面所用水泥的要求如下。

1）必须是旋窑水泥。

2）资质必须齐全（准用证、生产许可证、实验室合格证等）。

3）水泥进厂时每批量应附有化学成分、物理、力学指标合格的检验证明。

（2）细集料。中心实验室水泥混凝土配合比设计中采用繁峙大营天然水洗砂，砂的级配区符合Ⅱ区级配范围，细度模数＝2.75，属中砂。

（3）粗集料。粗集料应使用质地坚硬、耐久、洁净的碎石、碎卵石和卵石。根据该段改建工程的路面等级要求及设计文件要求，应采用粗集料级别不低于Ⅱ级的碎石。碎石最大公称粒径不应大于30mm（圆孔筛）。碎石级配符合5～30mm连续级配范围。中心实验室水泥混凝土配合比设计中采用繁峙大营10～30mm碎石，5～10mm碎石及石屑，按10～30mm碎石：5～10mm碎石：石屑＝68：22：10的比例掺配后符合5～30mm细集料应采用质地坚硬、耐久、洁净的天然砂、机制砂或混合连续级配范围。

水泥混凝土路面采用的粗集料如下。

1）粗集料不得使用不分级的统料。

2）按最大公称粒径的不同，采用2～4个粒级的集料进行掺配。

（4）水。水泥混凝土路面配合比设计采用饮用水，无油污、泥或其他杂质。

（5）外加剂。水泥混凝土路面配合比设计考虑到夏季施工气温较高、蒸发快、长距离运输等特点，采用北京科宁 ADD-3 效减水剂（粉剂）。

外加剂质量控制措施如下。

1）用供货单位提供的技术文件。

a. 说明书，并应标明产品主要成分。

b. 检验报告及合格证。

c. 外加剂混凝土性能检验报告。

2）或混凝土搅拌站，应立即取代表性样品进行检验，进货与工程试配时一致，方可入库、使用。若发现不一致，应停止使用。

3）外加剂不同供货单位、不同品种、不同牌号分别存放，标识应清楚。

4）外加剂应防止受潮结块，如有结块，经性能检验合格后应粉碎至全部通过 0.63mm 使用。

5）系统标识应清楚、计量应准确，计量误差不应大于外加剂用量的 2%。

6）外加剂的掺量应按供货单位推荐掺量、使用要求、施工条件、混凝土原材料等因素通过试验确定。

7）高效减水剂宜用于日最低气温 5℃ 以上施工的混凝土，不宜单独用于有早强要求的混凝土及蒸养混凝土。

（6）粉煤灰检测报告。粉煤灰的质量控制如下。

1）土路面在掺用粉煤灰应采用电收尘 Ⅰ、Ⅱ 级干排或磨细粉煤灰，不得使用 Ⅲ 级粉煤灰。

2）指标应符合的 Ⅰ、Ⅱ 级质量要求。

3）应有等级检验报告。

7.1.3.2　水泥混凝土配合比设计

由于混凝土路面板厚设计计算是以混凝土的抗弯拉强度为依据，所以混凝土的配合比设计应根据设计弯拉强度、耐久性、耐磨性、和易性等要求和经济合理的原则选用原材料。通过计算、试验和必要的调整，确定混凝土单位体积中各种组成材料的用量，即设计配合比。再依据现场浇筑混凝土的实际条件，如材料供应情况（级配、含水量等）、摊铺方法和机具、气候条件等，作适当调整后提出施工配合比。

这里仅介绍普通混凝土配合比设计的一般步骤，适用于滑模摊铺机、轨道摊铺机、三辊轴机组及小型机具 4 种施工方式。钢纤维混凝土、碾压混凝土、贫水泥混凝土的配合比设计方法参见《公路水泥混凝土路面施工技术细则》（JTG/T F30—2014）。

1. 普通混凝土路面的配合比应满足的技术要求

（1）弯拉强度。

1）各交通等级路面的 28d 设计弯拉强度标准值 f_r 应符合《公路水泥混凝土路面设计规范》（JTG D40—2011）的规定，根据交通等级不同，取 4.0～5.0MPa。

2）按式（7.1）计算配制 28d 弯拉强度的均值。

$$f_c = \frac{f_r}{1 - 1.04c_v} + ts \tag{7.1}$$

式中　f_c——配制 28d 弯拉强度的均值，MPa；

　　　f_r——设计弯拉强度标准值，MPa；

　　　s——弯拉强度试验样本的标准差，MPa；

　　　t——保证率系数，应按表 7.3 确定；

　　　c_v——弯拉强度变异系数，应按统计数据在表 7.4 的规定范围内取值；无统计数据时，弯拉强度变异系数应按设计取值；如果施工配制弯拉强度超出设计给定的弯拉强度变异系数上限，则必须改进机械装备和提高施工控制水平。

表 7.3　　　　　　　　　　　　　　　　　　保 证 率 系 数 t

公路技术等级	判别概率 P	样本数 n（组）			
		6～8	9～14	15～19	≥20
高速公路	0.05	0.79	0.61	0.45	0.39
一级公路	0.10	0.59	0.46	0.35	0.30
二级公路	0.15	0.46	0.37	0.28	0.24
三、四级公路	0.20	0.37	0.29	0.22	0.19

表 7.4　　　　　　　　　　　　　　　　　变异系数 c_v 的范围

混凝土弯拉强度变异水平等级	低	中	高
弯拉强度变异系数 c_v 允许变化范围	$0.05 \leqslant c_v \leqslant 0.10$	$0.10 < c_v \leqslant 0.15$	$0.15 \leqslant c_v \leqslant 0.20$

（2）工作性。

1）滑模摊铺机前拌和物最佳工作性及允许范围应符合表 7.5 的规定。

表 7.5　　　　　　　　　　混凝土路面滑模摊铺最佳工作性及允许范围

界限 \ 指标	坍落度 S_L/mm		振动黏度系 η/(N·s/m²)
	卵石混凝土	碎石混凝土	
最佳工作性	20～40	25～50	200～500
允许波动范围	5～55	10～65	100～600

注　1. 滑模摊铺机适宜的摊铺速度应控制在 0.5～2.0m/min 之间。

2. 本表适用于设超铺角的滑模摊铺机；对不设超铺角的滑模摊铺机，最佳振动黏度系数为 250～600N·s/m²；最佳坍落度卵石为 10～40mm，碎石为 10～30mm。

3. 滑模摊铺时的最大单位用水量卵石混凝土不宜大于 155kg/m²；碎石混凝土不宜大于 160kg/m³。

2）轨道摊铺机、三辊轴机组、小型机具摊铺的路面混凝土坍落度及最大单位用水量，应满足表 7.6 的规定。

表 7.6　　　　　　　　　　不同路面施工方式混凝土坍落度及最大单位用水量

摊铺方式	轨道摊铺机摊铺		三辊轴机组摊铺		小型机具摊铺	
出机坍落度/mm	40～60		30～50		10～40	
摊铺坍落度/mm	20～40		10～30		0～20	
最大单位用水量/(kg/m³)	碎石 156	卵石 153	碎石 153	卵石 148	碎石 150	卵石 145

注　1. 表中的最大单位用水量系采用中砂、精细集料为风干状态的取值，采用细砂时，应使用减水率较大的（高效）减水剂。

2. 使用碎卵石时，最大单位用水量可取碎石与卵石中值。

（3）耐久性。

1）根据当地路面无抗冻性、有抗冻性或有抗盐冻性要求及混凝土最大公称粒径，路面混凝土含气量宜符合表 7.7 的规定。

表 7.7		路面混凝土含气量及允许偏差	单位：%
最大公称粒径/mm	无抗冻性要求	有抗冻性要求	有抗盐冻要求
19.0	4.0±1.0	5.0±0.5	6.0±0.5
26.5	3.5±1.0	4.5±0.5	5.5±0.5
31.5	3.5±1.0	4.0±0.5	5.0±0.5

2）各交通等级路面混凝土满足耐久性要求的最大水灰（胶）比和最小单位水泥用量应符合表 7.8 的规定。

表 7.8　混凝土满足耐久性要求的最大水灰(胶)比和最小单位水泥用量

公路等级		高速、一级	二级	三、四级
最大水灰（胶）比		0.44	0.46	0.48
有抗冰冻要求时最大水灰（胶）比		0.42	0.44	0.46
有抗盐冻要求时最大水灰（胶）比①		0.40	0.42	0.44
最小单位水泥用量 /(kg/m³)	52.5 级	300	300	290
	42.5 级	310	310	300
	32.5 级	—	—	315
有抗冰冻、抗盐冻要求时最小 单位水泥用量/(kg/m³)	52.5 级	310	310	300
	42.5 级	320	320	315
	32.5 级	—	—	325
掺粉煤灰时最小单位 水泥用量/(kg/m³)	52.5 级	250	250	245
	42.5 级	260	260	255
	32.5 级	—	—	265
有抗冰冻、抗盐冻要求时掺粉煤灰 混凝土最小单位水泥用量②/(kg/m³)	52.5 级	265	260	255
	42.5 级	280	270	265

① 在除冰盐、海风、酸雨或硫酸盐等腐蚀性环境中或在大纵坡等加减速车道上，最大水灰（胶）比宜比表中数值降低 0.01～0.02。

② 掺粉煤灰，并有抗冰冻、抗盐冻要求时，面层不应使用 32.5 级水泥。

3）严寒地区路面混凝土抗冻标号不宜小于 F250，寒冷地区不宜小于 F200。

4）在海风、酸雨、除冰盐或硫酸等腐蚀环境影响范围内的混凝土路面和桥面，在使用硅酸盐水泥时，应掺加粉煤灰、磨细矿渣或硅灰掺和料，不宜单独使用硅酸盐水泥，可使用矿渣水泥或普通水泥。

（4）经济性。在满足上述 3 项技术要求的前提下，配合比应尽可能经济。各级公路混凝土路面最大水泥用量不宜大于 400kg/m³；掺粉煤灰时，最大胶材总量不宜大于 420kg/m³。

2. 外加剂的使用要求

（1）高温施工时，混凝土拌和物的初凝时间不得小于 3h；否则应采取缓凝或保塑措施。低温施工时，终凝时间不得大于 10h；否则应采取必要的促凝或早强措施。

（2）外加剂的掺量应由混凝土试配试验确定。引气剂的适宜掺量可由搅拌机口的拌和物含气量进行控制。实际路面和桥面引气混凝土的抗冰冻、抗盐冻耐久性，宜用《公路水泥混凝土路面施工技术细则》中附录 F.1、F.2 规定的钻芯法测定。测定位置：路面为表面和表面下 50mm；桥面为表面和表面下 30mm；测得的上、下两个表面的最大平均气泡间距系数不宜超过表 7.9 的规定。

表 7.9 水泥混凝土面层最大气泡间距系数 单位：μm

环　境		公路等级		试验方法
		高速、一级	二、三、四级	
严寒地区	冰冻	275±25	300±35	气泡间距系数检测方法应符合《公路水泥混凝土路面施工技术细则》附录 B.2
	盐冻	225±25	250±35	
寒冷地区	冰冻	325±45	350±50	
	盐冻	275±45	300±50	

（3）引气剂与减水剂或高效减水剂等其他外加剂复配在同一水溶液中时，应保证其共溶性，防止外加剂溶液发生絮凝现象。如产生絮凝现象，应分别稀释、分别加入。

3. 配合比参数的计算与确定

（1）水灰（胶）比的计算和确定。

1）根据粗集料的类型，水灰比可分别按下列统计公式计算。

对于碎石或碎卵石混凝土，有

$$\frac{W}{C} = \frac{1.5684}{f_c + 1.0097 - 0.3595 f_s} \tag{7.2}$$

对于卵石混凝土，有

$$\frac{W}{C} = \frac{1.2618}{f_c + 1.5492 - 0.4709 f_s} \tag{7.3}$$

式中　$\dfrac{W}{C}$——水灰比；

　　f_s——水泥实测 28d 抗折强度，MPa；

　　f_c——面层水泥混凝土配制 28d 弯拉强度的均值，MPa。

2）掺用粉煤灰时，应计入超量取代法中代替水泥的那一部分粉煤灰用量（代替砂的超量部分不计入），用水胶比 $\dfrac{W}{C+F}$ 代替水灰比 $\dfrac{W}{C}$。

3）应在满足弯拉强度计算值和耐久性（表 7.8）两者要求的水灰（胶）比中取小值。

（2）砂率的选择。砂率应根据砂的细度模数和粗集料种类，查表 7.10 取值。在用作抗滑槽时，砂率在表 7.10 基础上可增大 1%～2%。用作硬刻槽时，则不必增大砂率。

表 7.10 砂的细度模数与最优砂率无关

砂细度模数		2.2～2.5	2.5～2.8	2.8～3.1	3.1～3.4	3.4～3.7
砂率 S_p/%	碎石	30～34	32～36	34～38	36～40	38～42
	卵石	28～32	30～34	32～36	34～38	36～40

注 碎卵石可在碎石和卵石混凝土之间内插取值。

（3）计算单位用水量。由上述水灰比、砂率，根据粗料种类和表 7.5、表 7.6 中适宜的坍落度 S_L，分别按下列经验式计算单位用水量（砂石料以自然风干状态计）。

对于碎石，有

$$W_o = 104.97 + 0.309 S_L + 11.27 \frac{C}{W} + 0.61 S_P \tag{7.4}$$

对于卵石，有

$$W_o = 86.89 + 0.370 S_L + 11.24 \frac{C}{W} + 1.00 S_P \tag{7.5}$$

式中　W_o——不掺外加剂与掺和料混凝土的单位用水量，kg/m^3；

　　　S_L——坍落度，mm；

　　　S_P——砂率，%；

　　　$\dfrac{C}{W}$——灰水比，水灰比的倒数。

掺外加剂时应计入外加剂减水作用，其混凝土单位用水量应按式（7.6）计算，即

$$W_{ow} = W_o \left(1 - \frac{\beta}{100}\right) \tag{7.6}$$

式中　W_{ow}——掺外加剂混凝土的单位用水量，kg/m^3；

　　　β——所用外加剂剂量的实测减水率，%。

单位用水量应取计算值和表 7.5 或表 7.6 的规定值两者中的小值。若实际单位用水量仅掺引气剂不满足所取数值，则应掺用引气（高效）减水剂，三、四级公路也可采用真空脱水工艺。

（4）确定单位水泥用量。单位水泥用量应由式（7.7）计算，并取计算值与表 7.8 规定值两者中的大值。

$$C_o = \left(\frac{C}{W}\right) W_o \tag{7.7}$$

式中　C_o——单位水泥用量，kg/m^3。

（5）确定砂石料用量。砂石料用量可按密度法或体积法计算。按密度法计算时，混凝土单位质量可取 $2400\sim2450kg/m^3$；按体积法计算时，应计入设计含气量。采用超量取代法掺用粉煤灰时，超量部分应代替砂，并折减用砂量。经计算得到的配合比，应验算单位粗集料填充体积率且不宜小于 70%。

需要注意的是，采用真空脱水工艺时，可采用比经验式（7.4）、式（7.5）计算值略大的单位用水量，但在真空脱水后，扣除每立方米混凝土实际吸除的水量，剩余单位用水量和剩余水灰（胶）比分别不宜超过表 7.6 最大单位用水量和表 7.8 最大水灰（胶）比的规定。

另外，路面混凝土掺用粉煤灰时，其配合比计算应按超量取代法进行。粉煤灰掺量应根据水泥中原有的掺和料数量和混凝土弯拉强度、耐磨性等要求由试验确定。I、Ⅱ级粉煤灰的超量系数可按表 7.11 初选。代替水泥的粉煤灰掺量：I型硅酸盐水泥宜不大于 30%；Ⅱ型硅酸盐水泥宜不大于 25%；道路水泥宜不大于 20%；普通水泥宜不大于 15%；矿渣水泥不得掺粉煤灰。

表 7.11　　　　　　　　　　　　　　各级粉煤灰的超量取代系数

粉煤灰等级	I	Ⅱ	Ⅲ
超量取代系数 k	$1.1\sim1.4$	$1.3\sim1.7$	$1.5\sim2.0$

7.1.3.3　配合比确定与调整

由上述各经验公式推算得出的混凝土配合比，应在实验室内按下述步骤和《公路工程水泥及水泥混凝土试验规程》（JTG E30—2005）规定方法进行试配检验和调整。

（1）首先检验各种混凝土拌和物是否满足不同摊铺方式的最佳工作性要求。检验项目包括含气量、坍落度及其损失、振动黏度系数、改进 VC 值、外加剂品种及其最佳掺量。在工作性和含气量不满足相应摊铺方式要求时，可在保持水灰（胶）比不变的前提下调整单位用水量、外加剂掺量或砂率，不得减小满足计算弯拉强度及耐久性要求的单位水泥用量。

（2）对于采用密度法计算的配合比，应实测拌和物视密度，并应按视密度调整配合比，调整时水灰比不得增大，单位水泥用量、钢纤维掺量不得减少，调整后的拌和物视密度允许偏差为 ±2.0%。实测拌和物含气量及其偏差应满足表 7.7 的规定，不满足要求时，应调整引气剂掺量直至达到规定含气量。

（3）以初选水灰（胶）比为中心，按 0.02 增减幅度选定 2～4 个水灰（胶）比，制作试件，检验各种混凝土 7d 和 28d 配制弯拉强度、抗压强度、耐久性等指标（有抗冻性要求的地区，抗冻性为必测项目，耐磨性及干缩性为选测项目）。也可保持计算水灰（胶）比不变，以初选单位水泥用量为中心，按 15～20kg/m³ 增减幅度选定 2～4 个单位水泥用量。

（4）施工单位通过上述各项指标检验提出的配合比，在经监理或建设方中心实验室验证合格后，方可确定为实验室基准配合比。

实验室的基准配合比应通过搅拌楼实际拌和检验和不小于 200m 试验路段的验证，并应根据料场砂石料含水量、拌和物实测视密度、含气量、坍落度及其损失，调整单位用水量、砂率或外加剂掺量。调整时，水灰（胶）比、单位水泥用量不得减小。考虑施工中原材料含泥量、泥块含量、含水量变化和施工变异性等因素，单位水泥用量应适当增加 5～10kg。满足试拌试铺的工作性、28d（至少 7d）配制弯拉强度、抗压强度和耐久性等要求的配合比，经监理或建设方批准后方可确定为施工配合比。

施工期间配合比的微调与控制应符合下列要求。

（1）根据施工季节、气温和运距等的变化，可微调缓凝（高效）减水剂、引气剂或保塑剂的掺量，保持摊铺现场的坍落度始终适宜于铺筑，且波动最小。

（2）降雨后，应根据每天不同时间的气温及砂石料实际含水量变化，微调加水量，同时微调砂石料称量，其他配合比参数不得变更，维持施工配合比基本不变。雨天或砂石料变化时应加强控制，保持现场拌和物工作性始终适宜摊铺和稳定。

【工程实例 7.2】　工程概况：邵三高速公路钟石隧道设计为小净距隧道，全长 369m，双向四车道，路面混凝土设计抗弯拉强度 5.0MPa，抗压强度 C35，坍落度要求 30～50mm。要求 7d 抗弯拉强度达到设计强度的 90% 以上（即大于 4.5MPa），以保证 28d 龄期强度。因此，本工程对混凝土配合比、原材料选择及施工过程进行重点控制。

1. 原材料来源及技术指标

（1）水泥：采用曲阜金鲁城牌 P.O 42.5 级普通硅酸盐水泥，各项指标符合《公路工程水泥混凝土试验细则》的要求。

（2）碎石：10～20mm、5～10mm 为微山两城石子厂生产，碎石压碎值为 17.8%，根据换算公式 $y=0.816x-5$，换算压碎值为 9.5%，符合《公路水泥混凝土路面施工技术细则》的要求。

（3）砂：采用留庄砂场的砂，该砂细度模数为 2.77，属中砂，含泥量为 1.6%，符合《公路水泥混凝土路面施工技术细则》的要求。

（4）外加剂：淄博华伟建材有限公司生产的 NOF-2B 型缓凝高效减水剂，减水率 15%。

（5）水：工地饮用水。

2．混凝土配合比计算及试配

（1）计算配制弯拉强度（$f_{cu,o}$）。

$$f_c = f_r/(1-1.04c_v) + t_s = 5/(1-1.04 \times 0.125) + 0.37 \times 0.4 = 5.90(\text{MPa})$$

（2）计算水灰比（W/C）。已知配制抗弯拉强度 $f_c = 5.90\text{MPa}$ 水泥实测弯拉强度 $f_s = 7.8\text{MPa}$，则

$$W/C = 1.5684/(f_c + 1.0097 - 0.3595f_s) = 0.38$$

查表知允许最大水灰比不大于 0.44，按弯拉强度计算得的水灰比符合耐久性的要求，故采用水灰比 $W/C = 0.38$。

（3）选定砂率。由砂的细度模数 2.77 查《公路水泥混凝土路面施工技术规范》（JTG F30—2003）中表 4.14，选定混凝土的砂率为 $S_P = 34\%$，确定单位用水量（W_0），由坍落度要求 30～50mm，取 35mm，水灰比 $W/C = 0.38$，由经验公式计算单位用水量为

$$W_0 = 104.97 + 0.309S_L + 11.27 \times (C/W) + 0.61S_P$$
$$= 104.97 + 0.309 \times 35 + 11.27 \times 2.63 + 0.61 \times 34$$
$$= 166(\text{kg/m}^3)$$

（4）查《公路水泥混凝土路面施工技术规范》（JTG F30—2015）中表 4.1.2-4 最大单位用水量为 153kg/m^3，所以需采用减水剂，减水率为 15%。

$$单位用水量 = 166 \times 85\% = 141(\text{kg/m}^3)$$

（5）计算单位水泥用量（C_o）。要求混凝土拌和物坍落度为 30～50mm，选定单位用水量 $M_{wo} = 141\text{kg/m}^3$，混凝土单位水泥用量为 $C_o = W_o/(W/C) = 141/0.38 = 371(\text{kg/m}^3)$。

查表知满足耐久性要求的最小水泥用量为 300kg/m^3，故取水泥用量 $C_o = 371\text{kg/m}^3$。

（6）计算砂石用量。

$$P_n = 2400\text{kg/m}^3 \qquad 砂率：34\%$$

由式得

$$M_{so} + M_{go} = 2400 - 371 - 141$$
$$M_{so}/(M_{so} + M_{go}) = 34\%$$

解得：砂 $M_{so} = 642\text{kg}$　石 $M_{go} = 1246\text{kg/m}^3$

初步配合比（重量比）：水泥：砂：碎石：水：减水剂

$$= 371 : 642 : 1246 : 141 : 2.2$$
$$= 1 : 1.73 : 3.36 : 0.38 : 0.006$$

检验强度测定试验室配合比，采用水灰比分别为

$W/C_A = 0.36$、$W/C_B = 0.36$、$W/C_C = 0.36$，拌制 3 组混凝土拌和物，砂、碎石用量都变化，用水量保持不变，则 3 组配合比材料用量表见表 7.12。

表 7.12 　　　　　　　　　　　　　　水泥混凝土原材料用量表

水灰比	水泥	砂	碎石	水
0.36	392	635	1232	141
0.38	371	642	1246	141
0.40	353	648	1258	141

测试 28d 的抗折强度见表 7.13。

表 7.13   28d 抗折强度表

水灰比	龄期/d	抗折强度/MPa
0.38	28	6.30
0.40	28	5.87
0.42	28	4.95

经过强度对比，选定 $W/C=0.40$ 混凝土抗折强度 $f_c=5.87\text{MPa}$，实测坍落度 40mm。28d 达到试配强度的 117%，符合要求，即采用 $W/C=0.40$。

学习情境 7.2   水泥混凝土的生产及运输

【情境描述】   介绍某二级公路改建工程水泥混凝土的生产和运输工艺，要求掌握水泥混凝土的生产要注意哪些问题以及混凝土运输对质量的影响。

水泥混凝土配合比确定以后，在混凝土路面施工之前，还必须做好以下几方面准备工作：精心做好施工组织工作；根据工程规模和施工条件选择并准备好相应的施工机械；检测并修整路基和基层；对工程用材料、机械设备、机具和仪器等进行全面检查；施工放线测量、合理选择搅拌场位置等。

完成各项施工准备工作后，先进行开工申请，得到批准后即可进行水泥混凝土路面正式施工。

7.2.1   水泥混凝土施工机械

机械化程度的高低是影响水泥混凝土路面的规模化生产的直接因素，配备机械要结合项目的实际情况进行科学合理的安排，并注意深入研究不同型号机械本身的优缺点，充分挖掘机械潜能。

图 7.7   水泥混凝土拌和楼

1. 拌和设备

拌和设备按拌和过程的生产方式，可以分为间歇式拌和设备和连续式拌和设备，见图 7.7。间歇楼是每锅单独称料的，搅拌精确度高于连续搅拌楼，弃料少，因此宜优先选配间歇楼。实践证明，连续式搅拌楼，也能够达到滑模摊铺高速公路水泥混凝土路面的要求，也可用于工程建设。连续搅拌楼应配备两个搅拌锅或一个长度足以搅拌均匀的搅拌锅，并应在搅拌锅上配备电视监控设备。前者是为了保证拌和物匀质性和熟化程度，后者是为了保障安全。

2. 摊铺成型设备

常见的水泥混凝土路面的摊铺机械有滑模摊铺机、轨道摊铺机、三辊轴机组、小型机具、碾压混凝土摊铺机械等，各种摊铺机械的选用宜符合表 7.14 的要求。

(1) 滑模摊铺机施工。混凝土路面不需要轨模，摊铺机支承在 4 个液压缸上，两侧设置有随机移动的固定滑模，摊铺厚度通过摊铺机上下移动来调整，如图 7.8、图 7.9 所示。滑模式摊铺机一次通过即可完成摊铺、振捣、整平等多道工序，作业过程如图 7.10 所示。铺筑混凝土时，首先由螺旋式布料器将堆积在基层上的混凝土拌和物横向铺开，刮平器进行初步刮平，然后用振捣器进行捣实，随后刮平板进行振捣后的整平，形成密实而平整的表面，再使用搓动式振捣板对拌和物进行振实和整平，最后用光面带进行光面。整面作业与轨模式摊铺机施工基本相同，但滑模摊铺机的整面装置均由电子液压系统控制，精度较高。

| 图 7.8　滑模式摊铺机施工 | 图 7.9　路肩滑模摊铺机施工 |

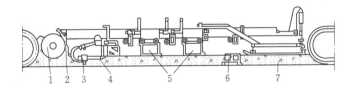

图 7.10　摊铺机摊铺工艺过程

1—螺旋摊铺器；2—刮平器；3—振捣器；4—刮平板；
5—振动振平板；6—光面带；7—混凝土面

表 7.14　　　　　　　　　　　　**与公路等级相适应的机械装备**

摊铺机械装备	高速公路	一级公路	二级公路	三级公路	四级公路
滑模摊铺机	★	★	★	▲	●
轨道摊铺机	▲	★	★	★	●
三辊轴机组	●	▲	★	★	★
小型机具	×	●	▲	★	★
碾压混凝土摊铺机	×	●	★	★	▲

注　符号含义：★应使用；▲有条件使用；●不宜使用；×不得使用。

滑模式摊铺机比轨模式摊铺机更高度集成化，整机性能好，操纵方便，生产效率高，但对原材料混凝土拌和物的要求更严格，设备费用较高。滑模摊铺机可按表 7.15 的基本技术参数选择。

表 7.15　　　　　　　　　　　　　　　　滑模摊铺机的基本技术参数

项目	发动机功率/kW	摊铺宽度/m	摊铺厚度/mm	摊铺速度/(m/min)	空驶速度/(m/min)	行走速度/(m/min)	履带数/个	整机自重/t
三车道滑模摊铺机	200～300	12.5～16.0	0～500	0～3	0～5	0～15	4	57～135
双车道滑模摊铺机	150～200	3.6～9.7	0～500	0～3	0～5	0～18	2～4	22～50
多功能单车道滑模摊铺机	70～150	2.5～6.0	0～400 护栏高度 800～1900	0～3	0～9	0～15	2, 3, 4	12～27
路缘石滑模摊铺机	≤80	<2.5	<450	0～5	0～9	0～10	2, 3	≤10

　　高速公路、一级公路推荐整幅滑模摊铺机，宜选配能一次摊铺 2～3 个车道宽度（7.5～12.5m）的滑模摊铺机，尽量使用整幅 12.5m 宽度的大型滑模摊铺机，以减少纵向连接纵缝部位的不平整及存水现象。

　　二级公路推荐 9m 整宽滑模摊铺机，二级及以下公路路面的最小摊铺宽度不得小于单车道设计宽度，在二级公路上有条件时，推荐采用中央设路拱的 8～9m 宽滑模摊铺机。在多数情况下，二级公路无运输便道，必须预留一半宽度的路面，用作混凝土运输通道。一般情况下，三、四级公路水泥混凝土路面上，由于软路肩宽度不足，履带行走宽度及设置基准线位置不够，不适宜使用滑模摊铺机施工。滑模摊铺机械与技术，在我国仅适用于二级以上高等级公路水泥混凝土路面的施工。

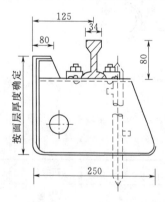

图 7.11　轨道模板

　　滑模摊铺机可按特大、大、中、小 4 个级别的基本技术参数选择。无论选用哪种设备，首先必须满足施工路面、路肩、路缘石和护栏等的基本施工要求；其次摊铺机本身的工作配置件要齐全，应配备螺旋或刮板布料器、松方高度控制板、振动排气仓、夯实杆或振动搓平梁、自动抹平板、侧向打拉杆及同时摊铺双车道的中部打拉杆装置等。

　　硬路肩推荐与路缘石连体摊铺，硬路肩的摊铺宜选配中、小型多功能滑模摊铺机，并宜连体一次摊铺路缘石。

　　（2）轨道式摊铺机施工。它是由支撑在平底型轨道上的摊铺机将混凝土拌和物摊铺在基层上。摊铺机的轨道与模板是连在一起的，长度为 3m，安装时同步进行，轨道模板见图 7.11。

轨道式摊铺机按布料方式不同，可选用刮板式、箱式和螺旋式，最小摊铺宽度不得小于单车道 3.75m。轨道摊铺机的选型应根据路面车道数或设计宽度按表 7.16 的技术参数选择。

表 7.16　　　　　　　　　　　　　　　　轨道摊铺机的基本技术参数

项目	发动机功率/kW	最大摊铺宽度/m	摊铺厚度/mm	摊铺速度/(m/min)	整机自重/t
三车道轨道摊铺机	33～45	11.75～18.3	250～600	1～3	13～38
双车道轨道摊铺机	15～33	7.5～9.0	250～600	1～3	7～13
单车道轨道摊铺机	8～22	3.5～4.5	250～450	1～4	≤7

（3）三辊轴机组铺筑是采用振捣机、三辊轴整平机等机组铺筑混凝土路面的施工工艺，如图 7.12 所示。

三辊轴整平机的主要技术参数应符合表 7.17 的规定。

表 7.17　　　　　　　　　　　三辊轴整平机的主要技术参数

型号	轴直径 /mm	轴速 /(r/min)	轴长 /m	轴质量 /(kg/m)	行走机构 质量/kg	行走速度 /(m/min)	整平轴距 /mm	振动功率 /kW	驱动功率 /kW
5001	168	300	1.8～9	65±0.5	340	13.5	504	7.5	6
6001	219	300	5.1～12	77±0.7	568	13.5	657	17	9

三辊轴摊铺整平机以轴的直径划分型号，以轴的长度划分规格，因此应根据摊铺宽度确定规格。从摊平拌和物考虑，轴的直径大比较有利；从有效密实深度考虑，轴的直径较小比较有利。目前市场上的三辊轴摊铺整平机，轴的直径有 168mm、219mm 和 240mm 几种。采用较大的轴径施工效率较高，平整度较好，但表面浆体比较容易离析，浆较薄。采用较小的轴径，提浆效果较好，但轴易变形，应注意校正。因此，板厚 200mm 以上宜采用直径为 168mm 的辊轴；桥面铺装或厚度较小的路面可采用直径为 219mm 的辊轴。轴长宜比路面宽度长出 600～1200mm。

图 7.12　三辊轴机组铺筑水泥混凝土路面

振动功率宜大于 7.5kW；驱动轴的最大行驶速度不大于 13.5m/min，驱动功率不小于 6kW。保证振轴和驱动轴有足够大的功率，以克服混合料和模板的阻力，实现摊铺、振动密实及整平功能。

三辊轴机组铺筑混凝土面板时，必须同时配备一台安装有插入式振捣棒组的排式振捣机，尽量使用同时安装有辅助摊铺的螺旋布料器和松方控制刮板形式，并使之具有自动行走功能。

（4）小型机具铺筑是指采用固定模板、人工布料、手持振捣棒、振动板或振捣梁振实、棍杠、修整尺、抹平刀整平的混凝土路面施工工艺。

小型机具施工中，轻交通等级水泥混凝土路面时可使用。它技术简单成熟、施工便捷，不需要大型设备，主要靠人工操作。但劳动强度最大，使用的劳动力数量最多，是劳动力密集型的水泥混凝土路面施工方式。

（5）碾压混凝土路面铺筑是指采用特干硬性水泥混凝土拌和物，使用沥青摊铺机摊铺、压路机械碾压密实成型的混凝土路面施工工艺。

碾压混凝土路面施工最好选择带自动找平系统和高密实度烫平板的大型沥青摊铺机，最大摊铺厚度可达到 30cm，摊铺预压密实度可达到不小于 85% 以上。根据路面摊铺宽度可选用 1～2 台摊铺机。压实机械采用自重 10～12t 的振动压路机 1～2 台；15～25t 的轮胎压路机 1 台，用于路面碾压。1～2t 的小型振动压路机 1 台，用于边缘压实。

【工程实例7.3】　水南公路NO.4合同段全线18.59km，混凝土路面面积420000m²，半幅路面宽11.25m，其中超车道4.5m，行车道4.25m，硬路肩2.5m。面层摊铺厚度0.26m。混凝土拌和采用意大利ORU厂4MB6000T型水泥混凝土拌和站，主板路面摊铺采用美国COMACO2600型滑模摊铺机，边板采用三辊轴。机械安排如下。

1. 滑模摊铺机

滑模摊铺水泥混凝土路面最主要的施工主导设备是滑模摊铺机。本项目使用美国CO-MACO2600型滑模摊铺机，其基本构造为松方控制板、螺旋布料器、振动棒组、夯实杆、挤压底板、中央拉杆插入器、超级抹平器和边缘拉杆插入器。在机型确定后，以滑模摊铺机为施工重心，以充分发挥机械本身优势、摈弃其不足为基本指导思想制订了以下措施。

（1）在不影响路面使用功能及美观的基础上适当调整路面主板的摊铺宽度，将主板改为8.25m。

（2）设计滑模摊铺路面用混凝土时，从设计COMACO所采用的滑模工艺理论考虑，坍落度采用3～5cm。

（3）适当加密了振捣棒间距，调整为中部40cm，两边距侧模15cm。

（4）在进行试铺及试验段施工时，在以往经验的基础上对摊铺机的料仓料位、振动频率、超铺角、行走速度、抹平器的速度及压力、成型模与基线差值等参数进行跟踪调整，优化、量化部分参数，最大限度地发挥了机械潜能。

2. 水泥混凝土拌和站

优质、高产、稳定的拌和站是滑模摊铺混凝土路面的可靠保证，水南项目主拌和站为局属意大利ORU厂4MB6000T型间歇式混凝土拌和站，设计拌和能力160m³/h。在试验段成功后引进一座国产方圆120型拌和站，设计拌和能力120m³/h。根据COMACO最优摊铺速度1.0～2.0m/min，结合公式$M=60CBhv$［式中：M为拌和站生产能力，m³/h；B为一次路面摊铺宽度，m；h为路面厚度，m；v为拟采用摊铺速度，m/min；C为混凝土供应系数，1.2～1.5（国产机械取大值，进口机械取小值）］计算，拌和站与摊铺机能力相匹配。

另外，根据生产实际情况，拌和站上料使用国产厦工50装载机3台。

3. 运输车辆

载重能力大、车辆状况好的自卸汽车是滑模摊铺路面的另一关键，项目车队采用国产东风康明公司3208自卸汽车，每车可拉12m³，要求汽车车厢严格密封，车厢内四周均焊接钢板形成倒角以利于顺利卸车。车辆使用数量根据摊铺能力、运距进行调整，并要求有富余车辆。

4. 布料设备

国内在选购滑模摊铺机时，大都未选择与之配套的布料机，在实际施工中用挖掘机替代布料，大型挖掘机力大、臂长，可兼顾的范围较大，但相应的成本较高。小型挖掘机成本低，但兼顾的范围较小，布料的速度相对较慢。结合经济性、适用性，考虑到主板8.25m的宽度限定，项目选用日产小松PC200挖掘机，效果不错。

5. 切缝、刻槽、养生等配套设备

本项目采用硬切缝、硬刻槽，高分子薄膜养生，根据施工工艺及规范要求，配备相应的机械如下：切缝机4台，刻槽机10台，3T水车5辆，8T水车一辆。

6. 发电机组

混凝土施工要求时效性很强，电力的不稳定势必严重影响施工，停电对于正在运转的大型混凝土搅拌站来讲无疑是一场噩梦，因此选择与拌和站匹配的发电机组是必需的。本项目备用发电机组的功率为 300kW。事实上，随着年度全国范围内能源紧张，备用发电机组发挥了相当大的作用。

7.2.2　水泥混凝土生产工艺及注意事项

1. 配料精确度控制方法

每台搅拌楼在投入生产前，必须进行标定和试拌。在标定有效期满或搅拌楼搬迁安装后，均应重新标定。施工中应每 15d 校验一次搅拌楼计量精确度。搅拌楼配料计量偏差不得超过表 7.18 的规定。不满足时，应分析原因，排除故障，确保拌和计量精度。采用计算机自动控制系统的搅拌楼时，应使用自动配料生产，并按需要打印每天（周、旬、月）对应路面摊铺桩号的混凝土配料统计数据及偏差。

表 7.18　　　　　　　　　　　搅拌楼的混凝土拌和计量允许偏差　　　　　　　　　　　　%

材料名称	水泥	掺和料	钢纤维	砂	粗集料	水	外加剂
高速公路、一级公路每盘	±1	±1	±2	±2	±2	±1	±1
高速公路、一级公路累计每车	±1	±1	±1	±2	±2	±1	±1
其他公路	±2	±2	±2	±3	±3	±2	±2

2. 拌和时间

应根据拌和物的黏聚性、均质性及强度稳定性试拌确定最佳拌和时间。一般情况下，单立轴式搅拌机总拌和时间宜为 80～120s，全部原材料到齐后的最短纯拌和时间不宜短于 40s；行星立轴和双卧轴式搅拌机总拌和时间为 60～90s，最短纯拌和时间不宜短于 35s；连续双卧轴搅拌楼的最短拌和时间不宜短于 40s。最长总拌和时间不应超过高限值的 2 倍。

3. 砂石料要求

混凝土拌和过程中，不得使用沥水、夹冰雪、表面沾染尘土和局部曝晒过热的砂石料。

4. 外加剂使用

外加剂应以稀释溶液加入，其稀释用水原液中的水量，应从拌和加水量中扣除。使用间歇搅拌楼时，外加剂溶液浓度应根据外加剂掺量、每盘外加剂溶液筒的容量和水泥用量计算得出。连续式搅拌楼应按流量比例控制加入外加剂。加入搅拌锅的外加剂溶液应充分溶解，并搅拌均匀。有沉淀的外加剂溶液，应每天清除一次稀释池中的沉淀物。

5. 引气混凝土拌和

为提高路面混凝土的弯拉强度和耐久性，所有水泥混凝土路面都应使用引气剂，制成引气混凝土，并应按引气混凝土的拌和要求进行搅拌。

拌和物的含气量是在拌和过程中从空气中裹携进去的，如果搅拌锅是满的或密封的，没有给出空间让空气进入，即使掺用引气剂，也裹携不进空气，达不到要求的含气量。因此，搅拌楼一次拌和量不应大于其额定搅拌量的 90%，纯拌和时间应控制在含气量最大或较大时。

6. 粉煤灰混凝土拌和

粉煤灰或其他掺和料应采用与水泥相同的输送、计量方式加入。粉煤灰混凝土的纯拌和时间应比不掺时延长 10～15s。当同时掺用引气剂时，宜通过试验适当增大引气剂掺量，以达到规定含气量。

7. 拌和物质量检验与控制

（1）检查项目和检查频率。搅拌过程中，拌和物质量检验与控制应符合表 7.19 的规定。低温或高温天气施工时，拌和物出料温度宜控制在 10～35℃，并应测定原材料温度、拌和物的温度、坍落度损失率和凝结时间等。

表 7.19　　　　　　　　　　　　混凝土拌和物的质量检验项目和频率

检查项目	检查频度	
	高速公路、一级公路	其他公路
水灰比及稳定性	每 5000m³ 抽检 1 次，有变化随时测	每 5000m³ 抽检 1 次，有变化随时测
坍落度及其均匀性	每工班测 3 次，有变化随时测	每工班测 3 次，有变化随时测
坍落度损失率	开工、气温较高和有变化随时测	开工、气温较高和有变化随时测
振动黏度系数	试拌、原材料和配合比有变化时测	试拌、原材料和配合比有变化时测
钢纤维体积率	每工班测 2 次，有变化随时测	每工班测 1 次，有变化随时测
含气量	每工班测 2 次，有抗冻要求不少于 3 次	每工班测 1 次，有抗冻要求不少于 3 次
泌水率	必要时测	必要时测
视密度	每工班测 1 次	每工班测 1 次
温度、凝结时间、水化发热量	冬、夏季施工，气温最高、最低时，每工班至少测 1～2 次	冬、夏季施工，气温最高、最低时，每工班至少测 1 次
离析	随时观察	随时观察
VC 值及稳定性、压实度、松铺系数	碾压混凝土做复合式路面底层时，检查频率与其他公路相同	每工班测 3～5 次，有变化随时测

（2）匀质性和稳定性要求。拌和物应均匀一致，有生料、干料、离析或外加剂、粉煤灰成团现象的非均质拌和物严禁用于路面摊铺。

一台搅拌楼的每盘之间，各搅拌楼之间，拌和物的坍落度最大允许偏差为 ±10mm。拌和坍落度应为最适宜摊铺的坍落度值与当时气温下运输坍落度损失值两者之和。

8. 钢纤维混凝土的拌和特殊要求

钢纤维混凝土的拌和，除应满足上述规定外，尚应符合下列规定。

（1）当钢纤维体积率较高、拌和物较干时，搅拌楼一次拌和量不宜大于其额定搅拌量的 80%。拌和物中不得有钢纤维结团现象。

（2）钢纤维混凝土搅拌的投料次序和方法应以搅拌过程中钢纤维不产生结团和保证一定的生产率为原则，并通过试拌或根据经验确定。宜采用将钢纤维、水泥、粗细集料先干拌后加水湿拌的方法；也可采用钢纤维分散机在拌和过程中分散加入钢纤维。

（3）钢纤维混凝土的拌和时间应通过现场搅拌试验确定，并应比普通混凝土规定的纯拌和时间延长 20～30s，采用先干拌后加水的搅拌方式时，干拌时间不宜少于 1min。

（4）钢纤维混凝土严禁用人工拌和。当桥梁伸缩缝等零星工程使用少量的钢纤维混凝土时，可采用容量较小的搅拌机拌和，每种原材料应准确称量后加入，不得使用体积计量。采用小容量搅拌机拌和时,钢纤维混凝土总拌和时间应较搅拌楼拌和时间延长 1～2min,采用先干拌后加水的搅拌方式时,干拌时间不宜少于 1.5min。

(5) 应保证钢纤维在混凝土中的分散性及均匀性,水洗法检测的钢纤维含量偏差不应大于设计掺量的±15%。

9. 碾压混凝土拌和特殊要求

碾压混凝土拌和除应满足上述有关规定外,尚应符合下列规定。

(1) 砂石料堆应全部覆盖,以防雨,堆底严防浸水。必要时,还应对砂石料仓、粉煤灰料斗、外加剂溶液池等作防雨覆盖。在装载机料斗和料仓内的砂石料不应有明显的湿度差别,严禁雨天拌和碾压混凝土。

(2) 拌和时,应精确检测砂石料的含水率,根据砂石料含水率变化,快速反馈并严格控制加水量和砂石料用量。除搅拌楼应配备砂(石)含水率自动反馈控制系统外,每台班至少应监督 3 次砂石料含水率。

(3) 碾压混凝土的最短纯拌和时间应比普通混凝土延长 15～20s。

【工程实例 7.4】 国道 108 线某段改建工程,公路等级为二级公路,起点位于灵丘县三楼村,终点位于繁峙县下茹越,全长 80.259km(其中水泥混凝土路面 70km),共分 10 个标段(其中 2～10 标均为水泥混凝土路面),水泥混凝土路面设计抗弯拉强度为 5.0MPa,以下为水泥混凝土生产和运输方案。

1. 水泥混凝土的生产

在每天开始拌和前,按混凝土配合比要求,对水泥、水和各种集料的用量准确计量。量配的精确度为:水和水泥±1%;粗细集料 3%。外加剂单独计量,精确度为±2%。每一工班至少检查两次材料量配的精确度,每半天检查两次混合料的坍落度。

搅拌机的装料顺序为:砂→水泥→碎(砾)石,或碎(砾)石→水泥→砂。进料后,边搅拌边加水。搅拌时间不低于 105s。

2. 混凝土运输

混凝土采用汽车运输。装运混凝土的过程中,做到不漏浆,并防止离析。出料及铺筑时的卸料高度不超过 1.5m。当有明显离析时,在铺筑时重新拌匀。运送用的车箱在每天工作结束之后用水冲洗干净。

7.2.3 水泥混凝土的运输

1. 总运力要求

应根据施工进度、运量、运距及路况,选配车型和车辆总数。总运力应比总拌和能力略有富余。确保新拌混凝土在规定时间内运到摊铺现场。

2. 运输时间

运输到现场的拌和物必须具有适宜摊铺的工作性。不同摊铺工艺的混凝土拌和物从搅拌机出料到运输、铺筑完毕的允许最长时间应符合表 7.20 的规定。不满足时应通过试验,加大缓凝剂或保塑剂的剂量。

3. 混凝土拌和物运输注意事项

(1) 运输混凝土的车辆装料前,应清洁车厢(罐),洒水润壁,排干积水。装料时,自卸车应挪动车位,防止离析。搅拌楼卸料落差不应大于 2m。

(2) 混凝土运输过程中应防止漏浆、漏料和污染路面,途中不得随意耽搁。自卸车运输应减小颠簸，防止拌和物离析。车辆起步和停车应平稳。

表7.20　　　　　　　　　　混凝土拌和物出料到运输、铺筑完毕允许最长时间

施工气温 /℃	到运输完毕允许的最长时间/h		到铺筑完毕允许的最长时间/h	
	滑模、轨道	三轴、小机具	滑模、轨道	三轴、小机具
5～9	2.0	1.35	2.5	2.0
10～19	1.5	1.0	2.0	1.5
20～29	1.0	0.75	1.5	1.25
30～35	0.75	0.50	1.25	1.0

注　施工气温指施工时间的日间平均气温，使用缓凝剂延长凝结时间后，本表数可增加0.25～0.5h。

（3）超过表7.20规定摊铺允许最长时间的混凝土不得用于路面摊铺。混凝土一旦在车内停留超过初凝时间，应采取紧急措施处置，严禁混凝土硬化在车厢（罐）内。

（4）烈日、大风、雨天和低温天远距离运输时，自卸车应遮盖混凝土，罐车宜加保温隔热套。

（5）使用自卸车运输混凝土最远运输半径不宜超过20km。

（6）运输车辆在模板或导线区调头或错车时，严禁碰撞模板或基准线，一旦碰撞，应告知测量人员重新测量纠偏。

（7）车辆倒车及卸料时，应有专人指挥。卸料应到位，严禁碰撞摊铺机和前场施工设备及测量仪器。卸料完毕，车辆应迅速离开。

（8）碾压混凝土卸料时，车辆应在前一辆车离开后立即倒向摊铺机，并在机前10～30cm处停住，不得撞击摊铺机械，然后换成空挡，并迅速升起料斗卸料，靠摊铺机推动前进。

学习情境7.3　立模及水泥混凝土浇筑

【情境描述】　本情境为某二级公路改建工程水泥混凝土立模和浇筑施工工艺及质量控制要点，熟悉水泥混凝土路面立模工序及注意事项；掌握水泥混凝土路面浇筑工艺及注意事项；掌握水泥混凝土路面变形缝处理技术；了解水泥混凝土路面养护。

7.3.1　水泥混凝土路面立模及检查

水泥混凝土路面面层通常采用的施工方法有滑模摊铺机施工、轨道摊铺机、三辊轴机组施工以及小型机具施工等，其中三辊轴机组、轨道摊铺机和小型机具两种施工工艺中都需要安装模板，而滑模摊铺机由于机身两侧设置有随机起移动作用的固定模板无需安装模板，以下主要介绍三辊轴机组施工、轨道摊铺机以及小型机具施工工艺中模板的安装。

1. 边侧模板

定模摊铺，使用量最大、最多的是边缘侧向模板，见图7.13。公路混凝土路面板、桥面板和加铺层的施工模板应采用刚度足够的槽钢或钢制边侧模板，不应使用木模板、塑料模板等其他易变形的模板。原因是木模的刚度偏小，其平整度的表面基准（3m直尺不大于5mm）不能满足高速公路、一级公路平整度要求（3m直尺不大于3mm）。另外，木模吸水易于变形，周转率低。

模板的高度为面板设计厚度。模板顶面用水准仪检查标高,不符合要求时予以调整。施工时,要经常检查模板平面和高程,并严加控制。模板长度以人工便于架设为准,一般为 3～5m,且不宜短于 3m。在小半径弯道中为了渐变弯道,可使用较短的模板。横向连接摊铺需设置拉杆时应按设计要求的拉杆距离,在模板上预留拉杆插入孔。为了提高模板的架设质量,要求每米模板应设置一处支撑固定装置进行水平固定,见图 7.14。固定的作用主要是防止振捣机、三辊轴、振捣梁、滚杠振动和重力作用下向外水平位移。模板垂直度用垫木楔方法调整。

图 7.13　安装完毕的侧向模板

模板底部的空隙,宜使用砂浆垫实或垫塑料薄膜,以防止振捣漏浆。立好的模板在浇筑混凝土之前,其表面应涂刷肥皂液、废机油等防黏剂,以便拆模。

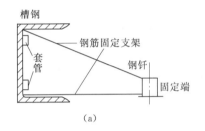
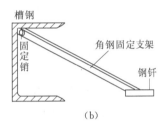

图 7.14　(槽)钢模板焊接钢筋或角隔固定示意图
(a)焊接钢筋固定支架;(b)焊接角钢固定支架

2. 端头模板

横向施工缝端模板应为焊接钢制或槽钢模板,并按设计规定的传力杆直径和间距设置传力杆插入孔和定位套管。横向施工缝端头模板上的传力杆设置精确度要求较高,施工定位精确度不足时,传力杆将顶坏水泥路面。两边缘传力杆到自由边距离不宜小于 150mm。每米设置一个垂直固定孔套。工作缝端模侧立面见图 7.15,端模支架见图 7.16。

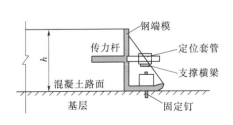

图 7.15　工作缝端模侧立面

图 7.16　水泥混凝土路面端模支架

3. 模板的数量

模板或轨模数量应根据施工进度和施工气温确定，并应满足拆模周期内周转需要。一般情况下，模板或轨模总量不宜少于 3～5d 摊铺的需要。

4. 模板架设与安装

支模前在基层上应进行模板安装及摊铺位置的测量放样，每 20m 应设中心桩；每 100m

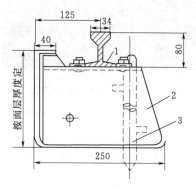

图 7.17 轨道模板（尺寸单位：mm）
1—轨道；2—模板；3—钢钎

宜布设临时水准点；核对路面标高、面板分块、胀缝和构造物位置。测量放样的质量要求和允许偏差应符合相应测量规范的规定。纵横曲线路段应采用短模板。每块模板中点应安装在曲线切点上，以便较圆滑顺畅地过渡曲线，并使混凝土用量最省。轨道摊铺应采用长度为 3m 的专用钢制轨模，轨模底面宽度宜为高度的 80%，轨道用螺栓、垫片固定在模板支座上，模板应使用钢钎与基层固定。轨道顶面应高于模板 20～40mm，轨道中心至模板内侧边缘距离宜为图 7.17 所示轨道模板。

轨道摊铺机使用的是轨道与模板合一的专用轨模。其尺寸一般由厂家提供。模板应安装稳固、顺直、平整、无扭曲，相邻模板连接应紧密平顺，底部不得有漏浆、前后错茬、高低错台等现象。模板应能承受摊铺、振实、整平设备的负载行进、冲击和振动时不发生位移。严禁在基层上挖槽，嵌入安装模板。模板架设最主要的要求是稳固，在上部机械和机具的摊铺、振捣、整平及饰面作业下不位移且不妨碍各项作业。规定每米一个固定栓杆，小型机具作业时，稳固要求低一些，而轨道与三辊轴机组支模稳固性要求高些。模板安装检验合格后（安装精确度应符合表 7.21 的规定），与混凝土拌合物接触的表面应涂脱模剂、隔离剂或粘贴塑料薄膜；接头应粘贴胶带或塑料薄膜等密封，目的是便于拆模且防止漏浆、跑料。

表 7.21 模板安装精确度要求

检测项目	施工方式		三辊轴机组	轨道摊铺机	小型机具
平面偏位/mm，≤			10	5	15
摊铺宽度/mm，≤			10	5	15
面板厚度/mm，≥	代表值		−3	−3	−4
	合格值		−8	−8	−9
纵断面高程偏差/mm			±5	±5	±10
横坡偏差/%			±0.10	±0.10	±0.20
相邻板高差/mm，≤			1	1	2
顶面接茬 3m 尺平整度/mm，≤			1.5	1	2
模板接缝宽度/mm，≤			3	2	3
侧向垂直度/mm，≤			3	2	4
纵向顺直度/mm，≤			3	2	4

5. 模拆除及矫正

当混凝土抗压强度不小于 8.0MPa 时方可拆模。适宜的拆模时间与施工时当地的昼夜平均气温和所用的水泥品种有关。气温高，水泥中掺加的混合材料少者，则拆模时间短；反之拆模时间长。要注意的是，路面混凝土中掺加粉煤灰时，正常气温下，一般应延长 1～2d 拆模，低温条件下应延长 3～5d 拆模。

拆模不得损坏板边、板角和传力杆、拉杆周围的混凝土，也不得造成传力杆和拉杆松动或变形。模板拆卸宜使用专用拔楔工具，严禁使用大锤强击拆卸模板。主要目的是在拆模时，不得损伤或撬坏路面，同时不得敲打和损坏模板。拆下的模板应将黏附的砂浆清除干净，并矫正变形或局部损坏。不符合要求的模板应废弃，不得再使用。

7.3.2　水泥混凝土路面浇筑施工

1. 水泥混凝土的摊铺

混凝土拌和物摊铺前，应对模板的位置、支撑稳固情况及传力杆、拉杆的安设等进行全面检查。修复破损基层，并洒水润湿，以免混凝土底部的水分被干燥的基层吸去，变得疏松以致产生细裂缝。用厚度标尺板全面检测板厚与设计值相符，方可开始摊铺。专人指挥自卸车尽量准确卸料，小型机具的布料大多使用人工，卸料不到位时的摊铺劳动强度极大。专人指挥自卸车，尽量准确卸料。人工布料应用铁锹反扣，严禁抛掷和耧耙。人工摊铺混凝土拌合物的坍落度应控制在 5～20mm 之间，拌和物松铺系数宜控制在 1.10～1.25 之间，料偏干，取较高值；反之，取较低值。松铺系数控制的实际目的是估计布料高度超出边缘模板多少是合适的，小型机具施工与其他定模摊铺的方式一样，均要求布料高度应高出边模一定高度，以便振捣梁和辊杠能够起到挤压、振动及密实饰面的作用。

2. 振实

（1）插入式振捣棒振实。在待振横断面上，每车道路面应使用两根振捣棒，组成横向振捣棒组，沿横断面连续振捣密实，并应注意路面板底、内部和边角处不得欠振或漏振。振捣棒在每一处的持续时间，应以拌和物全面振动液化，表面不再冒气泡和泛水泥浆为限，不宜过振，也不宜少于 30s。振捣棒的移动间距不宜大于 500mm；至模板边缘的距离不宜大于 200mm。应避免碰撞模板、钢筋、传力杆和拉杆。振捣棒插入深度宜离基层 30～50mm，振捣棒应轻插慢提，不得猛插快拔，严禁推行和拖拉振捣棒在拌和物中振捣。振捣时，应辅以人工补料，应随时检查振实效果、模板、拉杆、传力杆和钢筋网的移位、变形、松动、漏浆等情况，并及时纠正。

（2）振动板振实。在振捣棒已完成振实的部位，可使用振动板纵横交错两遍全面提浆振实，每车道路面应配备一块振动板。振动板移位时，应重叠 100～200mm，振动板在一个位置的持续振捣时间不应少于 15s。振动板须由两人提拉振捣和移位，不可自由放置或长时间持续振动。移位控制以振动板底部和边缘泛浆厚度 3mm±1mm 为限。振动板振捣中，缺料的部位应辅以人工补料找平。

（3）振动梁振实。每车道路面宜使用一根振动梁，如图 7.18 所示。振动梁应具有足够的刚度和质量，底部应焊接或安装深度 4mm 左右的粗集料压实齿，保证 4mm±1mm 的表面砂浆厚度。振动梁应垂直路面中线沿纵向拖行，往返 2～3 遍，使表面泛浆均匀平整。在振动梁施振整平过程中，缺料处应使用混凝土拌和物填补，不得用纯砂浆填补；料多的部位应铲除。

图 7.18 水泥混凝土路面振动梁

3. 整平饰面

整平饰面包括滚杠提浆整平、抹面机压浆整平饰面、精整饰面 3 道工序。

(1) 滚杠提浆整平。每车道路面应配备一根滚杠（双车道两根）。振动梁振实后，应拖动滚杠往返 2～3 遍提浆整平。第一遍应短距离缓慢推滚或拖滚，然后应较长距离匀速拖滚，并将水泥浆始终赶在滚杠前方，多余水泥浆应铲除。

图 7.19 抹平机抹光施工

(2) 压实整平。拖滚后的表面宜采用叶片式或圆盘式抹面机往返 2～3 遍压实整平饰面，见图 7.19。抹面机配备每车道路面不宜少于一台。也可采用 3m 刮尺，纵横各一遍整平饰面。

(3) 精整饰面。在抹面机完成作业后，应进行清边整缝，清除黏浆，修补缺边、掉角。应使用抹刀将抹面机留下的痕迹抹平，当烈日曝晒或风大时，应加快表面的修整速度，或在防雨篷遮荫下进行。精整饰面后的面板表面应无抹面印痕，致密均匀，无露骨，平整度应达到规定要求。

7.3.3 水泥混凝土路面变形缝及构造缝处理

7.3.3.1 接缝的处理

普通混凝土路面、钢筋混凝土路面、钢纤维混凝土路面，无论采用滑模、轨道、三辊轴机组还是小型机具的哪种工艺方式施工，其接缝的设置和施工方式均是相同的。混凝土路面的接缝筑做是混凝土路面设计、施工和使用性能优劣的关键技术和最大难点。接缝施工效果的优劣，是水泥混凝土路面使用性能好坏和使用寿命长短的决定性要素，应精心组织、高度重视。

1. 纵缝施工

(1) 纵向施工缝。当一次铺筑宽度小于路面和硬路肩总宽度时，应设纵向施工缝，其位置应避开轮迹，并与车道线重合或靠近，构造可采用加拉杆平缝型，如图 7.20 所示。当所摊铺的面板厚度不小于 26cm 时，也可采用设拉杆的企口形纵向施工缝。实践证明，企口中间

图 7.20 水泥混凝土路面纵向施工缝

宽度不应小 100mm，加上拉杆的固定作用，在板厚不小于 26cm 时，能够保证纵缝不发生剪切破坏。采用滑模施工时，纵向施工缝的中间拉杆可用摊铺机自动拉杆装置插入，分前插与后插两种。采用固定模板施工方式时，应在振实过程中从侧模预留孔中插入拉杆。

（2）纵向缩缝。当一次铺筑宽度大于 4.5m 时，应采用假缝拉杆型纵向缩缝，纵缝位置应按车道宽度设置，并在摊铺过程中以专用的拉杆插入装置插入拉杆。纵向缩缝采用假缝形式，锯切的槽口深度应大于施工缝的槽口深度。采用粒料基层时，槽口深度应为板厚的 1/3；采用半刚性基层时，槽口深度应为板厚的 2/5。

（3）钢筋混凝土路面、钢纤维混凝土路面、桥面和搭板的纵向缩缝。钢筋混凝土路面、桥面和搭板的纵缝拉杆可由横向钢筋延伸穿过接缝代替。整体网片钢筋比拉杆密度大得多，完全可以代替拉杆。钢纤维混凝土路面切开的假纵缝可不设拉杆，纵向施工缝应设拉杆。

（4）拉杆的施工保护和重置要求。插入的侧向拉杆应牢固，不得松动、碰撞或拔出。若发现拉杆松脱或漏插，应在横向相邻路面摊铺前，钻孔重新植入。植入拉杆前，在钻好的孔中填入锚固剂，然后打入拉杆，保证锚固牢固。当发现拉杆可能被拔出时，宜进行拉杆拔出力（握裹力）检验，混凝土与拉杆握裹力试验方法可参照施工规范执行。

2. 横缝施工

（1）横向缩缝。普通混凝土路面的横向缩缝宜按等间距布置，对于不得已必须在接近构造物部位的路面上调整缩缝间距时，其最大板长不宜大于 6.0m，最小板长不宜小于板宽；否则，最不利荷载位置已经改变到横缝边缘，现有路面结构应力和板厚计算图式全部失效，不能使用。当面板设计厚度受到投资限制明显不足时，可采用 4.5m 的等长缩缝来降低结构应力，增强其抵抗特重、重交通和超重载的破坏能力。

中、轻交通公路水泥混凝土路面的横向缩缝可采用不设传力杆假缝型。

在特重和重交通公路、收费广场、邻近胀缝或路面自由端的 3 条缩缝应采用假缝加传力杆型。传力杆设置方式有两种：一是用滑模摊铺机配备的传力杆自动插入装置（DBI）在摊铺时置入；二是使用前置钢筋支架法施工。后者传力杆设置精确度有保证，但没有布料机的情况下，影响摊铺速度且投资增大。使用传力杆自动插入装置 DBI 时，最大坍落度不得大于 50mm，在过稀的料中，传力杆有可能因自重移位，最小坍落度不宜小于 10mm，过硬的路面，整机重量不足以将整排传力杆振压到位。传力杆插入造成的上部破损缺陷应进行修复。

钢筋支架应具有足够的刚度，传力杆应准确定位，摊铺之前应在基层表面放样，并用钢钎锚固。宜使用手持振捣棒振实传力杆高度以下的混凝土，然后机械摊铺。传力杆无防黏涂层一侧应焊接，有涂料一侧应绑扎。用 DBI 法置入传力杆时，应在路侧缩缝切割位置作标记，保证切缝位于传力杆中部。

（2）横向胀缝。普通混凝土路面的胀缝应设置胀缝补强钢筋支架、胀缝板和传力杆。钢筋混凝土和钢纤维混凝土路面可不设钢筋支架。使用沥青或塑料薄膜滑动封闭层的路段，胀缝板及填缝宽度宜加宽到 20～30mm。传力杆一半以上长度的表面应涂防黏涂层，端部应戴活动套帽，套帽材料与尺寸应符合规范要求。胀缝板应与路中心线垂直，与缝壁垂直，缝隙宽度一致，缝中完全不连浆。

胀缝应采用前置钢筋支架法施工，也可采用预留一块面板，高温时再铺封。前置法施工，应预先加工、安装和固定胀缝钢筋支架，并在使用手持振捣棒振实胀缝板两侧的混凝土后再摊铺。胀缝施工的技术关键有两个方面：一是保证钢筋支架和胀缝板准确定位，使机械或人工摊铺时不推移，支架不弯曲，胀缝板不倾斜，要求支架和胀缝板坚实固定；二是胀缝板上部临时软嵌 20～25mm×20mm 的木条，整平表面，保持均匀缝宽和边角完好性，直到填缝，剔除木条，再黏胀缝橡胶条或填缝。胀缝板应连续贯通整个路面板宽度。

拉杆、胀缝板、传力杆及其套帽、滑移端设置精确度应符合表 7.22 的要求。

表 7.22　　　　　拉杆、胀缝板、传力杆及其套帽、滑移端设置精确度

项　　目	允许偏差/mm	测　量　位　置
传力杆端上下左右偏斜偏差	10	在传力杆两端测量
传力杆在板中心上下左右偏差	20	以板面为基准测量
传力杆沿路面纵向前后偏位	30	以缝中心为准
拉杆深度偏差及上下左右偏斜偏差	10	以板厚和杆端为基准测量
拉杆端及在板中上下左右偏差	20	杆两端和板面测量
拉杆沿路面纵向前后偏位	30	纵向测量
胀缝传力杆套帽长度不小于100mm	10	以封堵帽端起测量
缩缝传力杆滑移端长度大于1/2杆长	20	以传力杆长度中间起测量
胀缝板倾斜偏差	20	以板低为准
胀缝板的弯曲和位移偏差	10	以缝中心线为准

图 7.21　水泥混凝土路面切缝机

（3）横向施工缝。每天摊铺结束或摊铺中断时间超过 30min 时，混凝土已经初凝，应使用端头钢模板设置横向施工缝。横向施工缝应与路中心线垂直，其位置宜与胀缝或缩缝重合。设在缩缝处的施工缝，应采用平缝加传力杆的形式；设在胀缝处的施工缝，其构造与胀缝相同。确有困难不能与胀缝或缩缝重合时，施工缝应采用设螺纹拉杆的企口缝形式。

3. 切缝技术要求

各种混凝土面层、桥面和搭板的纵、横向缩缝均应采用切缝法施工。切缝设备主要有软切缝机、普通切缝机（图 7.21）、支架切缝机等。切缝作业应符合下列规定。

（1）横向缩缝。横向缩缝切缝方式有全部硬切缝、软硬结合切缝和全部软切缝 3 种。切缝方式的选用，应由施工期间该地区路面摊铺完毕到切缝时的昼夜温差确定，宜参照表 7.23 选用。

表 7.23　　　　　　　　　　根据施工气温推荐的切缝方式

昼夜温差/℃	切　缝　方　式	缩　缝　切　深
<10	最长时间不得超过24h	硬切缝1/5～1/4板厚
10～15	软硬结合切缝，每隔1～2条提前软切缝，其余用硬切缝补切	软切深度不应小于60mm，不足者应硬切补深到1/3板厚，已断开的缝不补切
>15	宜全部软切缝，抗压强度为1～1.5MPa，人可行走。软切缝不宜超过6h	软切缝深不小于60mm，未断开的接缝，应硬切补深到不小于1/4板厚

对分幅摊铺的路面应在先摊铺的混凝土板横缩缝已断开的部位作标记。在后摊铺的路面上应对齐已断开的横缩缝提前软切缝。

设有传力杆的缩缝，切缝深度不应小于 1/4～1/3 板厚，最浅不小于 70mm；无传力杆缩缝的切缝深度应为 1/5～1/4 板厚，最浅不得小于 60mm。最迟切缝时间不宜超过 24h。

（2）纵向施工缝。纵向缩缝的切缝要求应与横向缩缝相同。高速公路、一级公路及路基高度不小于 10m 的高边坡路段，软基路段，填挖方交界路段，桥面、桥头搭板部位的纵向施工缝在涂沥青的基础上，还应硬切缝后灌缝。这是对特殊路段的双重防水保护措施，其目的是要防止水从这些部位的纵缝渗到桥面、易沉降变形的高填方、桥头等基层中去。

（3）纵缝缩缝。对已插入拉杆的纵向假缩缝切缝深度不应小于 1/4～1/3 板厚，最浅切缝深度不应小于 70mm，纵、横缩缝宜同时切缝。已插入拉杆的假纵缝必须加深切缝以防止传力杆端部混凝土路面断裂。

（4）切缝宽度。为便于填灌及保持填缝料的性能，切缝宽度应控制在 4～6mm，锯片厚度不宜小于 4mm，切缝时锯片宽度不应大于 2mm；当切缝宽度小于 6mm，可采用 6～8mm；厚锯片二次扩填缝槽或台阶锯片切缝，这有利于将填缝料形状系数控制在 2 左右，接缝断开后适宜的填缝槽宽度宜为 7～10mm，最宽不宜大于 10mm，填缝槽深度宜为 25～30mm。这样既保证了接缝不因嵌入较大粒径的坚硬石子而崩边角，又能使填缝材料不致因拉应变过大而过早拉裂失去密封防水效果。

（5）变宽路段切缝。在变宽路面上，宜先切缝划分板宽。匝道上的纵缝宜避开轮迹位置。横缝应垂直于每块面板的中心线。变宽路面缩缝，允许切割成小转角的折线，相邻板的横向缩缝切口必须对齐，允许偏差不得大于 5mm。在弯道加宽段、渐变段、平面交叉口和匝道进出口横向加宽或变宽路面上，横向缩缝切缝必须缝对缝，无法对齐时可采用小转角折线缩缝。

4. 灌缝

各级公路水泥混凝土路面接缝在混凝土养生期满后必须及时灌缝。

为了提高面板防水密封性、板间嵌锁和荷载传递能力，需满足以下灌缝技术要求。

（1）清缝。保证填缝前接缝清洁干燥，应采用 0.50MPa 压力水流或压缩空气彻底清洗缝槽，清除接缝中砂石杂物。具体要求是缝壁检验以擦不出灰尘为标准。

（2）常温灌缝。使用常温聚氨酯和硅树脂等填缝料时，应按规定比例将两组分材料按 1h 灌缝量混拌均匀后使用。填缝料配制要求随配随用。

（3）加热灌缝。使用加热填缝料时应将填缝料加热至规定温度，加热过程中应将填缝料彻底熔化，搅拌均匀，并保温使用。

（4）灌缝质量控制。灌缝的形状系数宜控制在 2 左右，灌缝深度宜为 15～20mm，最浅不得小于 15mm。先挤压嵌入直径 9～12mm 多孔泡沫塑料背衬条，再灌缝。灌缝顶面热天应与板面齐平；冷天应填为凹液面，中心低于板面 1～2mm。填缝必须饱满、均匀、厚度一致并连续贯通，填缝料不得缺失、开裂和渗水。

（5）灌缝料养生。常温施工式填缝料的养生期，低温天宜为 24h，高温天宜为 12h。加热施工式填缝料的养生期，低温天宜为 2h，高温天宜为 6h。在灌缝料养生期间应封闭交通。

（6）胀缝填缝。路面胀缝和桥台隔离缝等应在填缝前，凿去接缝板顶部嵌入的木条，涂黏结剂后，嵌入胀缝专用多孔橡胶条或灌进适宜的填缝料。当胀缝的宽度不一致或有啃边、掉角等现象时，必须灌缝，不得嵌缝。

7.3.3.2　抗滑构造缝处理

水泥混凝土路面抗滑构造是确保行车安全的技术措施。尤其是高等级公路，设计行车速度较高，抗滑构造指标不足时，路表面在雨天容易打滑，对行车很不安全，极易出现交通事故。因此，各等级公路水泥混凝土路面的表面要求是"平而不滑"，既要求高平整度，又要求足够的细观抗滑构造。

1. 抗滑构造技术要求

各交通等级混凝土面层竣工时的表面抗滑技术要求应符合规范的规定。抗滑构造深度TD采用铺砂法量测。构造深度应均匀，不损坏构造边棱，耐磨抗冻，不影响路面和桥面的平整度。

2. 抗滑构造施工

（1）拉毛处理。摊铺完毕或精整平表面后，宜使用钢支架拖挂 1～3 层叠合麻布、帆布或棉布，洒水湿润后做拉毛处理。布片接触路面的长度以 0.7～1.5m 为宜，细度模数偏大的粗砂，拖行长度取小值；砂较细时，取大值。人工修整表面时，宜使用木抹。用钢抹修整过的光面，必须再拉毛处理，以恢复细观抗滑构造。

（2）塑性拉槽。当日施工进度超过 500m 时，抗滑沟槽制作宜选用拉毛机械施工。没有拉毛机时，可采用人工拉槽方式。在混凝土表面泌水完毕 20～30min 内应及时进行拉槽。拉槽深度应为 2～4mm、槽宽 3～5mm，每耙之间距离与槽间距 15～25mm。可采用等间距或非等间距抗滑槽，考虑减小噪声，宜采用后者。衔接间距应保持一致，槽深基本均匀。

（3）硬刻槽。特重和重交通混凝土路面宜采用硬刻槽，凡使用真空吸水或圆盘、叶片式抹面机精平后的混凝土路面、钢纤维混凝土路面必须采用硬刻槽方式制作抗滑沟槽。硬刻槽机有普通手推式、支架式及自行式 3 种。刻槽方法也有等间距和不等间距两种。为降低噪声宜采用非等间距刻槽，尺寸宜为槽深 3～5mm、槽宽 3mm，槽间距在 12～24mm 之间随机调整。对路面结冰地区，硬刻槽的形状宜使用上宽 6mm 下窄 3mm 的梯形槽，目的是向上分散结冰冻胀力，保持槽口的完好性；硬刻槽机重量宜重不宜轻，一次刻槽最小宽度不应小于 500mm，硬刻槽时不应掉边角，也不得中途抬起或改变方向，并保证硬刻槽到面板边缘。抗压强度达到 40% 后可开始硬刻槽，并宜在两周内完成。硬刻槽后应随即冲洗干净路面，并恢复路面的养生。

（4）特殊路段宜纵向刻槽。一般路段可采用横向槽或纵向槽。对于一些安全性要求较高或以降噪要求为主的特殊路段，如弯道、减小噪声路段，可优先使用纵向槽。纵向槽的侧向力系数大，安全性高，噪声小。

（5）无需作抗滑构造的条件。因为抗滑构造是为了保证雨天行车安全而设的，任何地区，在晴天干燥的路面上，都不需要抗滑构造，有了反而加快轮胎磨损或高速行车时的轮胎过热爆胎。因此，规范规定：年降雨量小于 250mm 的干旱地区的各级公路混凝土路面，可不拉毛和刻槽；年降雨量为 250～500mm 的地区，当合成坡度小于 3% 时，可不拉毛和刻槽。

另外，高寒和寒冷地区各级公路水泥混凝土路面的停车带边板和收费站广场，为提高抗（盐）冻耐久性可不作抗滑沟槽。因为停车带及收费广场的车速较低，盐水、冰水会滞留在抗滑沟槽内，结冰后会胀坏沟槽的边棱，从而降低路面耐久性。

（6）抗滑构造的恢复。新建路面或旧路面抗滑构造不满足要求时，可在磨平后，再采用硬刻槽或喷砂打毛等方法加以恢复。

7.3.4　水泥混凝土路面养护

混凝土路面养生是施工作业流程中的最后一道工序，也是经常被忽视的工序。对水泥混凝土路面而言，养生对水泥混凝土路面弯拉强度、抗冲击振动、耐疲劳性、抗磨性、抗（盐）冻性及耐久性等性能均有不同程度的影响，但养生工序对控制塑性收缩开裂、表面耐磨抗冻性和抗滑构造的保持时间长短影响最大。因此，必须引起高度重视。

1. 养生方式及养生时间

（1）养生方式。混凝土路面铺筑完成或软作抗滑构造完毕后应立即开始养生。机械摊铺的各种混凝土路面、桥面及搭板宜采用喷洒养生剂同时保湿覆盖的方式养生。在雨天或养生用水充足的情况下，也可采用覆盖保湿膜、土工毡、土工布、麻袋、草袋、草帘等洒水湿养生方式。不宜使用围水养生方式，围水养生往往容易使路面被泥土污染，且受路面横坡影响养护不够均匀。昼夜温差大的地区，路面摊铺后 3d 内宜采取覆盖保温措施防止发生裂缝和断板。

混凝土路面采用喷洒养生剂养生时，喷洒应均匀、成膜厚度应足以形成完全密闭水分的薄膜，喷洒后的表面不得有颜色差异。喷洒时间宜在表面混凝土泌水完毕后进行。喷洒高度宜控制在 0.5~1m。使用一级品养生剂时，最小喷洒剂量不得少于 0.30kg/m³；合格品的最小喷洒剂量不得少于 0.35kg/m³。不得使用易被雨水冲刷掉的和对混凝土强度、表面耐磨性有影响的养生剂。当喷洒一种养生剂达不到 90% 以上有效保水率要求时，可采用两种养生剂各喷洒一层或喷一层养生剂再加覆盖的方法。

混凝土路面可以采用覆盖保温保湿养生膜或塑料薄膜养生，其养生的初始时间，以不压坏细观抗滑构造为准。薄膜厚度应合适，宽度应大于覆盖面 600mm。两条薄膜对接时，搭接宽度不应小于 400mm，养生期间应始终保持薄膜完整盖满。经保温保湿养护膜养护的混凝土路面，抗裂性、耐磨性提高，节约用水，不仅保温保湿效果好，还可缩短养生期。

混凝土路面采用覆盖养生时，宜使用土工毡、土工布、麻袋、草袋、草帘等覆盖物保湿养生，所有的保湿覆盖材料均必须及时洒水，保证覆盖材料下部的混凝土路面表面始终处于潮湿状态，并由此确定每天的洒水遍数。覆盖养生必须盖满表面，不得缺失。

昼夜温差大于 10℃ 以上的地区或日平均温度不大于 5℃ 的低温施工混凝土路面时，应采取保温保湿养生措施。保温养生材料一般是使用草帘、棉垫、泡沫塑料垫等。先在混凝土路面表面洒水保湿，再覆盖保温材料。

（2）养生时间。混凝土路面的养生时间应根据混凝土弯拉强度增长情况而定，不宜小于设计弯拉强度的 80%，应特别注重前 7d 的保湿保温养生。一般养生天数宜为 14~21h，高温天不宜少于 14h，低温天不宜少于 21h。掺粉煤灰的混凝土路面更要加强养生，最短养生时间不宜少于 28h，低温天应适当延长时间。

2. 养生期保护

混凝土板在养生期间和填缝前，严禁人、畜、车辆通行，在达到设计强度 40% 时，撤除养生覆盖物后，行人方可通行。在确需行人、车辆横穿平面道口时，在路面养生期间，应搭建临时便桥。面板达到设计弯拉强度后，方可开放交通。

学习情境 7.4　质量检查及验收

【情境描述】　在水泥混凝土路面施工完成的基础上，了解并掌握水泥混凝土路面施工过程中质量检查内容、方法和质量验收标准的应用。

施工质量的监控、管理与检查应贯穿整个施工过程，应对每个施工技术环节严格控制把关，对出现的问题或检验出的问题，立即进行纠正或停工整顿。问题不解决不得开工，以确保工程质量，为施工质量验收与评定打好坚实的基础。施工全过程的质量动态检测、控制和管理主要内容包括施工准备、铺筑试验路段和施工过程中的各项技术指标的检验；出现施工技术问题的报告、论证和解决办法等。

7.4.1　开铺前检验

1. 铺筑试验路段的目的

使用滑模、轨道、碾压、三辊轴机组机械施工的二级及其以上公路混凝土路面工程，在正式摊铺混凝土路面前，均必须铺筑试验路段。试验路段长度不应短于 200m，高速公路、一级公路宜在主线路面以外进行试铺。非在主线上摊铺不可的，应做好及时铲除不合格路面的准备。路面厚度、摊铺宽度、基准线（模板）设置、接缝设置、钢筋设置等均应与实际工程相同。没有经验的施工单位无论摊铺任何等级公路都应做试验路段。有经验的施工单位，由于原材料和混凝土配合比发生了变化，需再检验，同时摊铺机上设定的工作参数也必须依据新情况进行调整。

试验路段分为试拌及试铺两个阶段，通过试验路段应达到下述目的。

（1）试拌检验适宜摊铺的搅拌楼拌和参数。通过试拌检验搅拌楼性能及确定合理搅拌工艺，检验适宜摊铺的搅拌楼拌和参数，即上料速度、拌和容量、搅拌均匀所需时间、新拌混凝土坍落度、振动黏度系数、含气量、泌水性、VC 值和生产使用的混凝土配合比等。

（2）试铺检验主要机械、辅助施工机械的性能和生产能力。通过试铺检验主要机械的性能和生产能力，检验辅助施工机械种类、数量、实际生产能力及配套组合的合理性，提供主要力学性能和生产能力检验结果和改进措施。

（3）试铺检验路面摊铺工艺和质量。模板架设固定方式或基准线设置方式，摊铺机械（具）的适宜工作参数，包括松铺高度、摊铺速度、振捣与滚压遍数、碾压遍数、压实度、频率调整范围、中间和侧向拉杆打入情况等，检验整套施工工艺流程。

（4）施工技术人员现场施工培训。试铺可使全体工程技术及设备操作人员熟悉并掌握各主要机械（具）正确的操作要领和所有工序、工种正确的施工方法。

（5）检验施工组织形式和人员编制。试铺可确定人工辅助施工的修整机具、工具、模具种类和数量，发电机、电焊机、钢筋工、混凝土工、拉毛方式及劳动力数量和定员位置等，按施工工艺要求检验施工组织形式和人员编制。

（6）建立健全路面铺筑系统的质量管理体系。建立健全混凝土原材料、新拌混凝土坍落度、含气量、泌水量、路面弯拉强度、平整度、构造深度、板厚、接缝顺直度等全套技术性能检验手段，熟悉检验方法，建立路面铺筑系统的全面质量管理体系。

（7）确定施工管理调度体系。检验无线通信和快速生产调度指挥系统，确定施工管理体系。

2. 试验路段总结报告

在试验路段施工过程中，施工方应认真做好纪录，监理工程师或质监部门应监督检查试验段的施工质量，及时与施工方商定有关问题。试验段铺筑后，应由业主、施工方和监理方共同检查试铺效果，提出改进意见和注意事项。施工方应就各项试验结果、改进措施和注意事项提出试验路段总结报告，上报监理和业主批复，取得正式开工资格，目的是发现问题、改进不足，为正式摊铺做好更充分的准备。

7.4.2　施工中质量检验

1. 一般规定

（1）水泥混凝土路面施工必须得到主管部门的开工令后方可开工。

（2）施工单位应随时对施工质量进行自检。原材料、拌和物应符合规范有关规定。当施工、监理、监督人员发现异常情况，应加大检测频率，找出原因，及时处理。高速公路、一级公路应利用计算机实行动态质量管理。

（3）每台搅拌楼所生产的拌和物，除应满足所用施工机械的可摊铺性外，还应着重控制拌和物的匀质性和各质量参数的稳定性。现场混凝土路面铺筑的关键设备如摊铺机、压路机、布料机、三辊轴整平机、刻槽机、切缝机等的操作应规范、稳定。

2. 关键技术指标的检验

混凝土路面除应按表 5.32 规定的检查项目和频率检测外，其中平整度、弯拉强度和板厚三大关键质量指标的自检要求尚应符合下列规定（合格标准应符合表 5.32 规定）。

（1）平整度。用 3m 直尺检测平整度作为施工过程中质量控制检测项目；用平整度仪检测动态平整度作为二级及二级以上公路交工验收时工程质量的评定依据。

（2）弯拉强度。应从搅拌楼生产的拌和物中随机取样，并按《公路工程水泥及水泥混凝土试验规程》（JTG E30—2005）规定的标准方法检测混凝土路面弯拉强度，检测频率宜符合表 5.33 的规定；弯拉强度应采用三参数评价，即平均弯拉强度合格值、最小值和统计变异系数。各级公路弯拉强度合格标准规定及统计变异系数应符合有关规定。检测小梁弯拉强度后的断块宜测抗压强度，作为混凝土强度等级的参考。

（3）板厚。应在面层摊铺前通过基准线或模板严格控制板厚。检验标准为：行车道横坡侧面板厚度和厚度平均值两项指标均应满足设计厚度允许偏差。同时，板厚统计变异系数应符合设计规定。

3. 质量检验技术要求

在混凝土路面铺筑过程中，路面各技术指标的质量检验评定标准应符合规范规定。施工单位的质检结果应按表 7.24 的规定，以 km 为单位进行整理。

7.4.3　水泥混凝土面层质量验收标准

1. 基本要求

（1）基层质量必须符合规定要求，并应进行弯沉测定，验算的基层整体模量应满足设计要求。

（2）水泥强度、物理性能和化学成分应符合国家标准及有关规范的规定。

（3）粗细集料、水、外掺剂及接缝填缝料应符合设计和施工规范要求。

（4）施工配合比应根据现场测定水泥的实际强度进行计算，并经试验，选择采用最佳配合比。

（5）接缝的位置、规格、尺寸及传力杆、拉力杆的设置应符合设计要求。

（6）路面拉毛或机具压槽等抗滑措施，其构造深度应符合施工规范要求。

（7）面层与其他构造物相接应平顺，检查井井盖顶面高程应高于周边路面1~3mm。雨水口标高按设计比路面低5~8mm，路面边缘无积水现象。

（8）混凝土路面铺筑后按施工规范要求养生。

2. 实测项目

实测项目见表7.24。

表7.24　　　　　　　　　　　　　　　　水泥混凝土面层实测项目

项次	检查项目		规定值或允许偏差		检查方法和频率	权值
			高速公路、一级公路	其他公路		
1△	弯拉强度/MPa		在合格标准之内		按质量检评标准相应规定检查	3
2△	板厚度 /mm	代表值	−5		按质量检评标准相应规定检查，每200m每车道两处	3
		合格值	−10			
3	平整度	σ/mm	1.2	2.0	平整度仪：全线每车道连续检测，每100m计算σ、IRI	2
		1RI/(m/km)	2.0	3.2		
		最大间隙h/mm	—	5	3m直尺：半幅车道板带每200m测两处×10尺	
4	抗滑构造深度/mm		一般路段不小于0.7且不大于1.1；特殊路段不小于0.8且不大于1.2	一般路段不小于0.5且不大于1.0；特殊路段不小于0.6且不大于1.1	铺砂法：每200m测一处	2
5	相邻板高差/mm		2	3	抽量：每条胀缝2点；每200m抽纵、横缝各2条，每条2点	2
6	纵、横缝垂直度/mm		10		纵缝20m拉线，每200m 4处；横缝沿板宽拉线，每200m 4条	1
7	中线平面偏位/mm		20		经纬仪：每200m测4点	1
8	路面宽度/mm		±20		抽量：每200m测4处	1
9	纵断面高程/mm		±10	±15	水准仪：每200m测4断面	1
10	横坡/%		±0.15	±0.25	水准仪：每200m测4断面	1

注　1. 表中σ为平整度仪测定的标准差；IRI为国际平整度指数；h为3m直尺与面层的最大间隙。
　　2. 带△的检查项目为关键项目。

3. 外观鉴定

（1）混凝土板的断裂块数，高速公路和一级公路不得超过评定路段混凝土板总块数的0.2%，其他公路不得超过0.4%。不符合要求时每超过0.1%减2分。对于断裂板应采取适当措施予以处理。

（2）混凝土板表面的脱皮、印痕、裂纹和缺边掉角等病害现象，对于高速公路和一级公路，有上述缺陷的面积不得超过受检面积的0.2%，其他公路不得超过0.3%。不符合要求时每超过 0.1% 减 2 分。对于连续配筋的混凝土路面和钢筋混凝土路面，因干缩、温缩产生的裂缝，可不减分。

（3）路面侧石直顺、曲线圆滑，越位 20mm 以上者，每处减 1~2 分。

（4）接缝填筑饱满密实，不污染路面。不符合要求时，累计长度每 100m 减 2 分。

（5）胀缝有明显缺陷时，每条减 1~2 分。

复 习 思 考 题

1. 水泥混凝土路面如何分类？

2. 水泥混凝土路面的优、缺点是什么？

3. 水泥混凝土路面的接缝构造与布置如何？

4. 对面层混凝土材料的要求有哪些？

5. 普通混凝土路面配合比设计方法有哪些？

6. 水泥混凝土路面的施工工艺有哪些？

7. 水泥混凝土路面混合料搅拌与运输的要求是什么？

8. 小型机具施工混凝土路面时，摊铺与振捣的要求是什么？

9. 滑模摊铺机施工时，铺筑作业技术要领是什么？

10. 水泥混凝土路面抗滑构造施工的意义是什么？

11. 水泥混凝土路面养生的方法有哪些？

12. 水泥混凝土路面施工铺筑试验段的目的是什么？

13. 如何进行水泥混凝土路面的施工质量控制和检验？

参 考 文 献

［1］ JTG F10—2006 公路路基施工技术规范［S］. 北京：人民交通出版社，2006.

［2］ JTG F80/1—2012 公路工程质量检验评定标准［S］. 北京：人民交通出版社，2012.

［3］ JTG/T D33—2012 公路排水设计规范［S］. 北京：人民交通出版社，2012.

［4］ JTG D30—2015 公路路基设计规范［S］. 北京：人民交通出版社，2015.

［5］ JTG B01—2014 公路工程技术标准［S］. 北京：人民交通出版社，2014.

［6］ JTG E60—2008 公路路基路面现场测试规程［S］. 北京：人民交通出版社，2008.

［7］ JTG E40—2007 公路土工试验规程［S］. 北京：人民交通出版社，2007.

［8］ JTJ F50—2011 公路桥涵施工技术规范［S］. 北京：人民交通出版社，2011.

［9］ JTG F30—2014 公路水泥混凝土路面施工技术规范［S］. 北京：人民交通出版社，2014.

［10］ JTJ 037.1—2000 公路水泥混凝土路面滑模施工技术规范［S］. 北京：人民交通出版社，2000.

［11］ JTG F40—2004 公路沥青路面施工技术规范［S］. 北京：人民交通出版社，2004.

［12］ 李维勋. 路基路面工程［M］. 北京：机械工业出版社，2005.

［13］ 田万涛. 路基路面工程［M］. 北京：中国水利水电出版社，2007.

［14］ 邓超. 公路工程施工技术［M］. 郑州：黄河水利出版社，2013.

［15］ 文德云. 路基路面施工技术［M］. 北京：人民交通出版社，2006.

［16］ 王学民. 道路工程［M］. 北京：中国环境科学出版社，2000.

［17］ 闫超君，丁明科，费秉胜. 道路工程施工技术［M］. 北京：中国水利水电出版社，2008.

［18］ 罗竟，邓廷权. 路基工程现场施工技术［M］. 北京：人民交通出版社，2004.

［19］ 孙久民，郝素先. 公路工程施工技术［M］. 郑州：黄河水利出版社，2003.

［20］ 俞高明. 公路施工技术［M］. 北京：人民交通出版社，2003.

［21］ 李西亚. 路基路面工程［M］. 北京：科学出版社，2004.

［22］ 傅智. 水泥混凝土路面施工技术［M］. 上海：同济大学出版社，2004.

［23］ 尤晓暐. 现代道路路基路面工程［M］. 北京：清华大学出版社，2004.

［24］ 张晓战. 路基路面工程施工［M］. 合肥：合肥工业大学出版社，2008.

［25］ 艾德云，彭富强. 路基路面施工技术［M］. 北京：人民交通出版社，2006.

［26］ 杨文渊，钱绍武. 道路施工工程师手册［M］. 2版. 北京：人民交通出版社，2003.

［27］ 黄生文. 公路工程地基处理手册［M］. 北京：人民交通出版社，2005.

［28］ 李继业. 新编道路工程施工实用手册［M］. 北京：化学工业出版社，2006.

［29］ 杨锡武. 特殊路基工程［M］. 北京：人民交通出版社，2006.

［30］ 宋金华. 高等级道路施工技术与管理［M］. 北京：中国建材工业出版社，2005.

［31］ 廖正环. 公路施工技术与管理［M］. 北京：人民交通出版社，2006.

［32］ 刘雅洲. 公路施工与养护机械［M］. 北京：人民交通出版社，2005.

［33］ 邓学均. 路基路面工程［M］. 北京：人民交通出版社，2003.

［34］ 孙大权. 公路工程施工方法与案例［M］. 北京：人民交通出版社，2003.

［35］ 郑训. 路基与路面机械［M］. 北京：机械工业出版社，2002.

本 册 目 录

附　　录

××区××至××公路工程
（K0＋000～K8＋260.695）

一阶段施工图设计

××××年×月

交点号	交点坐标 N(X)	交点坐标 E(Y)	交点桩号	转角值	半径	缓和曲线长度	缓和曲线参数	切线长度	曲线长度	外距/m	校正值	第一缓和曲线	第一缓和曲线终点或圆曲线起点	曲线中点	第二缓和曲线起点或圆曲线终点	第二缓和曲线	直线段长/m	交点间距/m	计算方位角	备注
1	2	3	4	5	6	7	8	9	10	11	12	13	14	15	16	17	18	19	20	21
BP	3492907.629	439883.277	K0+000																	
																	287.61	342.02	236°33′59″	
JD1	3492719.187	439597.853	K0+342.019	55°09′27″ (Y)	70.00	35.00	49.50	54.41	102.39	9.79	6.42	K0+287.613	K0+322.613	K0+338.807	K0+355.001	K0+390.001				
																	0.00	163.53	291°43′26″	
JD2	3492779.714	439445.941	K0+499.121	98°41′40.3″ (Z)	78.05	35.00	52.27	109.12	169.44	42.76	48.80	K0+390.001	K0+425.001	K0+474.720	K0+524.440	K0+559.440				
																	38.10	197.12	193°01′45.8″	
JD3	3492587.672	439401.501	K0+647.436	49°16′08.8″ (Y)	70.00	35.00	49.50	49.90	95.19	7.81	4.60	K0+597.539	K0+632.539	K0+645.136	K0+657.733	K0+692.733				
																	0.00	101.21	242°17′54.6″	
JD4	3492540.623	439311.893	K0+744.045	32°44′10.9″ (Z)	114.72	35.00	63.37	51.31	100.55	5.31	2.08	K0+692.733	K0+727.733	K0+743.006	K0+758.279	K0+793.279				
																	0.00	146.66	209°33′43.8″	
JD5	3492413.059	439239.538	K0+888.623	99°35′59.1″ (Y)	65.04	35.00	47.71	95.34	148.05	36.94	42.63	K0+793.279	K0+828.279	K0+867.307	K0+906.334	K0+941.334				
																	54.91	244.74	309°09′42.8″	
JD6	3492567.614	439049.777	K1+090.729	74°54′41.2″ (Z)	100.00	35.00	59.16	94.48	165.75	26.61	23.22	K0+996.246	K1+031.246	K1+079.118	K1+126.991	K1+161.991				
																	73.96	217.52	234°15′01.6″	
JD7	3492440.531	438873.244	K1+285.026	38°27′53.4″ (Y)	90.00	35.00	56.13	49.07	95.42	5.92	2.73	K1+235.952	K1+270.952	K1+283.663	K1+296.373	K1+331.373				
																	0.00	94.11	272°42′55.1″	
JD8	3492444.989	438779.236	K1+376.412	29°43′26.5″ (Z)	103.35	35.00	60.14	45.04	88.61	4.09	1.46	K1+331.373	K1+366.373	K1+375.680	K1+384.988	K1+419.988				
																	0.00	94.93	242°59′28.6″	
JD9	3492401.878	438694.657	K1+469.881	33°40′42.9″ (Y)	106.60	35.00	61.08	49.89	97.66	5.28	2.13	K1+419.988	K1+454.988	K1+468.818	K1+482.647	K1+517.647				
																	0.00	123.38	276°40′11.5″	
JD10	3492416.209	438572.108	K1+591.138	57°16′02.8″ (Z)	102.08	35.00	59.77	73.49	137.03	14.79	9.95	K1+517.647	K1+552.647	K1+586.163	K1+619.679	K1+654.679				
																	43.16	154.64	219°24′08.7″	
JD11	3492296.718	438473.948	K1+735.828	23°01′52.4″ (Y)	100.14	35.00	59.20	37.99	75.25	2.58	0.72	K1+697.841	K1+732.841	K1+735.467	K1+738.093	K1+773.093				
																	0.00	78.97	242°26′01.2″	
JD12	3492260.174	438403.947	K1+814.072	26°18′59.5″ (Z)	100.00	35.00	59.16	40.98	80.93	3.22	1.03	K1+773.093	K1+808.093	K1+813.558	K1+819.024	K1+854.024				
																	0.00	82.87	216°07′01.6″	
JD13	3492193.229	438355.099	K1+895.917	25°07′59.6″ (Y)	109.03	35.00	61.77	41.89	82.83	3.16	0.96	K1+854.024	K1+889.024	K1+895.436	K1+901.849	K1+936.849				
																	40.62	150.51	241°15′01.2″	
JD14	3492120.835	438223.140	K2+045.468	53°22′20.6″ (Y)	100.00	35.00	59.16	68.00	128.15	12.49	7.85	K1+977.465	K2+012.465	K2+041.542	K2+070.618	K2+105.618				
																	0.00	126.29	294°37′21.8″	
JD15	3492173.454	438108.330	K2+163.909	30°26′37.7″ (Z)	149.60	35.00	72.36	58.29	114.49	5.79	2.09	K2+105.618	K2+140.618	K2+162.862	K2+185.106	K2+220.106				

编制：　　　　　　　　　　　　　　　　　　　　　　　　　　　　复核：

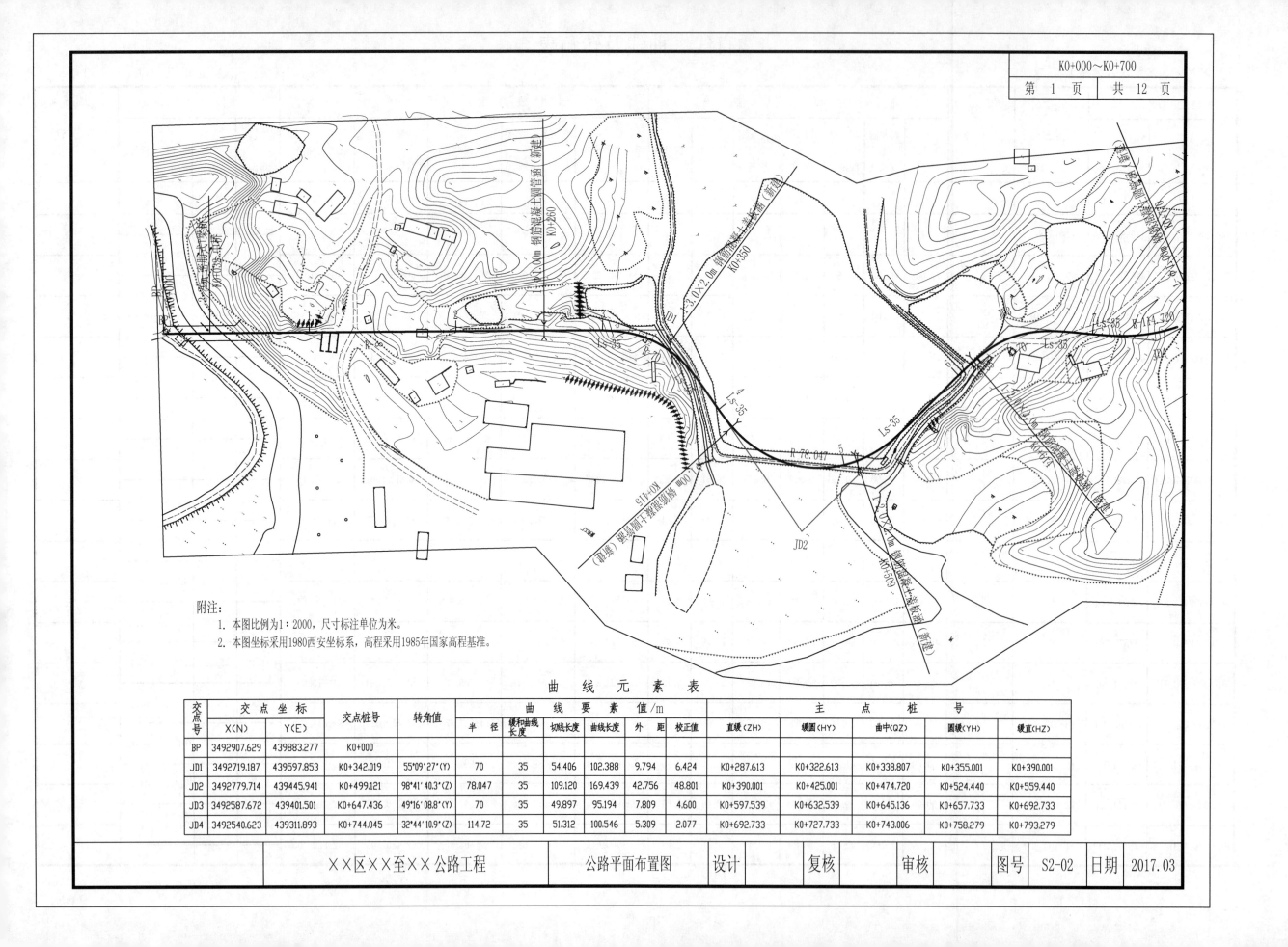

附注：
1. 本图比例为1：2000，尺寸标注单位为米。
2. 本图坐标采用1980西安坐标系，高程采用1985年国家高程基准。

曲 线 元 素 表

交点号	交点坐标		交点桩号	转角值	曲 线 要 素 值/m						主 点 桩 号				
	X(N)	Y(E)			半径	缓和曲线长度	切线长度	曲线长度	外距	校正值	直缓(ZH)	缓圆(HY)	曲中(QZ)	圆缓(YH)	缓直(HZ)
BP	3492907.629	439883.277	K0+000												
JD1	3492719.187	439597.853	K0+342.019	55°09′27″(Y)	70	35	54.406	102.388	9.794	6.424	K0+287.613	K0+322.613	K0+338.807	K0+355.001	K0+390.001
JD2	3492779.714	439445.941	K0+499.121	98°41′40.3″(Z)	78.047	35	109.120	169.439	42.756	48.801	K0+390.001	K0+425.001	K0+474.720	K0+524.440	K0+559.440
JD3	3492587.672	439401.501	K0+647.436	49°16′08.8″(Y)	70	35	49.897	95.194	7.809	4.600	K0+597.539	K0+632.539	K0+645.136	K0+657.733	K0+692.733
JD4	3492540.623	439311.893	K0+744.045	32°44′10.9″(Z)	114.72	35	51.312	100.546	5.309	2.077	K0+692.733	K0+727.733	K0+743.006	K0+758.279	K0+793.279

××区××至××公路工程	公路平面布置图	设计		复核		审核		图号	S2-02	日期	2017.03

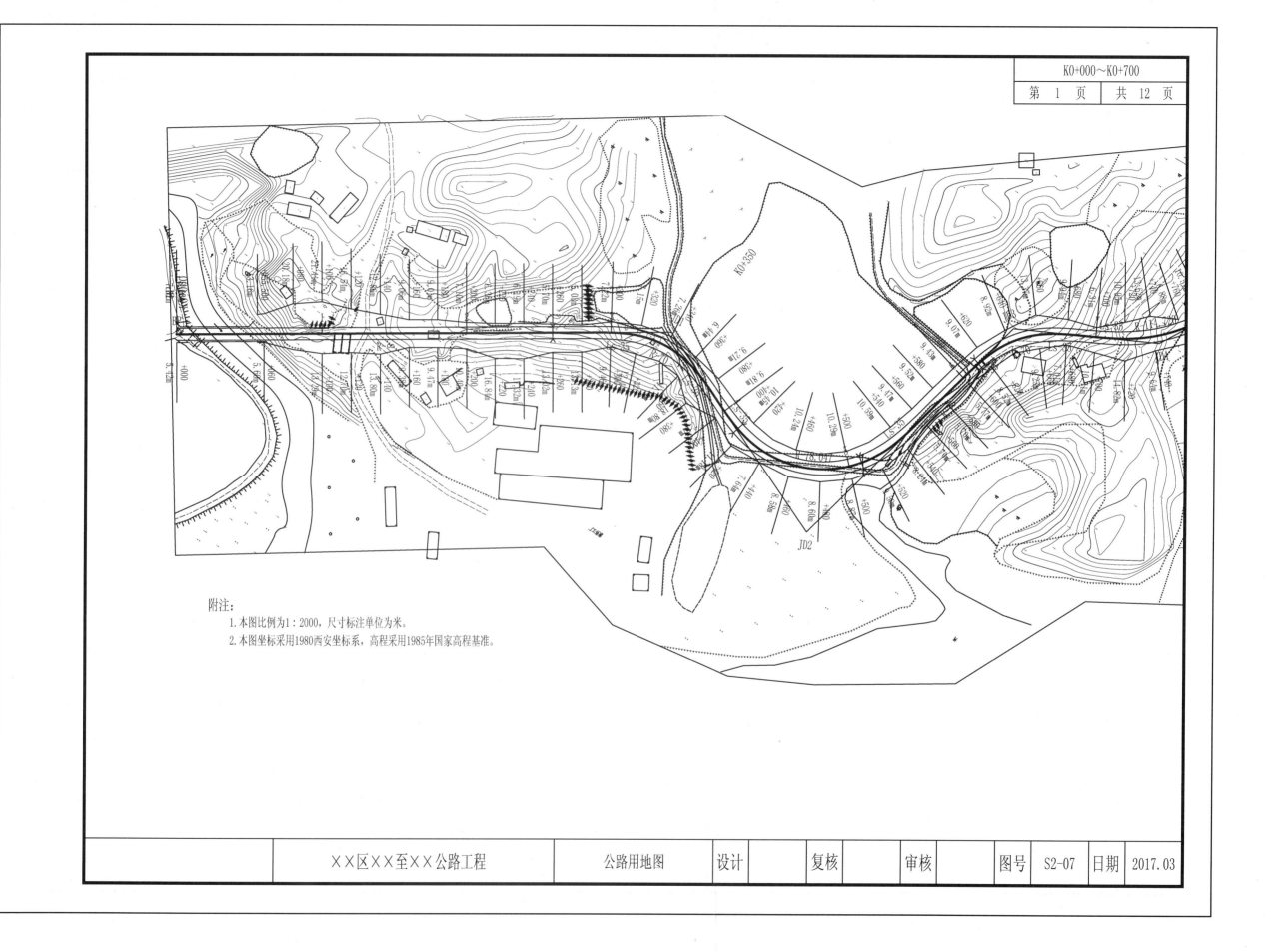

附注:
1. 本图比例为1：2000，尺寸标注单位为米。
2. 本图坐标采用1980西安坐标系，高程采用1985年国家高程基准。

| ××区××至××公路工程 | 公路用地图 | 设计 | | 复核 | | 审核 | | 图号 | S2-07 | 日期 | 2017.03 |

逐 桩 坐 标 表

桩 号	坐 标 N (X)	坐 标 E (Y)	桩 号	坐 标 N (X)	坐 标 E (Y)	桩 号	坐 标 N (X)	坐 标 E (Y)	桩 号	坐 标 N (X)	坐 标 E (Y)
K0+000	3492907.629	439883.2765	K0+400	3492742.969	439538.0002	K0+720	3492551.067	439333.5935	K1+031.246	3492528.403	439094.6943
K0+020	3492896.61	439866.586	K0+420	3492748.871	439518.9099	K0+727.733	3492546.671	439327.2332	K1+040	3492532.325	439086.8711
K0+040	3492885.59	439849.8955	K0+425.001	3492749.793	439513.9957	K0+740	3492538.871	439317.7729	K1+060	3492538.624	439067.9241
K0+060	3492874.571	439833.205	K0+440	3492750.673	439499.0454	K0+743.006	3492536.808	439315.5858	K1+079.118	3492541.011	439048.9846
K0+080	3492863.552	439816.5145	K0+460	3492747.39	439479.3722	K0+758.279	3492525.487	439305.3506	K1+080	3492541.034	439048.1033
K0+100	3492852.532	439799.824	K0+474.720	3492741.831	439465.7654	K0+760	3492524.129	439304.2941	K1+100	3492539.457	439028.1989
K0+120	3492841.513	439783.1335	K0+480	3492739.227	439461.1737	K0+780	3492507.493	439293.2133	K1+120	3492533.958	439009.0045
K0+140	3492830.493	439766.443	K0+500	3492726.718	439445.6385	K0+793.279	3492495.991	439286.5774	K1+126.991	3492531.146	439002.6054
K0+160	3492819.474	439749.7525	K0+520	3492710.68	439433.781	K0+800	3492490.156	439283.2424	K1+140	3492524.845	438991.2315
K0+180	3492808.455	439733.062	K0+524.440	3492706.743	439431.7309	K0+820	3492473.494	439272.2138	K1+160	3492513.576	438974.7129
K0+200	3492797.435	439716.3715	K0+540	3492692.232	439426.1573	K0+828.279	3492467.308	439266.7176	K1+161.991	3492512.414	438973.0968
K0+220	3492786.416	439699.681	K0+559.440	3492673.403	439421.3402	K0+840	3492459.806	439257.7327	K1+180	3492501.892	438958.4811
K0+240	3492775.396	439682.9905	K0+560	3492672.857	439421.2139	K0+860	3492451.109	439239.81	K1+200	3492490.207	438942.2495
K0+260	3492764.377	439666.3	K0+580	3492653.372	439416.7049	K0+867.307	3492449.36	439232.7195	K1+220	3492478.522	438926.0179
K0+280	3492753.358	439649.6095	K0+597.539	3492636.284	439412.7506	K0+880	3492448.246	439220.0957	K1+235.952	3492469.202	438913.0714
K0+287.613	3492749.163	439643.2562	K0+600	3492633.887	439412.1949	K0+900	3492451.484	439200.4393	K1+240	3492466.84	438909.7843
K0+300	3492742.447	439632.8488	K0+620	3492614.598	439406.9418	K0+906.334	3492453.748	439194.5262	K1+260	3492455.761	438893.1416
K0+320	3492733.323	439615.083	K0+632.539	3492603.052	439402.0801	K0+920	3492460.361	439182.5861	K1+270.952	3492450.667	438883.4515
K0+322.613	3492732.422	439612.63	K0+640	3492596.621	439398.3058	K0+940	3492472.427	439166.6467	K1+280	3492447.319	438875.0503
K0+338.807	3492728.93	439596.8542	K0+645.136	3492592.443	439395.3193	K0+941.334	3492473.27	439165.612	K1+283.663	3492446.206	438871.561
K0+340	3492728.819	439595.6664	K0+657.733	3492583.216	439386.769	K0+960	3492485.058	439151.1393	K1+296.373	3492443.464	438859.161
K0+355.001	3492729.148	439580.698	K0+660	3492581.725	439385.0613	K0+980	3492497.688	439135.632	K1+300	3492443.002	438855.5635
K0+360	3492729.96	439575.766	K0+680	3492570.519	439368.5307	K0+996.246	3492507.947	439123.0356	K1+320	3492442.395	438835.5883
K0+380	3492735.686	439556.6269	K0+692.733	3492564.476	439357.3236	K1+000	3492510.316	439120.1232	K1+331.373	3492442.856	438824.2251
K0+390.001	3492739.324	439547.3116	K0+700	3492561.084	439350.897	K1+020	3492522.444	439104.2265	K1+340	3492443.235	438815.6062

编制：　　　　　　　　　　　　　　　　　　　　　　　　　　　　　　　　复核：

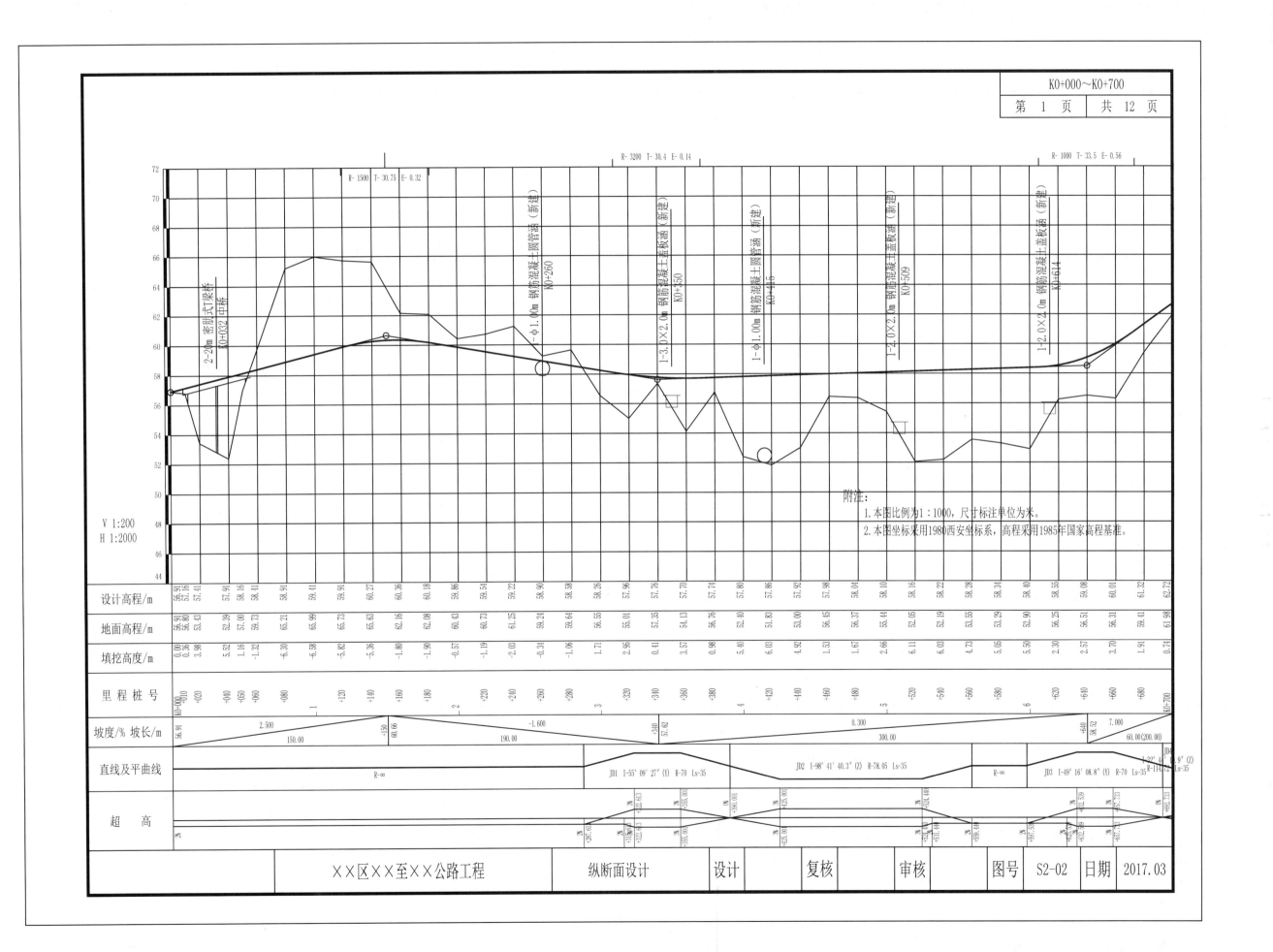

附注：
1. 本图比例为1：1000，尺寸标注单位为米。
2. 本图坐标采用1980西安坐标系，高程采用1985年国家高程基准。

| | ××区××至××公路工程 | 纵断面设计 | 设计 | 复核 | 审核 | 图号 | S2-02 | 日期 | 2017.03 |

××区××至××公路工程

序号	起讫桩号	长度/m	总面积/亩	所有县、乡（所有者）	土地类别及数量/亩												备注
					旱地	水田	荒地	茶园	果园	水塘	河道	宅基地	经济作物	山林地	竹林地	老公路	
1	2	3	4	5	6	7	8	9	10	11	12	13	14	15	16	17	18
1	K0+000～K0+010	10	0.2	青山乡												0.2	
2	K0+010～K0+050	40	0.8	青山乡							0.8						
3	K0+050～K0+160	110	4.0	青山乡								0.5		3.5			
4	K0+160～K0+700	540	13.7	青山乡						5.8				7.9			
5	K0+700～K0+750	50	1.5	青山乡										1.5			
6	K0+750～K0+835	85	2.1	青山乡						0.3				1.8			
7	K0+835～K1+145	310	12.6	青山乡										12.6			
8	K1+145～K1+250	105	4.2	青山乡						1.5				2.7			
9	K1+250～K1+380	130	5.4	青山乡										5.1		0.3	
10	K1+380～K1+680	300	7.7	青山乡			2.9			2.5						2.3	
11	K1+680～K2+160	480	19.7	青山乡										16.8		2.9	
12	K2+160～K2+240	80	2.8	青山乡		1.3								1.3		0.2	
13	K2+240～K2+420	180	9.3	青山乡										9.1	0.2		
14	K2+420～K2+585	165	2.5	青山乡							2.5						
15	K2+585～K3+880	1295	38.3	青山乡		31.6				5.8						0.9	
16	K3+880～K5+940	2060	43.9	青山乡		3.9				17.8						22.2	
17	K5+940～K7+160	1220	42.3	青山乡		41.7				0.6							
18	K7+160～K7+720	560	10.1	青山乡							10.1						
19	K7+720～K8+261	540.695	18.3	西河口乡		16.1								1.1	0.7	0.4	
20	起点平交口占地		0.2	青山乡												0.2	
21	终点平交口占地		0.3	西河口乡		0.3											
22	交叉口占地		5.0	青山乡		0.8								2.6		1.6	
	合计：	8260.695	244.9			95.7	2.9			34.3	13.4	0.5		65.9	0.8	31.1	

编制：　　　　　　　　　　　　　　　　　　　　　　　　　　　　　　复核：

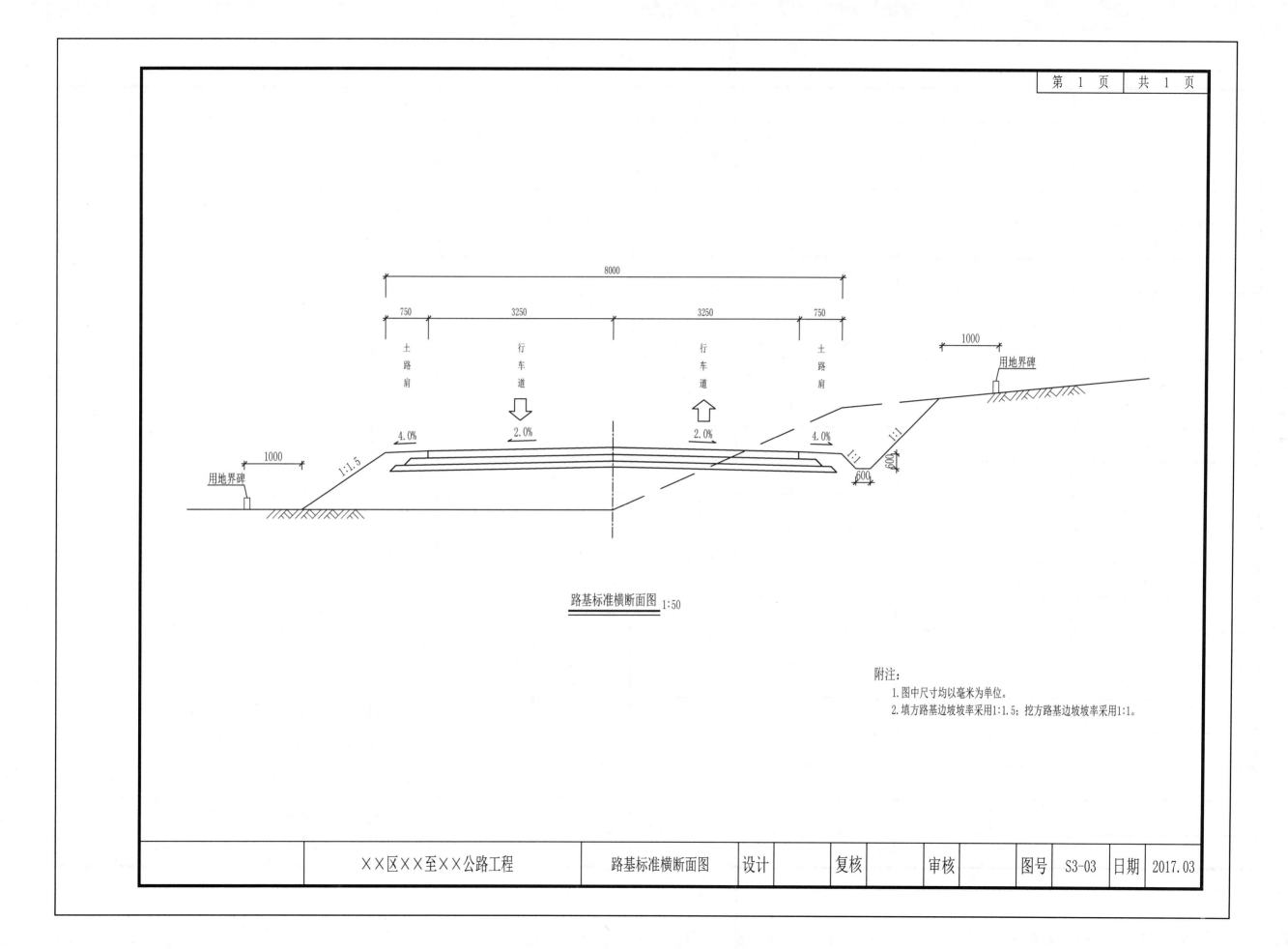

路基标准横断面图 1:50

附注：
1.图中尺寸均以毫米为单位。
2.填方路基边坡坡率采用1:1.5；挖方路基边坡坡率采用1:1。

| ××区××至××公路工程 | 路基标准横断面图 | 设计 | | 复核 | | 审核 | | 图号 | S3-03 | 日期 | 2017.03 |

纵坡、竖曲线表

序号	桩号	竖曲线							纵坡/%		变坡点间距/m	直坡段长/m	备注
		标高/m	凸曲线半径R/m	凹曲线半径R/m	切线长T/m	外距E/m	起点桩号	终点桩号	+	−			
0	K0+000	56.91											
									2.500		150.000	119.250	
1	K0+150	60.66	1500		30.750	0.315	K0+119.250	K0+180.750					
										−1.600	190.000	128.850	
2	K0+340	57.62		3200	30.400	0.144	K0+309.600	K0+370.400					
									0.300		300.000	236.100	
3	K0+640	58.52		1000	33.500	0.561	K0+606.500	K0+673.500					
									7.000		200.000	121.500	
4	K0+840	72.52	1000		45.000	1.013	K0+795	K0+885					
										−2.000	760.000	670.000	
5	K1+600	57.32		1000	45.000	1.013	K1+555	K1+645					
									7.000		320.000	239.000	
6	K1+920	79.72	800		36.000	0.810	K1+884	K1+956					
										−2.000	130.000	61.000	
7	K2+050	77.12	2200		33.000	0.248	K2+017	K2+083					
										−5.000	230.000	167.000	
8	K2+280	65.62		2000	30.000	0.225	K2+250	K2+310					
										−2.000	400.000	335.500	
9	K2+680	57.62		3000	34.500	0.198	K2+645.500	K2+714.500					
									0.300		190.000	113.500	
10	K2+870	58.19	12000		42.000	0.073	K2+828	K2+912					
										−0.400	270.000	198.000	
11	K3+140	57.11		15000	30.000	0.030	K3+110	K3+170					
									0.000		3160.000	3085.000	
12	K6+300	57.11		30000	45.000	0.034	K6+255	K6+345					
									0.300		760.000	662.500	
13	K7+060	59.39		5000	52.500	0.276	K7+007.500	K7+112.500					
									2.400		380.000	135.500	
14	K7+440	68.51	8000		192.000	2.304	K7+248	K7+632					
										−2.400	430.000	181.664	
15	K7+870	58.19		6000	56.336	0.264	K7+813.664	K7+926.336					
										−0.522	390.695	334.359	
16	K8+260.695	56.15											

编制：　　　　　　　　　　　　　　　　　　　　　　　　　　　复核：

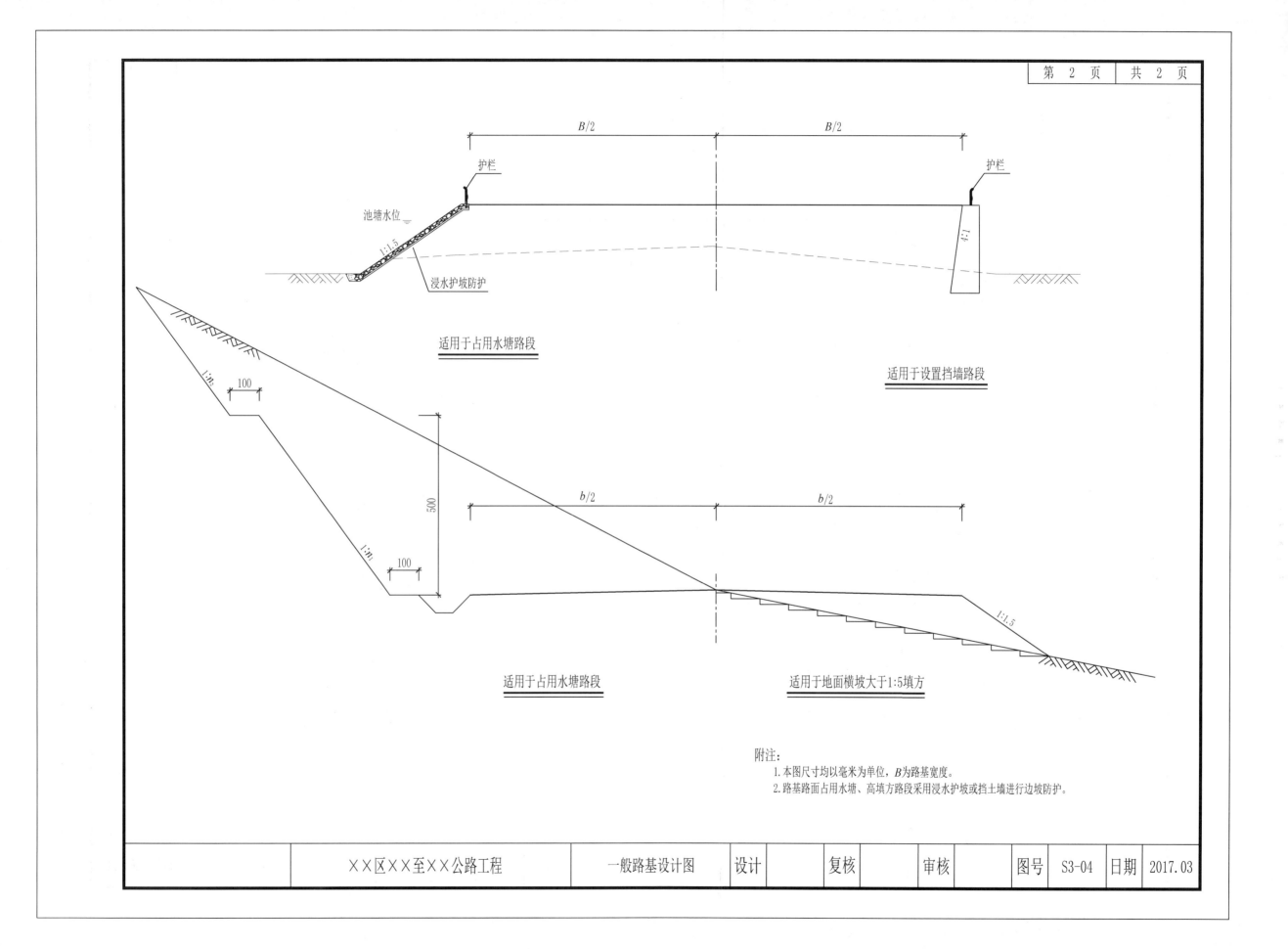

护栏

护栏

池塘水位

浸水护坡防护

适用于占用水塘路段

适用于设置挡墙路段

适用于占用水塘路段

适用于地面横坡大于1:5填方

附注：
1.本图尺寸均以毫米为单位，B为路基宽度。
2.路基路面占用水塘、高填方路段采用浸水护坡或挡土墙进行边坡防护。

| ××区××至××公路工程 | 一般路基设计图 | 设计 | | 复核 | | 审核 | | 图号 | S3-04 | 日期 | 2017.03 |

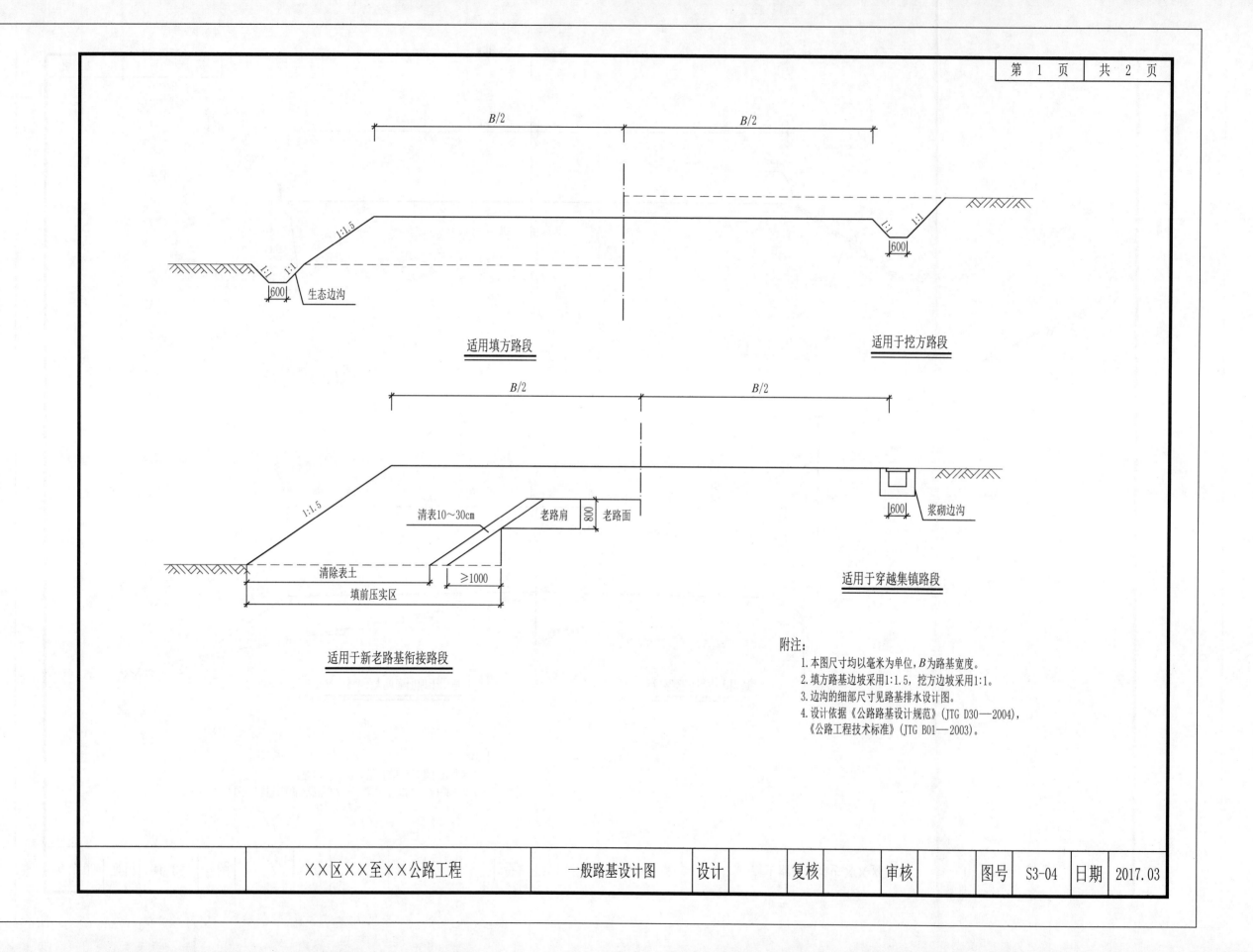

$B/2$　　　$B/2$

1:1.5

1:1

|600|　生态边沟

适用填方路段

1:1　1:1

|600|

适用于挖方路段

$B/2$　　　$B/2$

1:1.5

清表10～30cm　　老路肩　老路面

800

清除表土

填前压实区

≥1000

适用于新老路基衔接路段

|600|　浆砌边沟

适用于穿越集镇路段

附注：
1. 本图尺寸均以毫米为单位，B为路基宽度。
2. 填方路基边坡采用1:1.5，挖方边坡采用1:1。
3. 边沟的细部尺寸见路基排水设计图。
4. 设计依据《公路路基设计规范》(JTG D30—2004)，
　《公路工程技术标准》(JTG B01—2003)。

| ××区××至××公路工程 | 一般路基设计图 | 设计 | | 复核 | | 审核 | | 图号 | S3-04 | 日期 | 2017.03 |

路 基 设 计 表

桩号	平曲线 左偏	平曲线 右偏	竖曲线 凹型	竖曲线 凸型	地面高程/m	设计高程/m	填挖高度/m 填	填挖高度/m 挖	路基宽度/m 左侧 W1	左侧 W2	右侧 W2	右侧 W1	左侧 B1	左侧 B2	中桩 C	右侧 B2	右侧 B1	施工时中桩填挖高度/m 填	挖	备注
K0+000					56.91	56.91	0.00		0.75	3.25	3.25	0.75	-0.10	-0.07	0.00	-0.07	-0.10	0.00		
K0+010					56.80	57.16	0.36		0.75	3.25	3.25	0.75	-0.10	-0.07	0.00	-0.07	-0.10	0.36		
K0+020					53.43	57.41	3.98		0.75	3.25	3.25	0.75	-0.10	-0.07	0.00	-0.07	-0.10	3.98		
K0+040					52.39	57.91	5.52		0.75	3.25	3.25	0.75	-0.10	-0.07	0.00	-0.07	-0.10	5.52		
K0+050			2.5% 150		57.00	58.16	1.16		0.75	3.25	3.25	0.75	-0.10	-0.07	0.00	-0.07	-0.10	1.16		
K0+060					59.73	58.41		1.32	0.75	3.25	3.25	0.75	-0.10	-0.07	0.00	-0.07	-0.10		1.32	
K0+080					65.21	58.91		6.30	0.75	3.25	3.25	0.75	-0.10	-0.07	0.00	-0.07	-0.10		6.30	
K0+100				QD K0+119.250	65.99	59.41		6.58	0.75	3.25	3.25	0.75	-0.10	-0.07	0.00	-0.07	-0.10		6.58	
K0+120					65.73	59.91		5.82	0.75	3.25	3.25	0.75	-0.10	-0.07	0.00	-0.07	-0.10		5.82	
K0+140			60.66 K0+150	R-1500 T-30.75 E-0.32	65.63	60.27		5.36	0.75	3.25	3.25	0.75	-0.10	-0.07	0.00	-0.07	-0.10		5.36	
K0+160					62.16	60.36		1.80	0.75	3.25	3.25	0.75	-0.10	-0.07	0.00	-0.07	-0.10		1.80	
K0+180				ZD +180.750	62.08	60.18		1.90	0.75	3.25	3.25	0.75	-0.10	-0.07	0.00	-0.07	-0.10		1.90	
K0+200					60.43	59.86		0.57	0.75	3.25	3.25	0.75	-0.10	-0.07	0.00	-0.07	-0.10		0.57	
K0+220					60.73	59.54		1.19	0.75	3.25	3.25	0.75	-0.10	-0.07	0.00	-0.07	-0.10		1.19	
K0+240			-1.6% 190		61.25	59.22		2.03	0.75	3.25	3.25	0.75	-0.10	-0.07	0.00	-0.07	-0.10		2.03	
K0+260					59.24	58.90		0.34	0.75	3.25	3.25	0.75	-0.10	-0.07	0.00	-0.07	-0.10		0.34	
K0+280		K0+287.613 (ZH)			59.64	58.58		1.06	0.75	3.25	3.25	0.75	-0.10	-0.07	0.00	-0.07	-0.10		1.06	
K0+300			QD K0+309.600		56.55	58.26	1.71		0.75	3.25	3.60	0.75	-0.04	-0.01	0.00	-0.07	-0.10	1.71		
K0+320		JD1 I-55°09′27″ R-70 Ls-35 Ly-32.39	R-3200 T-30.4 E-0.14		55.01	57.96	2.95		0.75	3.25	4.18	0.75	0.06	0.09	0.00	-0.11	-0.14	2.95		
K0+340				57.62 K0+340	57.35	57.76	0.41		0.75	3.25	4.25	0.75	0.07	0.10	0.00	-0.13	-0.16	0.41		
K0+360				ZD +370.400	54.13	57.70	3.57		0.75	3.25	4.11	0.75	0.05	0.08	0.00	-0.11	-0.14	3.57		
K0+380	K0+390.001 (GQ)	K0+390.001 (GQ)			56.76	57.74	0.98		0.75	3.25	3.54	0.75	-0.00	0.03	0.00	-0.03	-0.06	0.98		
K0+400					52.40	57.80	5.40		0.75	3.54	3.25	0.75	-0.06	-0.03	0.00	0.03	-0.00	5.40		
K0+420	K0+425.001 (HY)				51.83	57.86	6.03		0.75	4.11	3.25	0.75	-0.14	-0.11	0.00	0.08	0.05	6.03		
K0+440					53.00	57.92	4.92		0.75	4.25	3.25	0.75	-0.16	-0.13	0.00	0.10	0.07	4.92		
K0+460	JD2 I-98°41′40.3″ R-78.05 Ls-35 Ly-99.44				56.45	57.98	1.53		0.75	4.25	3.25	0.75	-0.16	-0.13	0.00	0.10	0.07	1.53		
K0+480			0.3% 300		56.37	58.04	1.67		0.75	4.25	3.25	0.75	-0.16	-0.13	0.00	0.10	0.07	1.67		
K0+500					55.44	58.10	2.66		0.75	4.25	3.25	0.75	-0.16	-0.13	0.00	0.10	0.07	2.66		
K0+520					52.05	58.16	6.11		0.75	4.25	3.25	0.75	-0.16	-0.13	0.00	0.10	0.07	6.11		

编制：　　　　　　　　　　　　　　　　　　　　　　　　　　　　　　　　　　　　　　　复核：

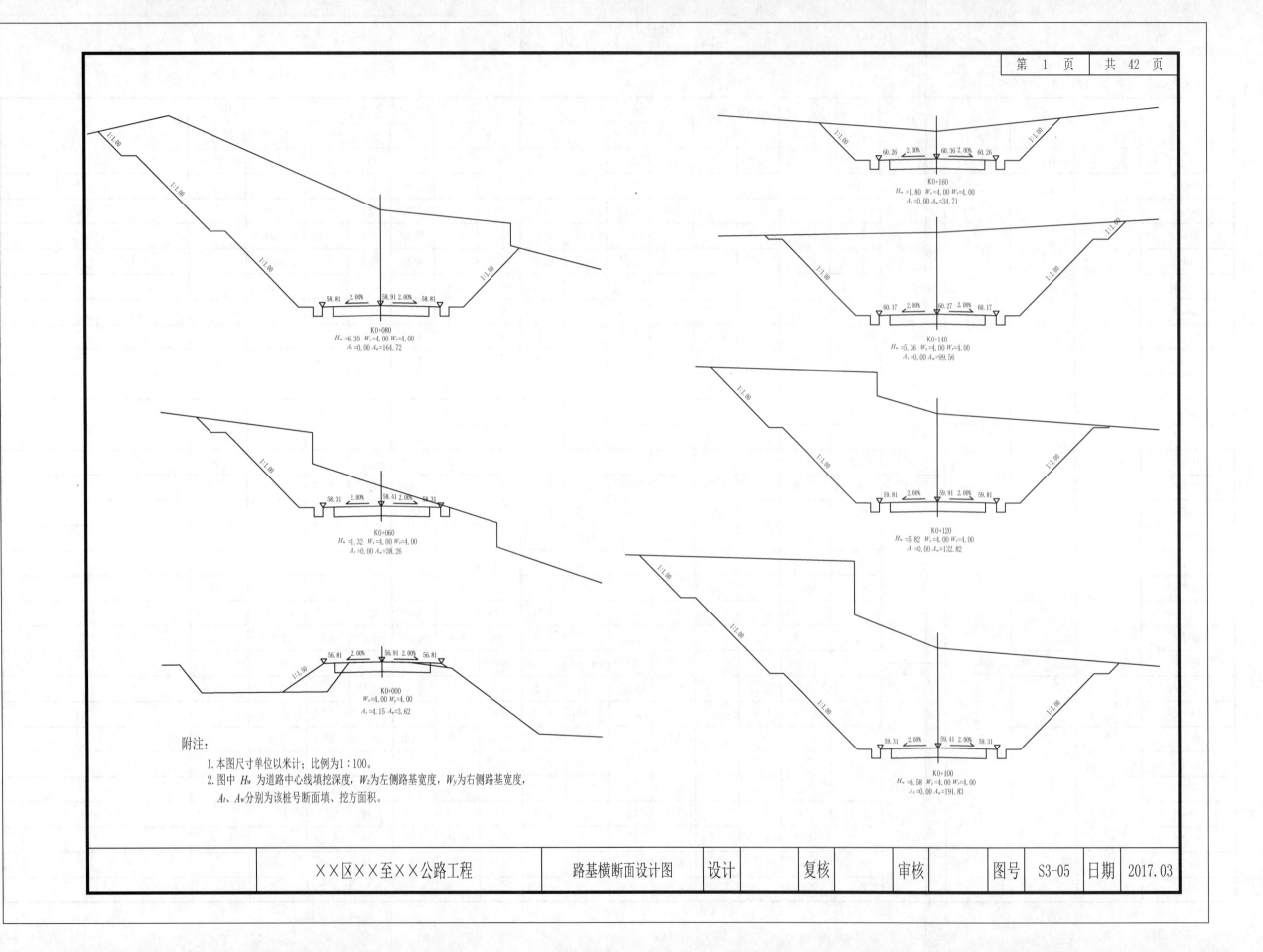

K0+160
H_w =1.80 W_z =4.00 W_y =4.00
A_t =0.00 A_w =34.71

K0+140
H_w =5.36 W_z =4.00 W_y =4.00
A_t =0.00 A_w =99.56

K0+080
H_w =6.30 W_z =4.00 W_y =4.00
A_t =0.00 A_w =164.72

K0+120
H_w =5.82 W_z =4.00 W_y =4.00
A_t =0.00 A_w =132.82

K0+060
H_w =1.32 W_z =4.00 W_y =4.00
A_t =0.00 A_w =38.26

K0+000
W_z =4.00 W_y =4.00
A_t =4.15 A_w =3.62

K0+100
H_w =6.58 W_z =4.00 W_y =4.00
A_t =0.00 A_w =191.83

附注:
　1.本图尺寸单位以米计;比例为1:100。
　2.图中 H_w 为道路中心线填挖深度,W_z 为左侧路基宽度,W_y 为右侧路基宽度,
　　A_t、A_w 分别为该桩号断面填、挖方面积。

| ××区××至××公路工程 | 路基横断面设计图 | 设计 | | 复核 | | 审核 | | 图号 | S3-05 | 日期 | 2017.03 |

路基每公里土石方数量表

起讫桩号	长度/m	挖方/m³ 总体积	土方 松土	土方 普通土	土方 硬土	石方 软石	石方 次坚石	石方 坚石	填方 总数量/m³	填方 土方/m³	填方 石方/m³	本桩利用 土方/m³	本桩利用 石方/m³	远运利用 土方/m³	远运利用 石方/m³	远运 平均运距 土方/km	远运 平均运距 石方/km	借方 土方/m³	借方 平均运距/km	借方 石方/m³	借方 平均运距/km	废方 土方/m³	废方 石方/m³	备注
K0+000～K1+000	1000	40257	6716	7957	7768	11840	3884	2093	15905	6585	9321	545	404	6040	8917	0	0					6716	0	774.702095
K1+000～K2+000	1000	80816	13160	11897	13216	21801	12560	8182	24852	10906	13946	292	18	10614	13928	0	0					13160	0	9533.861690
K2+000～K3+000	1000	72631	8407	8094	10487	21658	12812	11171	36012	10978	25034	179		10799	25034	1	1					8407	0	4729.088石 17540.58105
K3+000～K4+000	1000	8	8						58567	16943	41624			16943	41624	2	2					8	2	6093.542石 23364.46837
K4+000～K5+000	1000	41	41						17016	4242	12774			4242	12774	2	2					41	2	1150.975石 3915.154836
K5+000～K6+000	1000	1038	1038						23685	6028	17658			3312	12521	3	3	2716	4	5136	4	1038	3	782.143石 569.521633
K6+000～K7+000	1000	884	884						39240	13572	25669							13572	4	25669	4	884	4	
K7+000～K8+000	1000	2405	1261	429	429	286			24099	10240	13859			1822	742	0	0	8418	2	13117	3	1261	1	196.278571
K8+000～K8+260.695	261	5703	1534	1563	1563	1042			2426	1724	702			1724	702	0	0					1534	0	482.845石 196.278571
路基处理		60590	60590						32523	32523								32523	3			60590		
挖台阶		9141	9141																			9141		
挖淤泥排水		27057	27057						22085	22085								22085	3			27057		
小　计		300572	129837	29941	33463	56628	29257	21446	296411	135825	160586	1016	422	55495	116242			79314		43922		129837		

编制：　　　　　　　　　　　　　　　　　　　　　　　　　　　　　　复核：

路基土石方数量计算表

桩号	横断面面积挖方/m²	横断面面积填方/m²	距离/m	挖方总数量/m³	I %	I 数量	II %	II 数量	III %	III 数量	IV %	IV 数量	V %	V 数量	VI %	VI 数量	填方总数量	填方土	填方石	本桩利用土	本桩利用石	填缺土	填缺石	挖余土	挖余石	远运利用及纵向调配示意	备注
K0+000	3.62	4.15																									
			8.50	51.6	100	51.6											32.8	19.7	13.1			19.7	13.1	51.6		土51.6(996m) 弃方(到弃土坑K1+000)	
K0+008.500	8.52	3.56																									
			47.00		10		20		20		30	2435.3	10		10											土22.1(54m) 石12.1(54m)	
K0+055.500	35.66	0.31																									
			4.50	166.3	10	16.6	20	33.3	20	33.3	30	49.9	10	16.6	10	16.6	0.7	0.7		0.7				82.4	83.2		
K2+060	38.26	0.00																									
			20.00	2029.8	10	203.0	20	406.0	20	406.0	30	608.9	10	203.0	10	203.0								1014.9	1014.9		
K0+080	164.72	0.00																									
			20.00	3565.5	10	356.6	20	713.1	20	713.1	30	1069.7	10	356.6	10	356.6								1782.8	1782.8		
K0+100	191.83	0.00																									
			20.00	3246.5	10	324.6	20	649.3	20	649.3	30	973.9	10	324.6	10	324.6								1623.2	1623.2		
K0+120	132.82	0.00																									
			20.00	2323.8	10	232.4	20	464.8	20	464.8	30	697.1	10	232.4	10	232.4								1161.9	1161.9		
K0+140	99.56	0.00																									
			20.00	1342.7	10	134.3	20	268.5	20	268.5	30	402.8	10	134.3	10	134.3								671.3	671.3		
K0+160	34.71	0.00																									
			20.00	703.6	10	70.4	20	140.7	20	140.7	30	211.1	10	70.4	10	70.4								351.8	351.8		
K0+180	35.65	0.00																									
			20.00	552.0	10	55.2	20	110.4	20	110.4	30	165.6	10	55.2	10	55.2	2.3	2.3		2.3				273.4	276.0		
K0+200	19.55	0.23																									
			20.00	655.4	10	65.5	20	131.1	20	131.1	30	196.6	10	65.5	10	65.5	2.3	2.3		2.3				325.1	327.7	土1972.1(833m) 弃方(到弃土坑K1+000)	
K0+220	46.00	0.00																									
			20.00	1028.6	10	102.9	20	205.7	20	205.7	30	308.6	10	102.9	10	102.9								514.3	514.3		
K0+240	56.86	0.00																									
			20.00	820.2	10	82.0	20	164.0	20	164.0	30	246.0	10	82.0	10	82.0	3.2	3.2		3.2				406.4	410.1		
K0+260	25.15	0.32																									
			20.00	569.7	10	57.0	20	113.9	20	113.9	30	170.9	10	57.0	10	57.0	3.2	3.2		3.2				281.2	284.9		
K0+280	31.82	0.00																									
			20.00	342.6	10	34.3	20	68.5	20	68.5	30	102.8	10	34.3	10	34.3	130.0	121.9	8.1	121.9	8.1			34.3	163.9		
K0+300	2.44	13.00																									
			20.00	63.8	10	6.4	20	12.8	20	12.8	30	19.1	10	6.4	10	6.4	333.7	188.5	145.2	22.7	34.7	165.8	110.5	6.4		土6766.2(329m) 石6766.2(329m) 石528.1(707m) 石462.5(1090m) (调至K0+760) (调至K1+140)	
K0+320	3.94	20.37																									
			20.00	140.8	10	14.1	20	28.2	20	28.2	30	42.2	10	14.1	10	14.1	279.5	141.8	137.6	50.1	76.5	91.7	61.1	14.1			
K0+340	10.14	7.58																									
			20.00	141.2	10	14.1	20	28.2	20	28.2	30	42.4	10	14.1	10	14.1	223.1	107.9	115.2	50.3	76.7	57.6	38.4	14.1			
K0+360	3.98	14.73																									
			20.00	220.6	10	22.1	20	44.1	20	44.1	30	66.2	10	22.1	10	22.1	392.5	195.0	197.5	78.5	119.9	116.5	77.7	22.1			
K0+380	18.08	24.52																									
			20.00	180.8	100	180.8											792.0	475.2	316.8			475.2	316.8	180.8			
K0+400	0.00	54.68																									
			20.00		100												1337.6	802.6	535.0			802.6	535.0				
K0+420	0.00	79.08																									
			20.00		100												1268.0	760.8	507.2			760.8	507.2				
K0+440	0.00	47.72																									
			20.00		100												804.9	482.9	321.9			482.9	321.9				
K0+460	0.00	32.77																									
			20.00		100												669.3	401.6	267.7			401.6	267.7				
K0+480	0.00	34.16																									
			20.00		100												693.1	415.8	277.2			415.8	277.2				
K0+500	0.00	35.14																									
			20.00		100												1095.8	657.5	438.3			657.5	438.3				
K0+520	0.00	74.44																									
小计				18145		2024		3583		3583		7809		1791		1791	8064	4783	3281	335	316	4448	2965	8812	8666		
累计				18145		2024		3583		3583		7809		1791		1791	8064	4783	3281	335	316	4448	2965	8812	8666		

编制：　　　　　　　　　　　　　　　　　　　　　　　　　　　　　　　　复核：

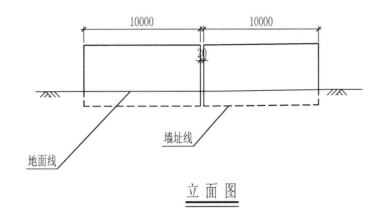

立 面 图

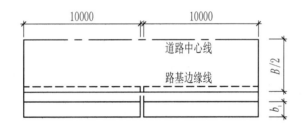

平 面 图

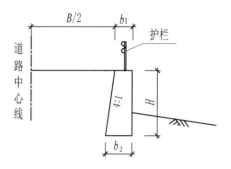

I型路肩挡墙横断面图

I型路肩墙截面尺寸及力学计算一览表

H/m	b_1/m	b_2/m	v/(m³/m)	e	K_c	K_0	σ_1/kPa	σ_2/kPa
2.00	0.50	1.00	1.50	0.216	1.501	2.598	96.86	0.00
2.50	0.60	1.23	2.29	0.275	1.467	2.486	124.44	0.00
3.00	0.70	1.45	3.22	0.334	1.445	2.414	152.23	0.00
3.50	0.80	1.68	4.34	0.393	1.429	2.362	180.24	0.00

附注:
1. 本图尺寸除注明外,均以毫米为单位。B为路基宽度。
2. 沉降缝间距10m,缝宽2cm,缝中塞以沥青麻絮。
3. 基础摩阻系数f=0.3,填料容重γ=19kN/m³,计算内摩擦角ψ=35,
   填土与墙背间的摩擦角δ=1/2ψ。
4. 挡墙砌体为M7.5浆砌块石。
5. 石料强度大于40MPa,地基容许承载力大于200kPa。
6. 基础开挖后应实测地基承载力。地基承载力不符合要求时,应开挖表
   层后用好土或碎砾石进行回填直至满足地基承载力要求。
7. 基础不能埋置在淤泥质土,轻塑土中。
8. 基础应以地形和地质条件埋入地面以下足够深度,宜不小于1.0m。
9. 挡墙顶设置栏杆进行防护。

| ××区××至××公路工程 | 路基防护工程设计图（挡土墙） | 设计 | | 复核 | | 审核 | | 图号 | S3-30-2 | 日期 | 2017.03 |

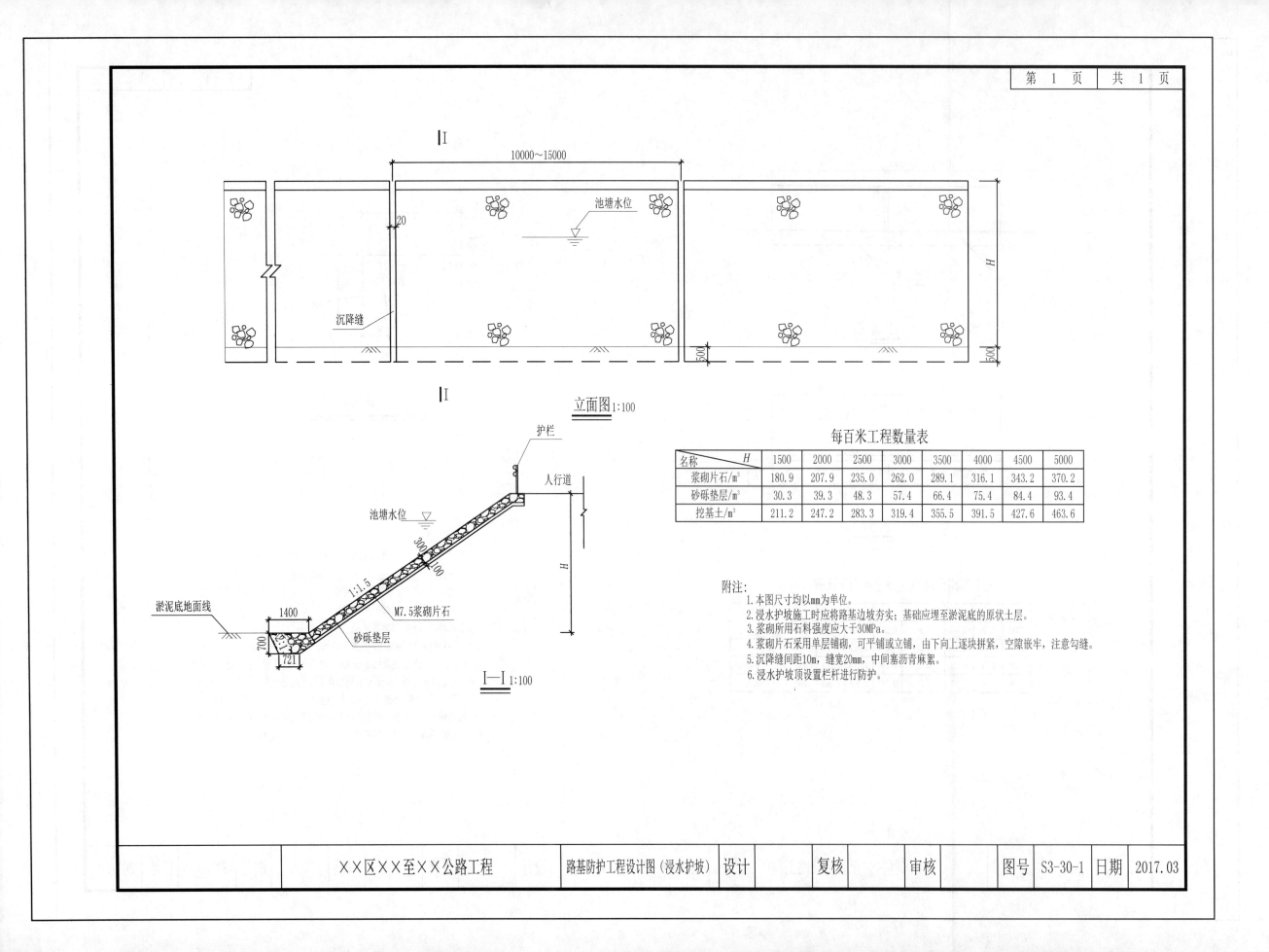

Ⅰ

10000～15000

池塘水位

沉降缝

H

20

500

500

Ⅰ

立面图 1:100

护栏

人行道

池塘水位

300

100

1:1.5

M7.5浆砌片石

淤泥底地面线

1400

砂砾垫层

700

721

H

Ⅰ—Ⅰ 1:100

每百米工程数量表

名称 H	1500	2000	2500	3000	3500	4000	4500	5000
浆砌片石/m³	180.9	207.9	235.0	262.0	289.1	316.1	343.2	370.2
砂砾垫层/m³	30.3	39.3	48.3	57.4	66.4	75.4	84.4	93.4
挖基土/m³	211.2	247.2	283.3	319.4	355.5	391.5	427.6	463.6

附注:
1. 本图尺寸均以mm为单位。
2. 浸水护坡施工时应将路基边坡夯实;基础应埋至淤泥底的原状土层。
3. 浆砌所用石料强度应大于30MPa。
4. 浆砌片石采用单层铺砌,可平铺或立铺,由下向上逐块拼紧,空隙嵌牢,注意勾缝。
5. 沉降缝间距10m,缝宽20mm,中间塞沥青麻絮。
6. 浸水护坡顶设置栏杆进行防护。

| ××区××至××公路工程 | 路基防护工程设计图(浸水护坡) | 设计 | | 复核 | | 审核 | | 图号 | S3-30-1 | 日期 | 2017.03 |

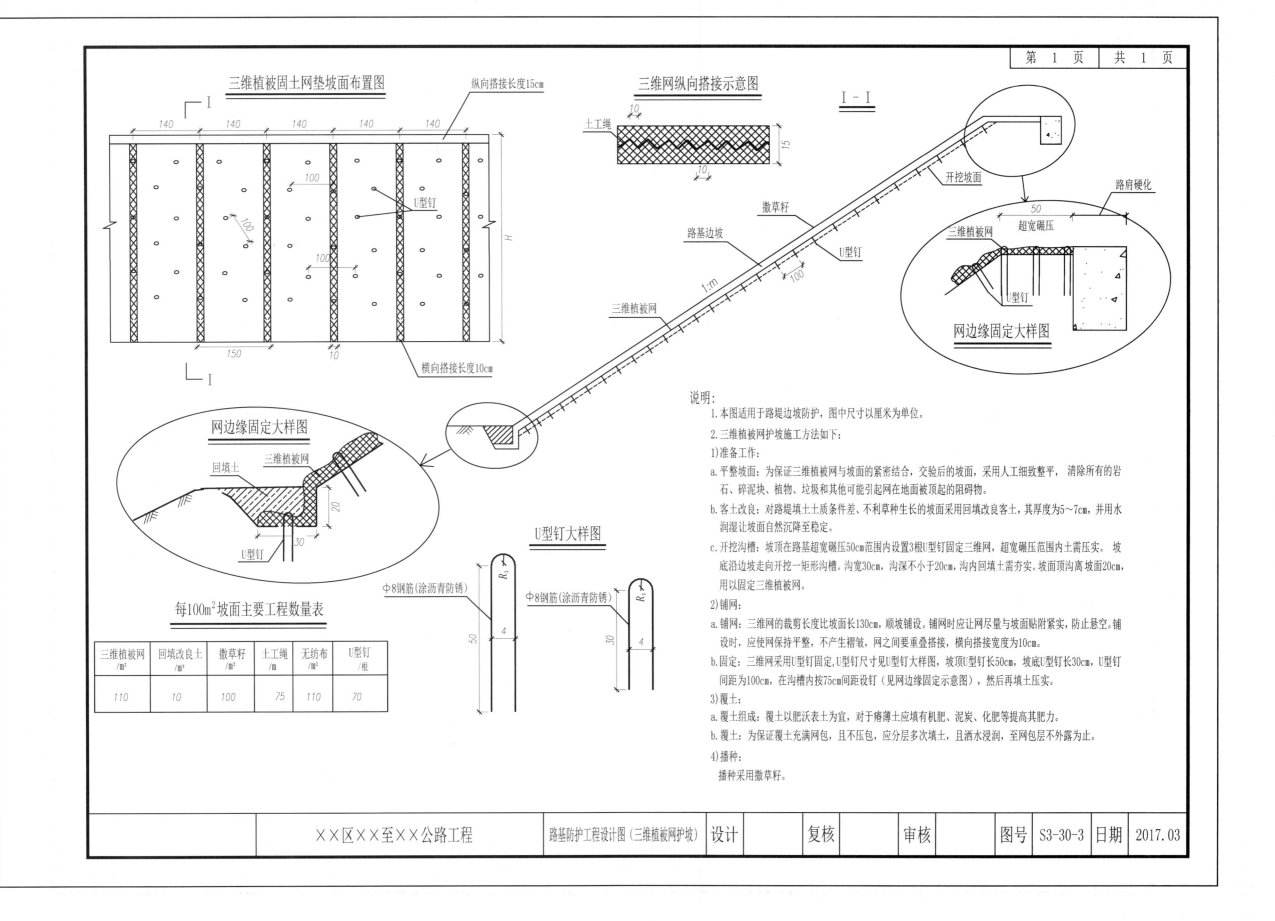

三维植被固土网垫坡面布置图

纵向搭接长度15cm

三维网纵向搭接示意图

I - I

横向搭接长度10cm

网边缘固定大样图

网边缘固定大样图

U型钉大样图

每100m²坡面主要工程数量表

三维植被网 /m²	回填改良土 /m³	撒草籽 /m²	土工绳 /m	无纺布 /m²	U型钉 /根
110	10	100	75	110	70

说明:

1.本图适用于路堤边坡防护,图中尺寸以厘米为单位。

2.三维植被网护坡施工方法如下:

1)准备工作:

a.平整坡面:为保证三维植被网与坡面的紧密结合,交验后的坡面,采用人工细致整平,清除所有的岩石、碎泥块、植物、垃圾和其他可能引起网在地面被顶起的阻碍物。

b.客土改良:对路堤填土土质条件差、不利草种生长的坡面采用回填改良客土,其厚度为5~7cm,并用水润湿让坡面自然沉降至稳定。

c.开挖沟槽:坡顶在路基超宽碾压50cm范围内设置3根U型钉固定三维网,超宽碾压范围内土需压实。坡底沿坡走向开挖一矩形沟槽。沟宽30cm,沟深不小于20cm,沟内回填土需夯实。坡面顶沟离坡面20cm,用以固定三维植被网。

2)铺网:

a.铺网:三维网的裁剪长度比坡面长130cm,顺坡铺设。铺网时应让网尽量与坡面贴附紧实,防止悬空。铺设时,应使网保持平整,不产生褶皱,网之间要重叠搭接,横向搭接宽度为10cm。

b.固定:三维网采用U型钉固定,U型钉尺寸见U型钉大样图,坡顶U型钉长50cm,坡底U型钉长30cm,U型钉间距为100cm,在沟槽内按75cm间距设钉(见网边缘固定示意图),然后再填土压实。

3)覆土:

a.覆土组成:覆土以肥沃表土为宜,对于瘠薄土应填有机肥、泥炭、化肥等提高其肥力。

b.覆土:为保证覆土充满网包,且不压包,应分层多次填土,且洒水浸润,至网包层不外露为止。

4)播种:

播种采用撒草籽。

| ××区××至××公路工程 | 路基防护工程设计图(三维植被网护坡) | 设计 | 复核 | 审核 | 图号 | S3-30-3 | 日期 | 2017.03 |

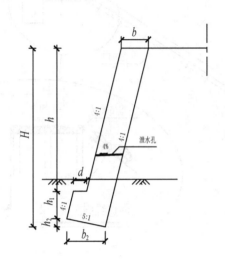

Ⅱ型路肩墙横断面示意图 1:50

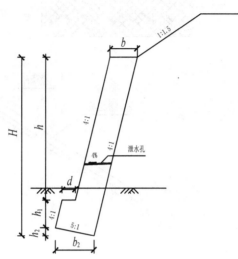

Ⅲ型路堤墙横断面示意图 1:50

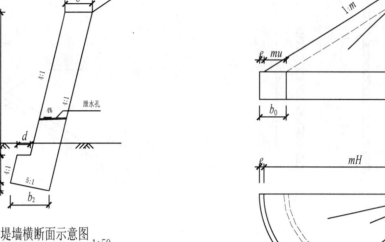

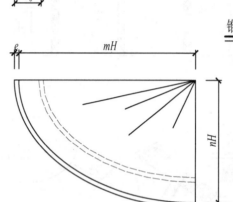

锥形护坡 1:50

锥坡工程数量表

锥坡高度 H/m	M7.5浆砌块石/m³	M7.5浆砌片石基础/m³	备注
3.0	3.10	2.03	
3.5	4.39	2.39	
4.0	5.67	2.74	n=1.0
5.0	9.02	3.46	m=1.5
6.0	13.13	4.17	f=0.25m
7.0	18.01	4.88	e=0.10m
8.0	23.66	5.60	d=0.60m
9.0	30.08	6.31	b_0=0.60m
10.0	37.28	7.03	

俯斜式挡土墙截面尺寸及力学计算一览表

H/m	h/m	h_1/m	h_2/m	b_1/m	b_2/m	d/m	E/kN	K_c	K_o	e/b_2	σ_1/kPa	σ_2/kPa	V/(m³/s)
3.67	3.0	0.50	0.17	0.60	0.86	0.30	22.63	1.58	1.65	0.122	125.64	19.34	2.32
4.71	4.0	0.50	0.21	0.80	1.05	0.30	35.95	1.55	1.54	0.129	173.05	21.61	3.86
5.77	5.0	0.50	0.27	1.00	1.33	0.40	53.63	1.47	1.82	0.005	124.78	117.30	5.89
6.89	6.0	0.60	0.29	1.10	1.43	0.40	74.63	1.52	1.79	0.011	155.27	135.38	7.71

说明：

1. 本图尺寸除注明外，均以厘米为单位。
2. 设计荷载公路Ⅱ级；表一中 K_c 为抗滑稳定系数，K_o 为抗倾覆稳定系数。
3. 基础摩阻系数 f=0.3，填料容重 γ=18kN/m³，计算内摩擦角 Ψ=35° 填土与墙背间的摩擦角 δ=1/2Ψ。
4. 沉降缝间距10m，缝宽2cm，缝中塞以沥青麻絮；泄水孔间距2.5m，交错排列，孔径 ϕ15cmPVC管。
5. 挡墙砌体为M7.5浆砌片石。
6. 石料强度大于30MPa，地基容许承载力大于250kPa。
7. 锥坡坡面予留泄水孔，尺寸间距同挡墙。
8. 墙背采用透水性砾石土回填，压实度按陆架压实标准执行。

××区××至××公路工程	路基防护工程设计图（挡土墙）	设计		复核		审核		图号	S3-30-2	日期	2017.03

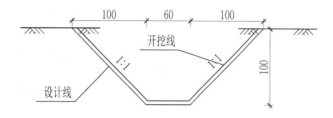

I.适用于土质挖方段 1:40

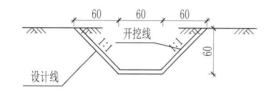

II.适用于土质挖方段 1:40

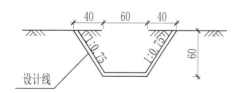

III.适用于石质挖方段 1:40

每延米工程数量表

型式	开挖土方/m³	开挖石方/m³	砂砾垫层/m³	夯拍、整修面积/m²
I边沟、排水沟	1.60			2.50
II边沟、排水沟	0.72			2.30
III边沟、排水沟		0.60		2.05

附注:
1. 图中尺寸以厘米计。
2. 边沟施工时首先挖至开挖线,然后将边沟夯拍成型至设计线,土方量计入路基土石方数量表。
3. 边沟纵坡一般应与路基路面纵坡一致,若路基路面纵坡小于0.3%应采用0.3%。
4. 边沟出水口应用排水沟引到路基坡脚5m以外的沟渠、低注处或与涵洞衔接。
5. 边沟为石质,施工时开挖至设计线,修整成型。

××区××至××公路工程	路基排水工程设计图	设计		复核		审核		图号	S3-37	日期	2017.03

厚层基材植草设计图

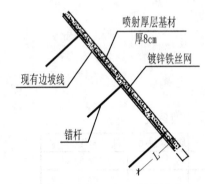

现有边坡线
喷射厚层基材 厚8cm
镀锌铁丝网
锚杆
L

锚杆大样图

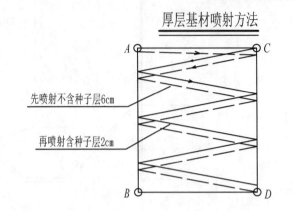

镀锌铁丝网
镀锌螺母压板
镀锌螺母压板
顶端5cm做成标准丝
L 5

厚层基材喷射方法

先喷射不含种子层6cm
再喷射含种子层2cm

A C
B D

锚杆布置立面示意图

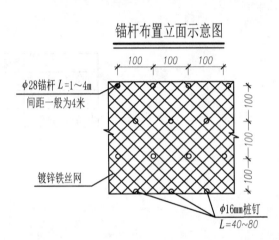

100 100 100

φ28锚杆 L=1~4m
间距一般为4米
镀锌铁丝网
φ16mm桩钉 L=40~80
100 100 100 100

镀锌铁丝网大样图

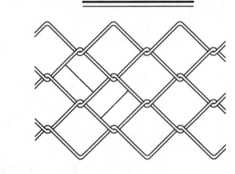

厚层基材护坡每平米工程数量表

序号	名称	单位	工程量
1	混合草种BPR-3-4	kg	0.02
2	厚层基材(厚度8cm)	m³	0.11
3	渡锌铁丝网	m²	1.1
4	φ6.5钢锚钉	个	4
5	锚固剂	kg	0.32

注:
1. 本图适用于路堑岩石边坡,图中尺寸除特殊说明外,均以厘米为单位,L为锚杆长度。
2. 施工方法。
 (1) 清理、平整坡面。清除坡面浮石、浮根,尽可能平整坡面,坡面清理应有利于基材混合物和岩石坡面的自然结合,禁止出现反坡。
 (2) 锚杆施工。布置锚杆孔位,用风钻凿孔。钻孔孔眼方向与坡面垂直,采用水泥砂浆固定锚杆。水泥砂浆应填满钻孔并捣实。
 (3) 铺设、固定镀锌网。铺设时网应张拉紧,网间搭接宽度不小于10cm,安装锚杆托板固定网。采用不同厚度的混凝土垫块对金属网与坡面的距离进行调节,使其保持在5~6cm。
 (4) 拌和基材混合物。把绿化基材、纤维、种植土及混合植被种子按设计比例依次倒入混凝土搅拌机料斗搅拌,搅拌时间不小于1min。
 (5) 上料。采用人工上料方式,把拌和均匀的基材混合物倒入混凝土喷射机。
 (6) 喷射基材混合物。喷射尽可能从正面进行,避免仰喷,凹凸部及死角部分要充分注意。基材混合物的喷射应分两次进行,首先喷射不含种子的基材混合物,然后喷射含种子的基材混合物,含种子层厚度为2cm。保证种子层的喷射厚度及总厚度达到设计要求。
  1) 首先对喷射范围作标志线,如图中线AB、CD,其中AB、AC长度根据施工现场确定,计算出喷射区ABDC的面积,根据材料配比计算ABDC区所需绿化基材、纤维、种植土及混合植被种子总量。

2)根据计算的材料量,进行不含子层基材混合物配料及含种子层基材混合物配料。
3)先喷射不含子层的基材混合物,喷射厚度为6cm,喷射按从左至右、从上至下的顺序进行,或者按从右至左、从上至下的顺序进行。
4)喷射含种子层的基材混合物,喷射厚度2cm,喷射按从左至右、从上至下的顺序进行,或者按从右至左、从上至下的顺序进行。确保无任何漏喷。
5)此区域ABDC完成后,其他区域按照此方法依次喷射。
(7) 前期养护。前期养护应注意以下几点:
1)编制前期养护组织措施,落实人员、水源及工器具。
2)用高压喷雾器使养护水成雾状均匀地湿润坡面基材混合物,注意控制好喷头与坡面的距离和移动速度,以防高压射流水冲击坡面形成径流冲走基材混合物及种子,影响发芽。
3)养护湿润深度。发芽期湿润深度控制在3~5cm,幼苗期依据植物根系的发展逐渐加大到5~15cm,但要控制不致在基材混合物内形成"壤中流",侵蚀基材混合物中小颗粒及淋失养分,破坏养分平衡。
4)养护时间及次数。经过处理的种子,一般喷射施工后一个月时间能基本形成稳定的坡面植被,因此,前期持续养护时间为60天左右。每天养护两次,早晚各一次,早上10点以前完成洒水工作,避免在强烈的阳光下进行喷水养护,以免灼伤幼苗叶片。在高温干旱季节,种子幼芽由于地面高温容易被烫伤,每天应增加1~2次养护,每次湿润1~2cm即可。

| ××区××至××公路工程 | 路基防护工程设计图(厚层基材) | 设计 | | 复核 | | 审核 | | 图号 | S3-30-4 | 日期 | 2017.03 |

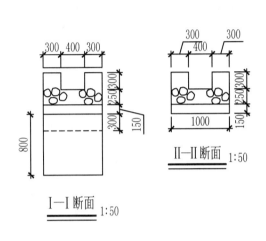

I—I 断面 1:50

II—II 断面 1:50

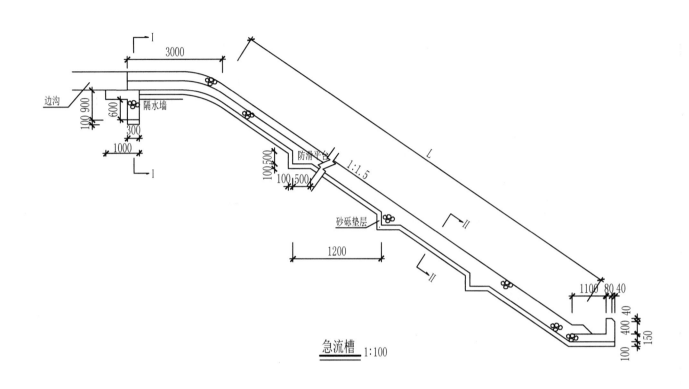

边沟

隔水墙

防滑平台

砂砾垫层

急流槽 1:100

附注：
1. 本图尺寸以毫米计。
2. 本图用于K3+517.5处两侧边沟水引入河中。
3. 急流槽一侧共设5个防滑平台。
4. 进水口应与边沟出水口衔接。

一道急流槽工程数量表

一个进水槽过渡段			槽身部分						一个消力池及隔水墙		
浆砌片石	砂砾垫层	开挖土方	每延米槽身			一个防滑平台			浆砌片石	砂砾垫层	开挖土方
			浆砌片石	砂砾垫层	开挖土方	浆砌片石	砂砾垫层	开挖土方			
m³			m³			m³			m³		
1.29	0.45	2.1	0.43	0.15	0.7	0.125	0.1	0.18	0.735	0.155	1.875

××区××至××公路工程	路基排水工程设计图	设计		复核		审核		图号	S3-37	日期	2017.03

盖板平面图 1:20

钢筋布置图 1:20

II—II 1:20

I—I 1:20

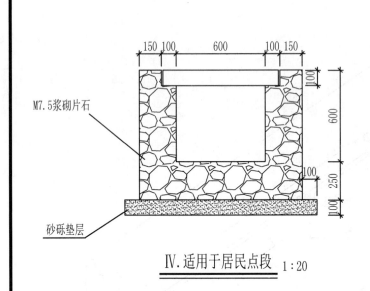

M7.5浆砌片石

砂砾垫层

Ⅳ.适用于居民点段 1:20

III—III 1:20

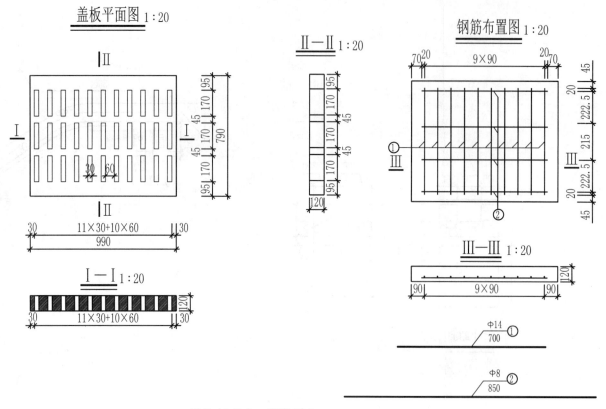

Φ14 ①
700

Φ8 ②
850

边沟每延米工程数量表

型式	M7.5浆砌片石/m³	碎石垫层/m³	开挖土方/m³
Ⅳ边沟、排水沟	0.575	0.13	1.235

一块盖板工程数量表

混凝土/m³	钢筋			
	Φ14		Φ8	
	长度/m	重量/kg	长度/m	重量/kg
0.08	7.0	8.46	3.4	1.34

附注:
1.图中尺寸以毫米计。
2.梯形土质边沟,边沟内撒铺一层种植土,再撒播草籽;矩形边沟盖板采用C30水泥混凝土预制块。
3.边沟施工时首先挖至开挖线,然后将边沟夯拍成型至设计线,土石方量计入路基土石方数量表。
4.边沟纵坡一般应与路基路面纵坡一致,若路基路面纵坡小于0.3%时,可适当调整。
5.边沟出水口应用排水沟引到路基坡脚5m以外的沟渠、低洼处或与涵洞衔接。

| ××区××至××公路工程 | 路基排水工程设计图 | 设计 | | 复核 | | 审核 | | 图号 | S3-37 | 日期 | 2017.03 |

路面结构图式

自然区划	IV₂
填挖情况	填方、挖方
路基干湿类型	干燥、中湿
结构部位	行车道
图示	（40　60　40　340　200　640）结构层图示
E0	36

图示

细粒式沥青混凝土

中粒式沥青混凝土

5%水稳碎石

级配碎石

附注：
1. 图中尺寸均以毫米计。
2. 路基各层的强度、压实度及填料应满足《公路路基设计规范》(JTG D30—2004)的相关要求。
3. 水泥稳定碎石基层碾压后洒布PC-2乳化透层沥青，各层沥青混凝土摊铺前均应洒布PC-3黏层沥青。

路面结构图 1:20

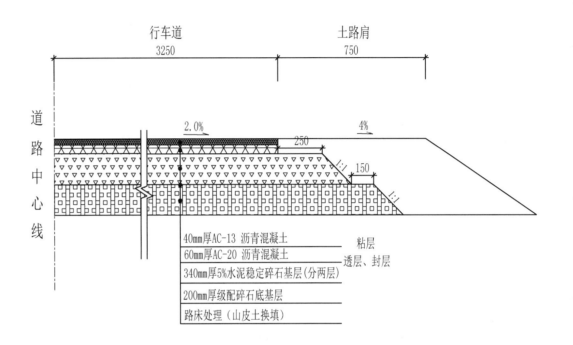

行车道 3250　　土路肩 750

道路中心线

2.0%　4%　250　150

40mm厚AC-13 沥青混凝土　　粘层
60mm厚AC-20 沥青混凝土　　透层、封层
340mm厚5%水泥稳定碎石基层(分两层)
200mm厚级配碎石底基层
路床处理（山皮土换填）

路面材料级配、规格及材料用量表

结构类型	级配类型	公称最大粒径/mm	沥青用量或配合比	抗压模量/MPa 20℃	抗压模量/MPa 15℃	劈裂强度 15℃/MPa
细粒式沥青混凝土	AC-13	13.2		1400	2000	1.4
中粒式沥青混凝土	AC-20	19.0		1200	1800	1.0
黏层	PC-3		0.3～0.6L/m²			
透层	PC-2		0.7～1.5L/m²			
5%水稳碎石		31.5	5%水泥	1500	3500	0.5
级配碎石		37.5				

××区××至××公路工程	路面结构图	设计		复核		审核		图号	S3-32	日期	2017.03

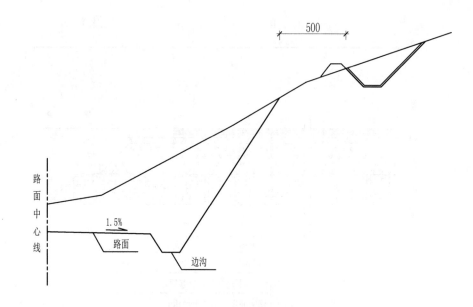

截水沟布置图

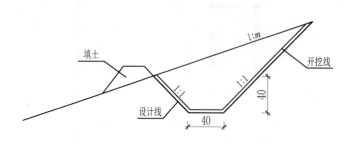

截水沟断面形式 1:50

每延米工程数量表

型　式	开挖土方/m³	浆砌片石/m³	夯拍面积/m²	备　注
截水沟	0.68		2.27	以 m=3计算工程量

附注:
1. 图中尺寸以厘米计。
2. 截水沟设置在高挖方路堑5m以外,以防止山水对路基边坡的冲刷。
3. 截水沟在结束时应用排水沟引到路基脚外的沟渠、低注处与涵洞衔接。
4. 截水沟施工时首先挖至开挖线,然后将边坡夯拍成型至设计线。

| ××区××至××公路工程 | 路基排水工程设计图 | 设计 | | 复核 | | 审核 | | 图号 | S3-37 | 日期 | 2017.03 |

路 面 工 程 数 量 表

××区××至××公路工程

序号	起讫桩号	长度/m	行车道										培路肩/m²	备注
			40mmAC-13 沥青混凝土		黏层	60mmAC-20 沥青混凝土	透层	封层	340mm5%水泥 稳定碎石基层		200mm级配碎石			
			宽度/m	数量/m²	数量/m²	数量/m²	数量/m²	数量/m²	宽度/m	数量/m²	宽度/m	数量/m²		
1	K0+000.0 ～ K0+008.5	8.5	6.5	55.3	55.3	55.3	59.5	59.5	7.0	59.5	8.0	68.0	12.8	
2	K0+008.5 ～ K0+055.5	47.0									8.0			K0+032中桥
3	K0+055.5 ～ K2+420.5	2365.0	6.5	15372.5	15372.5	15372.5	16555.0	16555.0	7.0	16555.0	8.0	18920.0	3547.5	
4	K2+420.5 ～ K2+624.5	204.0												K2+521大桥
5	K2+624.5 ～ K7+160.0	4535.5	6.5	29480.8	29480.8	29480.8	31748.5	31748.5	7.0	31748.5	8.0	36284.0	6803.3	
6	K7+160.0 ～ K7+720.0	560.0												K7+440大桥
7	K7+720.0 ～ K8+260.7	540.7	6.5	3514.5	3514.5	3514.5	3784.9	3784.9	7.0	3784.9	8.0	4325.6	811.0	
8	平曲线加宽			1474.4	1474.4	1474.4	1474.4	1474.4		1474.4		1474.4		
合 计		8260.7		49897.4	49897.4	49897.4	53622.3	53622.3		53622.3		61072.0	11174.5	

编制:　　　　　　　　　　　　　　　　　　　　　　　　　　　复核: